U0171227

海洋机器人科学与技术丛书

封锡盛　李　硕　主编

海洋机器人科学技术新进展

封锡盛 等　著

科 学 出 版 社
龍 門 書 局
北　京

内 容 简 介

本书邀请了长期工作在海洋机器人一线的专家学者对海洋机器人领域的最新技术进展和研究前沿进行探讨。在自主控制方面，包括空化技术、万米级超深海机器人控制和跨域机器人等；在自主感知方面，包括机械扫描声呐图像配准等；在人机协同控制方面，包括脑电信号识别和水下机器人操作脑电控制技术等。考虑到海洋机器人所面临的海洋环境特异性，对每一个技术问题进行探讨时都就相关的研究背景进行了详细的描述，尽可能淡化技术，将注意力集中在实际工程所需要解决的问题和实现的目标上。

本书可作为水下机器人和智能无人系统开发相关专业的高年级本科生或研究生的参考书，也可作为相关专业科技人员的参考手册。

图书在版编目(CIP)数据

海洋机器人科学技术新进展 / 封锡盛等著. —北京：龙门书局，2020.12

（海洋机器人科学与技术丛书/封锡盛，李硕主编）

国家出版基金项目

ISBN 978-7-5088-5885-2

Ⅰ. ①海…　Ⅱ. ①封…　Ⅲ. ①海洋机器人-技术发展　Ⅳ. ①TP242.3

中国版本图书馆 CIP 数据核字(2020)第 241245 号

责任编辑：王喜军　狄源硕　张　震 / 责任校对：樊雅琼

责任印制：师艳茹 / 封面设计：无极书装

科学出版社
龍門書局 出版

北京东黄城根北街 16 号

邮政编码：100717

http://www.sciencep.com

中国科学院印刷厂 印刷

科学出版社发行　各地新华书店经销

*

2020 年 12 月第　一　版　开本：720 × 1000　1/16

2020 年 12 月第一次印刷　印张：18　插页：10

字数：363 000

定价：128.00 元

(如有印装质量问题，我社负责调换)

“海洋机器人科学与技术丛书”
编辑委员会

主 任 委 员　封锡盛　李　硕

副主任委员（按姓氏笔画排序）

王晓辉　李智刚　林　扬

委　　员（按姓氏笔画排序）

田　宇　刘开周　许　枫　苏玉民

李　晔　李一平　何立岩　宋三明

张艾群　张奇峰　林昌龙　周焕银

庞永杰　胡志强　俞建成　徐会希

徐红丽　冀大雄

秘　　书　姜志斌

丛书前言一

浩瀚的海洋蕴藏着人类社会发展所需的各种资源，向海洋拓展是我们的必然选择。海洋作为地球上最大的生态系统不仅调节着全球气候变化，而且为人类提供蛋白质、水和能源等生产资料支撑全球的经济发展。我们曾经认为海洋在维持地球生态系统平衡方面具备无限的潜力，能够修复人类发展对环境造成的伤害。但是，近年来的研究表明，人类社会的生产和生活会造成海洋健康状况的退化。因此，我们需要更多地了解和认识海洋，评估海洋的健康状况，避免对海洋的再生能力造成破坏性影响。

我国既是幅员辽阔的陆地国家，也是广袤的海洋国家，大陆海岸线约 1.8 万千米，内海和边海水域面积约 470 万平方千米。深邃宽阔的海域内潜含着的丰富资源为中华民族的生存和发展提供了必要的物质基础。我国的洪涝、干旱、台风等灾害天气的发生与海洋密切相关，海洋与我国的生存和发展密不可分。党的十八大报告明确提出："提高海洋资源开发能力，发展海洋经济，保护海洋生态环境，坚决维护国家海洋权益，建设海洋强国。"[①]党的十九大报告明确提出："坚持陆海统筹，加快建设海洋强国。"[②]认识海洋、开发海洋需要包括海洋机器人在内的各种高新技术和装备，海洋机器人一直为世界各海洋强国所关注。

关于机器人，蒋新松院士有一段精彩的诠释：机器人不是人，是机器，它能代替人完成很多需要人类完成的工作。机器人是拟人的机械电子装置，具有机器和拟人的双重属性。海洋机器人是机器人的分支，它还多了一重海洋属性，是人类进入海洋空间的替身。

海洋机器人可定义为在水面和水下移动，具有视觉等感知系统，通过遥控或自主操作方式，使用机械手或其他工具，代替或辅助人去完成某些水面和水下作业的装置。海洋机器人分为水面和水下两大类，在机器人学领域属于服务机器人中的特种机器人类别。根据作业载体上有无操作人员可分为载人和无人两大类，其中无人类又包含遥控、自主和混合三种作业模式，对应的水下机器人分别称为无人遥控水下机器人、无人自主水下机器人和无人混合水下机器人。

---

① 胡锦涛在中国共产党第十八次全国代表大会上的报告. 人民网，http://cpc.people.com.cn/n/2012/1118/c64094-19612151.html

② 习近平在中国共产党第十九次全国代表大会上的报告. 人民网，http://cpc.people.com.cn/n1/2017/1028/c64094-29613660.html

无人水下机器人也称无人潜水器，相应有无人遥控潜水器、无人自主潜水器和无人混合潜水器。通常在不产生混淆的情况下省略“无人”二字，如无人遥控潜水器可以称为遥控水下机器人或遥控潜水器等。

世界海洋机器人发展的历史大约有 70 年，经历了从载人到无人，从直接操作、遥控、自主到混合的主要阶段。加拿大国际潜艇工程公司创始人麦克法兰，将水下机器人的发展历史总结为四次革命：第一次革命出现在 20 世纪 60 年代，以潜水员潜水和载人潜水器的应用为主要标志；第二次革命出现在 70 年代，以遥控水下机器人迅速发展成为一个产业为标志；第三次革命发生在 90 年代，以自主水下机器人走向成熟为标志；第四次革命发生在 21 世纪，进入了各种类型水下机器人混合的发展阶段。

我国海洋机器人发展的历程也大致如此，但是我国的科研人员走过上述历程只用了一半多一点的时间。20 世纪 70 年代，中国船舶重工集团公司第七〇一研究所研制了用于打捞水下沉物的“鱼鹰”号载人潜水器，这是我国载人潜水器的开端。1986 年，中国科学院沈阳自动化研究所和上海交通大学合作，研制成功我国第一台遥控水下机器人“海人一号”。90 年代我国开始研制自主水下机器人，“探索者”、CR-01、CR-02、“智水”系列等先后完成研制任务。目前，上海交通大学研制的“海马”号遥控水下机器人工作水深已经达到 4500 米，中国科学院沈阳自动化研究所联合中国科学院海洋研究所共同研制的深海科考型 ROV 系统最大下潜深度达到 5611 米。近年来，我国海洋机器人更是经历了跨越式的发展。其中，“海翼”号深海滑翔机完成深海观测；有标志意义的“蛟龙”号载人潜水器将进入业务化运行；“海斗”号混合型水下机器人已经多次成功到达万米水深；“十三五”国家重点研发计划中全海深载人潜水器及全海深无人潜水器已陆续立项研制。海洋机器人的蓬勃发展正推动中国海洋研究进入“万米时代”。

水下机器人的作业模式各有长短。遥控模式需要操作者与水下载体之间存在脐带电缆，电缆可以源源不断地提供能源动力，但也限制了遥控水下机器人的活动范围；由计算机操作的自主水下机器人代替人工操作的遥控水下机器人虽然解决了作业范围受限的缺陷，但是计算机的自主感知和决策能力还无法与人相比。在这种情形下，综合了遥控和自主两种作业模式的混合型水下机器人应运而生。另外，水面机器人的引入还促成了水面与水下混合作业的新模式，水面机器人成为沟通水下机器人与空中、地面机器人的通信中继，操作者可以在更远的地方对水下机器人实施监控。

与水下机器人和潜水器对应的英文分别为 underwater robot 和 underwater vehicle，前者强调仿人行为，后者意在水下运载或潜水，分别视为“人”和“器”，海洋机器人是在海洋环境中运载功能与仿人功能的结合体。应用需求的多样性使得运载与仿人功能的体现程度不尽相同，由此产生了各种功能型的海洋机器人，如观察型、作业型、巡航型和海底型等。如今，在海洋机器人领域 robot 和 vehicle 两词的内涵逐渐趋同。

信息技术、人工智能技术特别是其分支机器智能技术的快速发展，正在推动海洋机器人以新技术革命的形式进入“智能海洋机器人”时代。严格地说，前述自主水下机器人的“自主”行为已具备某种智能的基本内涵。但是，其“自主”行为泛化能力非常低，属弱智能；新一代人工智能相关技术，如互联网、物联网、云计算、大数据、深度学习、迁移学习、边缘计算、自主计算和水下传感网等技术将大幅度提升海洋机器人的智能化水平。而且，新理念、新材料、新部件、新动力源、新工艺、新型仪器仪表和传感器还会使智能海洋机器人以各种形态呈现，如海陆空一体化、全海深、超长航程、超高速度、核动力、跨介质、集群作业等。

海洋机器人的理念正在使大型有人平台向大型无人平台转化，推动少人化和无人化的浪潮滚滚向前，无人商船、无人游艇、无人渔船、无人潜艇、无人战舰以及与此关联的无人码头、无人港口、无人商船队的出现已不是遥远的神话，有些已经成为现实。无人化的势头将冲破现有行业、领域和部门的界限，其影响深远。需要说明的是，这里“无人”的含义是人干预的程度、时机和方式与有人模式不同。无人系统绝非无人监管、独立自由运行的系统，仍是有人监管或操控的系统。

研发海洋机器人装备属于工程科学范畴。由于技术体系的复杂性、海洋环境的不确定性和用户需求的多样性，目前海洋机器人装备尚未被打造成大规模的产业和产业链，也还没有形成规范的通用设计程序。科研人员在海洋机器人相关研究开发中主要采用先验模型法和试错法，通过多次试验和改进才能达到预期设计目标。因此，研究经验就显得尤为重要。总结经验、利于来者是本丛书作者的共同愿望，他们都是在海洋机器人领域拥有长时间研究工作经历的专家，他们奉献的知识和经验成为本丛书的一个特色。

海洋机器人涉及的学科领域很宽，内容十分丰富，我国学者和工程师已经撰写了大量的著作，但是仍不能覆盖全部领域。“海洋机器人科学与技术丛书”集合了我国海洋机器人领域的有关研究团队，阐述我国在海洋机器人基础理论、工程技术和应用技术方面取得的最新研究成果，是对现有著作的系统补充。

“海洋机器人科学与技术丛书”内容主要涵盖基础理论研究、工程设计、产品开发和应用等，囊括多种类型的海洋机器人，如水面、水下、浮游以及用于深水、极地等特殊环境的各类机器人，涉及机械、液压、控制、导航、电气、动力、能源、流体动力学、声学工程、材料和部件等多学科，对于正在发展的新技术以及有关海洋机器人的伦理道德社会属性等内容也有专门阐述。

海洋是生命的摇篮、资源的宝库、风雨的温床、贸易的通道以及国防的屏障，海洋机器人是摇篮中的新生命、资源开发者、新领域开拓者、奥秘探索者和国门守卫者。为它“著书立传”，让它为我们实现海洋强国梦的夙愿服务，意义重大。

本丛书全体作者奉献了他们的学识和经验，编委会成员为本丛书出版做了组织和审校工作，在此一并表示深深的谢意。

本丛书的作者承担着多项重大的科研任务和繁重的教学任务，精力和学识所限，书中难免会存在疏漏之处，敬请广大读者批评指正。

中国工程院院士　封锡盛

2018年6月28日

丛书前言二

改革开放以来，我国海洋机器人事业发展迅速，在国家有关部门的支持下，一批标志性的平台诞生，取得了一系列具有世界级水平的科研成果，海洋机器人已经在海洋经济、海洋资源开发和利用、海洋科学研究和国家安全等方面发挥重要作用。众多科研机构和高等院校从不同层面及角度共同参与该领域，其研究成果推动了海洋机器人的健康、可持续发展。我们注意到一批相关企业正迅速成长，这意味着我国的海洋机器人产业正在形成，与此同时一批记载这些研究成果的中文著作诞生，呈现了一派繁荣景象。

在此背景下“海洋机器人科学与技术丛书”出版，共有数十分册，是目前本领域中规模最大的一套丛书。这套丛书是对现有海洋机器人著作的补充，基本覆盖海洋机器人科学、技术与应用工程的各个领域。

“海洋机器人科学与技术丛书”内容包括海洋机器人的科学原理、研究方法、系统技术、工程实践和应用技术，涵盖水面、水下、遥控、自主和混合等类型海洋机器人及由它们构成的复杂系统，反映了本领域的最新技术成果。中国科学院沈阳自动化研究所、哈尔滨工程大学、中国科学院声学研究所、中国科学院深海科学与工程研究所、浙江大学、华侨大学、东华理工大学等十余家科研机构和高等院校的教学与科研人员参加了丛书的撰写，他们理论水平高且科研经验丰富，还有一批有影响力的学者组成了编辑委员会负责书稿审校。相信丛书出版后将对本领域的教师、科研人员、工程师、管理人员、学生和爱好者有所裨益，为海洋机器人知识的传播和传承贡献一份力量。

本丛书得到 2018 年度国家出版基金的资助，丛书编辑委员会和全体作者对此表示衷心的感谢。

“海洋机器人科学与技术丛书”编辑委员会

2018 年 6 月 27 日

前　言

从世界范围来看，海洋机器人研究始于 20 世纪 50 年代。在过去的发展历程中，在海洋、材料、能源、控制、通信和信息等多个学科的推动下，海洋机器人的研发已经取得了长足的进步，实现了从载人潜水器、遥控潜水器到自主水下机器人、混合型水下机器人的跨越式发展。

相较而言，我国的海洋机器人起步晚了约 30 年。但是，经过近半个世纪的发展，我国已经成功走出了一条从自主摸索、学习与跟踪国际先进水平到自主创新的创业之路，并在潜深、航程、航时等关键指标上走在了世界前列。在深度上，我国的海洋机器人已经抵达大洋的最深处——马里亚纳海沟底部；在时间上，水下滑翔机已经能够执行跨季度的海洋环境参数采集；在空间上，自主水下机器人的航程已经突破了 1000 公里；在速度上，具有常规动力的自主水下机器人的航速已经达到十几节。

但是，我们应该看到，在自主水平、智能程度和精确控制等层面上，我国的海洋机器人与世界先进水平还有一定的差距。即便是与太空、空中及地面机器人相比，定位导航、自主作业、任务规划、集群控制、系统结构和载荷技术等这些相对前沿的技术在海洋机器人领域都进展缓慢。海洋机器人的功能仍然比较单一，不仅缺少交互性，而且缺乏在线学习能力。这些局限性虽然与水体的特殊环境密切相关，但是需要警醒的是原发性的技术攻关还相对欠缺。

为此，我们邀请了相关科研人员，从结构、控制、感知和导航等角度对他们正在研发的技术进行阶段性的梳理和整理。他们都是长期奋战在一线的科研人员，不仅熟悉海洋机器人技术发展前沿，而且对海洋工程实践所面临的问题有着深刻的体会。全书共 9 章，大致可以分为三个部分，分别是平台技术、自定位导航和脑机接口与机器行为学。

第一部分(第 1～3 章)均与平台技术有关。第 1 章是关于航行减阻的。利用通气空化大幅降低具有局部超空化构型的海洋机器人的航行阻力，采用通气空化减阻结合局部超空化构型设计技术，降低海洋机器人的航行功耗，提高其航程。第 2 章描述“海斗”号万米自主遥控水下机器人的动力学模型及运动控制器设计过程，总结全海深水下机器人的共性问题，并为未来的全海深潜水器提供共性的解决方案。第 3 章结合“海鲲”号介绍海空跨域机器人相关研究，详细介绍在空气动力/水动力一体化构型与总体设计、跨介质流体动力分析、水空两用推进、水空多模态运动控制等方面采用的关键技术。

第二部分（第 4～5 章）是关于自定位导航方面的研究。第 4 章探讨水下机器人利用机械扫描声呐进行环境地图构建的研究。机械扫描声呐是微小型水下机器人的首选传感器，第 4 章提出一种新的点云配准算法——SKLD-D2D（基于概率分布的对称 Kullback-Leibler 散度），不但减少了计算代价，而且提高了配准精度和鲁棒性。第 5 章借鉴哺乳动物大脑皮层的导航原理，将栅格细胞、头朝向细胞及位置细胞的神经编码机制应用于机器人的自定位和认知地图构建，为水下机器人自主导航提供有益的探索。

第三部分（第 6～9 章）是关于脑机接口与机器行为学的讨论。第 6 章提出一种端到端的脑电信号解码方法，实现空间-时间-频率联合特征学习，并利用迁移学习策略来提升解码器的泛化性能。第 7 章采用脑机接口技术解决复杂水下作业中操作人员双手被束缚问题，通过基于事件相关电位的脑电控制及不同操作状态下的脑电信号分类研究，实现多项任务并行操作及目标的高效抓取。第 8 章则是对脑机接口及其对水下作业的启发意义进行综述。第 9 章对机器行为学进行简要概述，为海洋机器人的未来发展提供一个思考方向。

本书第 1 章由王超执笔，第 2 章由刘鑫宇和封锡盛执笔，第 3 章由胡志强执笔，第 4 章由蒋敏和封锡盛执笔，第 5 章由斯白露执笔，第 6 章由唐凤珍和赵冬晔执笔，第 7 章由张进执笔，第 8 章由徐东岑和封锡盛执笔，第 9 章由阎述学和封锡盛执笔。全书由封锡盛、宋三明统稿。

由于作者水平所限，书中难免存在疏漏之处，恳请广大读者批评指正。

封锡盛
于中国科学院沈阳自动化研究所
2020 年 9 月 1 日

目　录

1

空化技术在海洋机器人上的应用

空化是一种物理现象。当水下运动的物体达到一定速度后，物体周围压力低于当地液体饱和蒸气压时，液体迅速气化成水蒸气，当压力升高后，水蒸气又凝结成液体，这是自然空泡形成与溃灭的本质。随着液体的流动，空泡呈现初生、发展、脱落、溃灭等演变过程。按空泡的尺寸和形态可将空化分为局部空化和超空化。局部空化是指空泡只覆盖航行体表面一定区域，又分为云雾状空化、层片状空化等；超空化是指空泡覆盖整个航行体，航行体表面自空泡起始位置不再有沾湿面，摩擦阻力大幅降低。按空化形成的条件可将空化分为自然空化和通气空化。通气空化是向水下航行体周围通入非冷凝性气体，使航行体周围压力在降低到液体饱和蒸气压之前产生空化的现象，并达到空化减阻的目的。通气空化具有空泡初生、发展和脱落的变化特征，但由于通入的气体是非冷凝性气体，因此不会出现空泡的溃灭，而是根据通气量的不同出现不同的泄气方式。

目前最为人熟知的应用超空泡技术的装备莫过于俄罗斯海军在 20 世纪 90 年代开发的“暴风”超空泡鱼雷(图 1.1)，其利用超空泡减阻方法，结合火箭发动机的强劲动力，速度可达到 200kn(约 370km/h)。针对水下目标的打击，超空泡炮弹、子弹等的设计也利用了空化技术的减阻原理，可有效提高射程。

图 1.1　“暴风”超空泡鱼雷

在水面机器人领域，空化技术鲜有应用。然而在有人船艇领域，美国朱丽叶舰船系统公司在2011年正式公开了“幽灵”号舰船(图1.2)，该型舰船在静止或低速航行时，船体上层建筑接触水面［图1.2(a)］，具有较好稳定性。而在高速航行时船体在潜体上水平舵的作用下抬升，使上层建筑脱离水面，依靠舰载计算机控制潜体上的水平舵维持稳定的航行姿态，采用通气空化减阻技术保证潜体的高效减阻，实现舰船在水面上高速航行[图1.2(b)]。目前试验航速已经达到32.5kn，目标航速可达70kn以上。

(a)

(b)

图1.2　“幽灵”号舰船

将空化减阻技术应用于海洋机器人，理想状态是达到超空化，实现最大幅度的减阻。对于水下机器人，其回转体的外形容易实现超空化；对于水面机器人，只能采用类似“幽灵”号的小水线面形式，在潜体上实现超空化，达到大幅减阻的目的。因此，空化技术在海洋机器人上的应用研究均可以归结为水下航行体的空化特性研究。然而，海洋机器人没有“暴风”鱼雷的高航速特性，实现自然超空化困难，即便是应用通气空化的方法，由于空泡包覆海洋机器人整个航行体，也会使机器人失去浮力作用，并且操纵困难。除此之外，声学传感器已经成为海洋机器人必不可少的设备，为满足其工作需求，海洋机器人有必要保留一定沾湿面。

本章针对海洋机器人在较低航速下大幅减阻的需求，并满足海洋机器人具备支撑自身重量的浮力、便于机器人操纵、满足声学设备工作等要求，基于通气空化减阻方法，阐述一种局部超空化思想，并据此构建局部超空化构型，应用数值计算和水洞实验的方法分析该构型的通气空化特性，指出该构型的适用范围，并在小水线面型海洋机器人上对该构型开展试验性应用演示。

1.1　通气空化数值计算方法

1. 通气空化数值计算理论

通气空化数值计算方法采用求解多相流雷诺平均纳维-斯托克斯(Reynolds-averaged Navier-Stokes, RANS）方程结合湍流模型的方式，针对气液两相流，混合介质的 RANS 方程可以表示为

$$\begin{cases}\dfrac{\partial \rho_m}{\partial t}+\dfrac{\partial\left(\rho_m u_j\right)}{\partial x_j}=0\\[2ex]\dfrac{\partial\left(\rho_m u_i\right)}{\partial t}+\dfrac{\partial\left(\rho_m u_i u_j\right)}{\partial x_j}=-\dfrac{\partial p}{\partial x_j}+\dfrac{\partial}{\partial x_j}\left(\left(\mu+\mu_t\right)\left(\dfrac{\partial u_i}{\partial x_j}+\dfrac{\partial u_j}{\partial x_i}-\dfrac{2}{3}\dfrac{\partial u_i}{\partial x_j}\delta_{ij}\right)\right)\end{cases} \tag{1.1}$$

式中，下标 i 和 j 分别为坐标方向；ρ_m , u 和 p 分别为混合介质的密度、速度和压强；t 为时间变量；x 为空间变量；δ_{ij} 为应力项；μ 和 μ_t 分别为混合介质的层流和湍流黏性系数。

与自然空化数值计算方法相比，通气空化时自然空化数一般较大，自然空化产生的水蒸气相对于通入的气体要少得多，对通气空泡尺寸影响不大，数值计算中一般不考虑气-液间的相变过程，气相完全是通入的非冷凝性气体——空气。因此，描述通气空化的数学模型中没有空化模型。然而，标准的 k - ε 湍流模型在模拟通气空化多相流时，计算得出的湍流黏性系数 μ_t 过大，普遍采用的方式是应用基于滤波的湍流模型（filter-based turbulence model, FBM）。湍流黏性系数根据滤波尺寸 λ 与当地湍流特征长度 $k^{3/2}/\varepsilon$ 的对比结果而定，滤波尺寸 λ 根据当地网格尺寸确定[1]。湍流黏性系数定义为

$$\mu_t=\frac{C_\mu \rho_m k^2}{\varepsilon} f_{\mathrm{FBM}} \tag{1.2}$$

式中，$C_\mu=0.09$；$f_{\mathrm{FBM}}=\min\left(1,\dfrac{\lambda\cdot\varepsilon}{k^{3/2}}\right)$；$k$ 为湍流脉动动能；ε 为湍流脉动动能的耗散率。

当 $\lambda \gg k^{3/2}/\varepsilon$ 时，例如位于壁面附近、远大于湍流特征长度的网格，湍流黏性系数为 $\mu_t=\dfrac{C_\mu \rho_m k^2}{\varepsilon}$，是标准的 k - ε 湍流模型；当 $\lambda \ll k^{3/2}/\varepsilon$ 时，例如位于远离壁面、小于湍流长度的网格，湍流黏性系数为 $\mu_t=C_\mu \rho_m \lambda k^{1/2}$。

2. 通气空化数值计算验证

我们在研究通气空化数值计算方法过程中，选择美国明尼苏达大学的通气空化实验模型进行验证、标定，如图 1.3 所示[2]。模型头部为直径 10mm 的空化器，空化器后是通气碗，内部有通气管路。模型的通气空化实验是在 0.19m（宽）×0.19m（高）的水洞中进行。实验设备中有高速摄像系统，能够捕捉通气空化发生时的影像。研究人员做了不同通气量的空化实验，选择其中部分实验结果用来验证

通气空化数值计算方法。

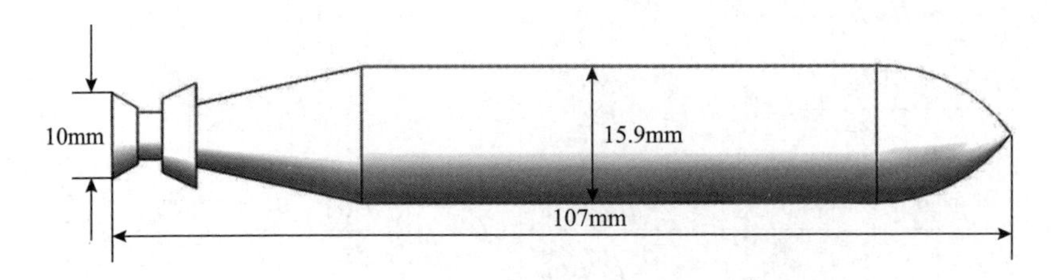

图 1.3　明尼苏达大学通气空化实验模型

数值计算中，流域上游距离空化器 0.2m 处设定速度入口，下游距离模型尾部 0.8m 处设定相对压力出口。采用三维结构网格划分流场，网格量约为 260 万，网格模型如图 1.4 所示。

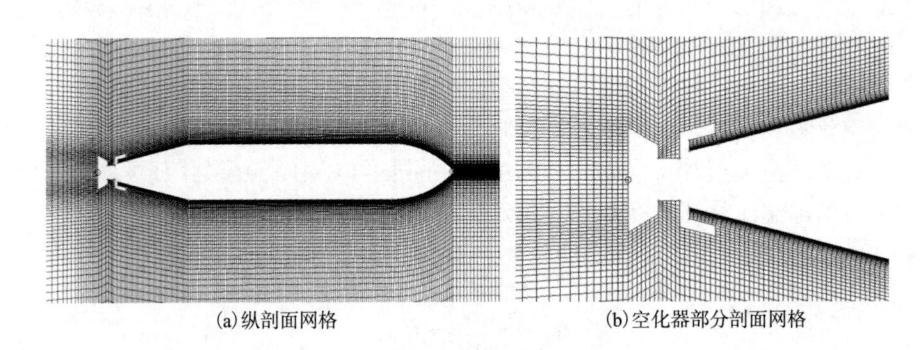

(a)纵剖面网格　(b)空化器部分剖面网格

图 1.4　网格模型

数值计算中取空化器直径弗劳德数，定义为

$$Fr_n = \frac{u_\infty}{\sqrt{gD_n}} \tag{1.3}$$

无量纲通气量定义为

$$Q_v = \frac{Q}{u_\infty D_n^2} \tag{1.4}$$

式中，D_n 为空化器直径；u_∞ 为远场流速；g 为重力加速度；Q 为通入气体的体积流量。

计算中弗劳德数 $Fr_n = 20$，将空气体积分数为 0.5 的等值面设定为空泡界面，不同通气量情况下通气空泡形态及与实验得到的空泡形态对比如图 1.5 所示。

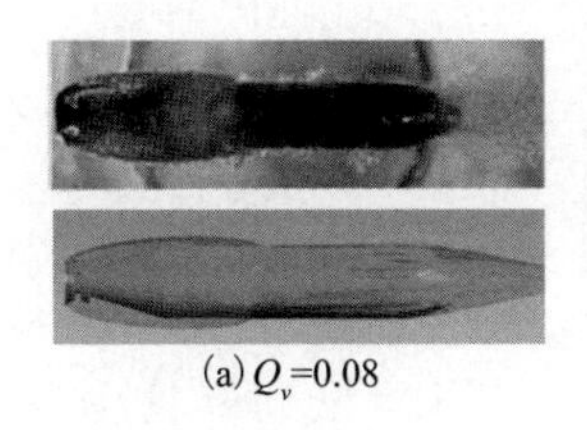

(a) Q_v=0.08

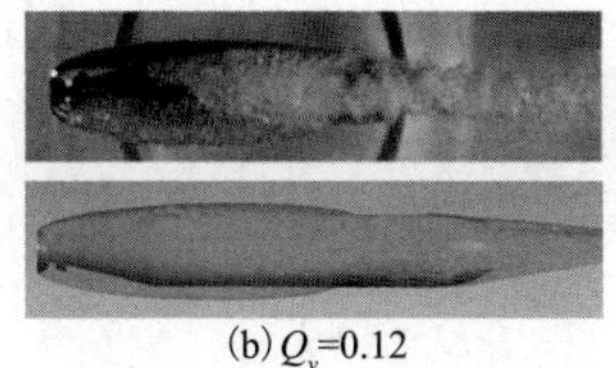

(b) Q_v=0.12

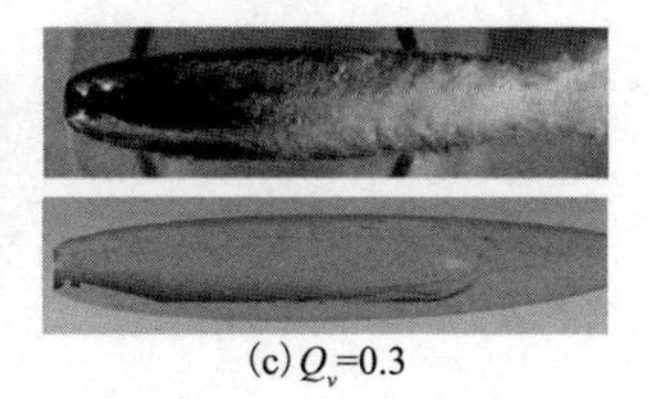

(c) Q_v=0.3

图 1.5　不同条件下数值计算结果与实验结果对比

图 1.5 中上部为通气空化实验效果，下部为数值计算得到的通气空泡效果。可以看出，数值计算得到的通气空泡形态在不同通气量条件下与实验结果相似度很高。不同的是，实验中空泡尾部可以看到明显的气泡破碎，数值计算中受限于多相流模型和气液分界面捕捉方法，对于这种复杂的气泡破碎、合并等问题暂无法准确预报。不过总体而言，数值计算方法在预测通气空泡尺寸方面已具备一定的精度和可信度，能够开展通气空化在工程方面的应用研究。

1.2　局部超空化构型的建模与通气空化

基于通气空化方法，在一定航速和通气量条件下，水下航行体表面上的空泡能够延伸到尾部，形成超空化状态。沿水下航行体轴向方向一般很难控制空泡覆盖范围，但是依靠改变航行体圆周方向的外形和通气量可以控制空泡在航行体表面的覆盖区域，即局部超空化思想。一方面可达到空化减阻目的；另一方面可以调整通气量和通气区域，使航行体产生支撑重量的升力，或具备一定沾湿面满足声学通信要求。根据这样的设计思想，建立水下航行体的构型，并称其为局部超空化构型。

1. 局部超空化构型的建模

平头空化器在超空化水下航行体上的应用最广，其产生超空化的临界空化数相对其他外形大，即容易产生空化/超空化的现象。本章在对局部超空化构型建模时，通过在航行体头部设计出平头空化器保证易于产生空化，在航行体两侧加装边条将空化区域分割为上下两部分，控制上下两部分通气量实现空化范围的控制和航行体升力控制。因此，局部超空化构型的建模关键在于确定空泡外形和尺寸，进而确定边条外缘和水下航行体主体部分的外形和尺寸。

当空化数较低时，如果不考虑重力影响，空泡可认为是椭球形，可应用经验公式估算出空泡的最大直径和长度。在小空化数（$\sigma<0.1$）条件下，半锥角为 $\alpha\pi$ 空化器的超空泡长度和最大直径计算公式为

$$\frac{L_c}{D_n}=\left[\frac{1.1}{\sigma}-\frac{4(1-2\alpha)}{1+144\alpha^2}\right]\sqrt{C_x\ln\frac{1}{\sigma}} \tag{1.5}$$

$$\frac{D_c}{D_n}=\sqrt{\frac{C_x}{k\sigma}} \tag{1.6}$$

式中，L_c和D_c分别为超空泡长度和最大直径；σ为空化数；$k=\dfrac{1+50\sigma}{1+56.2\sigma}$为理论修正系数；$C_x$为相应的阻力系数，其计算式为

$$C_x=0.5+1.81(\alpha-0.25)-2(\alpha-0.25)^2+\sigma(0.524+0.672\alpha) \tag{1.7}$$

式(1.7)在$0\leqslant\sigma\leqslant0.25$、$\dfrac{1}{12}\leqslant\alpha\leqslant\dfrac{1}{2}$时成立。

当空化器尺寸确定后，按不同空化数可计算出不同的空泡尺寸，进而可设计出不同尺寸的水下航行体，因此将该空化数命名为设计空化数。在对局部超空化构型建模时，边条外缘位于设计空化数下空泡边界之外即可使通气空泡分割为上下两部分，按设计空化数 0.05，根据式(1.5)、式(1.6)估算空泡最大直径和长度，进而设计出局部超空化模型的主体部分，如图 1.6(a)所示。在数值分析过程中，为了验证边条的作用，设计出同样尺寸无边条的模型作为对比，如图 1.6(b)所示。

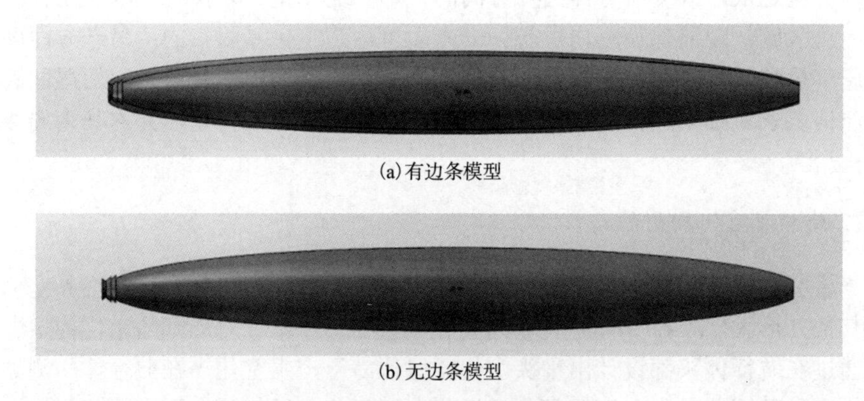

(a)有边条模型

(b)无边条模型

图 1.6　局部超空化模型建模

2. 局部超空化构型通气空化特性的数值计算

无边条模型通气时只能是上下同时通气，而有边条模型在通气时可以针对上下两部分分别通气。在空化器直径弗劳德数$Fr_n=22.6$、不同通气条件下，计算

这两个模型的受力，结果如表 1.1、表 1.2 所示。为方便对比，用空化器直径D_n定义阻力系数R_{cn}和升力系数L_{cn}如下：

$$R_{cn}=\frac{F}{\frac{1}{2}\rho u_\infty^2 D_n^2} \tag{1.8}$$

$$L_{cn}=\frac{L}{\frac{1}{2}\rho u_\infty^2 D_n^2} \tag{1.9}$$

式中，F为模型受到的阻力；L为模型受到的升力；ρ为液体的密度。

表 1.1　无边条模型力特性计算结果

Q_v	R_{cn}	L_{cn}
0.00	1.22	1.07
0.21	0.35	1.00
0.64	0.32	0.87
1.05	0.30	0.84
1.48	0.37	0.57

表 1.2　有边条模型力特性计算结果

Q_v	R_{cn}	L_{cn}	Δp /Pa
0.00	1.27	1.06	—
0.21	0.37	1.01	12.15
0.64	0.35	1.02	−171.16
1.05	0.32	0.83	−131.36
1.48	0.42	0.91	−104.84

表 1.2 中Δp为上下通气口的压力差，可在数值计算结果的后处理中得到。从表 1.1、表 1.2 可以看出，无边条模型和有边条模型在同样通气量的条件下，减阻比例基本相当，有边条模型由于边条的存在增加了一部分湿表面积，因此阻力系数相对于无边条模型略微偏大。对比升力系数值发现，随着通气量的增加，无边条模型升力系数减小比例最大达到 50%左右，而有边条模型升力系数减小比例最大只有 10%左右。对于有边条模型，由于边条的存在，通气空泡被割裂成上下两部分，并且上下两部分压强存在一定差值Δp，这个差值虽然不大，但是作用于模型的整个水平剖面，因此其产生的升力效果非常明显。虽然边条的存在会额外增

加模型在不通气时的阻力，但是通气空化后，阻力系数相对于无边条模型不通气时仍然减小很多，最高达到近 66%。可见，边条能够使模型在减阻比例相当的前提下降低升力系数减小的幅度。

不同通气量情况下两个模型的空泡形态和尺寸特征如图 1.7 所示。随着通气量的增加，通气空泡逐渐包覆模型的主体部分。当无量纲通气量达到 0.64 时，无边条模型的空泡上漂明显，而有边条模型由于边条的存在，上下两部分的空泡长度基本相同。当无量纲通气量达到 1.05 时，通气空泡完全包覆模型主体部分，无边条模型由于完全被包覆，模型失去液体的浮力作用，因此其升力会大大降低。而有边条模型由于边条的存在，将通气超空泡分割为上下两部分，尽管下部空泡仍然有上漂的趋势，但是边条的存在能够阻碍这种趋势的进一步发展，因此可以依靠上下两部分空泡内部的压力差为模型提供一部分升力。

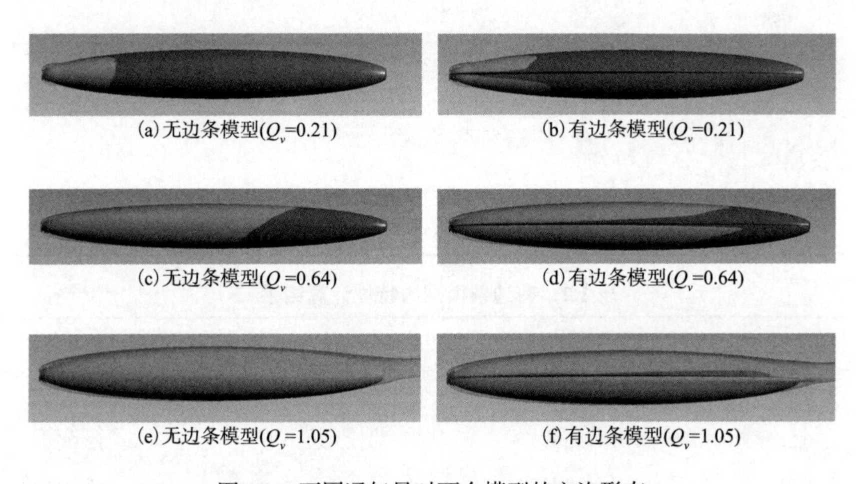
(a) 无边条模型(Q_v=0.21)　(b) 有边条模型(Q_v=0.21)
(c) 无边条模型(Q_v=0.64)　(d) 有边条模型(Q_v=0.64)
(e) 无边条模型(Q_v=1.05)　(f) 有边条模型(Q_v=1.05)

图 1.7　不同通气量时两个模型的空泡形态

3. 长度弗劳德数对通气空化的影响

以上所有针对局部超空化模型的算例都是在空化器直径弗劳德数 $Fr_n = 22.6$ 的条件下展开的，对于不同设计空化数的模型有不同的长细比，尽管通气空化对流速条件要求较低，但是如果流速过低，通气空泡受到重力的影响上漂会很明显。对于长细比较小的模型这种影响不大，对于长细比较大的模型，空泡上漂严重，有可能会导致无论通入多少气体都无法保证通气空泡覆盖模型全部。

评价重力对空泡上漂的影响应采用长度弗劳德数 Fr_L，其中特征长度选择航行体模型的实际长度。以图 1.6(a)模型为例，计算该模型在不同 Fr_L、不同 Q_v 条件下的通气空泡形态，结果如图 1.8 所示。

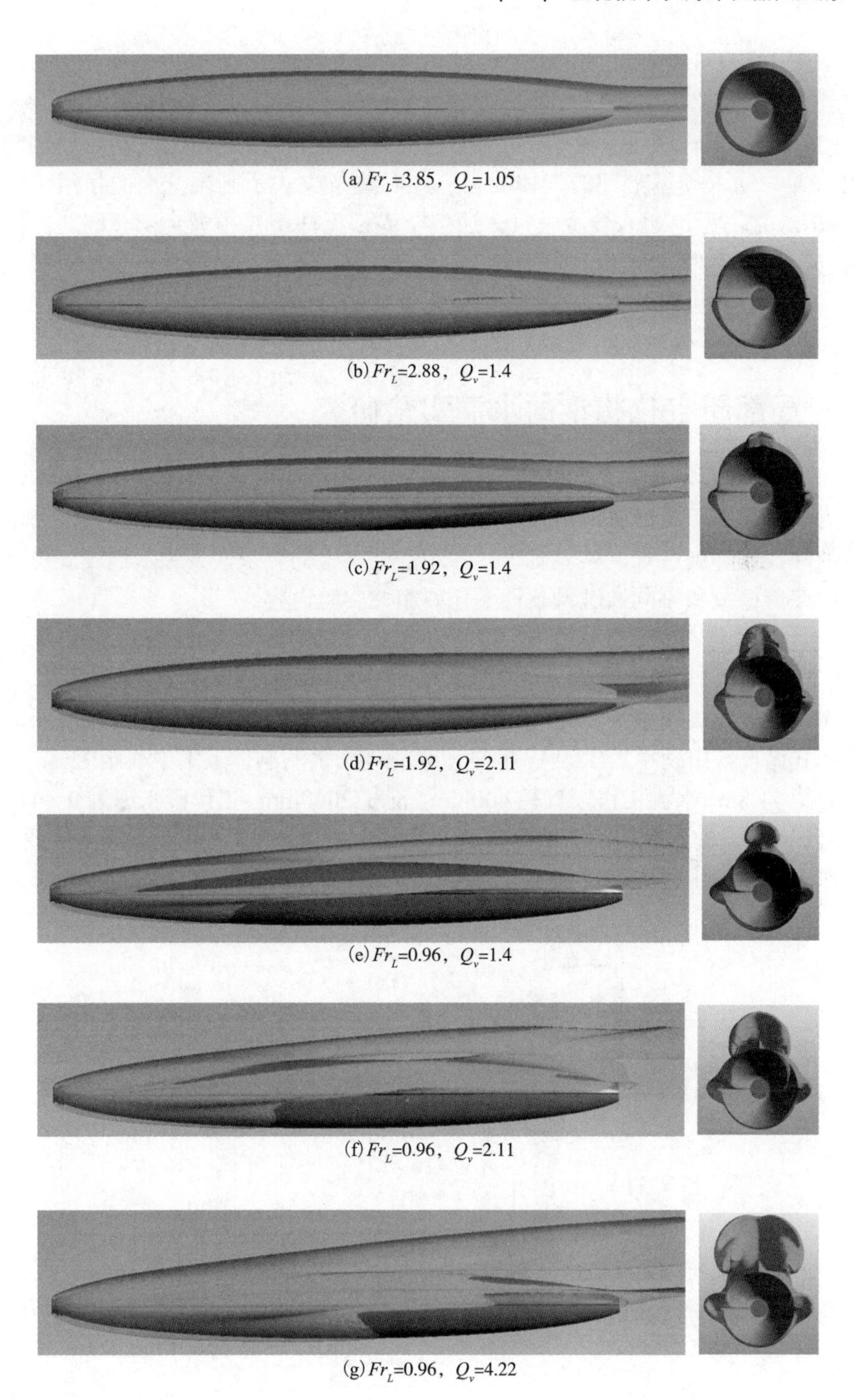

(a) Fr_L=3.85，Q_v=1.05

(b) Fr_L=2.88，Q_v=1.4

(c) Fr_L=1.92，Q_v=1.4

(d) Fr_L=1.92，Q_v=2.11

(e) Fr_L=0.96，Q_v=1.4

(f) Fr_L=0.96，Q_v=2.11

(g) Fr_L=0.96，Q_v=4.22

图 1.8　不同 Fr_L 、不同 Q_v 条件下的通气空泡形态

从图 1.8 中可以看出，随着 Fr_L 的减小，空泡上漂越来越明显。当 $Fr_L = 2.88$ 时，通气空泡还能够覆盖模型表面，边条割裂空泡的作用基本能够实现，但是当 $Fr_L = 1.92$ 时，尽管通气量也进一步增加，通入模型下部的气体会在边条两侧向上溢出，并与通入模型上部的气体混合，此时边条失去了割裂空泡的作用。而当 $Fr_L = 0.96$ 时，无论通入多少空气，通气空泡都无法覆盖模型全部。因此，在采用通气空化减阻时，需保证模型长度弗劳德数 Fr_L 达到 2.88 以上，这样通气空泡才能具备较好的包覆效果，达到大幅减阻的目的。

1.3 局部超空化构型的水洞实验研究

为了更系统、更准确地研究采用局部超空化减阻构型的通气空化特性和水动力特性，我们开展了水洞实验研究，针对水洞实验的要求，设计水洞实验模型，在不同弗劳德数和不同通气量条件下开展相关实验内容。

1. 实验环境

实验模型在高速水洞中完成相关实验内容，高速水洞结构如图 1.9 所示，水洞为闭式循环，由功率为 125kW 的轴流泵驱动。水洞洞体上下中心距 11.5m，左右中心距 11.8m。水洞工作段直径 400mm，长度 2000mm。工作段水速为 0～18m/s 连续可调。通过向水洞内注水或抽气可实现工作段压力 20～300kPa 连续可调。水洞工作段流速和压力采用计算机自动控制。

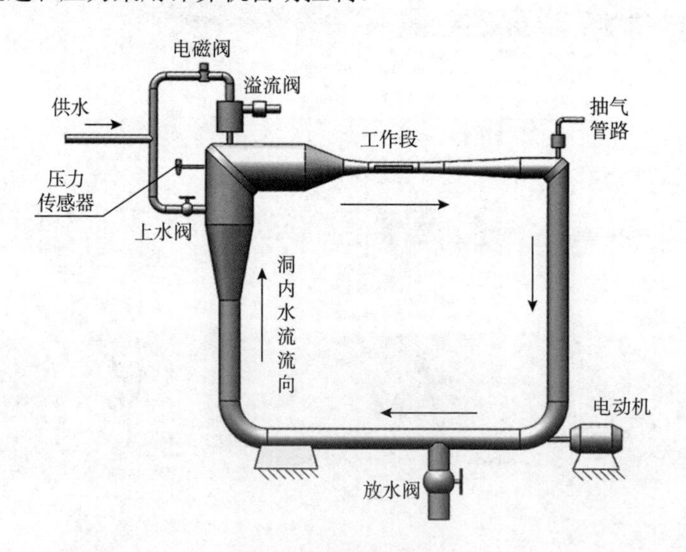

图 1.9　高速水洞结构

实验测量系统构成如图 1.10 所示，包括通气、测力和摄像等。通气恒压气源由空气压缩机提供，经过两路流量阀，实现模型两路通气独立控制；流量阀自带比例-积分-微分(proportional-integral-derivative, PID)控制，根据流量控制计算机的流量参数设定值自动调节通气量，并向流量控制计算机反馈通气压力信息。模型内部安装三分力天平，测量模型的阻力、升力和俯仰力矩，数据采集器采集天平三个通道的应变数据并上传至数据采集计算机，经处理得到实验模型受力信息。摄像使用普通数码相机，通过工作段上的观察窗拍摄不同实验条件下通气空泡形态。

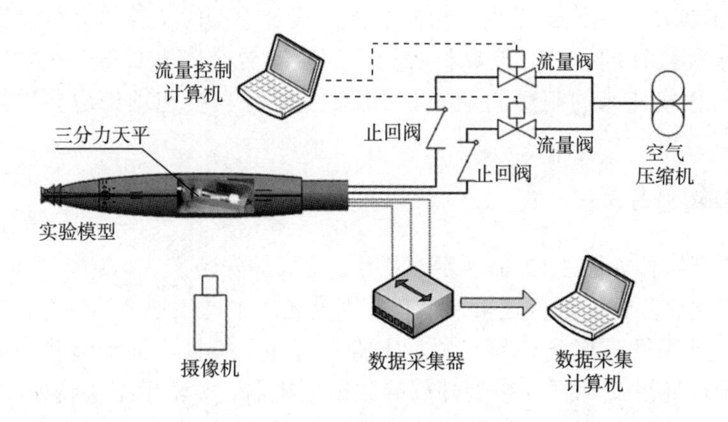

图 1.10　实验测量系统构成

2. 实验模型建模

实验模型构型方案如图 1.11 所示，构型包括空化器、边条和模型主体[图 1.11(a)]。支撑杆是为满足模型在水洞内的安装要求而设计。空化器上有通气孔，在一定流速下通入空气后即形成通气空泡。模型建模时保证边条外边缘位于空泡外，而模型主体位于空泡内［图 1.11(b)］。同时边条将通气孔分成上下两组［图 1.11(c)］，两组通气孔的通气量可独立控制。

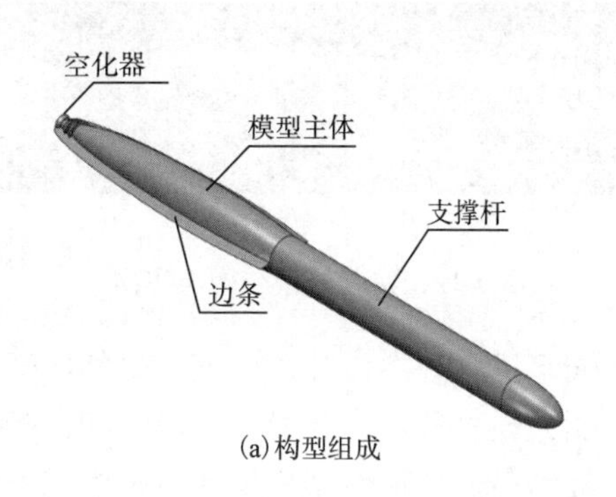

(a)构型组成

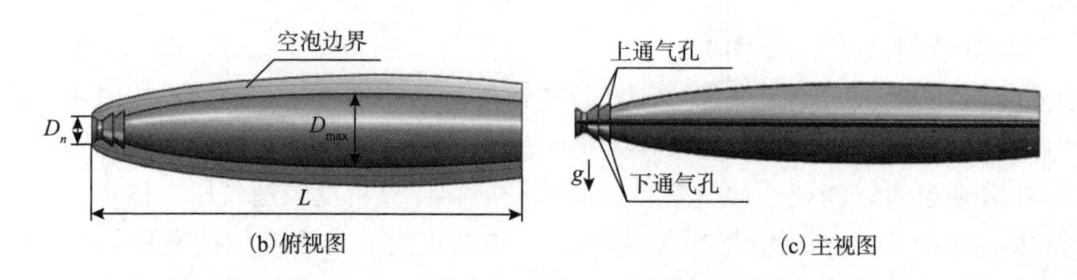

(b) 俯视图　　(c) 主视图

图 1.11　实验模型构型方案

在建模时考虑到水洞工作段直径的限制，空化器直径设计为 15mm，按设计空化数为 0.078 计算空泡最大直径约为 51mm，设计模型时主体最大直径为 40mm，占水洞工作段直径的 1/10，能够将实验中的阻塞效应降到最低。在主体最大直径位置两侧边条外缘的距离为 60mm，即边条外缘与空泡理论边界平均距离约为 4.5mm。

3. 实验模型与实验过程

实验模型结构如图 1.12 (a) 所示，采用尾支撑的安装方式。模型头部内部隔板将上下通气通道隔开，通气连接件上有分别连通上下通气通道的气孔，气孔用软管经中空的支撑杆连接到外部气源。实验模型和支撑杆之间安装测力天平，天平数据线同样通过支撑杆连接到外部的数据采集器。实验模型实物如图 1.12 (b) 所示。

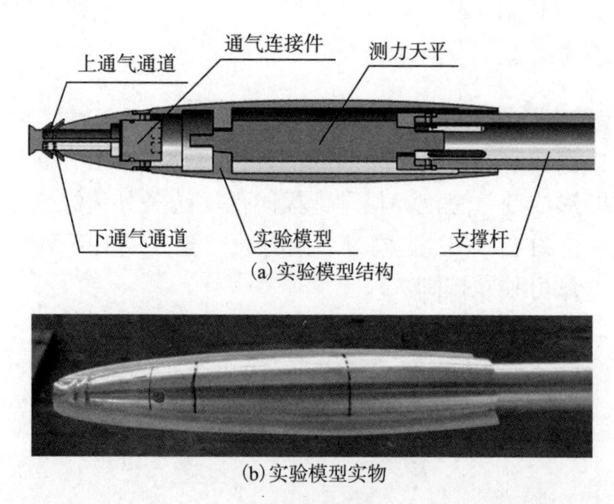

(a) 实验模型结构

(b) 实验模型实物

图 1.12　实验模型结构与实物

实验前首先对测力天平进行静态校准，保证天平的线性度和精度要求。模型装入水洞工作段后，对测力天平预热，并静置一段时间，确保测力天平动态特性趋于稳定，将温漂影响降到最低，在数据采集计算机中将天平受力归零。启动水洞轴流泵，设定水洞工作段流速值，确保工作段内流速趋于稳定后再开始通气空化实验。实验中测量了不同流速、不同通气量等方案下实验模型的受力情况，并获得空泡形态影像。测量数据主要关注实验模型受到的阻力和升力。

为验证数值计算方法的准确性，针对水洞实验模型开展相同实验条件下的数值计算工作。采用六面体结构网格划分流场，模型面网格如图 1.13(a)所示，流场内网格量约 400 万，流场进流面与模型头部距离约 1.5 倍潜体长度，流场出流面与模型支撑杆尾部距离约 4 倍潜体长度，流场直径约 $10D_{\max}$($D_{\max}$为潜体最大直径)。在进流面设定速度入口，出流面设定相对压力出口［图 1.13(b)］。数值计算过程中考虑重力的影响。

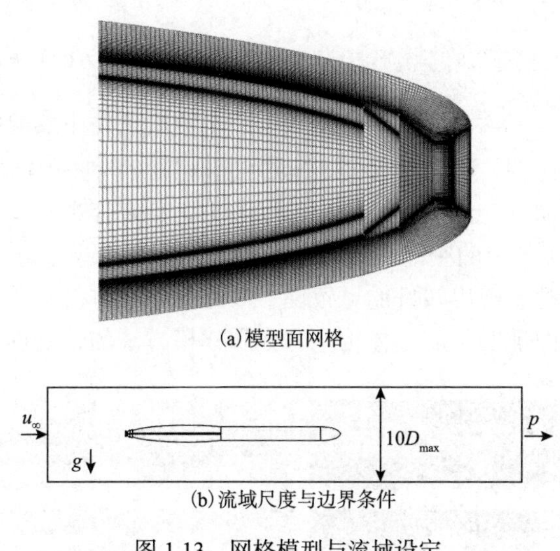

(a)模型面网格

(b)流域尺度与边界条件

图 1.13　网格模型与流域设定

4. 实验结果

实验结果主要包括不同实验条件下空泡形态变化和实验模型受力变化。

1)空泡形态

实验模型在水洞工作段流速为 4.6m/s 时(对应 $Fr_L = 3.01$)，单侧通气、不同通气量的空泡形态如图 1.14 所示。随着通气量的增加，通气空泡逐渐延伸，长度增加。由于重力作用，通气空泡产生明显的上漂现象。其中，在相同通气量的条件下，上部通气空泡由于没有任何阻碍，上漂程度更大，并向后有较大的延伸量。下部通气空泡由于有模型壁面和边条的共同阻碍作用，空泡没有较大的上漂空间，因此出现过早的溃灭，溃灭的位置随着通气量的增加向模型尾部靠近。无论是上部通气还是下部通气，实验模型在单侧通气时都能保证一侧有半空泡出现，而另一侧为完全的沾湿面，说明边条的外形和尺寸设计符合应用要求。

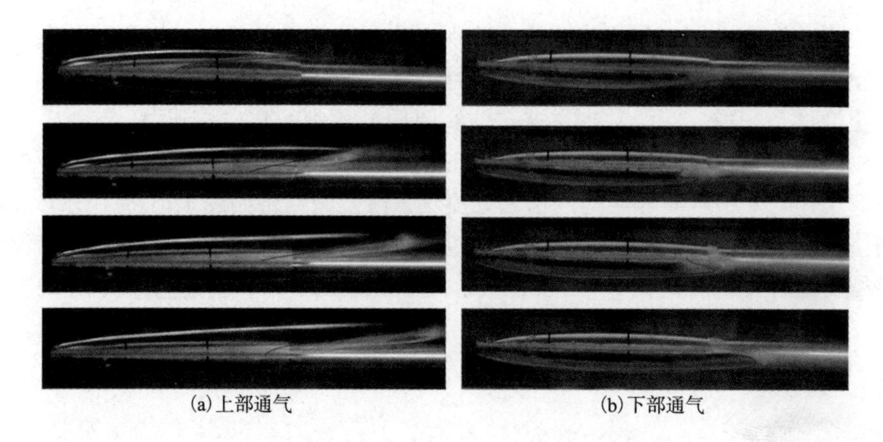
(a)上部通气　　(b)下部通气

图 1.14　$Fr_L = 3.01$，单侧通气时空泡形态(从上到下通气量依次为 0.028、0.034、0.056、0.121)

图 1.15 为$Fr_L = 3.83$时，实验模型在上下全通气条件下实验空泡和数值计算得到的空泡效果对比图，通气时保证上下通气量相同。从图 1.15 中可以看出，随着通气量的增加，通气空泡逐渐延伸，长度增加，且都存在一定上漂现象。在不同通气量条件下，实验中的空泡与数值计算得到的空泡效果十分相似，空泡形态、尺寸、覆盖范围等都表现出较好的一致性。对比结果一方面证明了数值计算方法的有效性，另一方面证明了航行体构型方案和建模方法的正确性。

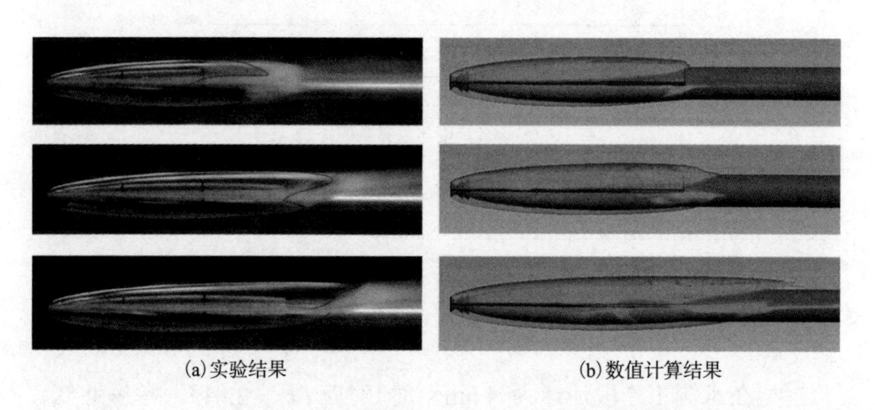
(a)实验结果　　(b)数值计算结果

图 1.15　$Fr_L = 3.83$，上下全通气时空泡形态(从上到下通气总量依次为 0.07、0.126、0.228)

图 1.16、图 1.17 为实验模型在不同流速条件下(对应的模型长度弗劳德数Fr_L分别为 3.01、4.66)上下同时通气空泡形态，其中各个工况在通气总量一定的前提下保证上下通气量相同。结合图 1.15 可以看出，随着Fr_L的增大，空泡尾部湍流程度越来越剧烈，溃灭区空泡边界逐渐模糊，这主要受摄像机性能限制，无法捕捉空泡毁灭的瞬时特征。当Fr_L较小($Fr_L = 3.01$)、通气量较小时，上下空泡被边条分割得很明显，两部分空泡几乎独立发展、溃灭。在各个不同Fr_L工况下，随

着通气量的增加，上部空泡和下部空泡在实验模型尾部闭合，即上下连通，即使再增加通气量，下部空泡也不再进一步延长，而是大量气体汇合到上部空泡，使上部空泡向后延伸。在重力作用下，闭合后的空泡上漂明显，尤其当 Fr_L 较小时上漂更明显。

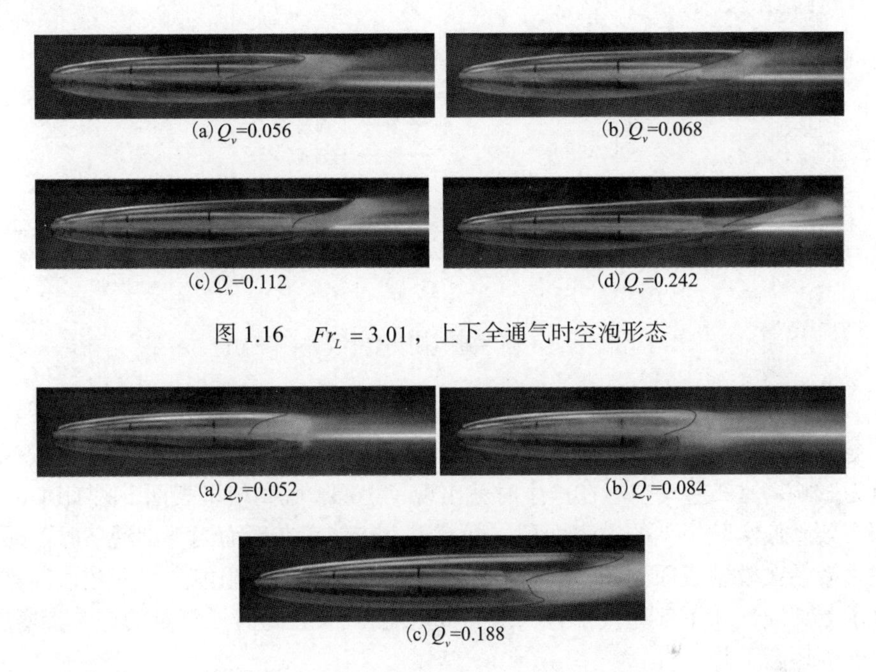

图 1.16　$Fr_L = 3.01$，上下全通气时空泡形态

图 1.17　$Fr_L = 4.66$，上下全通气时空泡形态

边条的设置主要是为了将上下空泡有效割裂开。然而，通气空化实验过程中，当通气量较小时不能产生空泡，通气量达到某一临界值后，通气空泡瞬间产生并向模型尾部延伸，尤其当 Fr_L 较大时，这种现象更加明显。另外，实验模型受安装条件限制，模型尾端面较大，长度较短，因此上下空泡很容易在模型尾部出现闭合的现象。实际航行体的模型会有更大的长细比，为通气空泡尺寸控制提供了更大的调节范围，使上下空泡不会在尾部轻易闭合，体现出边条的割裂作用。

2) 阻力特性

图 1.18 为实验模型上下不同时通气阻力特性的实验结果（$Fr_L = 3.01$）。为更直观地表明通气空化减阻能力，用减阻率来衡量不同通气条件下的阻力特性，减阻率(drag reduction rate, DR)定义为

$$\mathrm{DR} = \frac{R_0 - R_c}{R_0} \tag{1.10}$$

式中，R_0 为某流速下不通气时实验模型的阻力系数；R_c 为该流速下不同通气量

时的阻力系数。

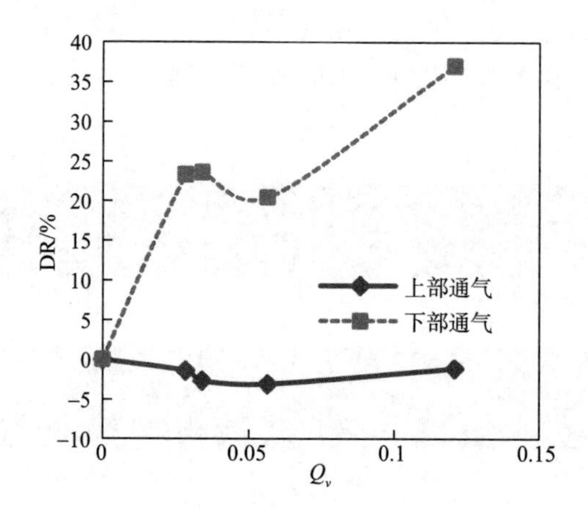

图 1.18　上下不同时通气阻力特性（$Fr_L = 3.01$）

从图 1.18 中可以看出，实验中上部通气量的增加对于减阻没有任何效果，而下部通气量增加减阻效果明显，最大减阻率达 35%以上。这主要由于流速较低，受重力影响，上部通气空泡在产生时就出现了上漂，脱离模型表面［图 1.14(a)］，并未有效降低实验模型的湿表面积，摩擦阻力依然存在。而当下部通气时，通气空泡紧紧贴在模型表面［图 1.14(b)］，因此具有较强的减阻能力。而数值计算结果显示上部通气和下部通气都有一定的减阻能力，并且随着通气量的进一步增加，减阻能力逐渐下降。

图 1.19 为不同流速(即不同 Fr_L)时模型上下全通气的阻力特性，包括实验结果和数值计算结果，各个工况中保证模型上下通气量相同。图中箭头表示减阻率的变化趋势。

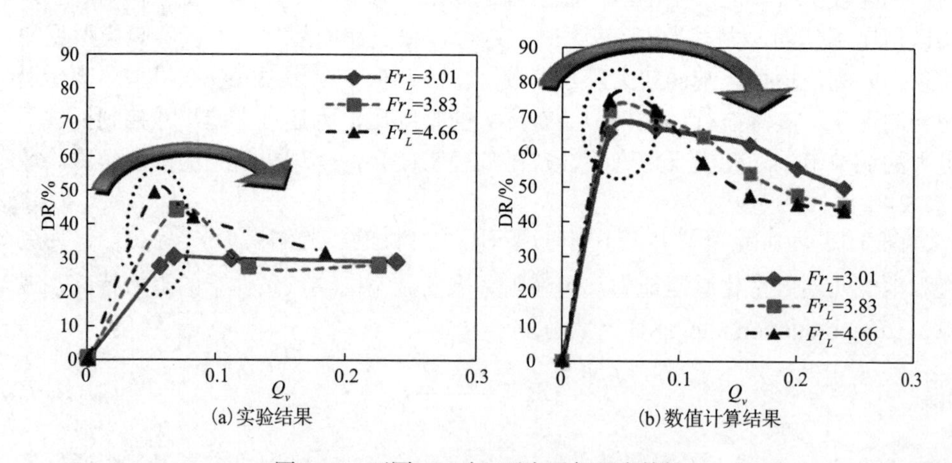

图 1.19　不同 Fr_L 时上下全通气阻力特性

从图 1.19 中可以看出，通气空化减阻效果明显，但两种方法得到的减阻率相差近一倍。究其原因，数值计算本身存在一定计算误差，实验中的测力天平、数据采集与处理等也存在一定误差，但更主要的原因是数值计算中的模型和水洞中的实验模型无法保证完全一致，水洞中的实验模型为达到可装配、可测量等目的，实验模型、测力天平、支撑杆、通气管等部件之间都有一定装配间隙(图 1.12)，这会增加模型阻力，而在减阻率上则表现为数值上的减小。实验模型内部的复杂空间区域甚至无法划分结构网格，即便采用细密的非结构网格构建模型内部流域，也会耗费大量的计算资源，而且计算结果的可信度也难以保证。但是从图 1.19 中两种方法的结果对比可发现，减阻率的变化趋势是一致的。在不同 Fr_L 条件下，模型开始通气后减阻率即达到最大值，之后随着通气量的进一步增加，减阻率基本都会小幅降低。两种方法得到的减阻率另一个吻合的趋势是，当流速提高、Fr_L 增大后，减阻程度会进一步增加(图 1.19 中虚线框区域内)。这主要是由于流速提高、Fr_L 增大后，重力对空泡上漂的影响减小，上部通气空泡也产生了一定的减阻效果。

当流速较高、Fr_L 较大($Fr_L = 3.83$、4.66)时，减阻率达到最大后随着通气量的进一步增加，减阻率出现下降的趋势，即通气空化减阻能力下降。实验模型的压阻主要是头部空化器受到的正压力和模型表面的正压力(由于模型尾端面直接连接支撑杆，尾端面正压力不计)。当空泡完全包覆实验模型后，在不同通气量下，空化器受到的正压力基本不变，模型表面的正压力为空泡内压强×(尾端面面积–空化器面积)，由于本实验模型尾端面面积大于空化器面积，随着通气量的增加，空泡内压强增大，模型表面的正压力增大，压阻增加，而摩擦阻力已没有进一步降低的空间，因此产生图 1.19 中减阻率的变化趋势。数值计算方法在预报通气空化阻力特性变化趋势方面具有一定可信度。本构型方案在实际应用中，需根据实际航行体外形和航行工况确定最佳通气量，实现最大限度减阻。

3) 升力特性

图 1.20 为 $Fr_L = 3.01$ 时，实验模型上下不同时通气升力特性的实验值和计算值，其中升力系数为净升力系数。图中可以看出在上下小通气量时，模型受到的升力较小。当通气量增加后，上部通气会使模型产生向下的负升力，而下部通气会使模型产生向上的正升力，并且下部通气对升力的影响比上部通气更明显，实验结果和数值计算结果都显示出这样的变化趋势。主要原因是通气量的增加使通气空泡内压增加，存在将实验模型压向另一侧的趋势。由于重力的影响，上部通气空泡上漂明显，下部通气空泡紧紧贴在实验模型表面，因此表现出下部通气对升力影响更大。而小通气量时，空泡内压较低，实验模型的升力主要受模型周围绕流和空泡溃灭区压力突变的复杂影响，相对于大通气量空泡内压的影响程度小很多。数值计算得到的升力系数在数值上与实验结果存在一定差异，一方面是由于实验模型内部复杂的装配结构，另一方面是由于数值计算中的流体动力学模型

在捕捉模型周围气液两相流产生的作用力方面仍然存在一定困难。

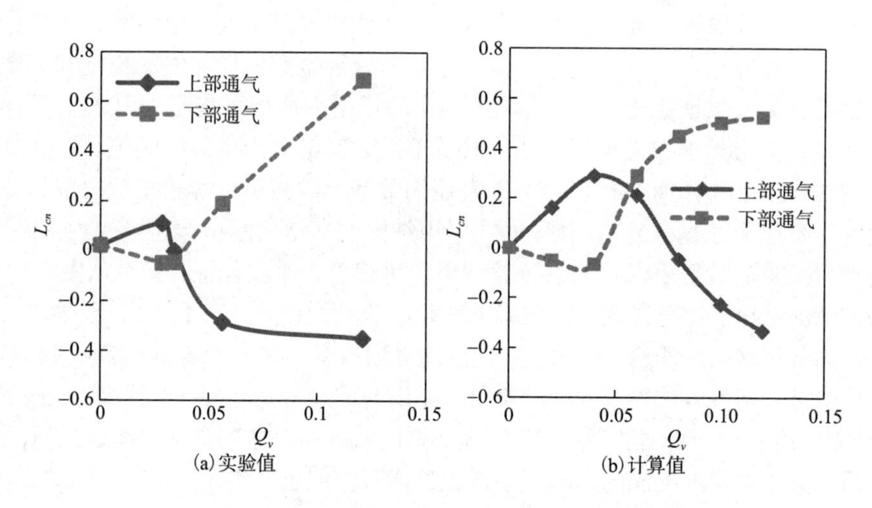

图 1.20　$Fr_L = 3.01$ 时上下不同时通气升力特性

图 1.21 为实验模型在不同 Fr_L 时上下全通气的升力特性，各个工况同样保证上下通气量相同。从图中可以看出，流速较低，即 Fr_L 较小时升力系数表现为随着通气量的增加而逐渐减小，减小到一定程度后趋于稳定。而流速较高，即 Fr_L 较大时，升力系数表现为随通气量的增加先增大后减小，最后都减小到较接近的区间范围。上下同时通气时，实验模型的升力主要取决于上下表面压力差和空泡溃灭位置。当上下空泡独立时，即模型尾部未出现上下空泡闭合的现象时，由于重力作用，并且模型上下处于不同深度位置，尽管上下通气量相同，但是下部通气压力高于上部通气压力，由此形成压力差，并在模型上产生垂直流速方向的力。

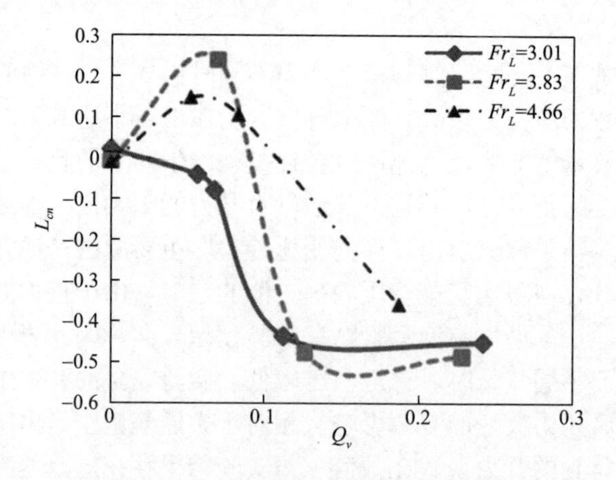

图 1.21　不同 Fr_L 时上下全通气升力特性

同时，下部空泡溃灭也会对模型表面产生一定正压力，这种正压力瞬态变化剧烈，再结合上下空泡压差的影响，使模型产生正的升力系数。而通气量进一步增加后，上下空泡在模型尾部闭合，即上下空泡内压差消失，并且空泡溃灭区不在实验模型表面，因此天平测得的模型受力为负值，理论上该值为模型的自身重力，实际测量中发现天平测得的升力绝对值很接近实验模型的重力。而模型在单侧通气时，模型上下表面的压差会一直存在，只是随着通气量的不同压差会有一定变化，因此上下全通气和单侧通气时升力系数会产生不同的变化趋势。

水洞实验中由于条件的限制无法测量模型上下表面压力信息，而数值计算能够获得流场内全部压力信息，并验证以上升力产生原因的推测。图 1.22 为 $Fr_L=3.83$、Q_v=0.07 时模型主体部分上下表面压力系数 P_{coe} 分布和表面压力云图，表面压力系数 P_{coe} 定义为

$$P_{\mathrm{coe}}=\frac{p}{\frac{1}{2}\rho u_\infty^2} \tag{1.11}$$

相同工况下的实验空泡图片如图 1.15 所示，在此工况下上下空泡相对独立，未在模型尾部闭合。从图 1.22 中可看出，实验模型主体部分的上下表面存在明显压力差，并且下表面压力高于上表面，这正是实验模型产生正的升力系数的原因。

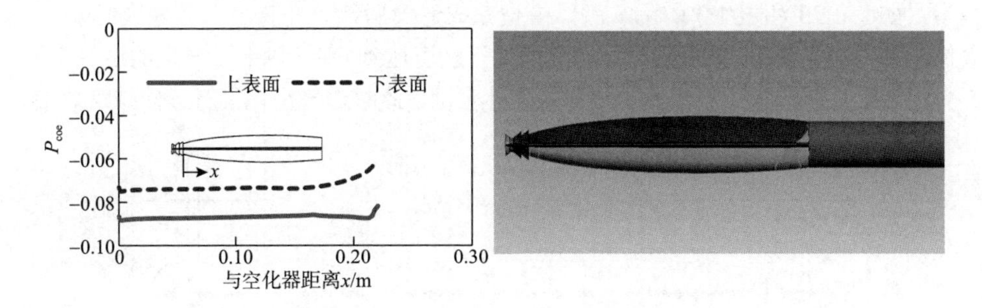

图 1.22　$Fr_L=3.83$、$Q_v=0.07$ 时主体上下表面压力系数和压力云图

通过对局部超空化构型开展水洞实验研究，结合与数值计算结果的对比，可得到以下结论：

(1) 局部超空化构型中的边条能够将空化器形成的空泡分割为上下两部分，在实验模型尺寸范围内两部分空泡几乎独立发展，互不干涉。

(2) 通气空化能够实现局部超空化构型的高效减阻，随着 Fr_L 的提高，减阻能力有进一步提升的趋势，在实验弗劳德数范围内减阻率最大可达 50%。

(3) 空化器上下不同时通气可形成半空泡，保证模型在具备一定减阻能力的同时保留一定湿表面积，其中仅上部通气时由于重力作用空泡上漂，减阻能力受 Fr_L

影响大；仅下部通气时会有较大的减阻率。实际应用中需结合 Fr_L 的大小选择合适通气位置。

(4)通气位置和通气量的大小会影响升力系数符号(升力方向)和数值上的变化，当仅下部通气量较大或保证上下通气量相同且上下空泡末端未出现闭合现象时，由于航行体上下表面压力差产生较强的升力特性，在实现大幅减阻的同时可满足支撑航行体自身重量的需求。

1.4 局部超空化构型的应用

在海洋机器人领域，局部超空化构型可应用于水下机器人的高效减阻，也可作为小水线面型无人艇的潜体，在实现高效减阻的同时，具备支撑自身重力的升力，并且可通过控制通气空化区域保留一定沾湿面，达到声学传感器可应用的目的。本节以小水线面无人艇为例，开展局部超空化减阻构型的试验应用演示。

1. 小水线面无人艇的参数化建模

在建立无人艇模型时，按设计空化数 0.068 设计无人艇的潜体，无人艇各项模型参数如图 1.23 和表 1.3 所示。潜体模型完成建模后计算在长度弗劳德数约束下，潜体的最低设计航速为 60kn，即只有无人艇航速达到 60kn 以上，产生的通气空泡不会因为重力影响上漂严重而无法包覆主体全部，此时通气空化具有最佳减阻效果。

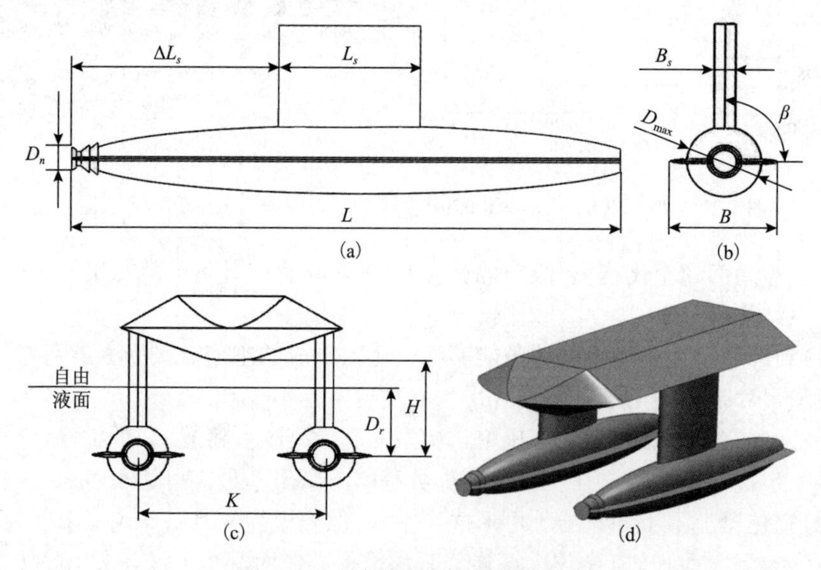

图 1.23　小水线面无人艇模型参数

表 1.3 小水线面无人艇模型参数

参数名称	参数符号	数值
空化器直径/m	D_n	0.525
潜体长度/m	L	11.67
潜体最大直径/m	D_{max}	1.5
潜体宽度/m	B	2.2
支柱长度/m	L_s	3.0
支柱最大厚度/m	B_s	0.4
支柱纵向位置/m	ΔL_s	4.4
支柱倾角/(°)	β	90
潜体中心距/m	K	4.2
潜体与上层平台的距离/m	H	2.25
设计吃水深度/m	D_r	2.0
排水量/t	T	约 32

2. 小水线面无人艇通气空化特性数值研究

保证潜体空化器上下通气量相同，计算小水线面无人艇模型在不同航速、不同通气量时潜体表面的空泡形态、自由液面特征，并获得模型的阻力特性和升力特性。

图 1.24 为模型在设计航速 60kn 时不同通气量下的通气空泡和自由液面特征。从图中可以看出，在设计吃水深度时，通气空泡和自由液面之间基本没有相互作用。在通气量较小($Q_v = 0.17$)时，通气空泡尺寸很小，主泡部分(图中虚线框部分)占潜体总长近四分之一，主泡后部紧紧贴在潜体表面。随着通气量的增加，通气空泡尺寸不断增大，并向潜体后部延伸，直至包覆潜体的全部。在各个通气量条件下，边条都能够将通气空泡分割为上下两部分，起到预期作用。值得注意的是，当通气量增加后，支柱对上部空泡会有一定影响。从图 1.24(c)、图 1.24(d)中可以明显看出，上部空泡在支柱前缘之前呈现完整的空泡形态，并包覆在潜体表面上。从支柱前缘位置开始，由于支柱周围流场压强出现突变，破坏了空泡表面张力平衡，对上部空泡产生了一定阻碍作用，使后部的空泡剥离了潜体表面。这种现象的产生对于通气空化减阻会有一定不利影响。

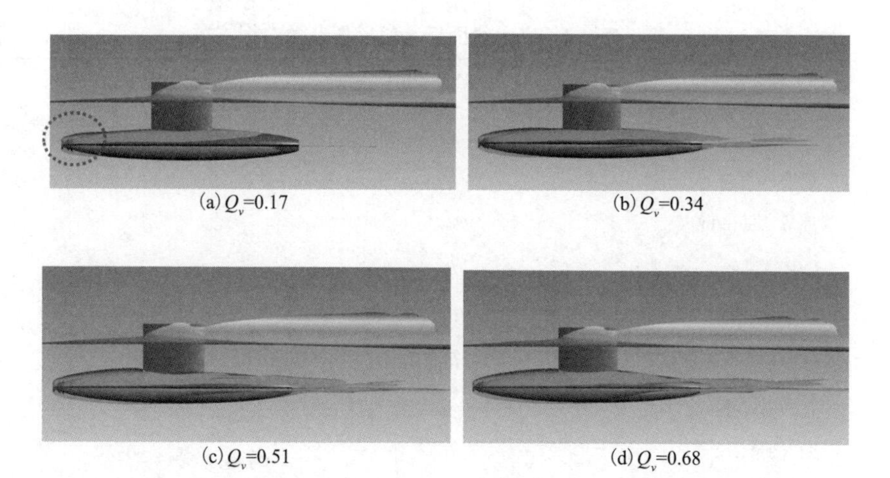

(a) Q_v=0.17　(b) Q_v=0.34

(c) Q_v=0.51　(d) Q_v=0.68

图 1.24　航速 60kn 时不同通气量通气空泡与自由液面特征

在设计航速时，模型潜体上能够形成完整的通气空泡，而在较低航速下，仍然能够形成一定尺寸的空泡。图 1.25 为不同航速、不同通气量产生的通气空泡效果和自由液面特征。当航速为 50kn 时，尽管通气空泡尺寸无法覆盖完整潜体，但此时边条仍然能够将下部通气有效阻隔，防止上漂。当航速为 37kn 时，下部通气会在边条两侧向上溢出，然而边条的阻碍作用延缓了下部通气的上漂，因此未与上部通气直接连通。当航速降低至 25kn 后，下部通气在边条两侧大量溢出，尤其是在两潜体的外侧，并有与上部通气混合的趋势。

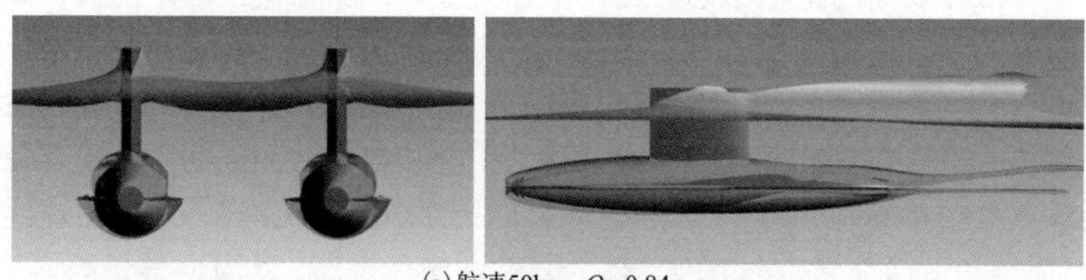

(a) 航速50kn，Q_v=0.84

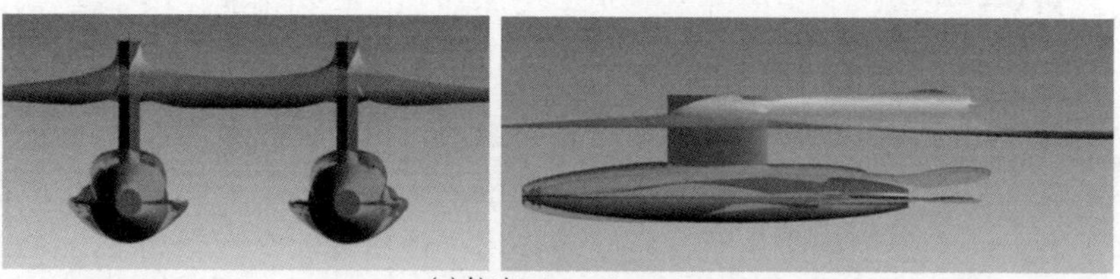

(b) 航速37kn，Q_v=1.13

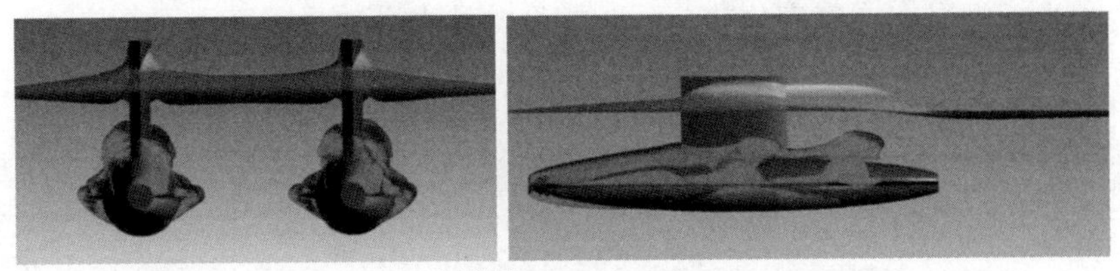

(c) 航速25kn，Q_v=1.69

图 1.25 不同航速、不同通气量时的通气空泡效果(左)和自由液面特征(右)

图 1.26 为模型在不同航速、不同通气量时通气空化的减阻率。航速越高，减阻率越大。在设计航速时，通气空化在模型上的减阻率达到 50%以上，而低于设计航速时，通气空化仍然具有一定的减阻效果，这可以结合图 1.25 说明。尽管航速降低，通气空泡上漂明显，但是空泡仍然能够覆盖一定范围的潜体，尤其是下部通气能够一直沿着边条下表面向后延伸，有效减小潜体的沾湿面，达到减小摩擦阻力的作用。从图 1.26 中还可以看出，航速较低时，要想达到较好的减阻效果，往往需要较大的无量纲通气量。由于潜体上的通气孔面向潜体尾部，航速越高，通气孔的背压越小，即越容易通气，因此，小水线面无人艇在采用通气空化减阻方法时特别适合在设计航速下航行。

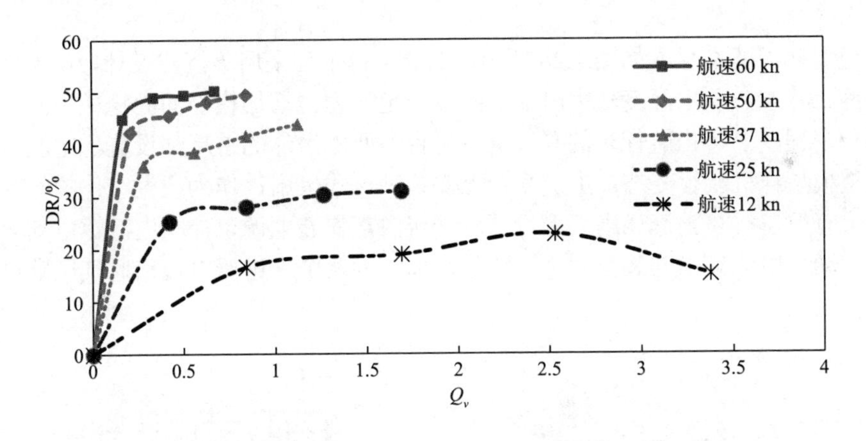

图 1.26 不同航速、不同通气量时通气空化的减阻率

图 1.27 为模型的升力系数随航速的变化，其中该升力系数为静升力系数，各航速的通气量为图 1.26 中所示工况的最大通气量。在静水中，模型的升力系数应为 0，当有一定航速后，潜体和支柱在复杂水动力作用下会产生负的升力系数，即无人艇会有下沉的趋势。因此，传统的小水线面型船艇都必须安装前后稳定舵，一方面用于控制横摇、纵倾等姿态，另一方面还能够在高航速航行时克服垂荡方

向的力。当模型采取通气空化措施后，模型的升力系数显著高于不通气时，这对于实际无人艇航行时垂荡值的控制是有利的。

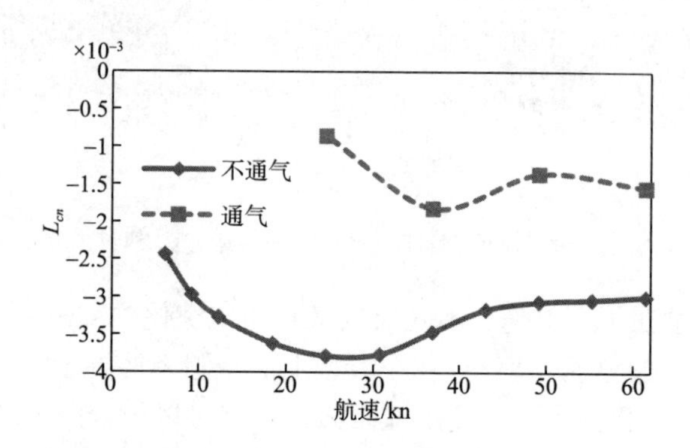

图 1.27　升力系数随航速的变化

3. 模型样机研制与试验

模型样机的研制与试验主要是为了演示、验证局部超空化构型方案的通气空化减阻原理，因此样机在设计时未追求过高的航速指标。以小水线面无人艇模型为基准，按 0.1 缩放倍数进行等比例缩放，获得模型样机初始外形，并完成详细设计工作。

模型样机基本组成如图 1.28 所示。上层平台中部采用下沉式设计，使模型样机在静止状态、吃水深度较大时能够提供一定浮力，增加模型的静稳性，同时能够在一定程度上防止航行时的兴波淹没平台。两侧潜体的首尾都设置稳定舵，用于调整模型样机航行姿态。上层平台上安装轴流式风扇，作为通气空化的气源。平台上有舱盖，与轴流风扇共形设计，平台内部安装电调、控制电池等电气电子部件。动力电池集中安装在两个潜体的内部，为两个推进器电机和通气风扇电机

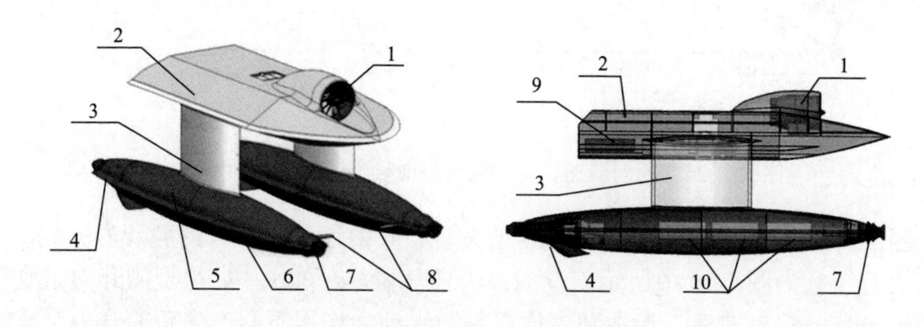

图 1.28　模型样机基本组成

1. 通气风扇；2. 上层舱盖；3. 支柱；4. 推进段；5. 潜体；6. 边条；7. 空化段；8. 前稳定舵；9. 控制电池；10. 动力电池组

供电。潜体中的驱动、控制等线路通过中空的支柱与上层平台上的器件连接。潜体头部为空化段，上面设置空化器、前稳定舵和舵机等，通气风扇与空化器之间用软管连接，并保证水密性。潜体尾部为推进段，安装有推进器、推进电机、后稳定舵和舵机等，推进器为喷水式，进水流道在潜体底部并伸出潜体表面。完成装配的模型样机如图 1.29 所示。

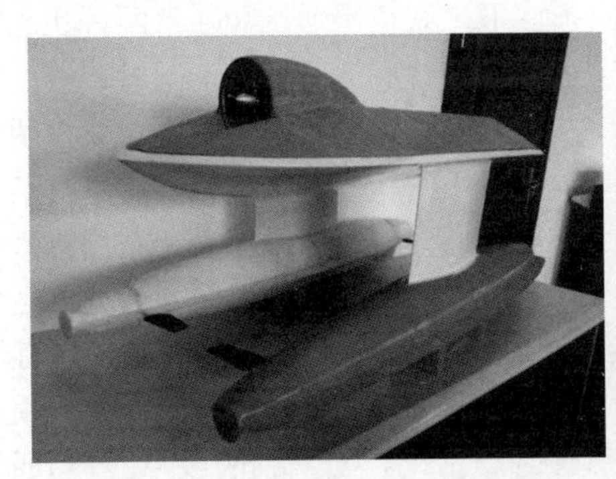
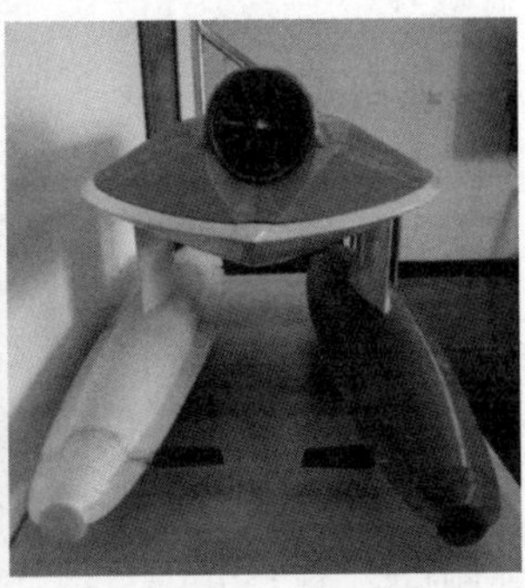

图 1.29　模型样机

模型样机的自航试验在水池中开展，水池长 25m，宽 15m。如图 1.30(a)所示，

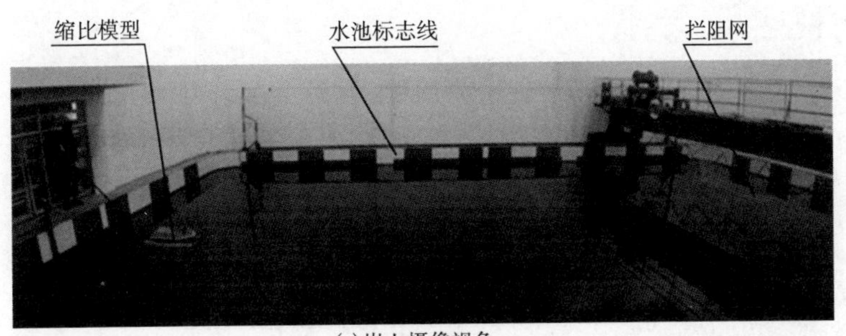

(a)岸上摄像视角

(b)艇上摄像视角

图 1.30　试验环境

模型样机放在水池长度方向的左侧起点位置向右侧航行，为防止模型样机撞击水池侧壁，在水池右侧的行车上吊挂阻拦网。水池侧壁上有红白相间的标志线，以此为基准判断模型的航行速度。试验时，在岸上和模型上安装摄像头获取试验时的影像。模型上摄像头视野中间为标记线，通过分析视频帧中标记线相对于水池侧壁上红白标志线的相对位置，判断模型样机在不同条件下的航速信息。

模型试验方法主要是在固定油门条件下，获得不通气和通气两种状态时模型的航速变化。保持油门10%位置固定，在不通气和通气两种情况时，模型样机的航行速度有显著变化，如图1.31所示，对艇上视频采用帧间分析法获得两个模型在同样推力下的航速变化曲线。对比航速变化曲线可以看出，不通气时最大航速约2.3kn，而通气后最大航速约提高到3kn，此时模型长度弗劳德数约为0.44，相当于实尺度模型航速为10kn的工况。虽然模型样机的长度弗劳德数远未达到大于2.88的要求，但是按图1.26的计算结果，模型的航速降低到12kn时仍然有约15%的减阻率，即模型样机在此低速航行时通气空化仍然有一定减阻效果，模型样机的试验结果印证了图1.26中数值计算得到的结论。模型样机在不通气和通气时的水面状态在图1.32中有更明显的对比，图中可清晰地看到航行时的兴波和通气时的气泡。

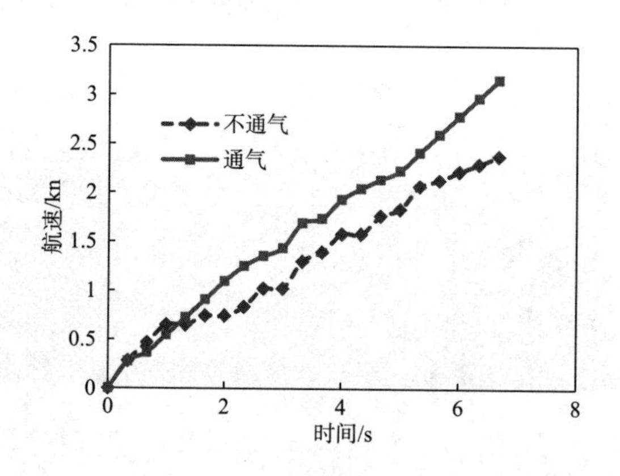

图1.31 自航试验结果

(a)不通气 (b)通气

图1.32 模型样机不通气与通气水面状态对比

模型速度提高后，外界扰动力增大，模型自身无法提供足够的扶正力矩，而出现航行失稳的情况。因此，采用局部超空化构型的小水线面无人艇在实际研制时必须有配套的航行姿态控制系统，应用艇载计算机根据航行姿态变化控制潜体上的前后稳定舵，实现无人艇高速稳定航行。

小水线面无人艇模型样机的水池试验演示了采用局部超空化减阻构型时，通气空化减阻方法在小水线面高速无人艇上的有效应用，并验证了低速航行时通气空化仍然具有一定减阻效果的结论。而数值计算结果显示，航速越高，通气空化减阻能力越强，因此在未来高速海洋机器人领域，局部超空化减阻构型具有广阔的应用前景。

参 考 文 献

[1] Johansen S T, Wu J, Shyy W. Filter-based unsteady RANS computations[J]. International Journal of Heat and Fluid Flow, 2004, 25(1): 10-21.

[2] Schauer T J. An experimental study of a ventilated supercavitating vehicle[D]. Minnesota: University of Minnesota, 2003.

2 万米级超深海机器人控制问题研究

2014 年 4 月，中国科学院(简称中科院)战略性先导科技专项(B 类)“海斗深渊前沿科技问题研究与攻关”正式启动。在相关课题的支持下，“海斗”号自主遥控水下机器人(autonomous and remote operated vehicle, ARV)(简称“海斗”ARV)研制成功，于 2016 年搭乘“探索一号”船马里亚纳海沟科考航次进行测试和科考作业，最大下潜深度达到 10767m，成为我国首台下潜深度超过 10000m 并成功进行科考应用的水下机器人，创造了我国潜水器的最大下潜及作业深度纪录，也使得我国成为继日本、美国之后第三个拥有研制万米级水下机器人能力的国家[1]。

截至 2019 年底，中科院深渊科考队搭乘“探索一号”船已经多次在马里亚纳海沟执行万米级科考任务，上海海洋大学的“彩虹鱼”团队及国内其他多家科研单位也都在该地区超过万米的水深开展过探测作业。新一代全海深水下机器人“海斗一号”也已经成功完成了万米级海试，全海深载人潜水以及全海深着陆器视频直播平台也都在紧锣密鼓的研制当中。中国的超深海/超深渊研究已经走在了世界前列。

2.1 引言

超过 10000m 的深渊环境下，密封和耐压的难度是显而易见的，在这个深度下工作的设备需要使用与传统深海不同的机械结构来处理密封和耐压问题。而机械结构的改变及严苛的环境也同样会导致控制系统结构发生变化，这是前人较少讨论却实际存在且会对全海深水下机器人造成影响的重要问题。本章针对万米深海环境下遇到的实际控制问题的特殊性进行介绍，并讲解一些可行的解决方案。

2.2 全海深水下机器人简介

全海深(full-ocean-depth，FOD)代表着水下机器人可以在地球上不受海水水压的限制进行工作，使用深度范围为 0～11000m。该类型的水下机器人在设计上与传统水下机器人存在着很大的不同，工程技术上的差异也给建模和控制方法带来了许多新的挑战。

海面以下 6000～11000m 的海斗深渊区一直以来都是深海研究的热点。国外方面，除了日本的 Kaiko 号、ABSIMO 号、美国的“海神”号这几个著名潜水器外，其他潜水器一直处于概念和设计阶段。日本海洋-地球科技研究所(Japan Agency for Marine-Earth Science and Technology, JAMSTEC) 提出了其新型载人潜水器 Shinkai12000 号的构想方案[2]。美国的伍兹霍尔海洋研究所(Woods Hole Oceanographic Institution, WHOI) 提出了其 N11k 方案[3]和 Nereid 的改造方案等。各大公司也争相潜入深海，Triton 公司提出了自己的 Triton 36000/3 型多人全海深载人潜水器。国内方面，中国科学院沈阳自动化研究所研制的 CR-01[4]、CR-02[5]和潜龙一号[6]水下机器人成功到达了 6000m 深度。蛟龙号率先突破 7000m 深度，在海斗深渊区完成了多次科考任务。中国科学院沈阳自动化研究所、上海海洋大学、上海交通大学也很早就开始了全海深验证型潜水器的研制工作。2016 年初，科技部启动了国家重点研发计划“深海关键技术与装备”专项，引领了国内新一轮的深海研究热潮。

尽管全海深水下机器人一直是国内外研究的重点，但其制造难度大且涉及的工程技术问题较多。实际上，如前所述，截至 2019 年，国际上真正完成超过 10000m 深度下潜的全海深水下机器人仅有 4 台。尽管从 2020 年开始，这个数字有了很大的变化，但相关研究工作很少以学术研究的方式开放给学术界，科研探讨性质的内容依然十分匮乏，仍有大量关键问题需要进行研究。

2.3 全海深水下机器人建模与控制难点

全海深水下机器人研究是一个复杂而且全面的工程问题[7]，本章所述的研究主要关注深海、高压下的水下机器人与浅海水下机器人在建模和控制方面表现出的不同特性。

超过 10000m 的深度，海水压力大于 100MPa，与机器人在浅海作业时的情况不同，高压下海水密度会发生大幅变化，使得刚体的浮力比水面上增加了 5%还多[8]，加上全海深水下机器人的工程技术条件尚不成熟，传感器的类型和性能都受到了诸多限制，使得在该深度下进行建模和控制变得更加困难，也产生了一些新的问题。可以归纳为如下几点：

(1) 传感器受限。市面上的大多数海洋传感器不能承受如此高的压力，能够全海深使用的传感器往往体积大、重量大且性能较差。因此，全海深水下机器人可获得的建模和控制反馈数据种类少、精度低。本章的所有后续内容将围绕这一限制条件展开研究。

(2)浮力估算困难。全海深水下机器人目前全部都是采用浮力体模型而非升力体模型，浮力体模型只能通过调节自身重力或体积改变垂向受力，更严重的是，由于高压下工程条件的限制，现有的所有全海深水下机器人和潜水器只能通过抛弃重物或抛弃浮力体的方式改变浮力，该方法不能实现微调且不具备反复调整的能力。因此，浮力的测量和估算对动力学建模和控制都非常重要。非金属材料出色的压缩强度(图 2.1)和耐腐蚀性能使得非金属材料在深海大量使用[9]，设备模块的体积变化未知[10]、海水密度变化[11]等都会造成对水下机器人状态尤其是浮力状态判断的失误，拖慢海试进度，大幅延长配平时间[12]。尤其是一些充油密封式的耐压舱，在浅海使用条件下，油的压缩可以忽略不计，但在大于 100MPa 的压力下，油的体积会被显著压缩，造成浮力变化，加上该类器件的内部形状往往较为复杂，体积难以测量，使得充油耐压舱的充油量会有不确定的问题，导致其在高压下的体积难以估算。

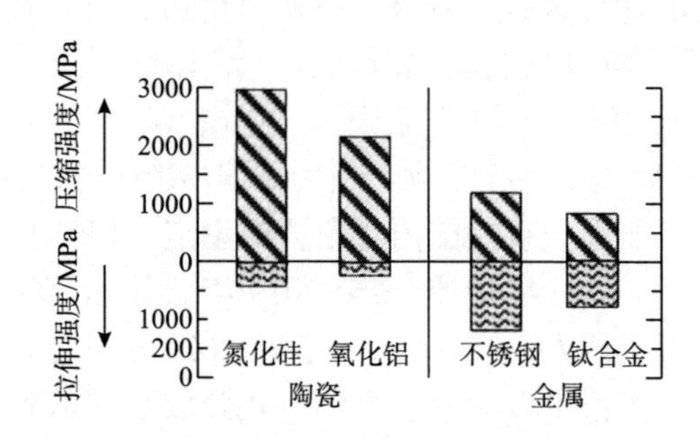

图 2.1　深海耐压舱常用材料的拉伸和压缩强度对比

国内外对于全海深水下机器人浮力测量方法的研究见刊的较少，大部分全海深水下机器人公开资料讨论了浮力调节的方法，但很少提及浮力的精确测量。美国伍兹霍尔海洋研究所的 Nereus HROV(hybrid remotely operated vehicle, 混合型遥控水下机器人)为了弥补浮力计算不准的问题使用了同时抛浮力球和配重的方式来实时调节浮力。由导演卡梅隆驾驶的 DEEPSEA CHALLENGER 号载人潜水器及 Trieste 号载人潜水器使用手动抛钢珠的方法来粗调浮力[13]。国内针对 6000m 深海自主水下机器人(autonomous underwater vehicle, AUV)的浮力测量已开展过相关研究，在海试中获得了较好的效果[14]。该型 AUV 使用潜艇外形，动力学参数可靠性高，但该方法没有考虑参数变化带来的问题，在全海深水下机器人上是否适用还需进一步验证。本章使用“海斗”ARV 作为实验平台，该平台已经在 10000m 以深的水域完成过作业任务，“海斗”ARV 由于体积限制没有安装浮力调节机构，而无法调节浮力的水下机器人必须通过动力来抵消剩余浮力的作用[15]，因此，为了在水下作业时节省能源和提高作业效率，浮力实时测量尤为重要。

(3)动力学参数变化。水下机器人模型试验获得的水动力参数与全附体真实水下机器人的参数总存在差异，附加质量参数在不同航速下不稳定[16]，全海深水下机器人大量使用的快速下潜特殊外形(图 2.2)脱离了常见的回转体外形(潜艇型)，使得全海深水下机器人动力学参数的稳定性难以预测。

(a)深海潜水器

(b)着陆器

图 2.2 采用非潜艇外形的深海潜水器和着陆器

(4)执行机构建模困难。深海水下机器人使用的电动执行机构大多使用充油电机。在高压环境下油对电机的转子的阻力会发生显著变化。油的黏度与所受压力及环境温度都有很大的关系，有必要对电机在充油高压环境下的损耗进行分析[13]。国内外学者对电机在充油高压环境下的特性进行了较为深入的研究。泰勒在 1923 年就针对充油电机相似的转筒提出了黏性流体不稳定理论。通过实验验证，低速稳定的库特流在转筒速度增大时会转变为泰勒涡流(图 2.3)，该理论揭示了充油电机实际损耗与层流状态假设所得结果不相符的根本原因，目前充油电机的枯滞损耗、热分析都是基于泰勒的这一理论。而在深海环境中，温度接近 0℃，压力往往超过常规液压设备的工作压力，而液压油的黏度受温度和压力的影响相当明显。电机随着工作时间的延长，温度升高，又会反过来使液压油黏度降低。使得这一情况更加复杂。孙辉[13]对该情况进行了详细的仿真分析和实验验证，也证实了该过程非常复杂，难以用仿真结果对实际情况进行预测。

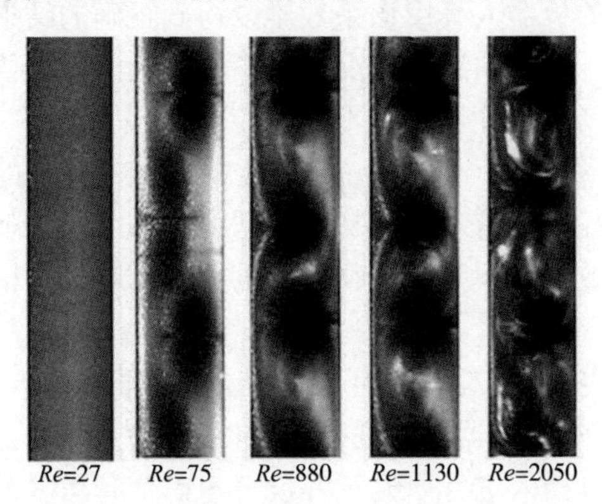

图 2.3 充油电机内产生的泰勒涡流

(5)强耦合、强非线性使得控制器设计较为困难。如前所述，由于全海深水下机器人大多选择了较为特殊的外形，使其系统模型内各通道间的耦合性及非线性特性更强，后续章节将对建模中的这些特性进行讨论。这些特性导致了控制器设计更加困难。常规的控制器设计方法基于非线性模型的反馈线性化或是基于零状态假设下的简化模型，经常会因为建模误差及上述参数时变的问题而影响其控制效果。当模型本身出现非渐近稳定这种较为特殊的情况时将很难设计出一个有效的控制器。

2.4 常规建模与控制方法在处理全海深问题时的局限性

目前国内外的水下机器人建模控制研究虽然较多，但在处理全海深问题时大多存在一定的局限性。

建模方面，水下机器人动力学建模的基本方法是先选择模型结构即系数形式，再建立计算流体力学(computational fluid dynamics, CFD)仿真数据或实验数据，最后通过回归分析得到参数具体的值。建模方法的差异主要体现在模型结构上。二维平面运动的模型较为简单，不在本章的讨论之列。六自由度的水下机器人动力学建模方法基本分为如下几类：

(1)根据细长体理论确定动力学系数结构。该方法处理简单外形较为方便，但在处理复杂外形时，该方法需要深厚的流体力学基础和实践经验，建模过程复杂、不易掌握。已有的相关研究中只有少数几家科研单位具有对复杂外形水下机器人使用细长体理论确定动力学系数的能力，且缺乏对照实验来验证模型准确度，难以验证其可靠性。

(2)使用潜艇标准运动方程建立模型。这类方法需要机器人本体与潜艇外形相似，盲目对其他外形的机器人套用该系数难以得到正确的结果。且该方程仅适用于迎流角度不大于 5° 的前向运动。深海水下机器人大多需要对垂直运动建模，且经常会向后倒退运动，因此该方程不适用。

(3)使用遥控水下机器人(remote operated vehicle, ROV)的一阶阻力模型或其改进模型。该类模型往往具有对称的特性，即上浮和下潜的阻力特性一致，前进和后退的阻力特性一致。且模型结果往往较为简单，难以高精度地仿真有一定流线型外形的水下机器人。

因此，全海深水下机器人难以利用上述方法建立准确的六自由度动力学模型。

在参数辨识方面，水下机器人特征参数辨识和浮力测量的相关研究较为丰富，但大多基于浅水水下机器人进行研究，并没有考虑全海深水下机器人的特殊性，在全海深环境下大多受到传感器的限制而无法获得高精度的结果。

在控制方面，水下机器人的控制方法高度依赖动力学模型，研究人员有丰富的控制器可供选择。目前，矢量推进器或可旋转推进器已经成为深海潜水器的热门推进方式，该方向的研究起步较晚，还没有成熟的通用算法。针对全海深环境下如何对该类型的推进系统进行控制还值得深入研究。水下机器人发生摇摆的现象较为常见，但多数是外形设计造成的。因此，多在机械设计类的文献中讨论振动的机械优化[17]，而在控制类的文献中讨论得较少。摇摆控制大多在仿鱼机器人[18]中进行讨论，其运动方式与水下机器人不同，建立的模型也比水下机器人的六自由度动力学模型简单许多。因此，建立可以仿真该运动形式的六自由度动力学模型并进行摇摆控制是一个较新的方向，可以为现象的成因进行解释，也可以从控制系统设计人员的角度来提出解决该问题的方法。

本章的后续内容将给出几种全海深环境下适用的建模和控制方法，但并不代表最前沿的研究或最优的解决方案，仅作为该问题引入及解决的较为稳妥的方案。

2.5 基于零进速推力特性的全海深水下机器人实时浮力测量方法

1. 简介

推进器动力学模型的建立对于水下机器人的动力学建模非常重要，全海深环境下传感器匮乏，且环境因素影响下的模型变化情况具有一定的未知性，进一步增大了建模的难度。大于 10000m 水深环境下因为密度变化、新材料力学参数不确定等因素的影响而难以获得实时浮力数据。而浮力数据对于水下机器人的建模及状态的评估具有重要意义，很多时候，剩余浮力就是建模需要的合外力。

该方法使用海试的试验数据进行建模。推进器作为水下机器人最主要的执行机构，对水下机器人的控制起着决定性的作用，该模型的准确性直接影响控制效果，该方法的详细介绍可以参见文献[19]。对水下机器人而言，推进器的静态特性较容易测量且结果普遍比较精确，但由于在大于 10000m 的深度获取推力非常困难，该方法使用推进器电流来粗略估计电机的动态响应特性，利用海试时的垂直运动数据及零进速下获得的推力值来建立模型。可以直接获得近 11000m 工作时推进器的动力学模型，避免了在浅水建立的推进器模型不适合在深海使用的问题。

2. 方法概述

该方法使用推进器、深度计和航姿参考系统（attitude and heading reference system，AHRS）来测量浮力并在“海斗”ARV 上进行了实验验证。现阶段的深海水下机器人都携带有垂直方向的推进器及加速度计，如果已知实时的推进器推力值和加速度，则在理论上可以估计出机器人的质量和剩余浮力等参数。但是在实际工程问题中却存在某些关键参数不确定或随工况变化的问题[16]。通过引入推进器的推力来抵消方程中的不稳定附加质量力项，并设计特殊的动作使得推进器的推力测量可以达到静态推进器推力的精度，避免了动态工作情况下建模误差给推进器推力测量带来的影响。该方法的具体实现如图 2.4 所示。

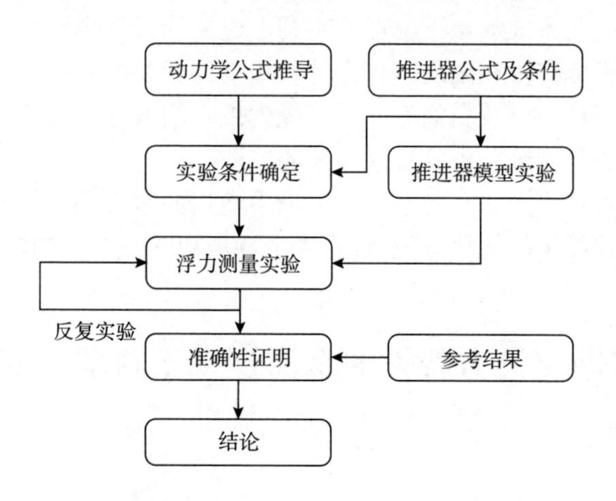

图 2.4　浮力实时测量方法实现过程

3. 推进器参数辨识实验

设推进器的控制与反馈均为转速 n，所以需要通过实验来辨识系数。“海斗”ARV 在沈阳自动化研究所的淡水水池中进行了该辨识实验。实验中为了保证伴流系数 t 的准确性，机器人携带完整附体并在水池的中心深度完成测量。取水体密度 $\rho = 1000\text{kg}/\text{m}^3$ 得到单个推进器的转速与推力曲线，如图 2.5 所示。

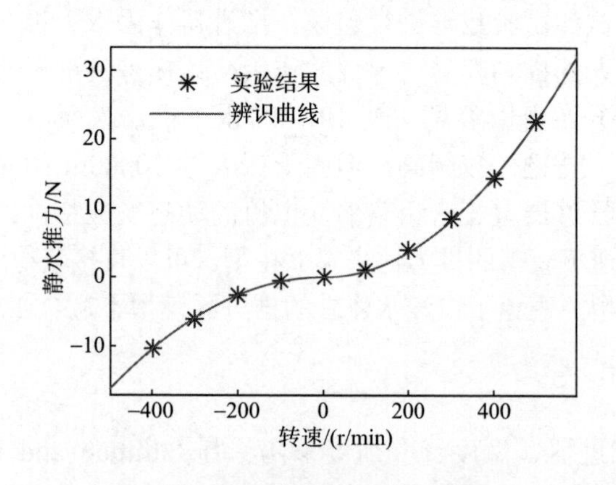

图 2.5　静水推进器参数辨识曲线

图 2.5 中星号点为实验结果，曲线为辨识得到的推力曲线。可以得到双推进器共同作用时在垂直面的推力公式为

$$F_{\text{prop}}=\begin{cases}1.8152\times10^{-4}\rho n^2, & n\geqslant 0\\ -1.3052\times10^{-4}\rho n^2, & n<0\end{cases}$$

该公式与图 2.5 实验值的平均相对误差为 0.0705。可见，该方法对推进器推力的辨识具有较高的精度。

鉴于推进器推力测量误差对于浮力测量结果的重要性，这里有必要对该误差分析结果进行进一步讨论。本章研究使用的推进器转速闭环特性测量较为困难，但其在水中固定转速下的推力值重复性较好，稳态下的推力抖动在10%以内，平均值的重复误差小于 5%。深海压力的变化主要改变海水密度及增加推进器电机的负荷。由于 120MPa 下力学特性的测试难度大，因此没有进行带压的详细测试。虽然“海斗”ARV 上搭载的推进器的性能及可靠性都不佳，但其电机定子和转子的间距大、转速很慢的特性却使其受压力的影响很小。对比推进器相同外部负载下的电流后发现，其在深海压力下的电流增量可以忽略(小于 0.1A)。这点确实给我们的建模工作带来很大便利并提高了推力测量的精度。因此可以认为，该推进器在深海中工作时电机由于压力造成的负荷增量可以忽略，在合适的测量动作下，粗略估计推力输出的精度可以达到 10%以内。

4. 基于推进器和加速度计的浮力测量实验

为了满足该方法的相关注意事项，规定“海斗”ARV 将主推电机旋转至竖直方向，如图 2.6 所示。并使其仅在竖直方向上运动。经计算可以得到推进器零进速的非线性推力矫正，相关公式可以参见文献[19]，使其输出推力可以跟踪给定的推力参考值。

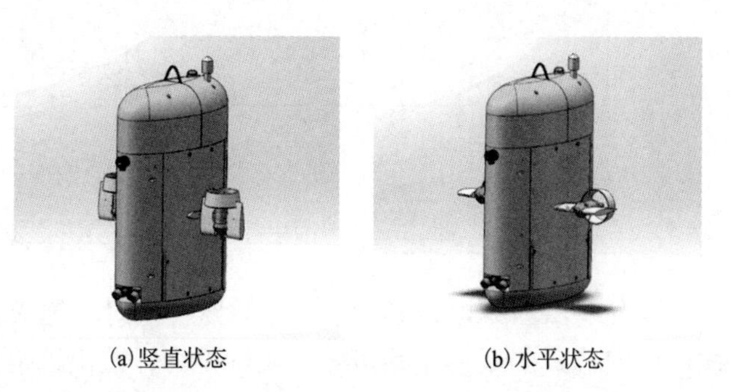

(a)竖直状态　　(b)水平状态

图 2.6　可旋转推进器处于竖直和水平两种状态下的“海斗”ARV

在选取采样时间点的步骤中，一个重要的原则是尽量在主推电机推力输出稳定的时间点进行采样，这样才能尽可能使用推进器的稳态测量参数并且减少推进器动态特性测量不准对结果造成的影响。因此，选用阶跃信号作为推力的参考信号，计算出推力稳定的时间区间，并在该区间内进行采样。

在计算推进器的延迟特性时，可以选用电流数据来进行辅助计算。对于理想的电机模型，其力矩的输出值与电流为线性关系。因此在给定阶跃参考信号时，扭矩输出到达稳定的时间与电流到达稳定的时间应当一致，即可通过电流来确定推进器推力阶跃响应到达稳态的时间。试验中使用的电流传感器测量延迟小于0.5s，小于系统的采样周期，由于仅需要测量到达稳态时间，所以对测量精度没有太高的要求。

已知对于静水中的推进器，有 $F_{\text{prop}} = k_{\text{p}} Q_{\text{prop}}$，其中，$Q_{\text{prop}}$ 为推进器的转矩，k_{p} 为推力与转矩的比例系数(在静水中是一个与螺旋桨半径、螺距、效率相关的常数)。对于电机驱动的推进器，在恒定的输入电压下，有理想电机模型 $Q_{\text{prop}} = k_{\text{m}} I_{\text{prop}}$，其中，$I_{\text{prop}}$ 为电机的电流，k_{m} 为与电机效率相关的常数。可以得到

$$F_{\text{prop}} = k_{\text{p}} k_{\text{m}} I_{\text{prop}} \tag{2.1}$$

即 F_{prop} 与 I_{prop} 线性相关。基于此，可以通过电流来判断主推电机实际输出的推力与参考推力的延迟关系，如图 2.7 所示。

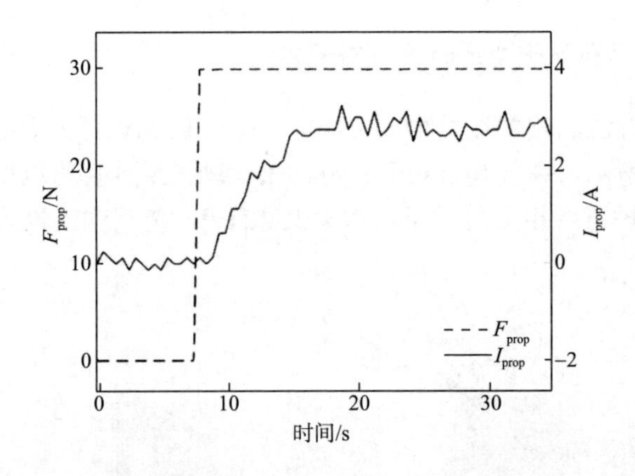

图 2.7　推力参考值与电流关系

从图 2.7 中可以发现，当给推力参考值一个阶跃信号时，电流在约 10s 后可以达到稳态，根据前面公式的线性关系可知，实际推力输出跟踪推力参考值的时间约 10s。

因此，在选取测量动作和采样点时，应取推力参考阶跃点后约 10s 的时间点进行采样，同时，为了保证在该点处的垂向速度为零（$w=0$），需要让机器人依靠惯性在采样点附近维持基本静止的状态。

基于上述考虑，本方法设计了较大深度改变的升沉动作，其间电机保持一恒定推力，并迅速切换。机器人在此过程中会因为惯性和附加质量的关系有一个缓慢的减速过程，可以留出足够的时间在机器人达到零垂向速度时电机的推力可以稳定。

令主推电机在垂直方向上的推力参考值如图 2.8 所示。

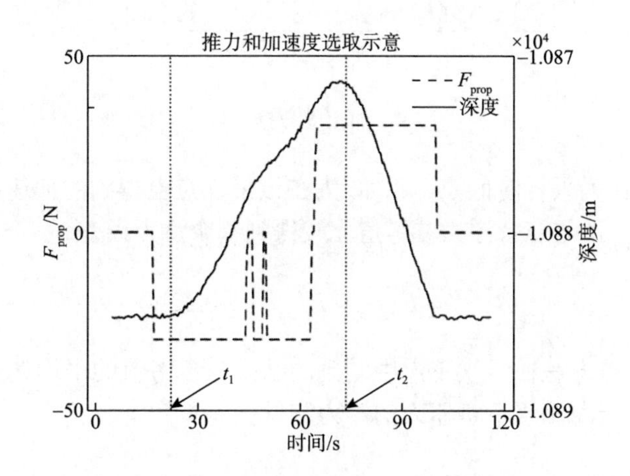

图 2.8　采样时间点 t_1、t_2 选取

令推力在 $w=0$ 的两个时间点上方向相反且绝对值相同。在图 2.8 中的两个 $w=0$ 的点上对加速度计进行采样可得

$$\begin{cases} F_{\text{prop1}} = -32.34\text{N} \\ \dot{w}_1 = -0.0245\text{m/s}^2 \\ \dot{w}_2 = 0.0330\text{m/s}^2 \end{cases}$$

式中，$\dot{w}_1, \dot{w}_2$ 为在该采样点上得到的加速度值。

通过代入浮力计算公式[19]即可得到 B_{remain}，与试验中通过其他方法测量得到的剩余浮力参考值 $\hat{B}_{\text{remain}}$ 比较得到剩余浮力误差 $\tilde{B}_{\text{remain}}$：

$$\tilde{B}_{\text{remain}} = B_{\text{remain}} - \hat{B}_{\text{remain}} = -0.38\text{N}$$

为了大致确定误差的范围，重复进行该实验，再次执行相似动作，得到深度与加速度的曲线如图 2.9 所示。

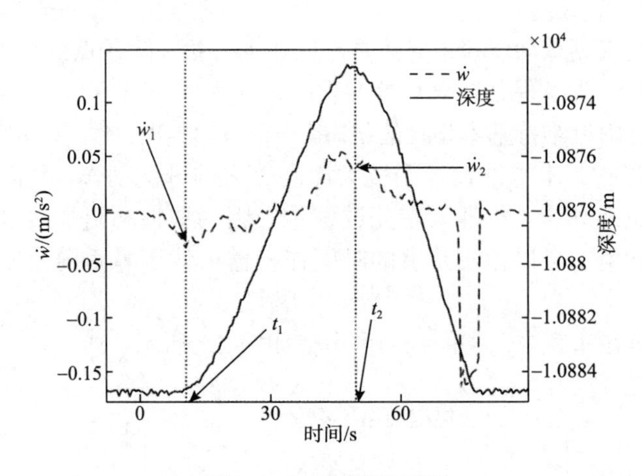

图 2.9　加速度数据采样

图 2.9 中 t_1,t_2 为采样时间点，$\dot{w}_1,\dot{w}_2$ 为在该采样点上得到的加速度值。可得本次测量结果 B_{remain}，与剩余浮力参考值比较得到剩余浮力误差：

$$\tilde{B}_{\text{remain}} = B_{\text{remain}} - \hat{B}_{\text{remain}} = -0.22\text{N}$$

由此可知，该方法在本次下潜中测到的结果与参考值的平均误差为 -0.3N，能够较好地完成全海深水下机器人的浮力测量任务。

2.6　基于柔性结构的全海深水下机器人外场动力学参数辨识方法

1. 简介

如前所述，大于 10000m 的深海环境为水下机器人在海底的状态带来许多不确定性，如果可以提出一种在全海深环境下可以使用的动力学参数辨识方法，则可以为全海深水下机器人的控制和能源消耗提供设计资源。此外，全海深水下机器人漏水或浮力材料破损造成的浮力损失风险较大，如果能通过准确的动力学模型实时监测浮力状态，则可以提高机器人的安全性，在发生安全故障的时候提早返回,防止故障进一步扩大。2.5 节中使用推进器测量外部力的方法虽然方便好用，可以实时得出结果，但其精度依然不够高。如果能将测量精度提高到几十克甚至几克的数量级，则可以通过模型辨识实现水下机器人更多故障的诊断。

2. 外部力测量及参数辨识方法

模型参数辨识都需要实验数据的支持，在 11000m 深的海底准确测量外部力比较困难，通过不同传感器的组合可以解决这一问题。压力传感器是水下机器人必备的传感器，与其他类型的传感器相比，往往具有较高的精度和测量分辨率，全海深水下机器人大多使用压力传感器来计算深度，在已知海底深度的情况下可以换算出距底的距离和其他关键的长度信息。该方法通过测量柔性抛载的长度来获得外部力的准确值，并根据该长度值进行微分得到速度和加速度的信息，从而利用上述数据和参考模型进行参数辨识。因此可以实现在传感器受限的 11000m 海底获得精确的参数辨识结果。

3. 动力学模型与测力结构设计

令所有竖直方向的力和速度以向下的方向为正方向。水下机器人仅在竖直方向上运动时，可以得到如下的简化垂向运动方程：

$$\tau_z = (M + Z_{\dot{w}})\dot{w} + Z_{ww}w|w| - B_{\text{remain}} \tag{2.2}$$

式中，M 为质量；$Z_{\dot{w}}$ 为机器人与垂向速度相关的附加质量系数；Z_{ww} 为垂直方向上的阻力系数。

“海斗”ARV 使用柔性抛载来实现浮力测量及进行本章的实验。该方法不需要改变本体结构的设计，实验设计和方案修改比较容易，将质量平分到柔性结构中，既可以在着底时保障机器人本体的安全，也可以通过更改质量分布改变测量精度。柔性抛载可以看作是一根单位重量较重的绳子，绳子着底的部分不再继续提供重力和浮力，在最终达到平衡态时，水下机器人本体和悬浮在水中的绳子(即柔性抛载)刚好可以实现重力和浮力的平衡。

此时，只要测量出悬浮在水中的绳子的长度即可精确地获取外部受力的值。柔性抛载在设计时，其质量分布需要遵守如下三个原则：

(1) 机器人本体要保证正浮力，使得部分柔性重块浮在水中。

(2) 机器人本体不可猛烈触底，否则会造成损坏。

(3) 机器人稳定后柔性结构的触底点附近应该都是匀质的，触底振荡期间的离底高度和重力增量应呈线性关系。如果刚好在独立的大块压铁处着底，将会大大降低浮力测量精度。

基于上述原则，可以将抛载的质量在整个长度上均匀分配，但是为了同时照顾机器人触底的安全性并提高测量精度，将柔性抛载的压载铁分成 3 部分(图 2.10)。第一部分是配重部分，主要用于将机器人配置成中性浮力，在下潜着底速度太快时也提供额外的快速减速功能，其提供的重力记为 W_{weight}，长度记为 l_{weight}。第二部分为柔性重块，承担连接及精确测量浮力的作用，其提供的总重力记为 W_{chain}，长度记为l_{chain}。第三部分为下潜部分，仅提供快速无动力下潜的功能，其提供的重力记为$W_{ballast}$。

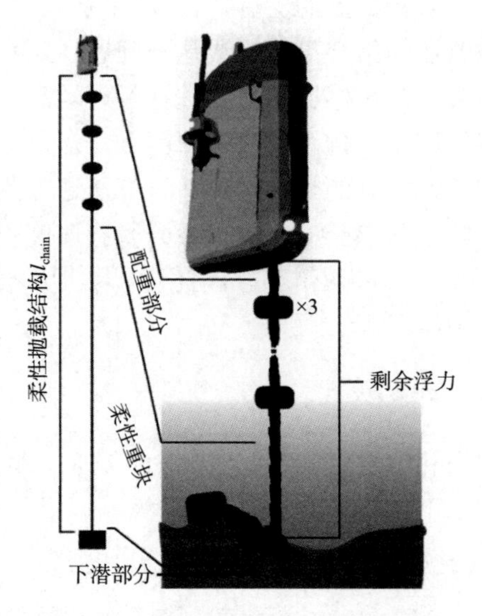

图 2.10　柔性抛载着底后的状态示意

在配置抛载时，需要预估机器人在海底的剩余浮力，让机器人在着底后的往复运动尽量发生在第二部分的中心点附近，令

$$
\begin{aligned}
\hat{B}_{remain} &= -\left(\frac{\dfrac{l_{chain}-l_{weight}}{2}+l_{weight}}{l_{chain}}W_{chain}+W_{weight}\right) \\
&= -\left(\frac{l_{chain}+l_{weight}}{2l_{chain}}W_{chain}+W_{weight}\right)
\end{aligned} \tag{2.3}
$$

在给定无动力下潜的配重重力$W_{ballast}$的情况下，水下机器人存在一个触底后的最大减速距离l_{safe}。需要令$l_{chain}>l_{safe}$以确保机器人不会猛烈地撞击海底。

4. 合外力的测量

在成功着底并获取实验数据后需要首先计算机器人受到的合外力，该合外力完全由着底后的柔性压载提供，因此，合外力可以通过测量机器人柔性抛载的剩余长度来测量。

测量柔性抛载的剩余长度需要获取机器人实时的距底高度信息，测量高度信息一般使用声学设备来获取，全海深的声学设备往往较为昂贵而且重量和体积都不适合在小型水下机器人上搭载。本章试验中使用航姿参考系统和深度计来计算距底的高度信息。

下潜压铁着底的瞬间通常会对一些传感器造成扰动，较为敏感的有姿态传感器、加速度计、振动传感器等。同样以“海斗”ARV为例，柔性抛载着底的瞬间会引起机器人总体质心位置发生变化，进一步引起俯仰角的改变，从而可以通过查找俯仰角跃变的时间点来计算出压铁着底的时间。通过读取该时刻的深度值和柔性抛载的长度即可获得海底的深度，进一步计算距底距离。

设机器人t时刻的深度为$z(t)$，距海底的距离为$h(t)$，当柔性抛载结构足够长时认为其在下潜过程一直保持竖直状态，第一块压铁触底时机器人距底的距离$h_1 = l_{\text{chain}}$，深度为z_1，机器人深度稳定后距底的距离为h_2，深度为z_2。

规定所有竖直方向的力和速度以向下的方向为正方向。深度稳定后柔性抛载中配重部分提供的总重力为W_{remain}，因为存在剩余浮力估值远大于实际剩余浮力的情况，即$\hat{B}_{\text{remain}} \gg B_{\text{remain}}$，会导致配重也有一部分沉底的情况出现而使得$W_{\text{remain}} \leqslant W_{\text{weight}}$。在浮力配置较好的情况下，有$W_{\text{remain}} = W_{\text{weight}}$，则可以得到机器人受到的合外力为

$$\tau_z = W_{\text{remain}} + \frac{h_2}{h_1} W_{\text{chain}} \tag{2.4}$$

由于无法直接测量出$h(t), h_1, h_2$，需要用深度计的读数$z(t), z_1, z_2$替代。其中，z_1需要通过其他传感器来确定采样的时间点，为了方便后面的说明，这里假设z_1的采样时间为t_{change}，即$z_1 = z(t_{\text{change}})$。$z_2$是稳态下深度计的读数，可通过平均稳态下的深度数据获得。可以得到

$$h(t) = h_1 - (z(t) - z_1) \tag{2.5}$$

已知在链式结构最下端的压载铁着底时会引起机器人运动模式的改变，而AHRS单元可以测量出该改变点发生的时间，在该时间点可以采样得到z_1。进一步可以得到合外力的计算公式为

$$\tau_z = W_{\text{remain}} + \frac{l_{\text{chain}} - z_1 + z(t)}{l_{\text{chain}}} W_{\text{chain}} \tag{2.6}$$

到达稳定状态后，速度和加速度均为0，因此有$\tau_z = -B_{\text{remain}}$，$z(t) = z_2$。可以得到水下机器人本体的剩余浮力为

$$B_{\text{remain}} = -\left(W_{\text{remain}} + \frac{l_{\text{chain}} - z_1 + z_2}{l_{\text{chain}}} W_{\text{chain}} \right) \tag{2.7}$$

5. 参数辨识

根据前面的公式推导，可以得到参数辨识公式：

$$\frac{z(t)-z_2}{l_{\text{chain}}}W_{\text{chain}}=(m+Z_{\dot{w}})\dot{w}+Z_{ww}w|w| \tag{2.8}$$

为了简便起见，将上式左端记做 $F_{idt}(t)$，将 $m+Z_{\dot{w}}$ 记做 $m_{\dot{w}}$，化简后的公式如下所示。

$$F_{idt}(t)=m_{\dot{w}}\dot{w}+Z_{ww}w|w| \tag{2.9}$$

在完成了剩余浮力的测量之后，公式中还有两个参数需要辨识，分别是 $m_{\dot{w}}$ 和 Z_{ww}，辨识这两个参数需要动态过程的数据，机器人着底后在平衡位置进行数次垂直方向的振荡后才能到达稳态。试验中使用这段垂直振荡的数据来辨识系数。

$F_{idt}(t)$ 通过读取每一时刻的深度值可以转化得到，$\dot{w}$ 由机器人航姿参考系统中的加速度计测量得到，w 则需要根据深度计的读数经过微分得到。离散数据的微分多采用差分的方式获得，会将传感器噪声放大，本节使用 Savitzky-Golay 滤波器对数据进行滤波，该滤波器产生的时间延迟很小，在微分数据的后处理上效果良好。

6. 参数辨识实验

“海斗”ARV 在 2017 年“探索一号”船的 TS-03 航次中对本章提到的方法进行了验证，航次中按照上述原则设计了柔性抛载并成功下潜至近 10900m 的深度。着底后机器人按照前面对于柔性抛载的设计，在海底进行了多次垂直方向的振荡之后深度达到稳定，此时柔性抛载着底点经验证也处在柔性抛载的第二段中，且振荡过程也都处在柔性抛载的第二段中，因此实验条件达成。着底后机器人的深度曲线如图 2.11 所示。

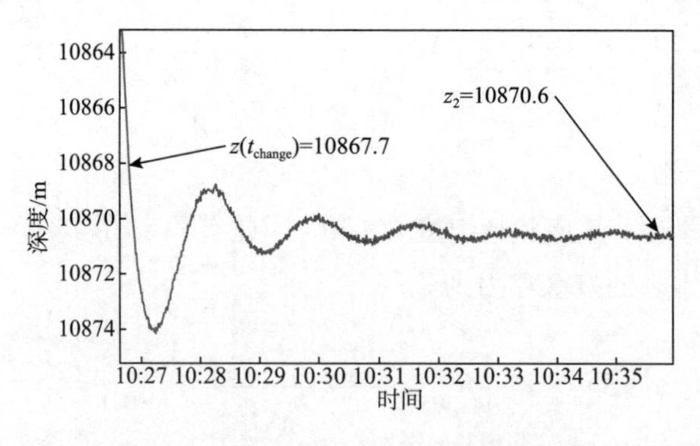

图 2.11　水下机器人着底后的深度曲线

图 2.11 中的深度数据可以转化为我们需要的高度和速度值，但仍需要确定几个关键的采样时间点。使用该数据辨识动力学模型参数，首先需要通过 AHRS 的数据寻找。AHRS 获得的数据中，俯仰角数据对着底状态的改变最为敏感，最容易找到精确的着底时间点。机器人着底后的俯仰角曲线如图 2.12 所示。

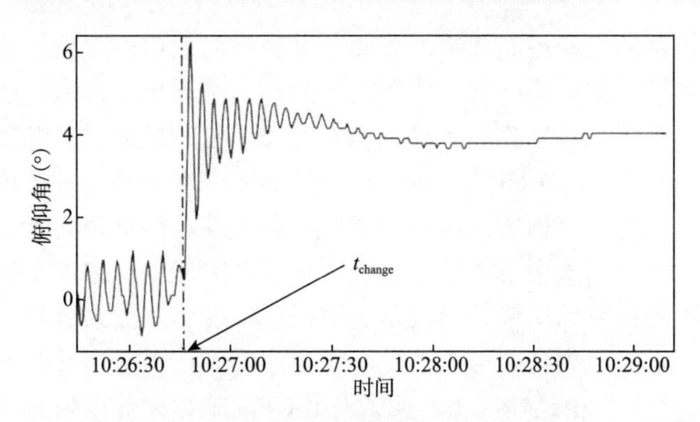

图 2.12　俯仰角曲线及深度采样时间点的确定

根据图 2.12 中姿态跃变的时间 t_{change} 可以获得 z_1 的值，通过对机器人到达稳态后的深度进行平均可以得到 z_2 的值，获得辨识力 $F_{idt}(t)$，在按照上述方法获取了 $\dot{w}$ 和 $w|w|$ 的数据之后，即可选用标准的最小二乘法对参数进行辨识。最终得到 $Z_{ww} = 68.95 \pm 3.74$，$m_{\dot{w}} = 372.9 \pm 7.2$，辨识数据和辨识结果如图 2.13 所示。

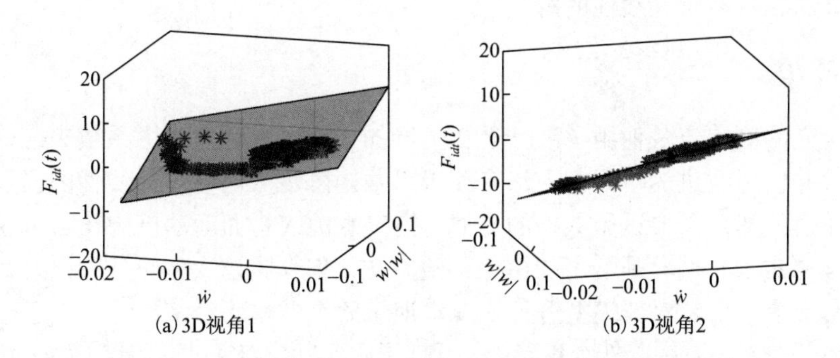

图 2.13　辨识数据和辨识结果在三维空间的显示(见书后彩图)

图 2.13 从两个不同视角展示了此次辨识的拟合效果，图中灰色平面为辨识得到的模型在三维空间中的表示，数据点中红色点为小于该结果的数据，蓝色点为大于该结果的数据。该模型能较好地表征辨识的结果。

2.7 全海深水下机器人动力学灰箱建模方法

1. 简介

想要实现较好的运动控制效果，需要一个准确的六自由度动力学模型，而全海深水下机器人特殊的外形使其需要研究新的动力学模型和建模方法。

本研究以“海斗”ARV实验平台为例对该方法进行验证，该机器人采用立扁体外形，由于工作深度较深(接近11000m)，机器人在水中的大多数时间都处于上浮和下潜状态。同时，该机器人在运动过程中会呈现较为复杂的运动形式。在无动力下潜过程中，机器人会自发地呈现螺旋状摆动的运动状态，导致其下潜速度大大偏离常规阻力计算的结果。当机器人的摆动幅度达到最大值时，其迎流的攻角会变得很大，水的阻力会成倍地上升，而当摆动到达平衡点时迎流的面积小，下潜速度又会加快。在上述情况下，直接采用CFD阻力计算得到的结果与真实情况的偏差较大，需要使用动力学模型来预测其下潜的状态。此外，由于载体呈现螺旋状摆动，平面的动力学模型不适用，需要使用六自由度的动力学模型才能准确地描述这种运动。然而，常用的建模方法并不适用于建立该立扁体外形水下机器人自激振荡的运动模型。此外，由于摆动发生的原因难以解释，所以需要将其黏性力部分当作黑箱模型来处理。本节使用灰箱方法进行建模，将黏性力作为黑箱部分，使用泰勒级数展开到二阶半的所有参数来建立黏性力模型，并通过改进岭回归算法改善多重共线性的影响。

2. 动力学建模方法

本研究的侧重点是使用了展开至2阶半的378个黏性水动力系数来合成黏性力方程，并使用改进的岭回归方法来改善系数矩阵庞大时多重共线性的问题。

流体力的建模需要试验数据的支撑。拖曳水池或平面运动机构(planar motion mechanism, PMM)试验是常用的模拟试验方法，但在机器人的设计阶段，载体的外形经常改变，反复对新模型进行拖曳水池试验是非常不经济的[20]。关于水下机器人的标准动力学方程此处不再赘述，方程中 $\boldsymbol{M}_A$ 与 $\boldsymbol{C}_A(\boldsymbol{V})$ 可以通过Hess-Smith[21]方法求得。$\boldsymbol{D}(\boldsymbol{V})$ 的表现形式比较复杂，很难用矩阵直接表示。多数情况下，$\boldsymbol{D}(\boldsymbol{V})\boldsymbol{V}$ 被写成泰勒级数展开的形式，如下所示：

$$\boldsymbol{D}(\boldsymbol{V})\boldsymbol{V} = \boldsymbol{D}_V\boldsymbol{V} + \boldsymbol{V}^{\mathrm{T}}\boldsymbol{D}_{VV}\boldsymbol{V} + \boldsymbol{V}^{\mathrm{T}}\boldsymbol{D}_{V|V|}|\boldsymbol{V}| \tag{2.10}$$

$\boldsymbol{D}_V, \boldsymbol{D}_{VV}, \boldsymbol{D}_{V|V|} \in \mathbb{R}^{6\times6}$，在 X,Y,Z,K,M,N 6个力和力矩方向上各有63个参数合计378个参数。为了减少人工对参数选取个数的影响，这378个参数将全部参与优化建模。

对大多数潜水器的动力学建模来说，其黏性力参数的数量普遍较少，每个力的参数往往在 20 个以内，共线性表现得不明显，其拟合和数据获取的过程也较为容易。当参数个数增加到 63 个时，优化方法的选择会变得尤为重要。由于拟合的参数个数多，各个输入数据之间存在多重共线性的问题，使用常规最小二乘法这类无偏估计进行拟合时常常难以得到有效的结果，直接表现为预测效果差和仿真发散。可以使用带有交叉校验的岭回归方法来改善其预测效果，并使用加入相关性分析的梯度法来改善共线性带来的收敛效果差的问题。

本节使用 CFD 方法获取建模数据，岭回归方法在使用的同时可以绘制出岭迹图，通过对岭迹形状的判断能得到建模数据质量的可视化评价[22]，从而指导设计者挑选更加合适的 CFD 数据以提高建模精度。

本节使用岭回归方法执行优化过程，并对该方法进行针对性的改进以提升优化效果。岭回归方法的优化目标函数为

$$\arg\min_{\beta} f(\beta)=\sum_{i=1}^{N}(y_i-x_i\beta)^2+k\beta^{\mathrm{T}}\beta \tag{2.11}$$

其估计结果表示为

$$\hat{\beta}=(\boldsymbol{X}^{\mathrm{T}}\boldsymbol{X}+k\boldsymbol{I})^{-1}\boldsymbol{X}^{\mathrm{T}}y \tag{2.12}$$

式中，k 是岭回归参数，通过对 k 的调节可以有效减少奇异结果的产生。k 通过交叉校验的方法来确定，计算中将 80%的数据作为训练数据，并用 20%的数据作为交叉校验的数据。在交叉校验的过程中为了提高得到模型的预测效果，令交叉校验的数据不参与训练，绘制出岭迹图[22]，并将 k 设置为令交叉校验结果最小的值。

优化过程中遇到的另一个问题是数据激励不够和岭回归造成的残差扩大的问题。比如，无法进行逆向运动的载体，其 u^2 与 $u|u|$ 会完全一致而无法区分。岭回归由于正则化项的引入，回归的残差高于最小二乘的残差，表现为回归得到的参数在仿真时预测值总小于实际值。在优化中引入先验知识可以较好地改善这两个问题，通过事先求得输入输出数据的相关性系数并引用到梯度法的求解中可以起到人工干预正则化项的效果，并不影响算法收敛到极小值的条件。

在执行优化前，先计算各组力与各个速度项间的相关性系数[23]，设各组数据的相关性系数的平方为 $C=[c_1^2,c_2^2,\cdots,c_M^2]$，构造如下的优化目标函数：

$$\arg\min_{\beta} f(\beta)=\sum_{i=1}^{N}\left[y_i-\sum_{j=1}^{M}x_{i,j}c_j^2\beta_j\right]^2+k\sum_{j=1}^{M}\beta_j^2 \tag{2.13}$$

当 C 不全为 0 时公式正定，存在最优解。对其求导得

$$\frac{\partial f(\beta)}{\partial \beta_j} = -2c_j^2 \sum_{i=1}^{N} \left[y_i - \sum_{j=1}^{M} x_{i,j} c_j^2 \beta_j \right] x_{i,j} + 2k\beta_j \tag{2.14}$$

从式中可以得知，经优化得到真实的水动力系数值为 $\beta_{\mathrm{Hydro}j} = c_j^2 \beta_j$ ，将其代入前面的公式中可以得到

$$\arg\min_{\beta_{\mathrm{Hydro}j}} f(\beta_{\mathrm{Hydro}j}) = \sum_{i=1}^{N} \left[y_i - \sum_{j=1}^{M} (x_{i,j} \beta_{\mathrm{Hydro}j}) \right]^2 + k \sum_{j=1}^{M} \frac{\beta_{\mathrm{Hydro}j}^2}{c_j^4} \tag{2.15}$$

$$\frac{\partial f(\beta_{\mathrm{Hydro}j})}{\partial \beta_{\mathrm{Hydro}j}} = -2 \sum_{i=1}^{N} \left[y_i - \sum_{j=1}^{M} (x_{i,j} \beta_{\mathrm{Hydro}j}) \right] x_{i,j} + 2 \frac{k}{c_j^4} \beta_{\mathrm{Hydro}j} \tag{2.16}$$

对比可知，相关性系数的引入实质上等价于在岭回归的正则化项内对各个参数的比例进行了重新分配，但是避免了 c_j 趋于无穷小时计算机计算除法带来的运算误差，提高了运算精度。此外，相关性较大的参数由于 c_j 较大而降低了正则化项对于梯度的贡献，让结果更接近无偏估计的结果。而对于相关性较小的参数可以大幅提高正则化项对梯度的贡献率，可以更好地防止该系数变大。

3. 建模方法的实施

该方法在实际实施中主要有三个步骤：第一步是通过白箱方法获取质量属性；第二步是使用 CFD 方法获得建模数据；第三步是利用 CFD 数据和改进的岭回归方法建立黏性力的灰箱模型。

大深度潜水器大多使用无动力下潜的方式到达海底[24]，在无动力下潜过程中仅受到重力、浮力及海水产生的阻力的影响。本节中使用 CFD 计算的数据来建立模型，并将仿真结果与“海斗”ARV 海上试验中无动力下潜的数据进行比对，考察算法的正确性。

1) 质量属性

由于该潜水器的质量属性计算比较复杂，需要结合试验数据通过等效模型获得。经过水池实验可以测得载体的稳心高，据此，等效模型也采用相似的稳心高来设计。深海水下机器人内部空隙往往较多，容纳了大量的海水，在旋转时内部的水会对载体转动惯量产生影响，将这些水纳入质量属性计算的范畴。机器人在水中工作时处于中性浮力的状态，根据载体包面外形得到载体的排水体积。将整个载体的 Solidworks 模型分成上下两个部分，如图 2.14 所示，在保证总排水体积一致的前提下调整两部分的密度值直到其与机器人的真实质量和稳心高一致。在取上半部分密度 160kg/m^3、下半部分密度 2000kg/m^3 时获得的质量和稳心高与实际载体较为接近。可以获得如下的质量参数：

$$\boldsymbol{J}=\begin{bmatrix}35.07 & -0.017 & 0.233\\ -0.017 & 45.22 & -0.037\\ 0.233 & -0.037 & 17.56\end{bmatrix}, m=318.4\text{kg}, V=0.32\text{m}^3, \boldsymbol{P}_W=\begin{bmatrix}0\\0\\0.21\end{bmatrix}$$

式中，$\boldsymbol{J}$ 为转动惯量；m 为机器人在水中的等效质量；V 为机器人排水体积；$\boldsymbol{P}_W$ 为质心在载体坐标系下的位置。需要注意的是，式中的质量参数与机器人的实际参数并不完全一致，但更接近理论计算的结果，在仿真中也更为稳定。

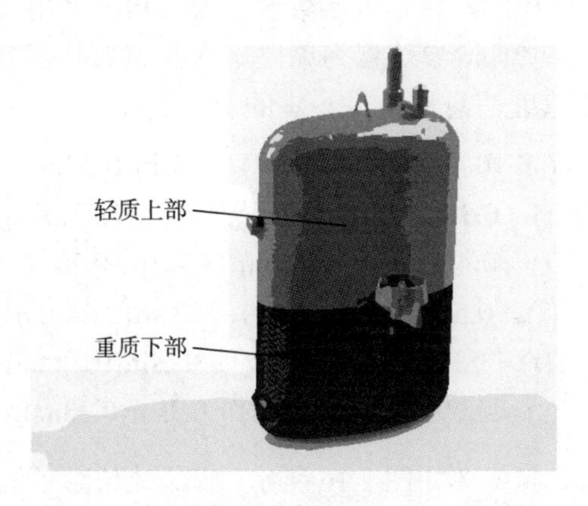

图 2.14　质量属性计算用 Solidworks 模型

2) CFD 计算

本节使用 CFD 计算代替拖曳水池试验来获得建模数据。由于存在自发摆动的问题，使用稳态流场求解器计算获得的结果不准确。因此，需要使用非稳态流场求解器进行计算。如图 2.15 所示，计算选用实体模型，尺寸与机器人的实际尺寸一致，保留其全部附体来进行 CFD 计算，并对机器人的全附体模型生成外部包面后绘制面网格和体网格。

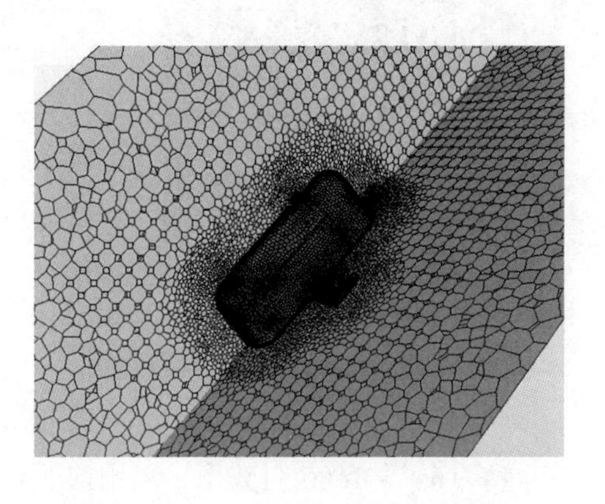

图 2.15　CFD 仿真中的模型和网格划分

由于要获取角速度信息，需在 CFD 仿真中让机器人产生旋转运动，因此本节采用动网格方法令所有网格随机器人一同进行运动并将边界设置为开放边界。

计算过程取 4m×4m×6m 的立方体网格区域，共 55 万多面体网格，令机器人的顶端距离边界约 3.3m，底端和四周距离边界约 1.5m。湍流模型采用 K-Epsilon 模型，使用 StarCCM+的动态流体固体相互作用(dynamic fluid body interaction, DFBI)功能进行非稳态仿真并尽量让其运动历经载体实际运动中的全部模态。为了让仿真历经足够多的模态，将输入参数设定为在实际使用工况附近的随机数。因此，在 DFBI 中将各项质量参数置为单位矩阵并施加外部力，如下所示，仿真中记录载体的受力和速度信息用于进一步的灰箱建模。

$$\begin{cases} X(t)=0.41(0.7\sin(0.41\pi t)+0.3\sin(0.25\pi t)) \\ Y(t)=0.38(0.7\sin(0.39\pi t)+0.3\sin(0.23\pi t)) \\ Z(t)=0.45(\sin(0.43\pi t)\sin(0.05\pi t)+0.2) \\ K(t)=0.51(0.7\sin(0.38\pi t)+0.3\sin(0.24\pi t)) \\ M(t)=0.20(0.7\sin(0.40\pi t)+0.3\sin(0.24\pi t)) \\ N(t)=0.09(0.7\sin(0.42\pi t)+0.3\sin(0.23\pi t)) \end{cases}$$

仿真后得到的湍流黏度图如图 2.16 所示，较好地仿真了机器人在摆动时产生的尾流情况。

图 2.16 CFD 仿真中的湍流黏度图

3)流体动力学模型辨识

前面 CFD 计算共获得了 16s 共 1600 组数据。采用前面介绍的方法进行灰箱建模。模型的拟合精度和交叉校验精度的结果如表 2.1 所示。

表 2.1 模型的拟合精度和交叉检验精度

力或力矩	训练 R^2 结果	交叉校验 R^2 结果	k
X	0.9997	0.9872	0.004
Y	0.9901	0.9939	1.5849
Z	0.9921	0.7816	0.0398
K	0.947	0.9826	15.849
M	0.9734	0.9499	1.5849
N	0.9998	0.9398	0.0002
X_{Ridge}	0.9966	0.9904	1.59×10^{-5}
Y_{Ridge}	0.996	0.9537	2.51×10^{-5}
Z_{Ridge}	0.9428	0.7889	3.98×10^{-4}
K_{Ridge}	0.997	0.8921	2.51×10^{-5}
M_{Ridge}	0.9954	0.9478	6.31×10^{-5}
N_{Ridge}	0.9851	0.7551	6.31×10^{-4}

注：下标带 Ridge 的力或力矩表示直接采用岭回归方法得到的结果。

由表 2.1 可知，80%力的预测拟合优度都大于直接采用岭回归方法得到的结果，且值都明显大于单纯岭回归得到的值，这也表明了得到的参数中不重要的参数可以被压制到更低的数量级，达到了人工干预选择的目的。可见，使用该优化方法获得的模型对于立扁体外形的水下机器人具有良好的拟合效果和较高的预测精度。

此外，虽然该方法在仿真时依然需要代入所有的 378 个黏性力系数，但对比该方法得到的参数与直接使用最小二乘法得到的参数可以发现，该方法具有较好的减参效果。通过该方法得到的 378 个黏性力系数中，绝对值小于 1 的有 91 个，绝对值小于 0.01 的有 22 个。而使用标准最小二乘法得到的结果分别是 35 和 9。可见本节所述的方法可以较好地减少有效参数的个数，起到了减参的效果。

4) 外场实验结果和分析

“海斗”ARV 于 2015 年 12 月进行了海上试验，在试验中，该潜水器在做无动力下潜时会呈现一种近似于椭圆锥状摆动的运动模式。将前面得到的动力学模型按照海试时相同抛载位置和质量进行配置，得到无动力下潜的开环仿真曲线，如图 2.17 所示。

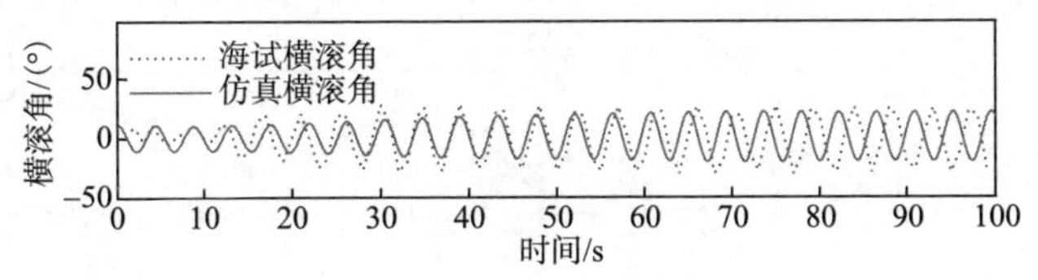

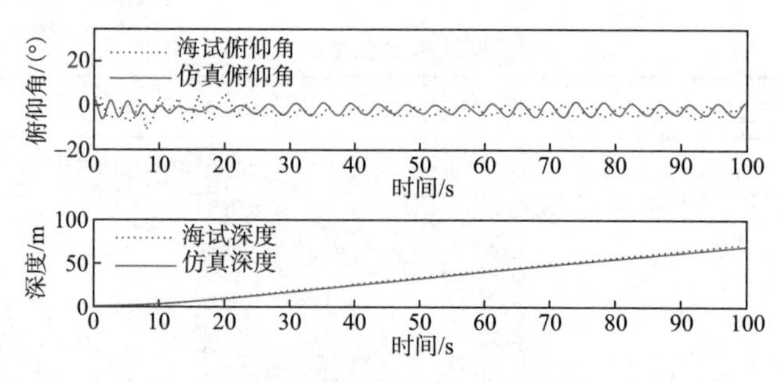

图 2.17 开环仿真数据与海试数据对比

仿真程序模拟"海斗"ARV 从水面释放之后开始开环无动力下潜直到呈现周期摆动下潜的下潜过程。仿真输出的横滚角(roll)、俯仰角(pitch)和深度与 2015 年 12 月 2 日的海试数据对比如图 2.17 所示。图中虚线为海试实际数据，实线为开环仿真数据。在仿真中，载体的机动角度较大，需要使用四元数的运动学模型[25]来仿真其运动学部分。本次试验中，载体使用的 TCM 商标的姿态传感器只能得到姿态信息而不能得到角速度信息[26]。使用 CFD 数据辨识得到的模型在仿真中呈现了与海试相同的振荡模式，下潜速度也基本一致。尽管动力学模型经过了两次积分才得到了姿态角和深度,但仿真依然能够较为精确地再现海上试验的数据,图 2.17 中横滚角在周期摆动的状态下幅值误差小于 10°,俯仰角的幅值误差小于 2°,在达到周期摆动状态后垂向速度的精度在 8%左右，达到了建模的预期效果。

图 2.18 展示了本节所述建模方法与常规阻力系数建模方法[27]在无动力下潜时的效果对比。常见的无动力下潜模型通过计算稳态时的阻力系数来获得。计算"海斗" ARV 在无摆动状态下的下潜阻力系数 $Z_{w|w|}=-41.83$，使用该系数进行仿真计算可以得到速度曲线，如图 2.18 中红色点画线所示。本节所述动力学建模方

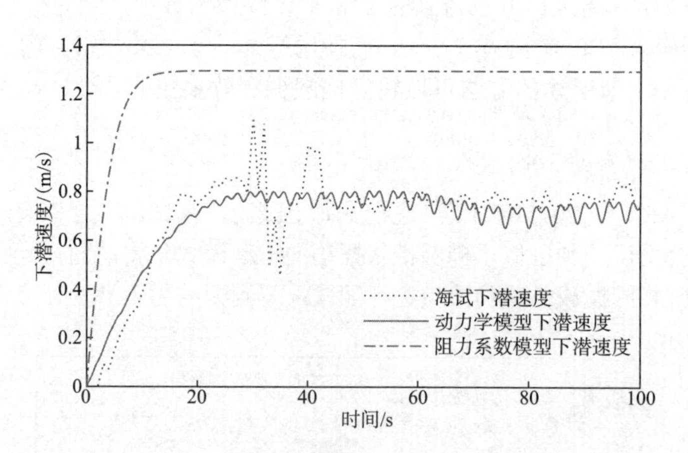

图 2.18 海试、动力学模型和阻力系数模型的无动力下潜速度对比(见书后彩图)

法所得模型的仿真效果如图中红色实线所示，蓝色点虚线是海试中温盐深(conductivity temperature depth, CTD)数据差分得到的下潜速度。从图 2.18 中可以看出，阻力系数的模型没有考虑机器人在下潜过程中摆动运动对垂向阻力的变化，因而预测速度明显偏大。本节所述的方法良好地预测了机器人下潜速度的变化，稳态平均速度约为 0.7m/s，与实验的结果吻合，可以较好地仿真“海斗”ARV 的无动力下潜过程。

2.8 全海深水下机器人节能下潜运动控制

“海斗”ARV 等立扁体外形的水下机器人会出现摇摆问题，如 2.7 节所述，其下潜过程中会发生大幅度的摇摆现象，该摇摆现象使得“海斗”ARV 下潜的速度减缓了很多。11000m 的水深，全海深水下机器人下潜和上浮会花费大量的时间，而这段过程中出于安全的考虑，控制系统中大多数传感器处于上电状态并不停地消耗着电池能源，以“海斗”ARV 为例，仅仅一次从海面下潜到海底的时间内就会消耗超过 10%的电池电量。“海斗”ARV 的可旋转推进器可以直接对横滚角进行控制。这自然地为节省能源提供了一条道路：可以在下潜过程使用推进器对摇摆进行抑制，从而提升下潜速度，减少下潜时间。如果在控制上能让推进器在摇摆抑制过程中的效率足够高，则有可能减少下潜阶段的电能消耗，提升作业时间。

本节针对全海深水下机器人下潜时间长的实际问题给出解决方案，由于时间和条件所限未能进行实际海上试验，相关研究以仿真的方式呈现。

2.8.1 基于简化模型的被控模型建立

系统经过积分的次数越多，控制难度越大。大多数水下机器人都安装有陀螺仪，“海斗”ARV 的航姿参考系统中也有陀螺仪，可以测量机器人绕载体坐标系 X 轴旋转的角速度 p 。 p 与载体推进器输入的力矩 M_x 是一阶积分的关系，只需设计一个参考输入恒为 0 的控制器即可实现摇摆抑制的功能，理论上仅需一个二阶的近似线性系统即可模拟其特性并用于控制器设计。

本方法尝试将六自由度动力学模型进行化简，相关过程这里不再赘述，如有需要可以查阅相关论文。化简后的模型为

$$I_{xx}\dot{p} = -K_{\dot{p}}\dot{p} - D(V)V + y_g W\cos\theta\cos\varphi + z_g W\cos\theta\sin\varphi + M_x \tag{2.17}$$

在控制期间理论上载体的姿态仅会在平衡点位置摆动。假设在控制器生效后载体的姿态不再大角度摆动，即 $p=0$ 时，载体的欧拉角 φ,θ 应该也处于平衡位置，

即$\theta=\varphi=0$。“海斗”ARV 的$y_g=0$，浮心位于O点。进一步化简为

$$(I_{xx}+K_{\dot{p}})\dot{p}=-K_p p-K_{pp}pp-K_{p|p|}p|p|+M_x \tag{2.18}$$

通过前面灰箱建模方法的计算结果可得

$$\begin{cases}I_{xx}=0.2328\\K_{\dot{p}}=-325.1\\K_p=-3.816\\K_{pp}=-0.005743\\K_{p|p|}=-11.04\end{cases}$$

该模型为非线性模型，很难直接用于线性控制器的设计，此时进一步化简成线性模型，则可以认为当p工作在$\pm 1\text{rad/s}$之内时，有近似关系$pp=0, p|p|=p$，将得到p关于M_x的线性系统：

$$-325.3\dot{p}=14.86p+M_x$$

我们将在 2.8.2 节中对六自由度动力学模型加入白噪声输入进行仿真，使用同样的数据对模型进行仿真，得到的仿真结果和实际数据的对比如图 2.19 所示。

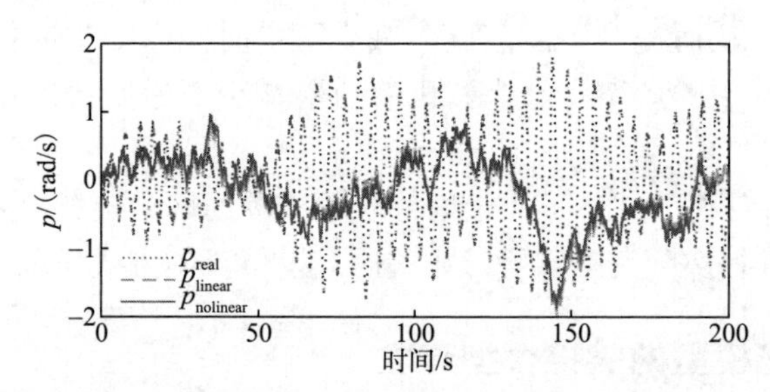

图 2.19　简化模型的仿真效果和六自由度动力学模型仿真效果的对比(见书后彩图)

图 2.19 中蓝色虚线为六自由度动力学模型的仿真结果，可以明显地看到p的抖动现象。图中绿色间断线为简化后的线性模型，红色实线为简化后的非线性模型。从结果中可以较为明显地看出，虽然非线性模型的线性化并没有对模型的仿真效果造成太大影响，但在此之前的简化过程中已经丢掉了系统的主要特征，仿真结果与原始六自由度动力学模型的仿真结果大相径庭。也就是说，针对“海斗”ARV 这类立扁体外形全海深水下机器人，常规模型和控制器设计方法是不适用的。

因此在 2.8.2 节中将使用系统辨识的方法获得近似线性模型并设计控制器。

2.8.2 基于系统辨识的被控模型建立方法

根据前面的结论，使用系统辨识的方法来获得一个能反映真实系统主要特征的线性模型用于后续控制器设计。

为了能更真实地反映“海斗”ARV在海试中的系统状态，本节使用2016年7月28日海试中相同配重、设备状态等代入六自由度动力学模型中进行仿真。本节中只要直接给定垂向推力的参考值 M_{xr} 即可完成摇摆抑制系统的控制输入。

在控制通道 M_{xr} 输入一个大小合适，既能充分激励系统，又不至于严重影响下潜速度导致系统状态发生改变的输入信号，如下式所示：

$$M_{zr}=600\text{randn}(t)$$

式中，randn(t)是均值为0方差为1的白噪声序列。下潜速度的仿真效果如图2.20所示。

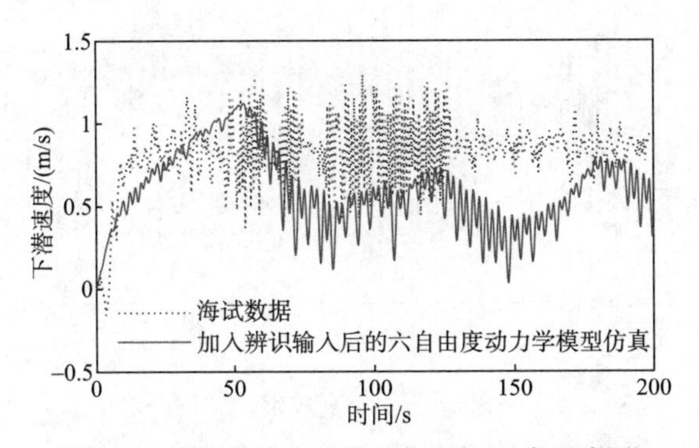

图 2.20　白噪声输入下的下潜速度(见书后彩图)

图2.20中蓝色虚线为海试中的速度曲线，红色实线为加入白噪声控制信号后的下潜速度曲线。从图中可以看到，由于控制信号产生了更大的横滚角抖动，下潜速度发生了变化，但没有引起下潜状态发生明显改变，数据可用。该序列获得的输入(M_{xr})和输出(p)数据如图2.21所示(图中 y_1 为辨识输出，u_1 为辨识输入)。

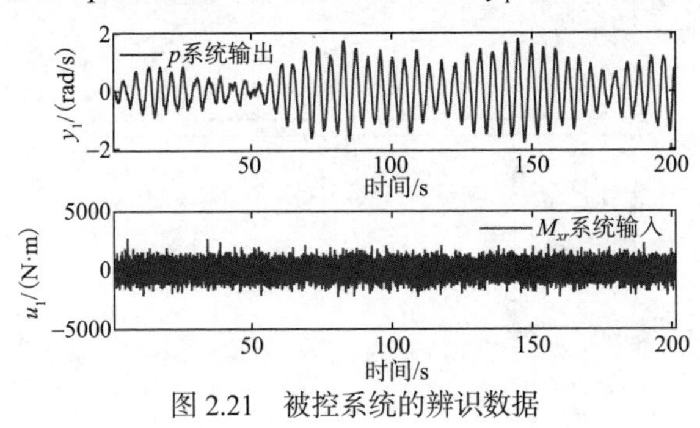

图 2.21　被控系统的辨识数据

在进行模型定阶时，发现二阶的状态空间模型已经能较好地反映系统的主要特性，本节使用 MATLAB 的系统辨识工具箱实现该系统辨识工作，得到系统模型如下式所示：

$$\begin{bmatrix} \dot{p} \\ \dot{x}_1 \end{bmatrix} = \begin{bmatrix} 0 & 1 \\ -2.038 & -0.06177 \end{bmatrix} \begin{bmatrix} p \\ x_1 \end{bmatrix} + \begin{bmatrix} 0.003249 \\ 0.0005319 \end{bmatrix} M_{xr}$$

式中，M_{xr} 为控制输入；p 为绕载体 x 轴旋转的角速度，因为该系统是一个可观型的系统，因此 p 也刚好是系统的输出；x_1 为做黑箱辨识时新加入的一个状态量，该量没有实际的物理意义，因此在设计控制器时需要控制器带有状态观测器并通过其他状态对该状态进行观测。该系统可以较好地再现辨识数据，也就是可以较好地仿真系统的主要特征，其使用辨识输入数据的仿真效果如图 2.22 所示。

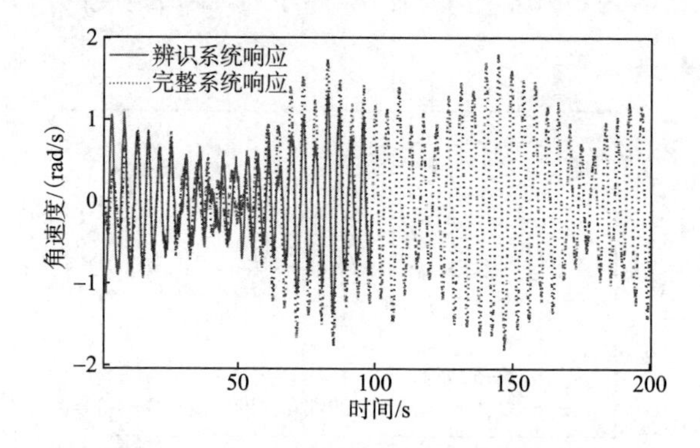

图 2.22　辨识系统的仿真效果(见书后彩图)

图 2.22 中红色实线是辨识数据，蓝色虚线为仿真结果。该系统的伯德图如图 2.23 所示。

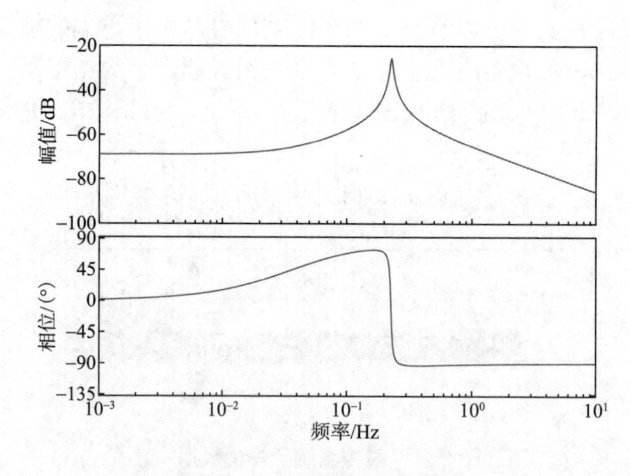

图 2.23　辨识系统的伯德图

从图 2.23 中看到，该系统在 0.2Hz 附近有个较强的尖峰，即该系统类似一个带通滤波器，对周期为 5s 左右正弦信号反应较为敏感，可以产生周期摆动。此外，从图中可以推断该系统的稳定性特性：该系统是一个稳定的系统，但在 0.2Hz 频率附近的稳定性欠佳。控制器设计时主要考虑对该区间进行补偿即可。

系统辨识方法除了能得到系统函数外，还能得到参数的误差，参数误差如下所示：

$$\boldsymbol{A}_{\Delta}=\begin{bmatrix}0 & 0\\ \pm 0.002207 & \pm 0.001488\end{bmatrix},\boldsymbol{B}_{\Delta}=\begin{bmatrix}\pm 5.344\times 10^{-5}\\ \pm 8.051\times 10^{-5}\end{bmatrix}$$

该参数误差值对于后续 L_1 自适应控制器的设计较有意义。

2.8.3 PID 控制器设计

本节先尝试较为简单的控制器来摇摆抑制，即设计 PID 控制器进行控制。本节选用标准的位置式 PID 控制率，并使用 K_p,K_i,K_d 的参数形式，即控制率为

$$u=K_p e+K_i\int_0^t e\mathrm{d}t+K_d\frac{\mathrm{d}e}{\mathrm{d}t} \tag{2.19}$$

由于该控制器的参考输入恒为 0，即期望 $p=0$，所以有 $e=0-p$，在仿真时为了能和“海斗”ARV 控制系统的采样和控制方式保持一致，连续系统的离散化采用零阶保持器来完成，暂时不使用较为复杂的四、五阶龙格-库塔法。微分的获取方法使用反向差分法，即 $\mathrm{d}e/\mathrm{d}t=\left(e(k)-e(k-1)\right)/T_s$。将简化的被控系统导入 MATLAB 的 PID Tuner 中进行整定，得到多组可能的参数。将这些参数分别代入六自由度动力学模型的下潜仿真中测试其效果，配合手工调参，获得摇摆抑制效果最优的两组参数如下：

$$K_p=51,K_i=0,K_d=0$$

$$K_p=2193,K_i=0,K_d=0$$

这里需要对这两组参数进行说明，获得的结果中确实有大量的 PI、PD 和 PID 型控制器，但在代入六自由度动力学模型的仿真时均出现了较高的输出噪声，最终得到下潜速度最快且输入波动较小的是第一组仅使用 P 型控制器的参数，接下来对仿真中发现的问题和现象进行说明。

上述第一组和第二组参数得到频率响应伯德图如图 2.24 所示。

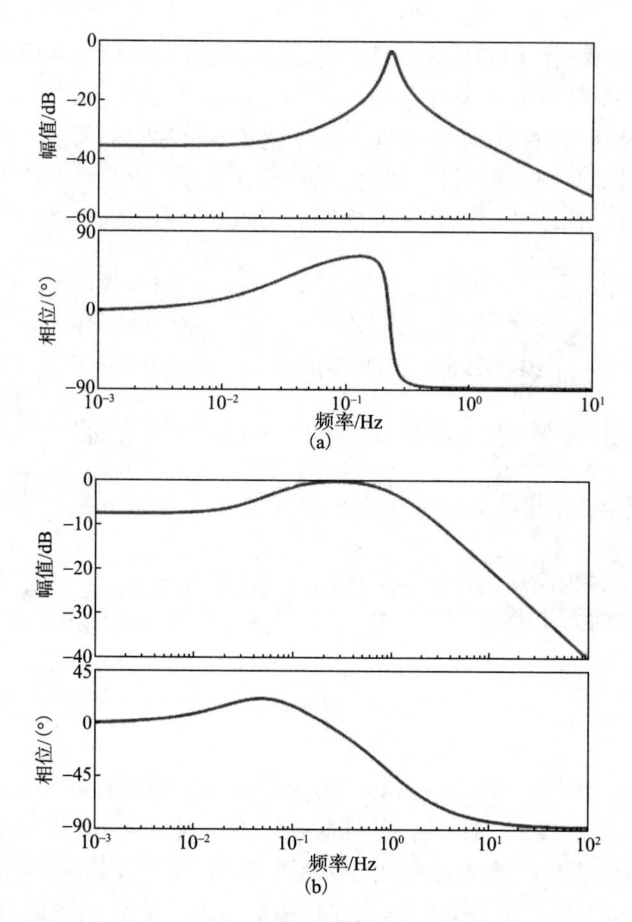

图 2.24　两组 PID 控制器的闭环频率响应

图 2.24(a)是第一组参数的PID控制器在简化被控模型上的控制效果。图 2.24(b)是第二组参数的 PID 控制器在简化被控模型上的控制效果。从图中可以看到，第一组的 PID 控制器相比原始系统已经有了轻微的改善，但依然会在一个频点上有较大的输出。第二组参数的 PID 控制器在图中获得了更好的频率响应，理论上应该有更好的摇摆抑制效果。进一步地，将这两个控制器代入六自由度动力学模型模拟的无动力下潜运动中，得到载体的速度和角速度输出，如图 2.25 所示。

图 2.25(a)是第一组参数的控制效果，图 2.25(b)是第二组参数的控制效果。图中的紫色线条为绕 x 轴角速度 p 的输出。从图中可以看到，第二组参数反馈的幅值较大，在控制器设计时的表现较好，但在对六自由度动力学模型进行控制时却给输出引入了较大的噪声，这些噪声可能是由动力学模型各个通道间的耦合造成。如前所述，本节在设计该 PID 控制器时也获得 PI、PD 和 PID 型的控制器，但均出现了与图 2.25(b)相似的情况。进一步地，角速度 p 的振荡或者噪声

形式的输出会影响到下潜速度，如图 2.26 所示。

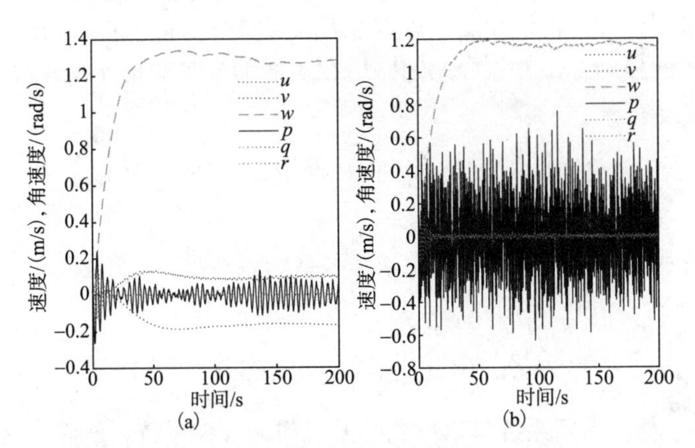

图 2.25　使用 PID 控制器后的速度响应(见书后彩图)

u、v、w、p、q、r 为六自由度运动学中的六个速度值

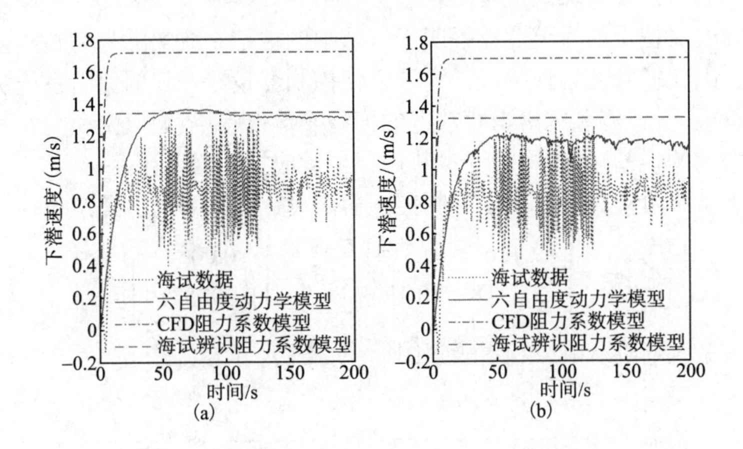

图 2.26　使用 PID 控制器后的下潜速度对比

图 2.26(b) 中由于第二组参数的控制器产生较大的角速度噪声输出，因而其下潜速度要明显慢于使用第一组参数的图 2.26(a)，也就是说，使用第一组参数的 PID 控制器能获得更快的下潜速度，理论上也更节能。关于节能的相关内容将在 2.8.5 节中进一步讨论。

实际上该摇摆控制还有提升的空间，通过设计更复杂、功能更强大的控制器即可实现。

2.8.4　L_1 自适应控制器设计

本章设计的最后一步是建立自适应控制器。本节的自适应控制器使用 L_1 自适应控制器，该控制器应用方法的详尽描述可参考文献[28]。将建模误差转换为参数不确定性来展开设计，该控制率可以参考文献[29]。本节将 L_1 自适应控制器应用在摇摆抑制的控制上。首先介绍一些用在后面的控制器设计和分析上的符号。对于如下的系统：

$$\begin{cases}\dot{\boldsymbol{x}}(t)=\boldsymbol{A}_p\boldsymbol{x}(t)+\boldsymbol{B}_p(\boldsymbol{u}(t)+\boldsymbol{\theta}^{\mathrm{T}}(t)\boldsymbol{x}(t)),\boldsymbol{x}(0)=\boldsymbol{x}_0\\ y(t)=\boldsymbol{C}_p\boldsymbol{x}(t)\end{cases} \tag{2.20}$$

式中，$\theta(t)$ 表示时变未知参数，假设未知参数一致有界。

$$\begin{cases}\theta(t)\in\Theta,|\delta(t)|\leqslant\Delta_0,\forall t\geqslant 0\\ \left\|\dot{\theta}(t)\right\|\leqslant d_\theta,\left|\dot{\delta}(t)\right|\leqslant d_\delta<\infty,\forall t\geqslant 0\end{cases} \tag{2.21}$$

设 $\Theta=(-1,8)$，使用系统辨识得到的系统作为被控系统。然而，$\boldsymbol{A}_p$ 并不是赫尔维茨的，所以使用极点配置方法来重新设计参考系统 $\boldsymbol{A}_m$，并使其满足我们对抗扰动能力和跟踪参考输入速度的需求。

这里需要对使用的系统进行说明，本节中的被控系统实际为完整六自由度动力学模型。但在控制器设计阶段，为了方便控制器设计，我们使用系统辨识得到的系统进行设计，并将系统辨识时获得的模型参数误差(辨识模型和完整六自由度动力学模型间的误差)处理成时变参数进行自适应控制器设计。

对于本节中希望得到的摇摆抑制控制器，设计了如下的参考系统：

$$\boldsymbol{A}_m=\begin{bmatrix}-9.1261 & 0.3151\\ -3.5318 & -0.1739\end{bmatrix},\boldsymbol{B}_m=\begin{bmatrix}0.0032\\ 0.0005319\end{bmatrix}$$

该参考系统的阶跃响应和零极点图如图 2.27 所示。

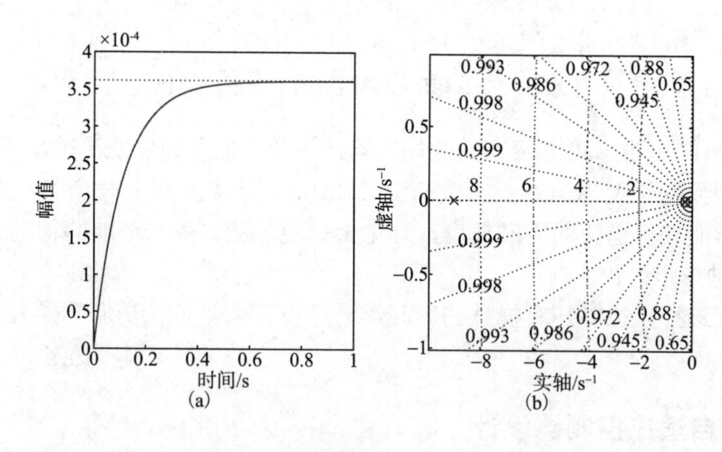

图 2.27　参考系统的阶跃响应和零极点图

图 2.27(a)为参考系统的阶跃响应曲线，也是希望经过控制后的角速度 p 可以达到的控制效果。图 2.27(b)为零极点图，可以明显地看到，该参考系统消去了一个靠近纵坐标轴的零点，使得整个系统的响应与一个极点在−9 左右的一阶系统的响应类似。

参考系统可以被转换成状态空间的形式：

$$\begin{cases}\dot{\boldsymbol{x}}(t)=\boldsymbol{A}_m\boldsymbol{x}(t)+\boldsymbol{B}_m(\boldsymbol{u}(t)+\boldsymbol{\theta}^{\mathrm{T}}(t)\boldsymbol{x}(t))\\ \boldsymbol{x}(0)=\boldsymbol{x}_0\\ y(t)=\boldsymbol{C}_p\boldsymbol{x}(t)\end{cases}\tag{2.22}$$

使用如下的状态观测器：

$$\begin{cases}\dot{\hat{\boldsymbol{x}}}(t)=\boldsymbol{A}_m\hat{\boldsymbol{x}}(t)+\boldsymbol{B}_m(\boldsymbol{u}(t)+\hat{\boldsymbol{\theta}}^{\mathrm{T}}(t)\hat{\boldsymbol{x}}(t)-\boldsymbol{K}_{sp}\tilde{\boldsymbol{x}}(t)),\hat{\boldsymbol{x}}(0)=\boldsymbol{x}_0\\ \hat{y}(t)=\boldsymbol{C}_p\hat{\boldsymbol{x}}(t)\end{cases}\tag{2.23}$$

式中，$\boldsymbol{K}_{sp}$ 是一个可以提高系统闭环频率响应特性的常数参数[30]。式中期望误差表述为 $\tilde{\boldsymbol{x}}(t)=\hat{\boldsymbol{x}}(t)-\boldsymbol{x}(t)$，$\hat{\boldsymbol{\theta}}^{\mathrm{T}}$ 是自适应估计参数。自适应率可以表述为

$$\hat{\boldsymbol{\theta}}(t)=\varGamma\,\mathrm{Proj}(\hat{\boldsymbol{\theta}}(t),-\tilde{\boldsymbol{x}}^{\mathrm{T}}(t)\boldsymbol{Pbx}(t)),\hat{\boldsymbol{\theta}}(0)=\hat{\boldsymbol{\theta}}_0\tag{2.24}$$

式中，$\varGamma\in\mathbb{R}^+$ 是自适应速率；$\boldsymbol{P}=\boldsymbol{P}^{\mathrm{T}}$ 是李雅普诺夫判据 $\boldsymbol{A}_m^{\mathrm{T}}\boldsymbol{P}+\boldsymbol{P}\boldsymbol{A}_m=-\boldsymbol{Q}$ 的解，且有 $\boldsymbol{Q}=\boldsymbol{Q}^{\mathrm{T}}$。控制信号在 s 域的表达式为

$$\boldsymbol{u}(s)=-k\boldsymbol{D}(s)\hat{\boldsymbol{\eta}}(s)-\boldsymbol{Kx}(s)+\boldsymbol{K}_g\boldsymbol{r}(s)\tag{2.25}$$

式中，$\hat{\boldsymbol{\eta}}(t)=\boldsymbol{u}(t)+\hat{\boldsymbol{\theta}}^{\mathrm{T}}(t)\boldsymbol{x}(t)$；预滤波器 $\boldsymbol{K}_g(s)$ 为一个常值矩阵，$\boldsymbol{K}_g=-(\boldsymbol{C}_p(s\boldsymbol{I}_n-(\boldsymbol{A}_m-\boldsymbol{B}_m\boldsymbol{K}))^{-1}\boldsymbol{B}_m)^{-1}$；$\boldsymbol{Kx}(s)$ 是额外的极点配置控制器，用来加速系统响应。

L_1 自适应控制器根据上述描述建立，同时需要服从如下的 L_1 范数条件：

$$\|\boldsymbol{G}(s)\|_{\mathrm{L}_1}L<1\tag{2.26}$$

式中，

$$L=\max_{\theta\in\Theta}\|\theta\|_1,\boldsymbol{H}(s)=(s\boldsymbol{I}_n-\boldsymbol{A}_m)^{-1}\boldsymbol{B}_m,\boldsymbol{G}(s)=\boldsymbol{H}(s)(1-\boldsymbol{C}(s))$$

根据上述的基本理论，可以设计 L_1 自适应控制器，经调整后获得效果较好的参数如下：

$$\varGamma=10000,\boldsymbol{Q}=100\mathrm{eye}(2)$$

$$\boldsymbol{P}=\begin{bmatrix}38.55 & -84.57\\ -84.57 & 222.2\end{bmatrix},\boldsymbol{K}=\begin{bmatrix}2770 & 308.5\end{bmatrix}$$

式中，eye(2) 表示 2 阶单位矩阵。

在 $T = 0.01\text{s}$ 的采样频率下，可令 $\boldsymbol{K}_{sp} = \boldsymbol{A}_m + 0.006\sqrt{\varGamma}\boldsymbol{I}$ 。前面已经通过系统辨识将建模误差转换成了参数不确定性，对该模型误差值采用不同频率的时变信号进行仿真来模拟被控模型非线性情况下控制器的快速自适应效果：

$$\boldsymbol{A}_\Delta = \begin{bmatrix} 0\sin(\pi t) & 0\sin(2\pi t) \\ 0.002207\sin(1.4\pi t) & 0.06177\sin(0.6\pi t) \end{bmatrix}, \boldsymbol{B}_\Delta = \begin{bmatrix} 0.0032\sin(0.4\pi t) \\ 0.0005\sin(\pi t) \end{bmatrix}$$

基于上述设置可以得到该控制器在系统辨识得到的被控模型上的仿真效果，如图 2.28 所示。

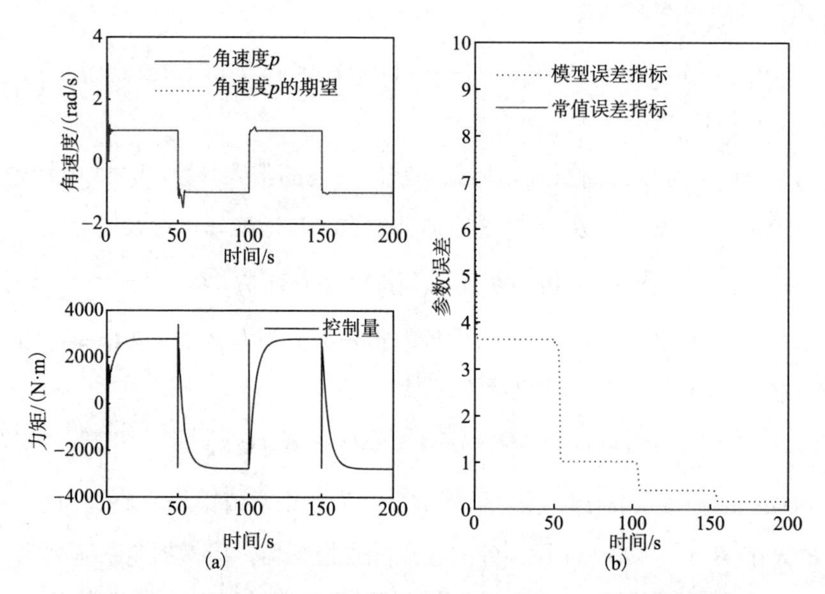

图 2.28 L_1 自适应控制器在辨识模型上的仿真效果（见书后彩图）

图 2.28(a) 的蓝色虚线为参考输入信号，为一方波，红色实线为被控后系统的响应，可见系统能在每一个状态跃变的地方迅速地进行自适应，尽管本节中的参考系统公式和被控系统公式差距较大，但仍能较快地进行自适应，且其控制量输出［图 2.28(a) 中蓝色实线］也较为理想。图 2.28(b) 中蓝色虚线为经控制后的模型与参考模型间的误差。可见，每次自适应都发生在系统无法跟踪上参考输入的时候，当系统进入稳态时并不会继续自适应而产生无为的控制信号。当系统发生偏差时，会快速收敛，形成一个非常陡的收敛趋势，凸显了其快速自适应的能力。

紧接着，将该控制器运用在六自由度动力学模型上来检测其摇摆抑制的效果，得到的速度响应曲线如图 2.29 所示。

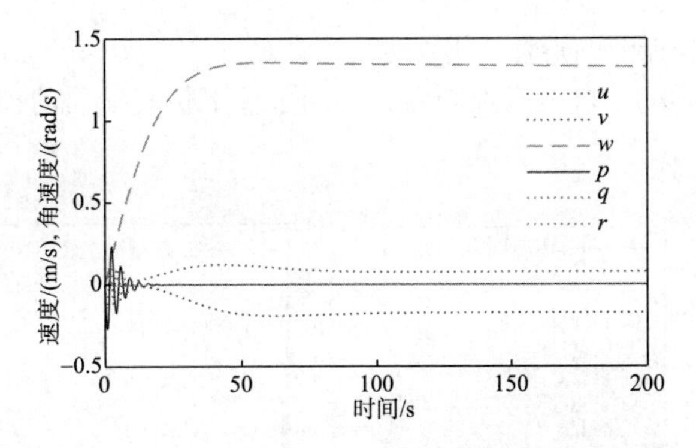

图 2.29　使用 L_1 自适应控制器后的速度响应曲线(见书后彩图)

图 2.29 中紫色实线为角速度 p，可见其在 20s 之内就收敛为 0，抑制了振荡，并在后续时间段内保持了该稳态效果，没有出现 PID 控制器持续振荡的情况。该 L_1 自适应控制器已经表现出了明显优于最优参数下的 PID 控制器的控制效果。进一步地，该控制器控制下的下潜速度曲线如图 2.30 所示。

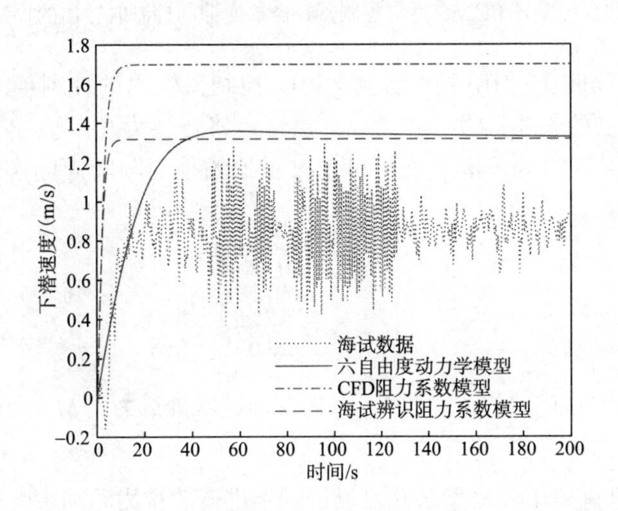

图 2.30　使用 L_1 自适应控制器后的下潜速度对比(见书后彩图)

图 2.30 中红色实线为 L_1 自适应控制器控制下的六自由度动力学模型下潜速度输出，与图 2.26(a) 中 PID 控制器的下潜速度相比要更加稳定，也要略快一点。也就是说，L_1 自适应控制器比 PID 控制器的摇摆抑制效果要更强，获得了略高的下潜速度。

2.8.5　节能下潜研究

前面的研究已经完成了基于 L_1 自适应控制器的摇摆抑制控制，但其是否能在下潜的过程中减少能源的消耗还需要进一步计算。

PID 控制器和 L_1 自适应控制器在相同条件下仿真输出的控制量的对比如图 2.31 所示。

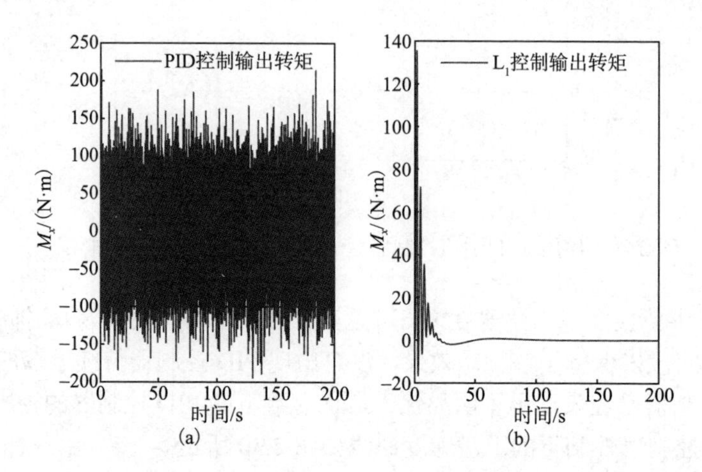

图 2.31 PID 控制器和 L_1 自适应控制器在做摇摆抑制控制时输出的控制量对比

图 2.31 中可以较为明显地看到，PID 控制器输出的控制量波动要远大于 L_1 自适应控制器的输出。进一步地，将该转矩值转换为功率值，根据实验和相应的公式推导可以得到下潜状态下单个推进器的推力与转矩的换算关系：

$$\begin{cases} F_{\text{prop\_L}} = \dfrac{M_{xr}}{0.6} \\ F_{\text{prop\_R}} = \dfrac{-M_{xr}}{0.6} \end{cases}$$

式中，$F_{\text{prop\_L}}$ 为左推进器推进力；$F_{\text{prop\_R}}$ 为右推进器推进力；M_{xr} 为转动惯量中的参数。

根据单个推进器电流模型公式可以得到推进器的推力和功率映射关系：

$$W_{\text{prop}} = U_{\text{prop}} I_{\text{prop}} = 24 \times |0.15 F_{\text{prop}}| = 3.6 |F_{\text{prop}}|$$

进一步可以得到

$$W_{\text{prop}} = 1.2 |M_{xr}|$$

进而得到 PID 控制器和 L_1 自适应控制器在进行摇摆抑制控制时的功耗曲线，如图 2.32 所示。

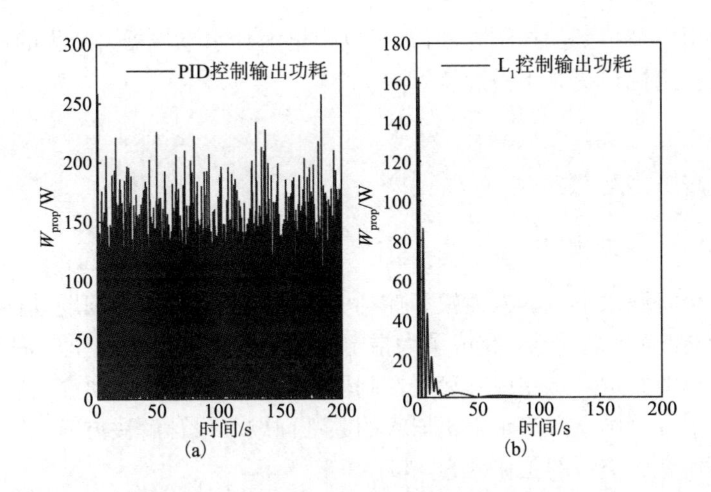

图 2.32　PID 控制器和 L_1 自适应控制器在做摇摆抑制控制时推进器的功率对比

从图 2.32 中可以得到实时的功率信息，对其取平均值即可得到长时间内的平均功耗，进一步推算总功耗。取控制进入稳定状态即仿真 100～200s 的数据做平均，可以得到 PID 控制器的平均功耗为 49.06W，其下潜的平均速度为 1.295m/s。L_1 自适应控制器的平均功耗为 0.0281W，其下潜的平均速度为 1.328m/s。根据海试记录的结果，“海斗”ARV 在下潜时所有已开启设备的平均功耗为 24W，下潜速度取仿真对照组的海试值 0.822m/s，以下潜到 11000m 深度为例，使用三种不同方式下潜需要花费的电能如表 2.2 所示。

表 2.2　三种下潜方式消耗的电能对比

方式	下潜时间/h	消耗电能/(W · h)
无动力下潜	3.717	89.2
PID 摇摆抑制	2.360	172.4
L_1 自适应摇摆抑制	2.301	55.3

从表 2.2 中可以看到，尽管使用 PID 控制器和 L_1 自适应控制器后的下潜时间基本相同且均比常规无动力下潜方式节省了 1h 以上，但 PID 摇摆抑制控制的方式并不能为下潜节省能源。L_1 自适应摇摆抑制控制方式需要的能源很少，下潜到 11000m 时比无动力下潜节省了约 33.9 W · h 的电能，约为原先无动力下潜方式消耗能源的 38%，非常可观。

虽然本节提到的方法由于“海斗”ARV 推进器本身推力精度、性能和可靠性的关系无法在真实海试中进行测试，但该方法为未来的全海深潜水器设计提供了思路。如果在水下机器人的上端布置一台小桨叶、高转速、反应灵敏的小型槽道推进器并使用本节提到的控制方法，则可以提早消耗水下机器人产生的不利涡旋，提高姿态的稳定性，提升下潜速度。

2.9 本章小结

本章对全海深水下机器人建模和控制中遇到的重点和难点问题进行了研究。以“海斗”ARV为实验平台，完成了为指定的全海深水下机器人(即“海斗”ARV)建立动力学模型并进一步完成其运动控制器设计。此外，为了研究内容的通用性和严谨性，本章总结全海深水下机器人的共性问题并设计解决方案，方便未来的全海深潜水器完成类似的工作内容。

参考文献

[1] 中国科学院海斗深渊前沿科技问题研究与攻关战略性先导科技专项研究团队. 开启深渊之门：海斗深渊前沿科技问题研究与攻关先导科技专项进展[J]. 中国科学院院刊, 2016(9): 1105-1111.

[2] 张同伟, 唐嘉陵, 杨继超, 等. 4500m 以深作业型载人潜水器[J]. 船舶工程, 2017(6): 77-83.

[3] 徐伟哲, 张庆勇. 全海深潜水器的技术现状和发展综述[J]. 中国造船, 2016, 57(2): 206-221.

[4] 李一平, 封锡盛. “CR-01”6000m 自治水下机器人在太平洋锰结核调查中的应用[J]. 高技术通讯, 2001, 11(1): 85-87.

[5] 李一平, 燕奎臣. “CR-02”自治水下机器人在定点调查中的应用[J]. 机器人, 2003, 25(4): 359-362.

[6] 刘健, 徐会希. 潜龙一号:深海里的中国龙[J]. 科技纵览, 2014(6): 92-93.

[7] 刘正元, 王磊, 崔维成. 国外无人潜器最新进展[J]. 船舶力学, 2011, 15(10): 1182-1193.

[8] Jamieson A J, Fujii T, Mayor D J, et al. Hadal trenches: the ecology of the deepest places on earth[J]. Trends in Ecology & Evolution, 2010, 25(3): 190-197.

[9] Asakawa K, Hyakudome T, Yoshida M, et al. Ceramic pressure-tight housings for ocean-bottom seismometers applicable to 11-km water depth[J]. IEEE Journal of Oceanic Engineering, 2012, 37(4): 756-763.

[10] Bowen A D, Yoerger D R, Taylor C, et al. The Nereus hybrid underwater robotic vehicle for global ocean science operations to 11000m depth[C]. Oceans, IEEE, 2009: 1-10.

[11] 武建国, 石凯, 刘健, 等. 6000m AUV“潜龙一号”浮力调节系统开发及试验研究[J]. 海洋技术学报, 2014, 33(5): 1-7.

[12] 武建国, 徐会希, 刘健, 等. 深海 AUV 下潜过程浮力变化研究[J]. 机器人, 2014, 36(4): 455-460.

[13] 孙辉. 基于电机驱动采样阀的深海水体采样技术研究[D]. 杭州：浙江大学, 2013.

[14] 李硕, 燕奎臣, 李一平, 等. 6000 米 AUV 深海试验研究[J]. 海洋工程, 2007, 25(4): 1-6.

[15] 郑荣, 马艳彤, 张斌, 等. 基于垂向推进方式的 AUV 低速近底稳定航行[J]. 机器人, 2016, 38(5): 588-592.

[16] Roddy R F. Investigation of the stability and control characteristics of several configurations of the DARPA SUBOFF model (DTRC Model 5470) from captive-model experiments[R]. David Taylor Research Center Bethesda MD Ship Hydromechanics Dept, 1990.

[17] 段勇, 郭君, 周凌波. 水下航行器尾段振动激励源特性试验研究[J]. 鱼雷技术, 2017, 25(5): 332-338.

[18] Gopalkrishnan R, Triantafyllou M S, Triantafyllou G S, et al. Active vorticity control in a shear flow using a flapping foil[J]. Journal of Fluid Mechanics, 2006, 274: 1-21.

[19] 刘鑫宇, 李一平, 封锡盛. 万米级水下机器人浮力实时测量方法[J]. 机器人, 2018, 40(2): 216-221.

[20] Liu H, Ma N, Gu X C. Numerical simulation of PMM tests for a ship in close proximity to sidewall and maneuvering stability analysis[J]. China Ocean Engineering, 2016, 30(6): 884-897.

[21] Antes H, Panagiotopoulos P D. The boundary integral approach to static and dynamic contact problems[M]. Basel: Birkhäuser, 1992.

[22] Hoerl A E, Kennard R W. Ridge regression: applications to nonorthogonal problems[J]. Technometrics, 1970, 12(1): 69-82.

[23] Zou K H, Tuncali K, Silverman S G. Correlation and simple linear regression[J]. Radiology, 2003, 227(3): 617-639.

[24] Murashima T, Nakajoh H, Takami H, et al. 11000m class free fall mooring system[C]. Oceans, IEEE, 2009: 1-5.

[25] Chen C W, Kouh J S, Tsai J F. Maneuvering modeling and simulation of AUV dynamic systems with euler-rodriguez quaternion method[J]. 中国海洋工程(英文版), 2013, 27(3): 403-416.

[26] Ji D X, Song W, Zhao H Y, et al. Deep sea AUV navigation using multiple acoustic beacons[J]. 中国海洋工程(英文版), 2016, 30(2): 309-318.

[27] Liu Z Y，Xu Q N，Liu T, et al. Analytical formulation of AUV unpowered diving steady motion[C]. International Symposium on Underwater Technology, IEEE, 2000: 177-180.

[28] Cao C, Hovakimyan N. Design and analysis of a novel L_1 adaptive controller, Part I: control signal and asymptotic stability[C]. American Control Conference, IEEE, 2006: 3397-3402.

[29] Cao C, Hovakimyan N. Design and analysis of a novel L_1 adaptive controller, Part II: guaranteed transient performance[C]. American Control Conference, IEEE, 2006: 3403-3408.

[30] Hovakimyan N, Cao C Y. L_1 adaptive control theory: guaranteed robustness with fast adaptation[J]. Journal of Guidance, Control, and Dynamic, 2010, 31(5): 112-114.

3 跨域机器人

3.1 引言

混合型海洋机器人被称为“第四代”海洋机器人，代表了当前海上无人系统的主要发展趋势[1]。水空两栖跨域机器人兼具水下机器人安静隐身和无人机空中高速远程机动等优点，可实现水空两栖往复跨域和航行能力，能够极大扩展海洋机器人的原有应用范围，因此是未来混合型海上无人系统的发展重点之一。

水空两栖跨域航行器的研究可追溯至20世纪30年代，苏联进行了可飞行潜艇项目的研究[2]。20世纪60年代，美国的Ronald Reid公司开展了RSF-1可下潜飞行船(submersible flying boat)的研究[3]，同期Convair公司也开展了代号为Commander-1同类航行器的研究[4]。由于技术难度很大，以上航行器均止步于方案研究阶段。同一时期，美国空军委托美国军事战略高级研究机构兰德公司开展相关研究，并完成了4份关于水空两栖跨介质飞行器的研究报告[5-8]。2008年，美国国防高级研究计划局(Defense Advanced Research Projects Agency, DARPA)针对一款能够实现往复水空跨域功能的航行器研究进行研究招标[9]，并进行了原理样机的研发。2010年以后，英国布里斯托大学[10]、帝国理工学院[11]，美国麻省理工学院[12]、哈佛大学[13]等研究机构均从仿生学的角度开展了水空两栖跨域航行器的技术研究工作。这些工作带动了相关技术的研究和验证，研究成果推动了这种新型航行器概念的实现[14]。

国内目前开展水空两栖跨域航行器研究的科研机构还比较少[14]。北京航空航天大学开展了“飞鱼”[15]和“鲣鸟”[16]等水空两栖跨域机器人的技术研究和样机研制。中国科学院沈阳自动化研究所从2010年开始，进行包括水空两栖跨域机器人在内的各类新型混合型海洋机器人的研究，2017年完成了“海鲲”号跨域机器人模型样机的研制，并通过试验初步验证了其水空往复跨域能力。通过以上介绍可知，国内外对各种类型的水空两栖跨域航行器都进行了较多的研究，尤其是可重复跨域的水空两栖航行器在苏联可飞行潜艇项目提出数十年后再次成为研究重点，并且呈现出从载人系统向无人系统发展的趋势。

本章将系统性地介绍跨域机器人的应用与分类、国内外发展现状、关键技术，以及“海鲲”号跨域海洋机器人的设计与研究，从中揭示跨域机器人的发展历程、关键技术与研发流程。

3.2 跨域机器人的应用与分类

水空两栖跨域机器人可以在水和空气两种不同性质的流体中实现自动及自主航行，它兼具空中无人机(unmanned aerial vehicle, UAV)的高速航行能力及机动灵活性，以及无人水下航行器(unmanned underwater vehicle, UUV)的隐蔽机动性，可以根据任务需要选择适合的形态航行。它从一种介质运动到另一种介质的过程连续，无须进行手动模块切换，执行能力强，因而在军事和科研勘察等民用领域有着很大的发展前景[14]。

水空两栖跨域机器人由于具有空中的高机动能力、空中或水面的高速移动能力、水下的隐蔽航行能力，受到了世界各国军队的关注。2013 年，美国国防部提出的无人系统路线图对陆、海、空三栖环境中的无人系统在国防和军事战争上的应用进行了总结[17]，美国国防部强调未来海洋军事中，海上侦察、情报、监视，水面舰船间、水面舰船与潜艇间的通信中继，海上军事目标的巡逻与防卫等场合，需要不同种类的无人系统的协同工作。这种方式进行工作，会使任务的复杂程度大幅增加，提高任务执行“成本”，而水空两栖跨域机器人的提出，正好降低了任务复杂程度，解决了前述任务执行“成本”高的问题。水空两栖跨域机器人的空中高速机动能力，适合不同海域海况的侦察任务，水下运行时噪声极小，加上机体目标小，隐蔽能力强，敌方舰船无法有效识别，适合敌方防线内的情报任务。切换到水面运行，可以作为舰艇间的通信中继单元，极大地增加战场通信能力。美国海军认为，海军想要在较量中占优势，必须将各种探测载荷置于舰船外，水空两栖跨域机器人携带一些传感器，分布在舰船周围的空域或水面下，实现反潜探测、水雷探测，可以给舰船提供超探测距离的保护。

跨域机器人在民用领域的应用前景也很广阔。对传统的 UAV、UUV 和水面无人艇(unmanned surface vehicle, USV)来说，完成海上搜索和救援任务需要多机协同或编队协作[18]。而对兼具上述各种无人系统优点的水空两栖跨域机器人来说，在遭遇洪水、海难、台风、海啸等灾害时，能独立完成搜救、通信中继等救灾任务。

跨域机器人的水空两用特性，使得它拥有其他无人系统不具有的优点，即作业效率高。水空两栖跨域机器人可以采用无人机方式，从某一平台起飞，高速机动到指定作业海域，然后降落并下潜到作业区域，执行指定任务，完成任务后可以待命，也可以携带数据快速飞回平台，极大地提高了作业效率。因此，跨域机器人也可以执行水下机器人执行的海洋资源勘探[19,20]、大范围海图绘制、海洋水质监测、生物观测、水文气象测量等任务[21]。图 3.1 总结了跨域机器人的军事与民事应用。

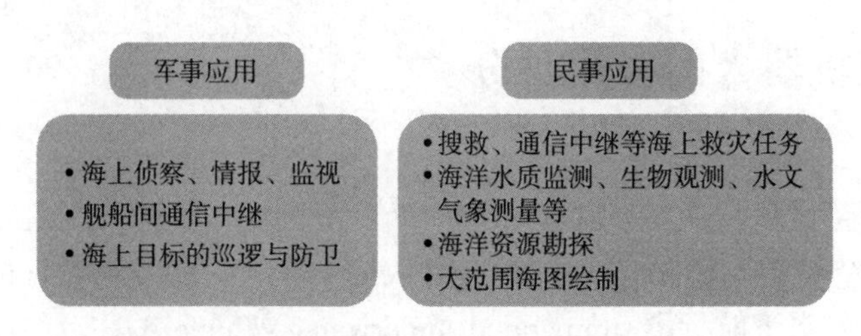

图 3.1　水空两栖跨域机器人的军事与民事应用

3.3　水空两栖跨域机器人的国内外发展现状

3.3.1　国外发展现状

国外在研究水空两栖跨域无人机的过程中，先后出现了水面无人机(seaplane UAV)、潜射无人机(submarine-launched UAV)、潜水无人机(submersible UAV)三种跨域无人机，它们的共同点是作业过程接触水/空气流体介质，结构和布局设计都要考虑空气动力/水动力动力学，进行自主或半自主控制。但是只有潜水无人机才是真正意义上的水空两栖跨域机器人，因为其他两种无人机都不能实现水空域的反复切换。

水空两栖跨域航行器概念最早出现于 1934 年，当时一名苏联军官最早提出飞行潜艇的概念，这种飞行潜艇可以通过飞行进入敌方区域，通过潜行接近敌人，然后对敌实施鱼雷攻击，最后通过飞行到达安全区域。苏联军方和美国等其他一些国家都曾尝试发展类似的航行器，但限于当时的技术条件，这些尝试都没能取得实质性成果。

美国海军于 1964 年资助 Ronald Reid 公司开展可下潜飞行船的研究，但是之后取消了相关研究计划。同一时期，美国的 Convair 公司还进行了代号为 Commander-1 的可潜水飞机的研究。该型飞机设计采用两套推进系统，在空中采用燃烧式喷气发动机，在水下则采用螺旋桨驱动，发动机的进气口及螺旋桨的进水口位于机身两侧机翼根部，在空中或水下可控制相应的入口打开(图 3.2)。

图 3.2 Commander-1 可潜水飞机空中/水下航行示意图

2008 年，DARPA 对研发一种可通过飞行方式快速机动到目标附近范围，然后潜入水中，隐蔽地对目标发起攻击的载人航行器(图 3.3)进行了招标。2011 年，美军舰船设计创新中心(Center for Innovation in Ship Design, CISD)、英国国防科技公司合作完成了水空两栖跨域航行器的缩比模型样机(图 3.4)的研制，并进行了水面起飞等试验(图 3.5)。与此同时，美国奥本大学也进行了小展弦比升力体构型水空两栖跨域航行器的概念和方案研究(图 3.6)，并利用计算与仿真，初步验证通过了设计方案。还有多家机构也对 DARPA 提出的水空两栖跨域载人航行器进行了研究，但据称 2011 年 DARPA 取消了该项研究计划，原因不得而知。

自然界中存在着许多具有水空两栖生活特性的生物。因此，除了以上提到的升力体构型水空两栖跨域航行器概念，国外许多研究院所基于仿生学原理，研制了许多仿生构型的水空两栖跨域航行器原理样机。

2010～2014 年，英国布里斯托大学的 Lock 等[22-25]研究了一种可应用于潜水无人机的多模式仿生翼。Lock 等通过观察海鸦的翅膀结构及在空中与水下的运动，设计了水下仿生扑翼翅膀，为航行器提供动力。他们通过确定最佳运动学参数，使推进效率最大化。对比之后得出结论：翅膀展开和收拢的运动模式可以分别为空中和水下提供足够的推进力。Lock 等的研究结果首次对水空两栖跨域机器人的仿生推进结构进行了量化权衡，并为未来仿生水空两栖跨域机器人的研究奠定了基础。

(a) 水空两栖航行器概念样机

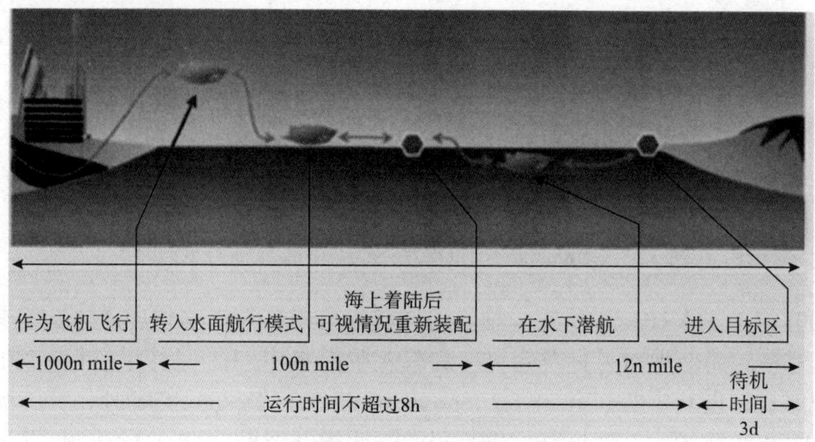

(b)水空两栖航行器工作流程示意图

图 3.3 DARPA 的水空两栖航行器概念

图 3.4 水空两栖跨域航行器缩比模型样机

图 3.5 水空两栖跨域航行器缩比模型水面起飞试验

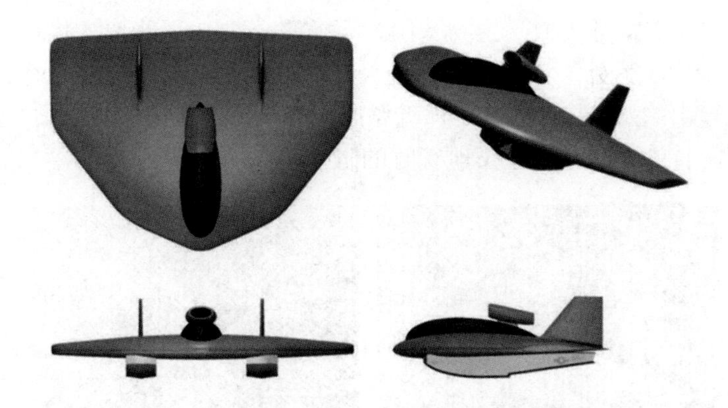

图 3.6 奥本大学提出的水空两栖跨域航行器概念

2011 年，麻省理工学院机械工程系的 Gao 等[26]研制出了一款可从水中跃起并短距离滑翔的仿飞鱼机器人原理样机，并对仿飞鱼机器人的运动及控制理论进行了研究。2012 年，麻省理工学院林肯实验室的 Fabian 等[27]设计了一款仿鲣鸟小型水空两栖机器人，并通过试验初步验证了其从空中溅落式进入水中及水空往复航行等功能，这也为水空两栖跨域机器人的研究提供了新的思路。

2015 年，麻省理工学院拖曳水池实验室提出一种水空两栖多模式仿生样机概念[12]，该样机采用多模式仿生翼进行水下/空中驱动，通过改变内嵌运动(in-line motion)模式，产生自身飞行所需的升力或游动所需的推力[28,29]，从而实现水空不同流体介质的推进。他们设计了样机并对水下和空中两种模式产生的推进力进行了定量实验，验证了该仿生机器人的可行性。

同一时期，哈佛大学的 Robert Wood 课题组在他们已有样机 RoboBee[30]的基础上提出了一种仿昆虫的扑翼式水空两栖跨域机器人样机[13]。该课题组验证了采用扑翼推进方式的跨域机器人在水下/空中的俯仰控制效果较好，同时验证了该跨域机器人在水下的开环游动能力，并实现了从空中到水下的转换。

2016 年，英国帝国理工学院的 Siddall 等[31]设计了一款桨式推进仿鲣鸟两栖机器人，该机器人采用仿飞乌贼喷射方式起飞，同时采用鲣鸟溅落式入水。该机器人目前只解决了介质切换问题，并未实现水/空全过程运行。

3.3.2 国内发展现状

目前，国内开展跨域机器人研究的科研院所还比较少，国内研究主要集中在原理样机研制、测试和水空介质切换关键技术验证两个方面。

2009 年，北京航空航天大学研制了一款水空两栖跨域机器人概念机“飞鱼”[15,32]。“飞鱼”模仿飞鱼的水上飞行能力，可以实现海面滑行起飞和软着陆。如图 3.7 所示，飞行器的形态特征类似于生物飞鱼。“飞鱼”还吸收了飞艇的优点，如船型机身和阶梯式船体。另外，该机器人内置水泵，可以通过向水箱注水而潜入水中，通过排出水箱中的水爬到水面上。样机翼展 3.4m，起飞重量约 12kg，采用了 90°可变后掠翼，目的是减小在水下航行时的阻力。

图 3.7 “飞鱼”两栖机器人与生物飞鱼

2013 年，北京航空航天大学又研制了一款仿鲣鸟水空两栖跨域机器人(图 3.8)并进行了试飞验证[33]。该型样机采用了适应空气/水介质的结构特点，包括用于快速注水和排水以调整其平均密度的网格安装机身和空心无肋机翼，用于机翼折叠以减少水中阻力的可折叠装置，借助于该型样机，该课题组对机翼等装置进行了详细的分析，为跨域机器人的最终实现提供一些可行的建议。

图 3.8 北京航空航天大学的仿鲣鸟水空两栖跨域机器人

2011 年，南昌航空大学研制了两款跨域机器人样机[34,35]。两台样机均采用 90°可变后掠翼，水下运动机翼后掠减小阻力。油电混合样机采用活塞发动机和锂电池给电动机供电的两套动力系统，解决了动力系统的独立控制与密封性问题。全电样机采用多机翼综合控制的结构，机身采用玻璃钢密封结构，水下航行和水面慢速滑行由尾部螺旋桨推进，空中飞行和水面快速滑行由前方螺旋桨推进。该样机成功进行了水下航行和水面滑行的测试，但由于升空阻力较大及动力不足等原因，该样机没有完成水面起飞测试。

2011 年开始，中国科学院沈阳自动化研究所设计研究了跨域机器人水面起飞的抗波浪干扰控制系统，建立了跨域机器人在规则/非规则波浪中的非线性动力学模型[36-39]。并提出基于模糊识别和预测控制的跨域机器人水面自主起飞的控制算法。西北工业大学等科研院所也对跨域机器人的滑跳动力学模型进行了研究，获得了许多理论成果，并进行了仿真验证[40-43]。

2013 年，在机器人学国家重点实验室基金的支持下，中国科学院沈阳自动化研究所开展了“可飞行海洋机器人技术”的研究，初步论证了构建水空两栖跨域海上无人系统的技术途径，并通过仿真分析等方式验证了相关技术方案的可行性。为下一步开展水空两栖跨域海上无人系统原理样机的研制打下了良好的技术基础。

3.3.3 国内外发展差距

国外在水空两栖跨域海上无人系统方面研究起步较早，长期以来一直重视相关技术的发展，目前已经形成了许多可下潜飞行器或仿生机器人等具备往复跨域航行能力的系统设计概念，其中不少都正在进行样机研制，有些已经形成系统模型或原理样机，可以实现全流程演示，取得了诸多阶段性成果。

而我国在水空两栖跨域海上无人系统技术方面的研究起步较晚，相关研究较为滞后，目前仅有少数几家研究单位研制出了原理样机，并且都处在部分关键技术的验证阶段，对于全流程全功能的样机产出还有一段距离，与外国先进水平存在着 5 年以上的差距，未来还需继续加强对结构设计和介质转换的研究，以推进国内跨域机器人的发展。

3.4 “海鲲”号跨域机器人

中国科学院沈阳自动化研究所自 2010 年开始，进行了各类新型混合型海洋机器人的研究，2017 年完成了“海鲲”号跨域机器人模型样机的研制，并初步验证了其水空往复跨域能力。本节将系统性地介绍中国科学院沈阳自动化研究所“海鲲”号跨域机器人的技术研究、仿真验证和试验验证等工作，通过研制模型样机验证其空中飞行、水下航行及水空跨域能力。

3.4.1 总体技术方案设计

1. 任务分析与功能规划

“海鲲”应具备水空往复跨域能力，并不将某一类介质中的工作状态作为主要使命任务。这要求它在飞行状态具有较强的复杂环境起降能力、较高的航速、较长的续航力，并能够在水下航行状态具有一定的航行深度、一定的航行速度和较长的续航力。

由于跨域机器人需要在海面起降，会受到复杂海况的影响。与水上飞机类似的水面滑跑起降能够极大节省系统的燃料消耗和推进功率要求，但这种方式对海况的要求较高，并不完全适合跨域机器人使用。在海况较差时，跨域机器人需要具备垂直起降能力以实现跨域功能。

2. 总体与外形初步设计方案

1）飞行技术方案设计

目前的飞行器可以分为固定翼飞机和直升机两大类。固定翼飞机（图 3.9）依靠较大的升阻比飞行，能够达到较高的推进效率，并且随着涡扇和涡喷等新型航空发动机的出现，固定翼飞机可以得到非常大的航速和航程能力。然而固定翼飞机对于起降环境的要求较高，必须有较大面积的平整地面或水面（水上飞机）用于滑跑。直升机（图 3.10）具备垂直起降、空中悬停等功能，然而其结构形式却导致在某些方面存在不足：空重系数大、载重系数小、气动效率低，因此经济性差；振动大、安定性不好；高速飞行时前进桨叶产生废阻，后退桨叶产生气流分离，使直升机无法进一步提高速度。为了克服这些不足，垂直起降飞机（vertical take-off and landing plane，图 3.11）应运而生，它综合了固定翼飞机和直升机的优缺点。这类飞机能够垂直起落，同时因为平飞形式不同，速度要高出直升机一倍之多，所以不是直升机的同类。这种垂直起降飞机，尤其是倾转旋翼机，被誉为“21 世纪最有希望的空中运输工具”，无论是在民用还是军用领域，都具有广泛的应用前景，是目前国内外研究的热点。

图 3.9　固定翼飞机

图 3.10 直升机

图 3.11 垂直起降飞机

垂直起降飞机也存在着一些缺陷，设计者希望将直升机和固定翼飞机的优点集成在一起，但因为二者的性能相互存在矛盾，某方面性能的最优以另一方面性能的降低为代价。垂直起降飞机的垂直飞行对能源消耗有不利影响，使其长距离飞行能力受到制约；又因为兼顾较大的巡航速度和航程，使推进器不能按照垂直性能最佳设计，所以垂直飞行能力也不是最佳的。因此，垂直起降飞机的平飞不如固定翼飞机，垂飞不如直升机，性能介于两者之间。垂直起降飞机在航程为300～1300km 的中等距离航程具有优势，而直升机和固定翼飞机的优势分别是短距和长距航程。

对于跨域机器人的总体方案设计，选择垂直起降飞机具有较大优势。由于复杂海况的影响，跨域机器人在较多情况下需要垂直起降。跨域机器人的使命任务主要包括空中快速抵达目标海域，或在较大空中范围内快速环境侦察，因此需要具有较快的航速和较长的续航力。此外，跨域机器人的水下航行状态要求系统不能装配直升机那样大直径的轻载旋翼，轻载旋翼自身无法适用于水下航行的大扭矩工况，且难以折叠，会对系统的水下航行造成较大阻力。最后，系统的推进装置最好能够满足空中和水下两种工作状态。

经过多年的摸索，垂直起降飞机发展出了很多布局种类，包括：升力、推力装置分开，升降和平飞状态采用不同推进装置(lift-level propulsion divided, LLPD)；翼身铰接，可相对俯仰转动(free wing & tilt body, FWTB)；倾转旋翼或涵道风扇(tilt rotor &tunneled propeller, TR&TP)；串行机翼，过渡时机身姿态角改变(tandem free wing, TFW)；单发双桨，过渡时机身姿态角改变(fixed wing tilt body, FXTB)等。其中，倾转旋翼或涵道风扇布局发展最快、应用最广、受认可程度最高。通过综合对比各类无人机布局的安全性、飞行性能、载荷量、经济性和复杂度等指标，得出倾转旋翼或涵道风扇布局是垂直起降无人机的最佳设计方案。美国现役的鱼鹰倾转旋翼飞机(图 3.12)，DARPA 支持的 VTOL X-Plane 计划中的雷击(图 3.13)、幽灵雨燕(图 3.14)等无人机，德国某创业公司正在研制的 Lilium Jet 空中的士(图 3.15)等，均属于这一类型。

图 3.12　鱼鹰倾转旋翼飞机

图 3.13　雷击无人机

图 3.14 幽灵雨燕无人机

图 3.15 Lilium Jet 空中的士

对于跨域机器人，采用倾转旋翼或涵道风扇布局可使系统在空中/水面航行状态转换时仅需改变推进器角度，无须做其他调整。而其他种类的布局方式需要系统在状态转换时调整机翼构型或主体姿态；并且由于要兼顾水下航行功能，其他布局实现跨域功能的复杂度较大。因此，本节采用倾转旋翼或涵道风扇布局，同时由于要实现水下航行，能源首选全电力系统。由于电池的功率密度和能量密度较燃料能源偏低，因此选用多倾转旋翼或涵道风扇的总体设计布局，以降低单个推进装置的功率和能耗。

2) 水下方案总体设计

传统的水下机器人多采用单轴、单桨的鱼雷形或水滴形外形，水下快速性、操纵性、总布置、总体优化等设计工作均围绕此类外形而展开。跨域机器人需要考虑空中飞行功能的设计需求，需要尽量减小系统的重量，在这一条件下需要适应水下浮力状态和环境作用发生的较大改变，并达到较高的航速、较长的续航力和较好的机动性能。传统的鱼雷形或水滴形外形显然难以满足这些要求，需要采用新概念外形、非常规操纵面布局、矢量推力等新的水动力技术和设计形式。

参考飞行器设计领域的设计成果和经验，结合中国科学院沈阳自动化研究所在升力体外形、翼身融合体外形水下机器人的研究经验，跨域机器人也将采用翼身融合体外形与小展弦比机翼相结合的外形设计方案，以满足新的水下航行功能设计要求。跨域机器人外形总体设计方案如图 3.16 所示，中部主体采用翼身融合体外形，在保证内部有效空间的同时能够在水下和空中飞行时提供较好的流体性能。由于需要降低水下航行的阻力，系统的侧翼采用较小的展弦比；为了提高侧翼在航行中的升力效能，采用前后双翼布局；侧翼的机翼可调整，使侧翼在空气中为升力翼，在水下为负升力翼。侧翼外部设有附体，可以稳定前后侧翼水下航行的结构强度，同时还可以进一步扩展其功能：如果系统需要在水面航行，或进一步实现水面滑行起飞功能，可在侧翼根部设计折叠机构，水面航行时侧翼折叠，使附体及部分侧翼位于水面下，主体部分位于水面上，同时通过侧翼的操纵面调节系统浮力状态，以此实现系统在水面的航行或进一步实现水面滑行起飞。

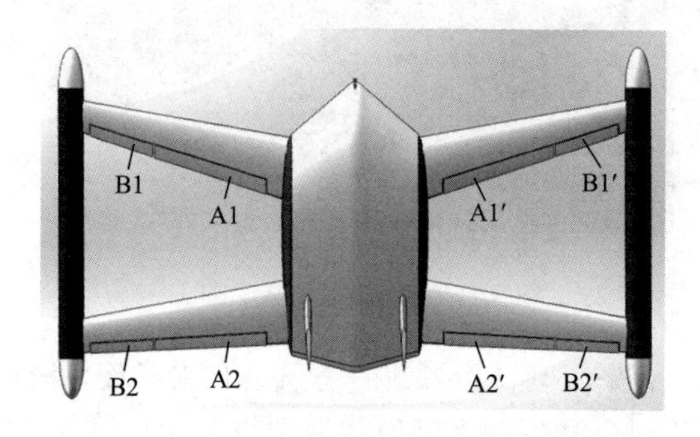

图 3.16　跨域机器人外形总体设计方案

A1-左前襟翼，A1′-右前襟翼，B1-左前副翼，B1′-右前副翼
A2-左后襟翼，A2′-右后襟翼，B2-左后副翼，B2′-右后副翼

3）“海鲲”总体设计方案

“海鲲”选用垂直起降飞机方案实现起飞和空中飞行功能。对于垂直起降飞机，其重量效率多在 0.5～0.7[17,18]（即垂直起飞时推重比为 2～1.43）。由于跨域机器人不需考虑燃油和载荷的额外重量，因此选择其重量效率为 0.6，即系统重量为推进器最大总推力的 0.6 倍。“海鲲”采用基于涵道风扇的水空两用推进器，推进器重量为 1kg，电池重量为 0.8kg，则单套推进器的总重量可设定为 1.8kg，单套推进器空气中推力为 7kg，水下推力为 4kg。系统其他部分的重量设定为推进系统重量的 60%以上，设一台跨域机器人上安装的推进装置为 x 套（x 为 4 的倍数），系统总重量为 y(kg)。则有如下关系式：

$$\begin{cases} y < 0.6 \times 7x \\ y \geqslant 1.6 \times 1.8x \end{cases} \tag{3.1}$$

可得推进器的数量x为 4 套时，系统的重量为 11.5～16.8kg。

在水下航行方面，由于需要考虑空中和水下航行功能的设计需求，需要适应水下浮力状态和环境作用发生的较大改变，传统水下机器人的鱼雷形或水滴形外形显然难以满足这些要求，需要采用新概念外形、非常规操纵面布局、矢量推力等新的水动力技术和设计形式。

通过研究，“海鲲”采用翼身融合体外形与小展弦比机翼相结合的外形设计方案，以满足新的水空航行功能设计要求。“海鲲”总体设计方案如图 3.17 所示，主体外形部分采用图 3.16 的方案。为了提高侧翼在航行中的升力效能，采用前后双翼布局，并且侧翼用于安装分布式水空两用推进器。侧翼为正升力翼，可在水面航行和空中飞行状态下提供升力；在水下航行状态通过调整侧翼结构变换为负升力翼，可提供负升力以抵消跨域机器人自身的浮力。为了稳定前后侧翼水下航行的结构强度，侧翼外部设有附体。

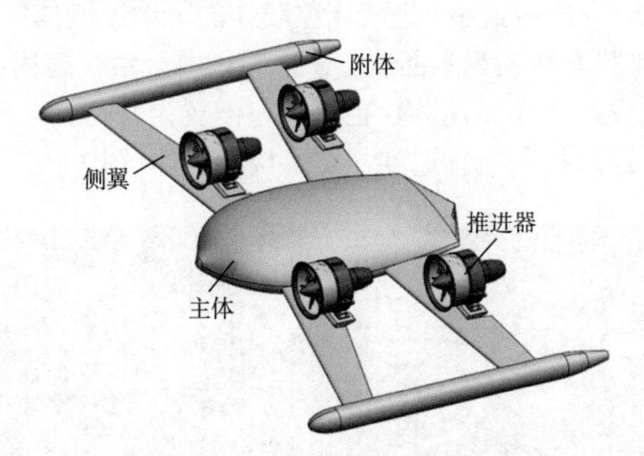

图 3.17 “海鲲”总体设计方案

通过总体设计，“海鲲”的排水量为 15kg，质量为 12kg，壳体为整体密封结构，水下为正浮力状态。其空中飞行最大速度暂定为 150kn，水下航行最大速度暂定为 20kn。

3. 水空航行模式转换方式

“海鲲”采用短距垂直起降方式实现空中飞行状态的转换(图 3.18)，所有推进器竖起并满功率运行，推动“海鲲”以多旋翼飞行器方式垂直起飞。起飞后，推进器逐渐恢复水平位置，并推动系统向前飞行。降落时，推进器逐渐竖起，使跨域机器人垂直缓慢降落在水面上。

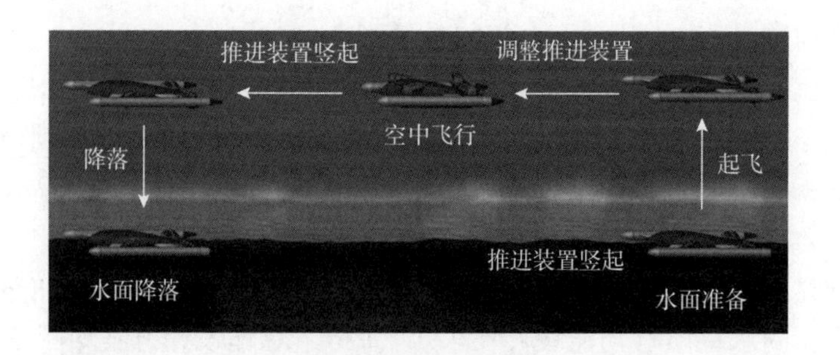

图 3.18 空中飞行示意图

“海鲲”转换为水下航渡状态时，侧翼通过前后襟翼变结构调整为负升力翼，当“海鲲”向前航行时，速度使侧翼产生下压力。通过侧翼在航行过程中产生的下压力，抵消自身的正浮力，并实现载体的快速下潜。“海鲲”可通过控制航行速度，调整侧翼产生的下压力大小，进而调整载体的下潜速度或实现水下定深航行。“海鲲”从水下航渡状态转换为水面航行状态时，由于系统整体设计为正浮力，可通过无动力方式上浮至水面。此外，也可调整侧翼为升力翼，使侧翼在航行过程中产生上升力，并通过控制航行速度，实现快速上浮(图 3.19)。

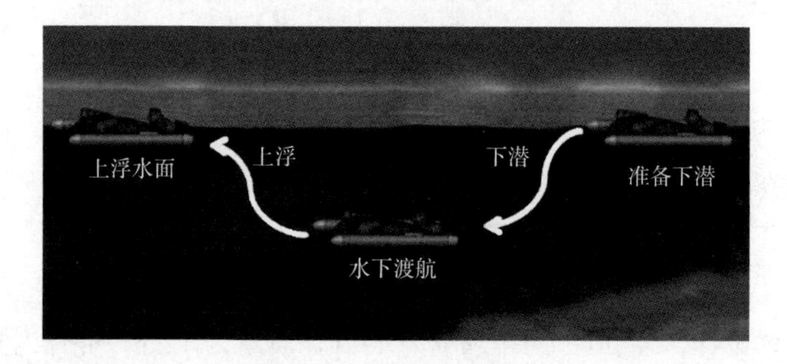

图 3.19 水下航行示意图

3.4.2 跨介质流体动力分析

1. 单域航行水动力性能分析

跨域机器人由于需要兼顾空气、水中及水面飞行/航行的各种矛盾要求，而传统的飞机、地效飞行器与海洋机器人的设计理念截然不同，为了在三种不同环境下均具有良好的运动性能，跨域机器人必将是全新的构型，对于这种非传统外形，其空气动力/水动力性能计算方法均需要开展深入的研究。为了降低风险，我们遵循由易及难的原则，首先对空中飞行和水下航行这种单相流环境下的流体动力性能计算方法进行研究。

单域航行水动力性能分析主要是为了分析跨域机器人流体动力外形设计是否合理，能否产生足够的垂向力，实现机器人的下潜或飞行。

1) 数值方法

为了验证本章设计的跨域机器人的合理性，本节对其两种典型运动状态进行数值计算，数值计算采用有限体积法，对于三维不可压黏性流动，其 RANS 方程为

$$\frac{\partial \overline{u}_i}{\partial x_i}=0 \tag{3.2}$$

$$\rho\frac{\partial \overline{u}_i}{\partial t}+\rho\overline{u}_j\frac{\partial \overline{u}_i}{\partial x_j}=\rho F_i-\frac{\partial \overline{p}}{\partial x_i}+\frac{\partial}{\partial x_j}\left(\mu\frac{\partial \overline{u}_i}{\partial x_j}-\rho\overline{u_j'u_i'}\right) \tag{3.3}$$

式中，$\overline{u}_i$ 为时均速度；u_i' 为脉动速度；ρ 为密度；$\overline{p}$ 为压强；$\rho\overline{u_j'u_i'}$ 为雷诺应力。

按照不同的封闭形式，RANS 方程又可分为单方程模型(Spalart-Allmaras)、两方程模型(k-ε、k-ω)及雷诺应力模型。本节采用剪切应力输运(shear stress transport，SST)k-ω 湍流模型进行数值计算，该模型结合了近壁 k-ω 湍流模型的稳定性和边界层外部 k-ε 湍流模型独立性的特点，对自由来流的湍流度并不敏感，且该模型能适应压力场变化的各种物理现象。

SST k-ω 湍流模型的湍流强度 k 方程为

$$\frac{\partial \rho k}{\partial t}+\nabla\cdot\left(\rho\bar{U}k\right)=\nabla\cdot\left[\left(\mu+\frac{\mu_t}{\sigma_k}\right)\nabla k\right]+P_k-\beta'\rho k\omega \tag{3.4}$$

湍流频率 ω 方程为

$$\frac{\partial \rho\omega}{\partial t}+\nabla\cdot\left(\rho\bar{U}\omega\right)=\nabla\cdot\left[\left(\mu+\frac{\mu_t}{\sigma_\omega}\right)\nabla\omega\right]+\alpha\frac{\omega}{k}P_k-\beta\rho\omega^2 \tag{3.5}$$

式中，k 为湍流强度；ω 为湍流频率；$\bar{U}$ 为平均速度；α、β 为常系数。

在应用 CFD 软件进行流场计算之前，必须对模型进行网格划分，网格尺寸的确定遵循以下的原则。

(1) 边界层第一层网格厚度：$\Delta y\leqslant L\Delta y^+\sqrt{80}Re_L^{-13/14}$，其中，$L$ 表示模型长度，Re_L 表示雷诺数，Δy 表示第一层网格高度，对于采用壁面函数法的湍流模型 $20\leqslant\Delta y^+\leqslant 100$，对于采用低雷诺数法的湍流模型 $\Delta y^+\leqslant 2$。

(2) 边界层总厚度 δ：$\delta\geqslant 0.064LRe_L^{-1/7}$。

(3) 边界层层数 N：对于采用壁面函数法的湍流模型 $N\geqslant 10$，对于采用低雷诺数法的湍流模型 $N\geqslant 15$。

(4)面网格尺寸 ΔS：对于无附体几何模型 $\Delta S \leqslant \frac{4}{3}\delta$，对于有附体模型 $\Delta S \leqslant \delta$。

(5)体网格尺寸 ΔV：$\Delta V \leqslant B\delta$，$B$ 为流域的阻塞系数，一般可取 $B = 20$。为保证黏压阻力计算的准确，物体附近区域的体网格需要适当加密，加密区域的网格尺寸可取为 $\Delta V_a \leqslant b\Delta S$，$b$ 为加密区域的阻塞系数。

经计算跨域机器人的网格尺寸为：面网格尺寸为 0.0636m，体网格尺寸为 0.9541m，边界层第一层网格高度为 2.85×10^{-5}m，边界层网格增长率为 1.58。

跨域机器人一个非常重要的结构是侧翼，侧翼是由翼型沿展长方向生成的，翼型一般是长而薄的，其曲线形状直接决定了最终的流体性能，尤其是侧翼前缘，曲率较大且曲率变化较大，因而侧翼曲线尤其是侧翼前缘曲线的拟合精度会直接影响最终的计算精度。本节在对侧翼前缘进行拟合时采用 T-Rex 算法，该算法可以在曲率变化较大的曲面上生成规则化网格，以提高曲面的拟合精度，最终生成的侧翼前缘网格如图 3.20 所示，可以看出网格与翼型曲线的贴合程度较高。

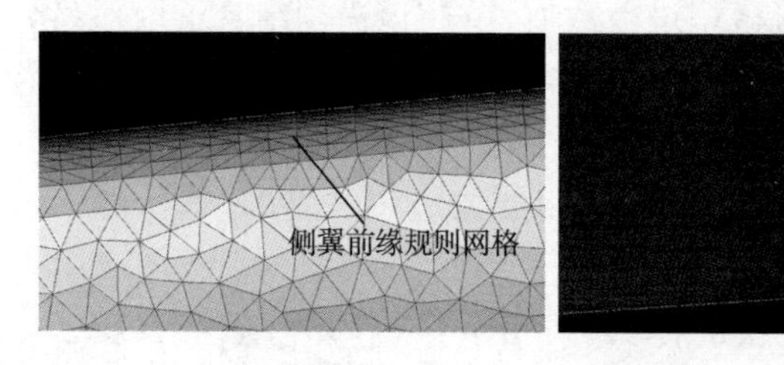

图 3.20　侧翼前缘网格

对跨域机器人水动力的 CFD 计算，是通过创建一个虚拟边界，将跨域机器人的外部绕流问题转化成内部流动而实现的。虚拟边界所包络的区域称为 CFD 计算的流域。很显然，与水池试验类似，流域尺寸和边界位置将对计算结果产生直接影响。如果流域尺寸设置得较小，则流场未充分发展，会产生类似于水池试验中的阻塞效应，造成池壁对流场产生较大的干扰，最终导致计算结果不准确。如果流域设置过大，则浪费计算资源，影响计算效率。流域大小和边界位置等可遵循下列原则：

(1)入口边界到计算对象前端面的距离 L_f 不小于 10D(D 表示待模拟物体的特征尺寸)；

(2)出口边界到计算对象后端面的距离 L_b 不小于 15D；

(3)四周边界的相互距离 L_d 不小于 20D。

最终的计算域及设置的边界条件如图 3.21 所示。跨域机器人前方设置为速度入口，后方设置为压力出口，四周设置为远场自由滑移壁面条件，而跨域机器人表面则设置为无滑移壁面条件。跨域机器人的航速变化范围设定为 1～20kn。

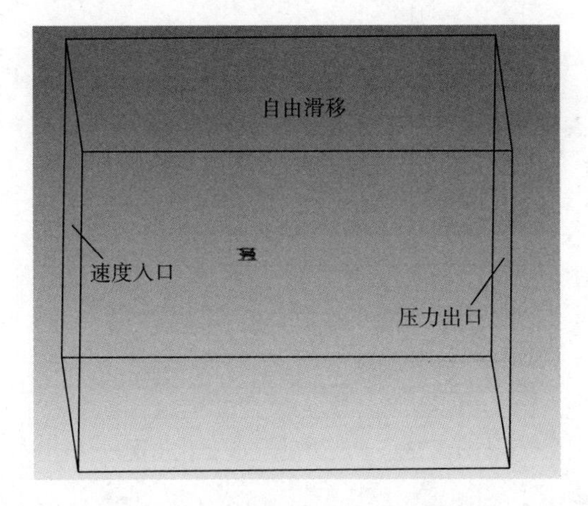

图 3.21 计算域及设置的边界条件

2) 结果分析

不同航速下的阻力如图 3.22 所示，阻力随航速增加而增加，机翼阻力最大，主体次之，附体产生的阻力最小，这是由于对于流线型外形，摩擦阻力占主要部分，而摩擦阻力与湿表面积成正比，机翼表面积最大，因而其阻力最大。

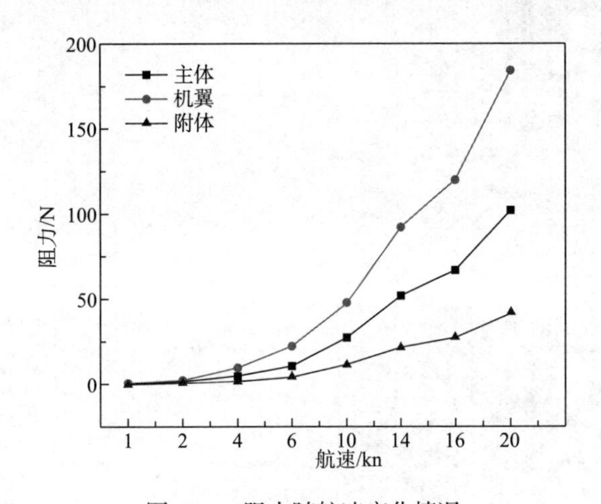

图 3.22 阻力随航速变化情况

不同航速下的下压力如图 3.23 所示，可以看出下压力主要由机翼提供，主体及附体也能提供部分下压力，但其数值相较于机翼小很多。

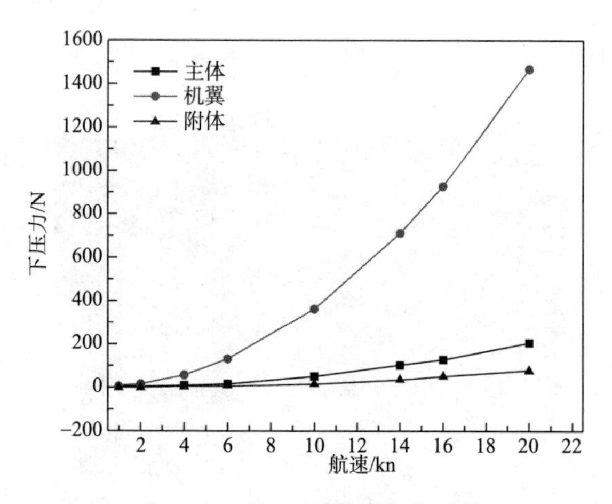

图 3.23　下压力随航速变化情况

不同航速下的涡量如图 3.24 所示，航速较低时，涡的尺寸较小，仅存在于机器人本体，随着航速的升高，机器人本体表面的涡逐渐增强，涡区域逐渐变厚，且向主体后方扩展。

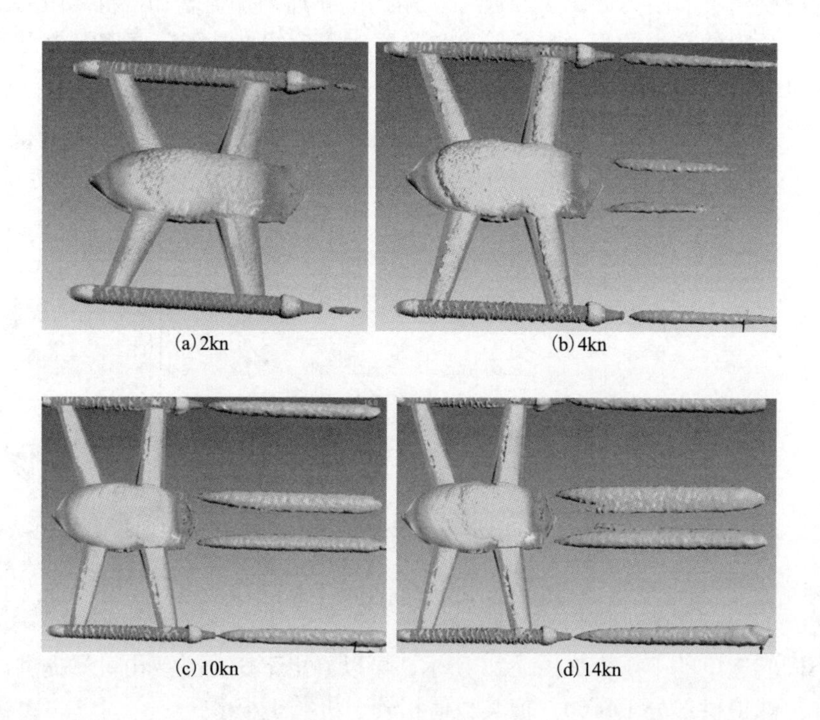

(a) 2kn　(b) 4kn

(c) 10kn　(d) 14kn

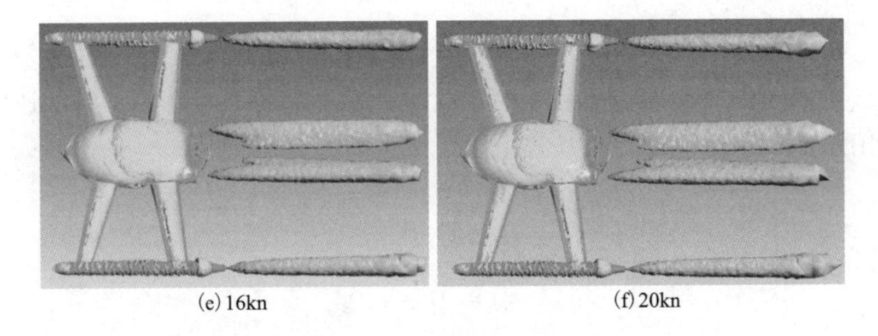

(e) 16kn　　(f) 20kn

图 3.24　不同航速下涡量图

空气中，100kn 航速下不同攻角时的升力如图 3.25 所示。机翼的升力随攻角增加迅速提升，当攻角为 4° 时，机器人可以产生 117N 的升力。4° 攻角、不同航速下升力变化如图 3.26 所示，当航速为 150kn 时，机器人可以产生 166N 的升力。

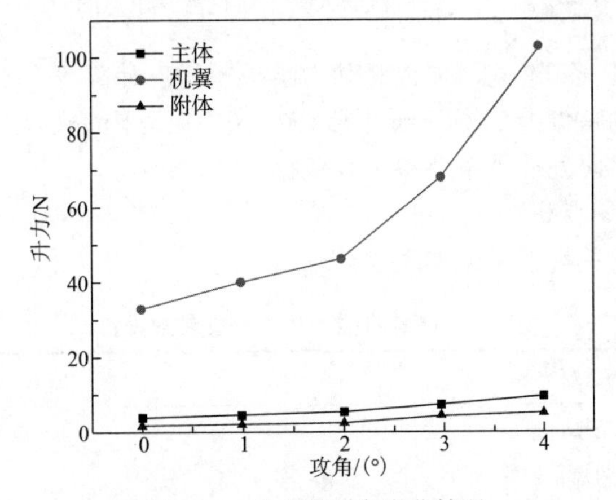

图 3.25　升力随攻角变化情况

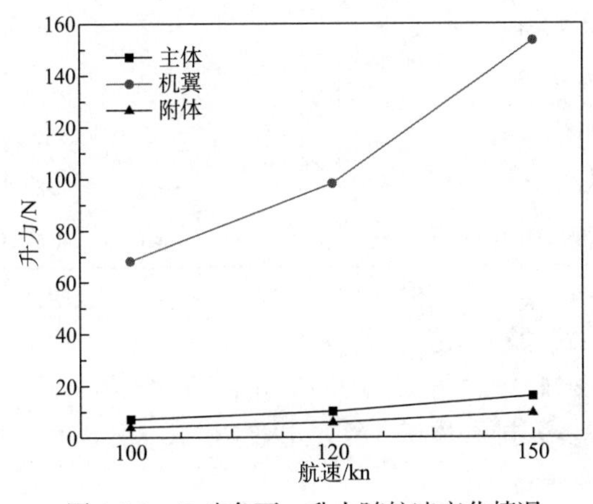

图 3.26　4° 攻角下，升力随航速变化情况

2. 跨域航行水动力性能分析

跨域机器人的完整航行流程主要由入水、水面航行、滑行、下潜、巡航、上浮、浮出水面、水面航行、出水等阶段组成，如图 3.27 所示。

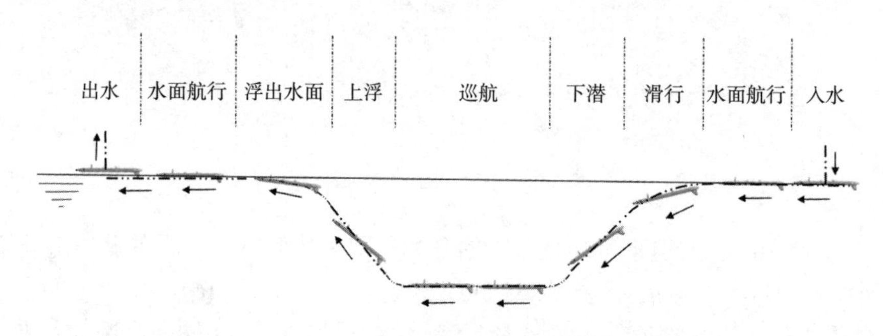

图 3.27　跨域机器人完整航行流程示意图

以下主要通过 CFD 数值模拟和动力学模型稳态计算等手段计算跨域机器人航行流程中的运动特性，探究跨域机器人在不同工况下的极限工作能力，为跨域机器人的运动控制研究提供重要参考和依据。

1)跨域机器人物理参数

跨域机器人相关物理参数如表 3.1 所示。

表 3.1　跨域机器人相关物理参数设置

参数	数值
型长/m	0.71
型宽/m	1.15
型高/m	0.12
空气中重量/kg	12
全排水体积/L	15
典型载体自重/kg	13.5/12.0/10.5
最大推力/N	80
典型轴向推力/N	40/60/80

本节对研究结果有如下前提和假设：

(1)假定系统低艏时纵倾角(潜浮角)为正；

(2)根据跨域机器人排水体积计算，选取 70%、80%、90%排水量作为跨域机器人工作时载体自重值；

(3) 根据推进器设计结果，系统水下最大推力为 80N；

(4) 根据跨域机器人推进器设计结果，分别选择最大推力的 100%、75%、50% 推力值作为系统工作推力进行计算。

2) 跨域机器人滑行性能计算

滑行过程是指跨域机器人从水面静止状态到完全潜入水中的运动过程。初始时刻，系统在浮力重力差作用下漂浮于水面。当推进器启动后，在推进器作用下，系统开始加速运动。随着速度的增加，由于负升力水翼的作用，系统吃水不断增大，当航行速度达到临界值后，系统水翼产生的负升力正好可以克服其剩余浮力 (重力浮力差值)，系统将完全潜入水下。

跨域机器人能否快速实现下潜是其最主要的滑行性能指标，是系统进入水下完成作业任务的关键，因此有必要对其滑行过程进行详细的计算。影响跨域机器人滑行过程性能的主要因素有系统的载体自重和推进器的推力等。

为了计算结果更加精确，跨域机器人的滑行过程采用计算流体力学分析软件 StarCCM+ 进行仿真模拟。网格划分如图 3.28 所示。

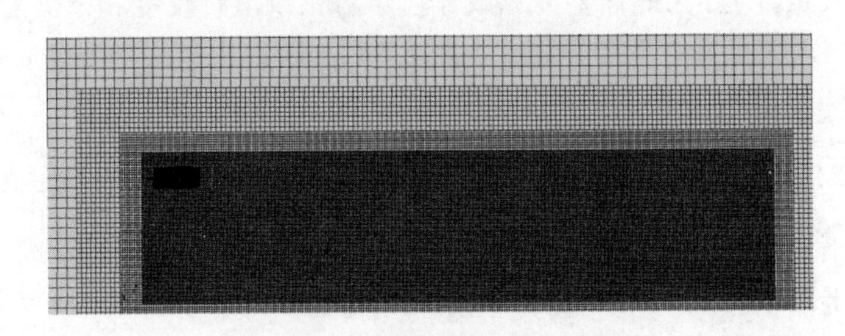

图 3.28　计算域网格划分示意图

初始时刻，系统载体以一定的吃水静止于水面，如图 3.29 所示。

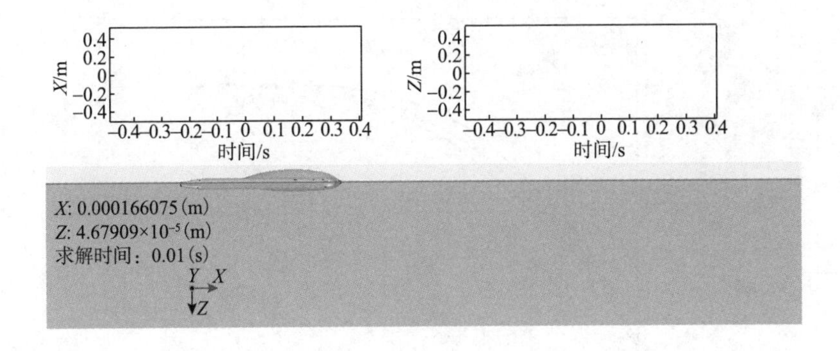

图 3.29　初始时刻跨域机器人静止于水面

在推进器作用一段时间后，跨域机器人可以实现下潜。如图 3.30 所示。

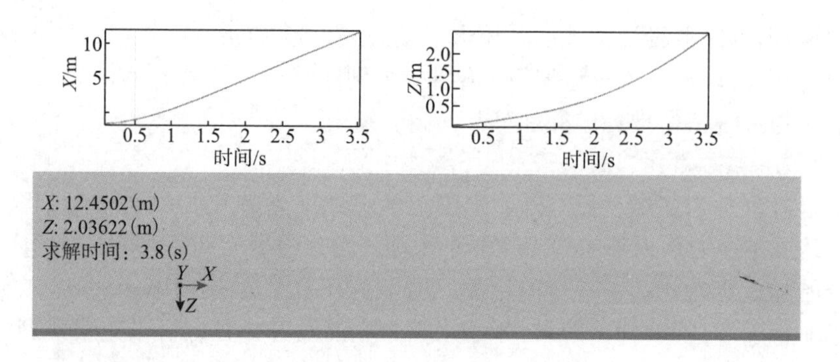

图 3.30　一段时间后跨域机器人实现下潜

下面分别针对载体自重及轴向推力对跨域机器人在滑行过程中快速下潜能力的影响进行计算。

3) 载体自重对跨域机器人滑行性能的影响

跨域机器人的载体自重决定了系统水面吃水状态及系统克服剩余浮力下潜需要产生的最大负升力，因此需要计算载体自重对系统滑行性能和下潜能力的影响。

初始时刻跨域机器人载体静止于水面上。根据跨域机器人物理参数表(表 3.1)，在保持轴向推力 60N 不变的前提下，分别对跨域机器人在 10.5kg、12.0kg、13.5kg 三种典型载体自重状态下的滑行过程进行 CFD 数值模拟。

图 3.31～图 3.34 给出了跨域机器人在几种典型载体自重状态下滑行过程中轴向速度、水平位移、下潜深度及纵倾角随时间的变化情况。可以发现，在不同载体自重状态下跨域机器人载体的水平位移和轴向速度大体相同，只有系统下潜深度和纵倾角变化略有差别。其中三种典型载体自重状态下系统轴向速度均趋于 4m/s，同时经过 3s 推进后系统水平前进距离均在 9m 左右。由图 3.33 系统载体下潜深度变化图可以看出，在三种典型载体自重下滑行过程中，跨域机器人载体均

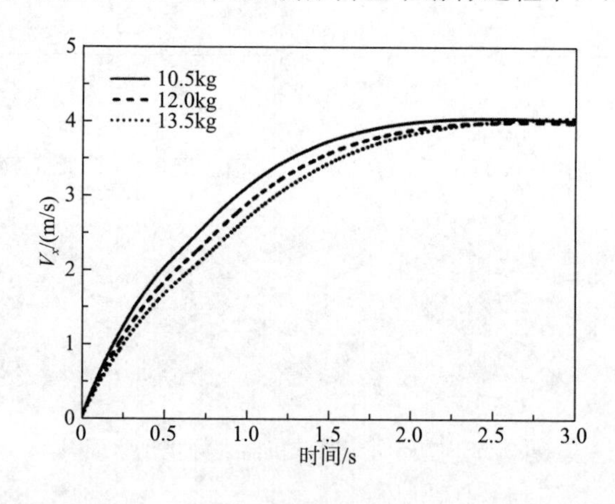

图 3.31　跨域机器人在不同载体自重下滑行过程中轴向速度变化情况

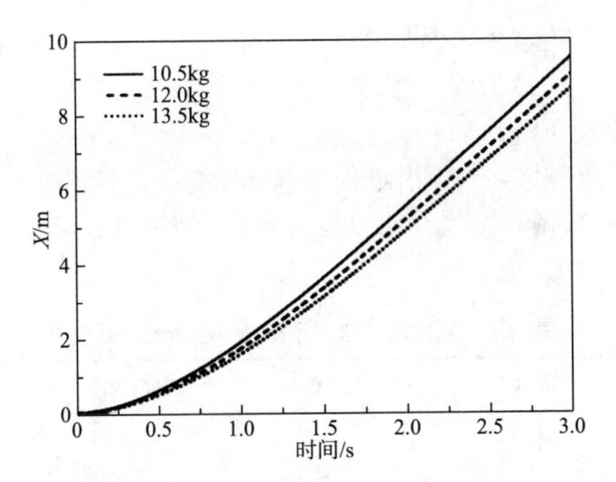

图 3.32　跨域机器人在不同载体自重下滑行过程中水平位移变化情况

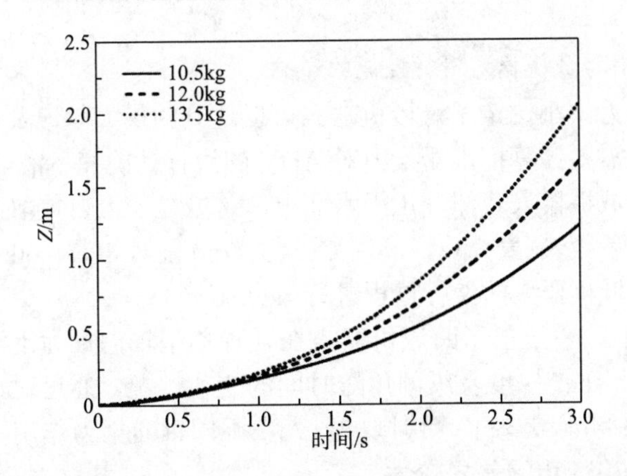

图 3.33　跨域机器人在不同载体自重下滑行过程中下潜深度变化情况

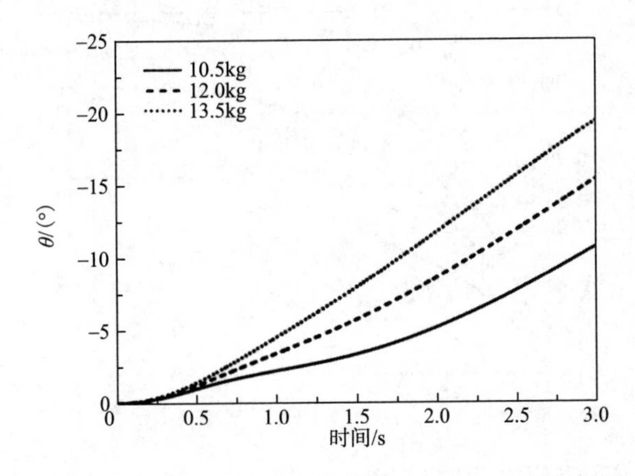

图 3.34　跨域机器人在不同载体自重下滑行过程中纵倾角变化情况

可以离开水面下潜一定深度，且其下潜深度随载体自重的增加而增大，这是因为系统载体自重越大，其重力浮力差值越小，系统下潜需要克服的剩余阻力越小，跨域机器人更易实现下潜。

同时，载体自重越大，其下潜过程中纵倾角越大，具体结果见表 3.2。通过三种载体自重下下潜 3s 滑行结果对比可以看出，跨域机器人能否实现快速下潜与载体自重有关。

表 3.2　载体滑行 3s 后 AUV 相关运动参数

载体自重/kg	下潜深度/m	水平位移/m	轴向速度/(m/s)	纵倾角/(°)
10.5	1.2	9.4	4.0	11
12.0	1.7	9.0	4.0	15
13.5	2.1	8.8	4.0	20

4) 轴向推力对跨域机器人滑行性能的影响

推进器的推力大小决定了跨域机器人可以达到的最大航速及产生的最大负升力(力矩)，因此需要计算推进器推力对 AUV 的滑行性能和下潜能力的影响。

初始时刻跨域机器人载体静止于水面上，跨域机器人自重取为 12.0kg。根据跨域机器人物理参数表(表 3.1)，利用 CFD 方法分别对 80N、60N 和 40N 三种典型轴向推力下跨域机器人的滑行过程进行模拟。

图 3.35～图 3.38 给出了跨域机器人在几种典型轴向推力下滑行过程中轴向速度、水平位移、下潜深度及纵倾角随时间的变化情况。通过对比可以看出，在载体自重 12.0kg 初始状态下，跨域机器人在不同轴向推力作用下滑行过程中，其轴向速度和位移变化的差异较大。

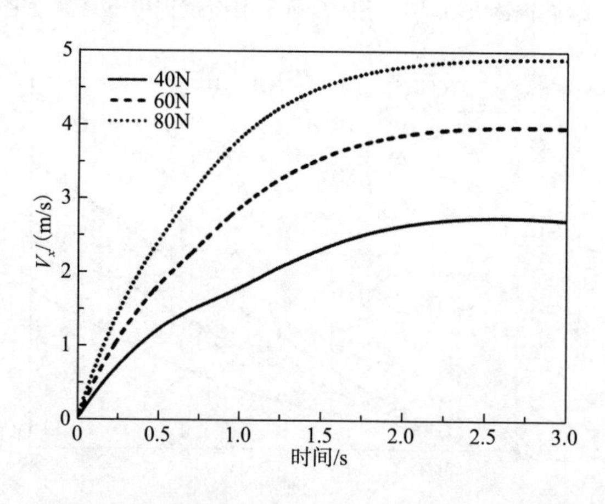

图 3.35　不同轴向推力作用下滑行过程中跨域机器人轴向速度变化情况

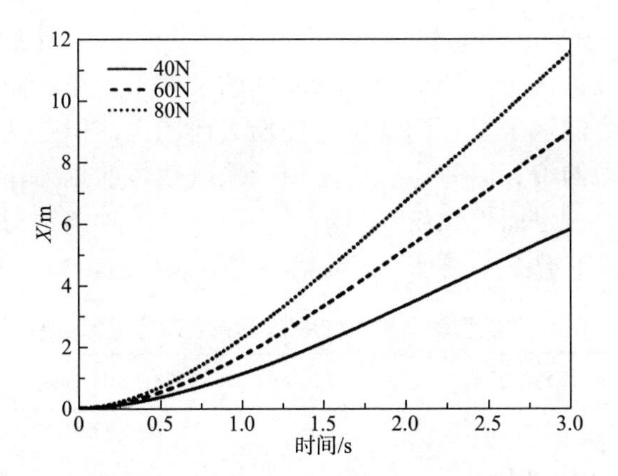

图 3.36　不同轴向推力作用下滑行过程中跨域机器人水平位移变化情况

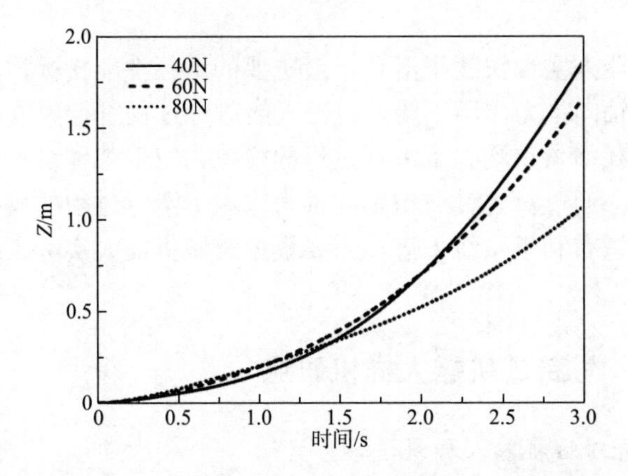

图 3.37　不同轴向推力作用下滑行过程中跨域机器人下潜深度变化情况

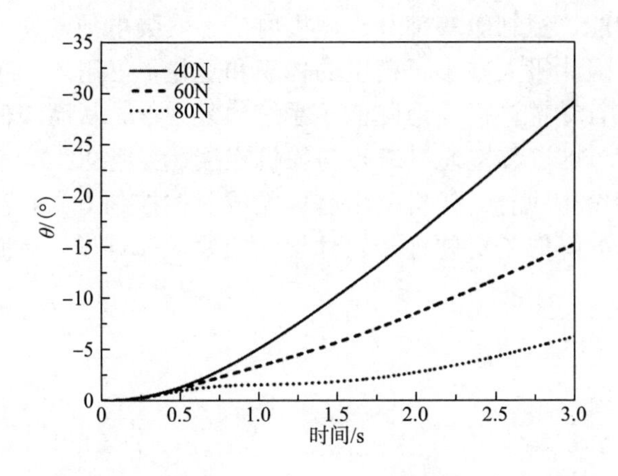

图 3.38　不同轴向推力作用下滑行过程中跨域机器人纵倾角变化情况

表 3.3 给出了在几种典型轴向推力作用下，经过 3s 加速后跨域机器人的速度和位移对比情况。其中，在作用相同时间的条件下，系统载体可以获得的轴向速度及此时产生的水平位移随着推力的增大而增大，但是其下潜深度和下潜纵倾角却随着推力的增大而减小。这是由于系统载体的推力作用线在系统载体水动力作用线下方，进而使系统产生抬艏力矩。系统轴向推力增大时，抬艏力矩增加，导致系统下潜深度减小。因此需要根据系统适用要求选择合适的推力。

表 3.3　典型轴向推力作用 3s 后系统滑行模拟结果

轴向推力/N	下潜深度/m	水平位移/m	轴向速度/(m/s)	纵倾角/(°)
40	1.9	6	2.6	29
60	1.7	9	4.0	16
80	1.0	12	4.8	8

针对跨域机器人实现快速下潜这一最主要的滑行性能指标，本节分别对不同载体自重和不同轴向推力作用下跨域机器人的滑行过程进行数值模拟计算。其中，通过对几种典型载体自重状态下滑行过程的模拟，发现载体自重越大越利于跨域机器人实现下潜；通过对几种典型轴向推力作用下滑行过程的模拟，发现并不是轴向推力越大，越有利于系统下潜，需要根据跨域机器人实际工况需要选择适合的推力。

3.4.3　“海鲲”号跨域机器人样机研究

1.“海鲲”号跨域机器人样机设计方案

“海鲲”号跨域机器人样机的设计方案如图 3.39 所示，包括框架、外壳、推进装置、翻转舵、控制舱等部分。样机内部不安装电池，通过电缆经上部稳定翼接入电源，因此极大减小了模型的体积和重量，仅用 4 套推进装置即可实现飞行和水下航行功能，极大地降低了系统的复杂度，从而降低了系统集成和运动控制的难度。推进装置通过舵轴与舵机连接，实现 90° 翻转的功能，从而完成水下航行和空中飞行。样机采用航模无线遥控控制方式，没有自主运动控制系统，因此极大降低了对硬件和软件设计的要求和难度，从而能够在较短时间内完成。

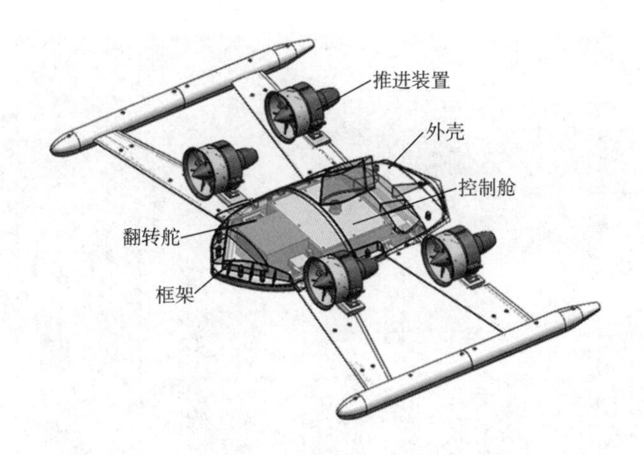

图 3.39 样机设计方案

2.“海鲲”号跨域机器人样机试制

基于以上设计方案，作者课题组完成了“海鲲”号跨域机器人样机的加工和装配。图 3.40 为水下状态样机推进器姿态，推进器处于水平位置。图 3.41 为空中状态样机推进器姿态，推进器处于垂直位置。作者课题组基于样机开展了空中飞行测试试验、水下航行测试试验、水面起飞测试试验等项目。

图 3.40 水下状态样机推进器姿态

图 3.41　空中状态样机推进器姿态

3.“海鲲”号跨域机器人样机自航试验

1)空中飞行测试试验

作者课题组首先基于样机在陆地上进行了空中飞行功能的测试试验，图 3.42 显示了样机的飞行试验过程。由于样机不具备运动控制能力，因此在模型四周系四条绳子，由四个人分别牵住，人工控制测试样机的飞行状态，保证试验过程安全。试验结果显示，样机具备以四旋翼方式空中飞行的能力，飞行高度 5m，置空时间 10s。

图 3.42　空中飞行测试试验

2) 水下航行测试试验

作者课题组在中国科学院沈阳自动化研究所室内水池基于样机开展了水下航行测试试验。试验测试了样机的水下定向直航功能，基本实现了样机水下稳定航行的功能，水下航行速度约为 2kn。通过此次试验一定程度上验证了跨域机器人的水下航行功能，如图 3.43 所示。

图 3.43　水下航行测试试验

3) 水面起飞测试试验

为了测试跨域机器人的跨域能力，作者课题组基于样机进行了水面起飞测试试验。通过试验可知，只有当推进装置的螺旋桨位于水面之上时，跨域机器人才能够顺利实现水面起飞功能(图 3.44)。通过水面起飞测试试验，基本验证了跨域机器人的水空跨域起飞能力，飞行高度约为 2m，置空时间为 6s。

图 3.44　水面起飞测试试验

通过基于“海鲲”号跨域机器人样机进行的空中飞行测试试验、水下航行测试试验和水面起飞测试试验，基本实现了预定的空中飞行、水下航行和水面起飞等功能，定性地验证了水空跨域系统总体设计方案的可行性，为新一代水空两栖跨域机器人产品的研制提供了设计依据和准则。

3.5　本章小结

经过 70 多年的发展，水空两栖跨域机器人经历了由载人到无人的转变，虽然目前其跨域性能还有待提高，但由于现代军事和民用领域的迫切需求和相关技术的迅猛发展，出现一款真正实现能够长期跨域作业的工程化跨域机器人产品只是一个时间问题。

本章对水空两栖跨域机器人的发展现状进行了总结和归纳，并结合中国科学院沈阳自动化研究所研制的“海鲲”号跨域机器人，系统性地论述了跨域机器人的设计和研发流程及其所涉及的诸多关键技术。希望通过本章内容，可以为未来各类跨域机器人的研制提供借鉴和参考，促进跨域机器人产品及技术的发展。

参考文献

[1] 封锡盛, 李一平. 海洋机器人 30 年[J]. 科学通报, 2013, 58(S2): 2-7.

[2] Petrov G. Flyìng submarine[J]. Journal of Fleet, 1995, 3: 52-53.

[3] Reid B D. The Flying submarine: the story of the invention of the Reid flying submarine, RFS-1[M]. Berwgn Heights, USA:Eagle Editions, 2004.

[4] Convair. Convair flying submarine report[R]. San Diego, USA: Consolidated Vultee Convair, 1962.

[5] Johnson R P, Rumble H P. The submersible aircraft: design feasibility and performance calculations[R]. Santa Monica, USA:RAND Corporation, 1963.

[6] Johnson R P, Rumble H P. Submersibly moored and submersible aircraft: comparative design and parametric performance analysis[R]. Santa Monica, USA: RAND Corporation, 1964.

[7] Johnson R P, Rumble H P, Tenzer A J. Submersible aircraft: potential missions, selected system operations, and costs[R]. Santa Monica, USA: RAND Corporation, 1964.

[8] Tenzer A J, Watts A F, Kermisch J J. System costs for strategic penetrator systems using submersible and conventional aircraft[R]. Santa Monica, USA: RAND Corporation, 1965.

[9] DARPA. Broad agency announcement: submersible aircraft[R]. Arlington, USA: DARPA, 2008.

[10] Lock R J, Vaidyanathan R, Burgess S C, et al. Development of a biologically inspired multi-modal wing model for aerial aquatic robotic vehicles through empirical and numerical modellingof the common guillemot, Uriaaalge[J]. Bioinspiration & Biomimetics, 2010, 5(4): NO.046001.

[11] Siddall R, Kovac M. A water jet thruster for an aquatic micro air vehicle[C]. IEEE International Conference on Robotics and Automation, IEEE, Piscataway, USA, 2015: 3979-3985.

[12] Izraelevitz J S, Triantafyllou M S. A novel degree of freedom inflapping wings shows promise for a dual aerial/aquatic vehicle propulsor[C]. IEEE International Conference on Robotics and Automation, IEEE, Piscataway, USA, 2015: 5830-5837.

[13] Chen Y F, Helbling E F, Gravish N, et al. Hybrid aerial and aquatic locomotion in an at-scale robotic insect[C]. IEEE/RSJ International Conference on Intelligent Robots and Systems, IEEE, Piscataway, USA: 2015: 331-338.

[14] 杨兴帮, 梁建宏, 文力, 等. 水空两栖跨介质无人飞行器研究现[J]. 机器人, 2018, 40(1): 102-114.

[15] 刘华欣. 仿生跨介质航行器机理研究及原型机工程[D]. 北京: 北京航空航天大学, 2009.

[16] Yang X B, Wang T M, Liang J H, et al. Submersible unmanned aerial vehicle concept design study[C]. Aviation Technology, Integration, and Operations Conference, Reston, USA, 2013: 1-12.

[17] Department of Defense. FY2013-2038 unmanned systems integrated roadmap[M].Washington: Department of Defense, 2013.

[18] Murphy R R, Steimle E, Griffin C, et al. Cooperative use of unmanned sea surface and micro aerial vehicles at

Hurricane Wilma[J]. Journal of Field Robotics, 2008, 25(3): 164-180.

[19] 朱心科, 金翔龙, 陶春辉, 等. 海洋探测技术与装备发展探讨[J]. 机器人, 2013, 35(3): 376-384.

[20] 戴瑜, 刘少军. 深海采矿机器人研究: 现状与发展[J]. 机器人, 2013, 35(3): 363-375.

[21] Siddall R, Kovac M. Launching the AquaMAV: bioinspired design for aerial-aquatic robotic platforms[J]. Bioinspiration &Biomimetics, 2014, 9(3): 1-15.

[22] Lock R J, Vaidyanathan R, Burgess S C, et al. Development of a biologically inspired multi-modal wing model for aerial aquatic robotic vehicles through empirical and numerical modelling of the common guillemot, Uria aalge[J]. Bioinspiration &Biomimetics, 2010, 5(4): 046001.

[23] Lock R J. A biologically-inspired multi-modal wing for aerial aquatic robotic vehicles[D]. Bristol: University of Bristol, 2011.

[24] Lock R J, Vaidyanathan R, Burgess S C. Design and experimental verification of a biologically inspired multi-modal wing for aerial-aquatic robotic vehicles[C]. IEEE RAS & EMBS International Conference on Biomedical Robotics and Bio-mechatronics (BioRob), IEEE, Piscataway, USA, 2012: 681-687.

[25] Lock R J, Vaidyanathan R, Burgess S C. Impact of marine locomotion constraints on a bio-inspired aerial-aquatic wing: experimental performance verification[J]. Journal of Mechanisms and Robotics, 2014, 6(1): 1-10.

[26] Gao A, Techet A H. Design considerations for a robotic flying fish[C]. Oceans, IEEE, Piscataway, USA, 2011: 1-8.

[27] Fabian A, Feng Y F, Swartz E, et al. Hybrid aerial underwater vehicle[R]. Lexington, USA: MIT Lincoln Lab, 2012.

[28] Izraelevitz J S, Triantafyllou M S. Adding in-line motion and model-based optimization offers exceptional force control authority in flapping foils[J]. Journal of Fluid Mechanics, 2014, 742(3): 5-34.

[29] Licht S C, Wibawa M S, Hover F S, et al. In-line motion causes high thrust and efficiency in flapping foils that use power down stroke[J]. Journal of Experimental Biology, 2010, 213(1): 63-71.

[30] Ma K Y, Chirarattananon P, Fuller S B, et al. Controlled flight of a biologically inspired, insect-scale robot[J]. Science, 2013, 340(6132): 603-607.

[31] Siddall R, Ortega A A, Kovac M. Wind and water tunnel testing of a morphing aquatic micro air vehicle[J]. Interface Focus,2017, 7(1): 1-5.

[32] Yao G C, Liang J H, Wang T M, et al. Submersible unmanned flying boat: design and experiment[C]. IEEE International Conference on Robotics and Biomimetics, IEEE, Piscataway, USA, 2014: 1308-1313.

[33] Yang X B, Wang T M, Liang J H, et al. Submersible unmanned aerial vehicle concept design study[C]. Aviation Technology, Integration, and Operations Conference, Reston, USA, 2013: 1-12.

[34] 朱莎. 水空两用无人机动力系统设计与研究[D]. 南昌: 南昌航空大学, 2012.

[35] 刘伟. 潜水飞机总体设计与气动外形结构设计分析[D]. 南昌: 南昌航空大学, 2012.

[36] Zhu Y G, Fan G L, Yi J Q. Modeling longitudinal aerodynamic and hydrodynamic effects of a flying boat in calm water[C]. IEEE International Conference on Mechatronics and Automation, IEEE, Piscataway, USA, 2011: 2039-2044.

[37] Du H, Fan G L, Yi J Q. Autonomous takeoff for unmanned seaplanes via fuzzy identification and generalized predictive control[C]. IEEE International Conference on Robotics and Biomimetics, IEEE, Piscataway, USA, 2013: 2094-2099.

[38] Du H, Fan G L, Yi J Q. Autonomous takeoff control system design for unmanned seaplanes[J]. Ocean Engineering, 2014, 85: 21-31.

[39] Du H, Fan G L, Yi J Q. Nonlinear longitudinal attitude control of an unmanned seaplane with wave filtering [J].

International Journal of Automation and Computing, 2016, 13(6): 634-642.

[40] 裴譞, 张宇文, 李闻白, 等. 跨介质飞行器气/水两相弹道仿真研究[J]. 工程力学, 2010, 27(8): 223-228.

[41] 裴譞, 张宇文, 袁绪龙, 等. 两栖 UAV 动力学建模与仿真[J]. 火力与指挥控制, 2011, 36(1): 10-13.

[42] 裴譞, 张宇文, 王银涛, 等. 两栖 UAV 滑跳动力学特性仿真研究[J]. 计算力学学报, 2011, 28(2): 173-177.

[43] 王伟, 张宇文, 朱灼. 跨介质飞行器弹道仿真分析[J]. 计算机仿真, 2012, 28(12): 1-4.

4 机械扫描声呐图像配准算法

机械扫描声呐具有结构紧凑、能量消耗低的优点，从而被广泛应用于便携型、经济型及长航程型水下机器人，用于观测浑浊、富含噪声的水下环境。但是，机械扫描声呐所成图像在空间和时间维度上精度不高，导致将机械扫描声呐图像拼接起来形成全局地图比较困难。本章提出一种名为 SKLD-D2D 的机械扫描声呐图像配准算法。它将声呐图像建模为高斯混合模型，以概率分布到概率分布的模式衡量两个高斯混合模型之间的相似性。相似性度量采用对称 KL 散度，不仅将先验概率作为两个概率分布之间差异的权重而且两个概率分布之间的距离度量中因为有了对称性约束而提高了配准算法的稳定性。另外，本章设计一种近似策略来获得两个高斯混合模型之间对称 KL 散度的闭式解。在采自真实环境的机械扫描声呐数据集上进行了充分的实验，证实了 SKLD-D2D 配准算法可以在保证算法精度的情况下大大降低算法的计算代价。

4.1 引言

在水质清澈的情况下，光学传感器(如相机)是水下结构维护、地形侦察及海洋调查的理想工具。一些常见的具体应用场景有船体检测[1]、鱼群聚集监视[2]及水下考古录像[3]等。但是，在大多数情况下，海水中都充满了大量的浮游生物及泥沙，大大缩短了光学传感器的可视距离。因此，通过发射声波和接收声波反射来感知周围环境的声学传感器在这种环境下更加适用，它可以有效地穿透浑水从而观察到周围的环境。

机械扫描声呐是声学传感器的一种。本章选择机械扫描声呐作为研究对象。它的工作原理如下：机械扫描声呐换能器在某个方向上发射一束声波；声波将沿着该方向进行传播，如果在这束声波的传播路径中存在障碍物，那么这束声波将会被障碍物弹回。进而，机械扫描声呐换能器能够“听”到回波响应。回波响应信息将会被量化为一系列离散的强度值。这一系列离散的强度值称为“箱”(bin)，每个“箱”对应于与机械扫描声呐头特定的距离。然后，机械扫描声呐将换能器旋转一个步进角，发射另一束声波并且等待这束声波的响应。这个过程将持续下去直到覆盖整个360° 圆周并且开始重复下一个扫描周期[4]。便携式或者能源节约型水下机器人多采用机械扫描声呐感知水下周围环境。例如，Chen 等[5]在一个AUV 上装备了机械扫描声呐以更高的定位精度来生成水下环境地图。Dong 等[6]将机械扫描声呐装备在一个 ROV 上，通过提取声呐图像中的几何特征与先验地图进行对比从而实现了在核电站反应池中对 ROV 进行定位。著名的有人深海探索潜水器“蛟龙号”使用低频机械扫描声呐而不是高频前视声呐来进行避障[7]。

通常水下机器人需要大范围的地图来理解周围环境、进行自身定位及优化运动轨迹。但是，由于声波在水中被吸收得很快，声呐传感器在每一个扫描周期中只能获得一小部分周围实际环境的扫描信息。因此，为了获得大范围的地图，需要将声呐在不同时刻采集的扫描图像拼接起来，这就引出了声呐图像配准问题。图像配准也是一种数据关联技术。图像配准可以校正由多普勒速度计程仪(Doppler velocity log, DVL)及陀螺组成的船位推算系统的累积误差。配准算法在同步定位与地图构建(simultaneous localization and mapping, SLAM)问题中扮演着至关重要的角色。在移动机器人导航领域，SLAM 可以同时对未知环境构图并对机器人自身进行定位。SLAM 技术已经在陆地机器人和空中机器人上得到广泛应用。但是，因为难以从低分辨率的声学图像中可靠地提取可区分度高的特征，因此水下 SLAM 的研究进展相对缓慢。

通常机械扫描声呐具有两个缺点。一方面，因为在扇形声波传播过程中所采集的三维结构信息被压缩为一维信号，扫描过程中的障碍物高度信息不可逆转地丢失了。另一方面，在机械扫描声呐逐渐扫描环境的过程中载体位置和姿态的改变将引起机械扫描声呐图像发生扭曲。因此，由机械扫描声呐所采集的声学图像在空间和时间维度上较其他类型的声学传感器的分辨率低。这就导致依赖特征提取的传统配准算法[8,9]不能较好地应用于机械扫描声呐图像，特别是当机械扫描声呐在自然水下环境中工作时更是如此。

因此，不依赖特征提取的配准算法引起了水下机器人研究者的关注。Castellani 等[10]采用迭代最近点(iterative closet point, ICP)算法配准 3D 声学点云。Hernández 等[11]提出将 ICP 算法的概率变种用于机械扫描声呐点云配准，并提出了一种机械扫描声呐图像运动扭曲校正方法。ICP 算法被视为点云配准中的金标准。但是，ICP 算法主要有两个缺点：①寻找匹配点的计算代价很高；②没有考虑点云采集过程中的不确定性问题。

为了克服上述缺点，研究者提出用概率分布对点云进行建模并且解析地估计配准参数。Biber 等[12]提出了正态分布变换(normal distributions transform, NDT)

算法，将参考帧点云划分为等大小的格子，并且每个格子都采用高斯分布进行描述，从而将参考帧点云建模为混合概率分布模型。在配准过程中，相似性得分通过将浮动帧点云中的每一点映射到参考帧点云中最近的高斯分布进行累加而获得。采用特定的优化策略，通过最大化累积相似性得分可以获得最优或者次优的变换参数集。在文献[13]中，NDT 算法被 Magnusson 等扩展到了三维点云配准的情况。但是，NDT 算法中浮动帧点云中的每一个点都要和概率分布模型中的每一个高斯分布计算马哈拉诺比斯距离，其计算代价仍然较高。这种配准模式在后文中也被称为点到概率分布的模式。

点到概率分布的配准模式只是将参考帧点云建模为概率分布。近年来，除了点到概率分布的配准模式之外，将浮动帧点云和参考帧点云分别建模为概率分布的概率分布到概率分布的配准模式也被提出来进一步加快配准过程。Tsin 等[14]提出了一种核相关(kernel correlation，KC)算法，它将浮动帧点云中的每一个点和参考帧点云中的所有点之间的核相关相加之后，通过最小化代价函数可以得到待求的变换参数。KC 算法在配准含有噪声的点云时可以抑制野值的影响。但是，KC 算法在处理含有大量点的点云时计算量依然较大[15]。Jian 等[16]提出将浮动帧点云和参考帧点云都建模为一系列固定宽度的圆高斯函数并且采用 L_2 范数衡量高斯混合模型之间的差异性。文献[17]将 Jian 等的工作扩展到了变宽度高斯核函数的情况。但是，目前并没有从理论上证明 L_2 范数可以度量概率分布函数之间的相似性[18]。

本章在概率分布到概率分布的配准模式下提出一种新的机械扫描声呐图像(后文不加区分地使用声呐图像和声呐点云)配准方法。首先，对声呐图像设定声波回波强度分割阈值提取图像中障碍物信息并过滤掉背景噪声。采用 k-means 聚类算法将分割出来的点云聚类成大小相似的区块。其次，使用高斯分布函数对每个聚类区块进行高斯建模并由此得到高斯混合模型。本章采用对称 KL 散度衡量两个高斯混合模型之间的相似度。最后，采用近似的策略逼近基于对称 KL 散度的目标函数并采用牛顿梯度下降法对目标函数进行优化，从而获得配准参数集。

本章的主要贡献在于：首先，为了尽量保留机械扫描声呐图像中的环境信息，本章将声呐图像分割阈值设置得较低。然而，传统的声呐图像处理方法仅仅提取每一束声波中最高回波强度的点。本章所提出的分割方法的优势在于可以通过配准之后的两幅声呐点云的重叠度判断这两幅声呐点云是否采集自同一个地方。因此，本章所提出的分割方法可以解决在非结构化水下环境中使用机械扫描声呐进行数据关联的问题。其次，本章所提出的配准算法可以较好地适应于点云中含有大量点的情况，而传统的不依赖于特征提取的机械扫描声呐点云配准算法[11,19,20]难以适应这种情况。因为它们大多数都是 ICP 算法的变种。不论采用欧几里得距离还是马哈拉诺比斯距离，它们都会遇到 ICP 算法如前所述的第一个局限。这里采用类似文献[17]的方法将点云建模为高斯混合模型，由少数几个紧凑的高斯函数表示大量的点。不同于文献[16]及文献[17]采用 L_2 范数来衡量两个高斯混合模型之间的相似度，本章提出采用对称 KL 散度作为它们之间的距离度量。这里，两个高斯混合模型之间 KL 散度的闭式解可以用最近邻高斯函数对之间的 KL 散度之和进行逼近。对称 KL 散度不但可以以先验概率衡量两个概率分布之间的差异性，而且距离度量中的对称性约束可以增加配准算法的数值稳定性。相较于其他现有的配准算法而言，本章所提的配准算法在应对含有大量点的点云时可以在保证配准精度的情况下降低计算复杂度。

本章做如下两个假设：

(1) 在机械扫描声呐的扫描周期内，惯性导航系统(inertial navigation system, INS)的信息是准确的。配准算法可以用来校正或者减轻 INS 长期累积的误差。当 AUV 转 U 形弯时，INS 中有较大的漂移误差，此时所生成的声呐图像将会被丢弃。

(2) 水下机器人在水平面内运动。因此，只需要估计平移量 t_x, t_y 及旋转量 θ 。本章所提的算法可以方便地扩展到三维点云配准的情况。

本章的组织结构如下：4.2 节介绍声呐点云配准问题，包括声呐点云建模及概率分布之间的相似性度量；4.3 节描述所提的 SKLD-D2D 配准算法；4.4 节介绍 SKLD-D2D 配准算法的实验验证；4.5 节总结本章内容并提出关于 SKLD-D2D 配准算法的未来工作方向。为了篇章的结构完整性，本章将所提方法目标函数的梯度、黑塞矩阵表达式及机械扫描声呐运动扭曲校正方法的原理分别放在附录 A、附录 B 进行详述。

4.2 点云配准

本节给出声呐点云配准问题的简单定义、声呐点云的建模方法及概率分布到概率分布配准模式下的距离度量方式。

1. *声呐点云配准问题定义*

考虑由机械扫描声呐在不同时刻所采集的两个重叠的声呐点云，浮动帧点云表示为 I_f ，参考帧点云表示为 I_r 。假设存在一个未知的参数化为 $\boldsymbol{\Psi} = \left[t_x, t_y, \theta\right]^{\mathrm{T}}$ 的变换矩阵 $\boldsymbol{T}$ ，可以将 I_f 中的点和 I_r 中的点一一对应起来。点云配准问题就是要寻找最佳的变换参数集 $\boldsymbol{\Psi}$ 使得目标函数 $\mathcal{J}$ 最小化。将待配准的两帧点云分别建模为概率分布之后，目标函数 $\mathcal{J}$ 衡量两个分布之间的差异性，如式(4.1)所示。

$$\Theta^* = \underset{\Psi}{\operatorname{argmin}}\, \mathcal{J}(\mathcal{G}(\boldsymbol{x} \mid T(I_f;\boldsymbol{\Psi})), \mathcal{G}(\boldsymbol{x} \mid I_r)) \tag{4.1}$$

式中，$\mathcal{G}(\boldsymbol{x} \mid I)$ 表示将点云建模为概率分布。点云中一点表示为 $\boldsymbol{x} = [x, y]^{\mathrm{T}}$，其中 x, y 表示笛卡儿坐标系下点的横、纵坐标，T 为转置。当浮动帧点云和参考帧点云完全重合在一起时，目标函数 $\mathcal{J}$ 取到全局最小值。

2. *声呐点云建模方法*

在声呐点云建模时，$\mathcal{G}(\boldsymbol{x} \mid I)$ 的选择往往具有一定的技巧性。通常选择至少二阶连续可微的函数，例如高斯函数。将声呐点云建模为高斯混合模型，如式(4.2)所示：

$$\mathcal{G}(\boldsymbol{x} \mid I) = \sum_{i=1}^{m} w_i \mathcal{N}(\boldsymbol{x} \mid \boldsymbol{\mu}_i, \boldsymbol{\Sigma}_i) \tag{4.2}$$

式中，m 为高斯函数的个数；w_i 为先验概率；$\mathcal{N}(\cdot)$ 为高斯分布函数；$\boldsymbol{\mu}_i$ 和 $\boldsymbol{\Sigma}_i$ 分别为高斯函数的均值和方差，$\boldsymbol{\mu}_i$ 和 $\boldsymbol{\Sigma}_i$ 分别为

$$\boldsymbol{\mu}_i = \frac{1}{n} \sum_{j=1}^{n} \boldsymbol{x}_j \tag{4.3}$$

$$\boldsymbol{\Sigma}_i = \frac{1}{n-1} \sum_{j=1}^{n} \left(\boldsymbol{x}_j - \boldsymbol{\mu}_i\right)\left(\boldsymbol{x}_j - \boldsymbol{\mu}_i\right)^{\mathrm{T}} \tag{4.4}$$

其中，n 为第 i 个聚类中包含点的数量。将点云建模为高斯混合模型，离散的点云可以视为从分片连续且可微的复合函数上所做的统计采样。

传统的点到概率分布配准模式和概率分布到概率分布配准模式下的算法，如 NDT[12]和 D2D 2D-NDT[17]，将点云划分为同等大小的格子，采用高斯函数描述落入每个格子中的点云。然而，在点云边缘处的格子中正态分布假设可能不成立。为了更好地适应高斯函数假设，采用 k-means 聚类算法将浮动帧和参考帧点云聚类为大小相似的簇[21]。因为每个聚类结果的大小相似，因此，先验概率 w_i 可以认为是一个常数。在以后的讨论中，将忽略这个常数。

图 4.1 为对机械扫描声呐点云进行高斯混合模型建模的示意图。从图 4.1(a)和图 4.1(b)中提取的声呐点云在图 4.1(c)中分别表示为红色和蓝色。图 4.1(c)使用椭圆表示由 k-means 聚类算法生成的紧凑聚类结果。为了方便表示，每个高斯函数都表示为一个椭圆。椭圆的中心由聚类的均值所决定，而椭圆的半径由协方差矩阵的特征值所决定。

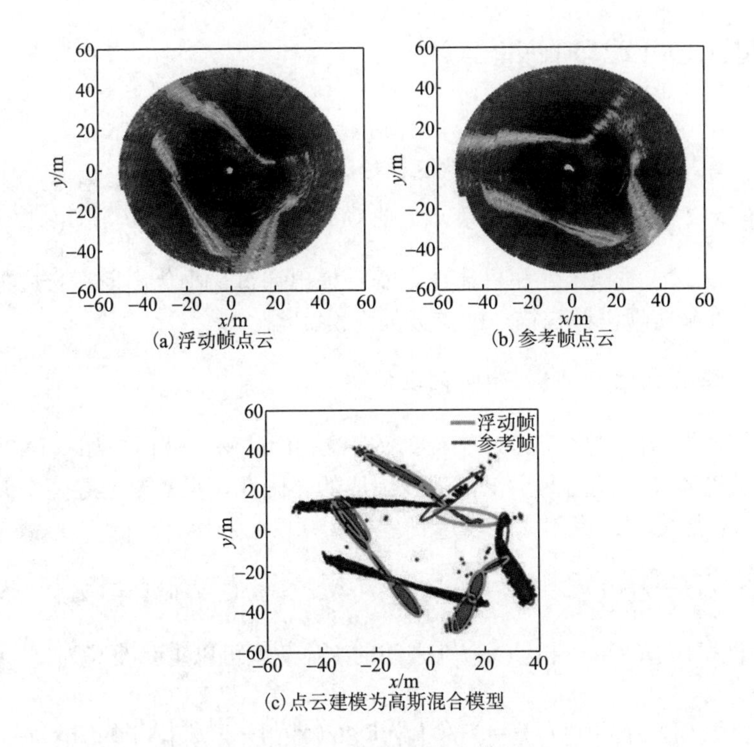

(a) 浮动帧点云　(b) 参考帧点云

(c) 点云建模为高斯混合模型

图 4.1　对机械扫描声呐点云进行高斯混合模型建模（见书后彩图）

3. 两个概率分布之间的相似性度量

像 L_2 范数一样，衡量两个概率分布之间距离的一种直观的方法是将重叠域中的函数差异值累加起来。L_2 范数已经在文献[16]、[17]中作为两个概率分布 $\mathcal{G}(\boldsymbol{x}\mid I_f)$ 和 $\mathcal{G}(\boldsymbol{x}\mid I_r)$ 之间的相似性度量方式，

$$\mathrm{L}_2(\mathcal{G}(\boldsymbol{x}\mid I_f),\mathcal{G}(\boldsymbol{x}\mid I_r))=\int(\mathcal{G}(\boldsymbol{x}\mid I_f)-\mathcal{G}(\boldsymbol{x}\mid I_r))^2\mathrm{d}\boldsymbol{x} \tag{4.5}$$

但是，KL 散度[22]（也被称为相对熵）

$$\mathrm{KL}(\mathcal{G}(\boldsymbol{x}\mid I_r)\,\|\,\mathcal{G}(\boldsymbol{x}\mid I_f))=\int\mathcal{G}(\boldsymbol{x}\mid I_r)\log\frac{\mathcal{G}(\boldsymbol{x}\mid I_r)}{\mathcal{G}(\boldsymbol{x}\mid I_f)}\mathrm{d}\boldsymbol{x} \tag{4.6}$$

被认为更适合衡量两个概率分布之间的差异。这主要是因为 KL 散度可以根据先验概率衡量两个概率分布之间的差异[23]。

实际上，文献[24]表明 KL 散度被 L_2 范数所束缚。即优化基于 L_2 范数的目标函数等同于优化基于 KL 散度目标函数的上下界。因此，本章提出在 KL 散度的框架下实现机械扫描声呐点云的配准。

4.3 SKLD-D2D 配准算法

文献[25]表明，对称 KL 散度，也就是 Jeffrey 散度

$$\mathcal{J}(\mathcal{G}(\boldsymbol{x}\mid I_f),\mathcal{G}(\boldsymbol{x}\mid I_r))=\mathrm{KL}(\mathcal{G}(\boldsymbol{x}\mid I_f)\|\,\mathcal{G}(\boldsymbol{x}\mid I_r))+\mathrm{KL}(\mathcal{G}(\boldsymbol{x}\mid I_r)\|\,\mathcal{G}(\boldsymbol{x}\mid I_f)) \tag{4.7}$$

可以增加配准算法的稳定性和鲁棒性。本章提出通过最小化高斯混合模型之间的对称 KL 散度来实现机械扫描声呐点云的配准。

1. 高斯混合模型之间 KL 散度的近似解

两个高斯混合模型之间的对称 KL 散度没有闭式解。然而，如式(4.7)所示，对称 KL 散度本质上是由两个 KL 散度组成的。因此，只需要推导两个高斯混合模型之间 KL 散度的近似闭式解表达式。

令 $\mathcal{G}(\boldsymbol{x}\mid I_f)=\sum_{i=1}^{m}\alpha_i\mathcal{N}_i$ 和 $\mathcal{G}(\boldsymbol{x}\mid I_r)=\sum_{j=1}^{m'}\beta_j\mathcal{N}_j$ 为两个高斯混合模型，这里 α_i 和 β_j 为先验概率。$\mathcal{G}(\boldsymbol{x}\mid I_f)$ 和 $\mathcal{G}(\boldsymbol{x}\mid I_r)$ 之间的 KL 散度可以重新改写为

$$\begin{aligned}\mathrm{KL}(\mathcal{G}(\boldsymbol{x}\mid I_r)\,\|\,\mathcal{G}(\boldsymbol{x}\mid I_f))&=\sum_{j=1}^{m'}\beta_j\int\mathcal{N}_j\log\mathcal{G}\left(\boldsymbol{x}|I_r\right)-\sum_{j=1}^{m'}\beta_j\int\mathcal{N}_j\log\mathcal{G}(\boldsymbol{x}\mid I_f)\\&\approx\sum_{j=1}^{m'}\beta_j\int\mathcal{N}_j\log\beta_j\mathcal{N}_j-\sum_{j=1}^{m'}\beta_j\int\mathcal{N}_j\log\alpha_{i_n}\mathcal{N}_{i_n}\\&=\sum_{j=1}^{m'}\beta_j\left(\mathrm{KL}\left(\mathcal{N}_j|\mathcal{N}_{i_n}\right)+\log\frac{\beta_j}{\alpha_{i_n}}\right)\\&\overset{\mathrm{def}}{=}\mathrm{KL}_{\mathrm{match}}(\mathcal{G}(\boldsymbol{x}\mid I_r)\,\|\,\mathcal{G}(\boldsymbol{x}\mid I_f))\end{aligned}\tag{4.8}$$

这里假设积分项 $\int\mathcal{N}_j\log\mathcal{G}(\boldsymbol{x}\mid I_f)$ 主要由 $\alpha_{i_n}\mathcal{N}_{i_n}$ 项所决定，其中 i_n 表示 I_f 中与高斯函数 $\mathcal{N}_j$ 最相似的高斯函数。当 I_f 中的任意两个高斯函数之间只有少量重叠时，这个假设成立。而实际上，由 k-means 聚类算法所生成的聚类具有相对凸的边缘并且可以较好地由高斯函数进行建模。在文献[26]中可以找到相似的逻辑。

将两个高斯函数 $\mathcal{N}_i$、$\mathcal{N}_j$ 之间 KL 散度的闭式解表达式

$$\mathrm{KL}\left(\mathcal{N}_i\|\,\mathcal{N}_j\right)=\frac{1}{2}\left(\ln\frac{|\boldsymbol{\Sigma}_j|}{|\boldsymbol{\Sigma}_i|}-k+\mathrm{trace}\left(\boldsymbol{\Sigma}_j^{-1}\boldsymbol{\Sigma}_i\right)+\left(\boldsymbol{\mu}_i-\boldsymbol{\mu}_j\right)^{\mathrm{T}}\boldsymbol{\Sigma}_j^{-1}\left(\boldsymbol{\mu}_i-\boldsymbol{\mu}_j\right)\right)\tag{4.9}$$

代入式(4.8)中，可得到两个高斯混合模型之间 KL 散度的近似闭式解表达式如下

$$\begin{aligned}&\mathrm{KL}_{\mathrm{match}}(\mathcal{G}(\boldsymbol{x}\mid I_r)\|\mathcal{G}(\boldsymbol{x}\mid I_f))\\&=\sum_{j=1}^{m'}\frac{1}{2}\left(\mathrm{trace}\left(\boldsymbol{\Sigma}_{i_n}^{-1}\boldsymbol{\Sigma}_j\right)+\left(\boldsymbol{\mu}_{i_n}-\boldsymbol{\mu}_j\right)^{\mathrm{T}}\boldsymbol{\Sigma}_{i_n}^{-1}\left(\boldsymbol{\mu}_{i_n}-\boldsymbol{\mu}_j\right)-k+\ln\frac{\left|\boldsymbol{\Sigma}_{i_n}\right|}{\left|\boldsymbol{\Sigma}_j\right|}\right)\end{aligned}\tag{4.10}$$

这里k为向量$\boldsymbol{x}$的维度。

2. SKLD-D2D 最小化

将式(4.10)代入式(4.7)中，可以得到机械扫描声呐点云配准目标函数如下：

$$\begin{aligned}\mathcal{F}(\mathcal{G}(\boldsymbol{x}\mid I_f),\mathcal{G}(\boldsymbol{x}\mid I_r),\boldsymbol{\Psi})=&\sum_{i=1}^{m}\frac{1}{2}\Bigg\{\mathrm{trace}\left(\boldsymbol{\Sigma}_{j_n}^{-1}\boldsymbol{R}^{\mathrm{T}}\boldsymbol{\Sigma}_i\boldsymbol{R}\right)-k\\&+\left(\boldsymbol{R}\boldsymbol{\mu}_i+\boldsymbol{t}-\boldsymbol{\mu}_{j_n}\right)^{\mathrm{T}}\boldsymbol{\Sigma}_{j_n}^{-1}\left(\boldsymbol{R}\boldsymbol{\mu}_i+\boldsymbol{t}-\boldsymbol{\mu}_{j_n}\right)\\&+\ln\frac{\left|\boldsymbol{\Sigma}_{j_n}\right|}{\left|\boldsymbol{R}^{\mathrm{T}}\boldsymbol{\Sigma}_i\boldsymbol{R}\right|}\Bigg\}+\sum_{j=1}^{m'}\frac{1}{2}\Bigg\{\mathrm{trace}\left(\left(\boldsymbol{R}^{\mathrm{T}}\boldsymbol{\Sigma}_{i_n}\boldsymbol{R}\right)^{-1}\boldsymbol{\Sigma}_j\right)-k\\&+\left(\boldsymbol{R}\boldsymbol{\mu}_{i_n}+\boldsymbol{t}-\boldsymbol{\mu}_j\right)^{\mathrm{T}}\left(\boldsymbol{R}^{\mathrm{T}}\boldsymbol{\Sigma}_{i_n}\boldsymbol{R}\right)^{-1}\left(\boldsymbol{R}\boldsymbol{\mu}_{i_n}+\boldsymbol{t}-\boldsymbol{\mu}_j\right)\\&+\ln\frac{\left|\boldsymbol{R}^{\mathrm{T}}\boldsymbol{\Sigma}_{i_n}\boldsymbol{R}\right|}{\left|\boldsymbol{\Sigma}_j\right|}\Bigg\}\end{aligned}\tag{4.11}$$

根据 4.1 节中的假设(2)，这里只需要估计平移量$\boldsymbol{t}=\left[t_x,t_y\right]^{\mathrm{T}}$和旋转矩阵$\boldsymbol{R}$。这里$t_x$和$t_y$分别是水平和垂直平移量，$\boldsymbol{R}$由旋转量$\theta$决定：

$$\boldsymbol{R}=\begin{bmatrix}\cos(\theta) & -\sin(\theta)\\ \sin(\theta) & \cos(\theta)\end{bmatrix}\tag{4.12}$$

考虑到寻找全局最优解的计算代价较大，这里借助于牛顿梯度下降法寻找次优解。本章所提的 SKLD-D2D 机械扫描声呐点云配准算法流程如算法 4.1 所示。在参数初始化之后，程序一直迭代直到达到停止条件，如$|\boldsymbol{g}|<\delta$。这里δ是一个很小的阈值。在每一次迭代中，$\mathcal{G}(\boldsymbol{x}\mid I_f)$中每个高斯函数在$\mathcal{G}(\boldsymbol{x}\mid I_r)$中寻找具有最小 KL 散度的最近邻高斯函数，反之亦然。随着梯度向量$\boldsymbol{g}$和黑塞矩阵$\boldsymbol{H}$［即$W_g\left(\boldsymbol{\Psi},\mathcal{N}_i,\mathcal{N}_j\right)$和$W_H\left(\boldsymbol{\Psi},\mathcal{N}_i,\mathcal{N}_j\right)$］的增加，待求的配准参数逐渐收敛到局部最小值。为了篇章结构的完整性，目标函数梯度向量$\boldsymbol{g}$和黑塞矩阵$\boldsymbol{H}$的具体表达式在附录 A 中给出。

算法 4.1：SKLD-D2D 配准算法

输入：浮动帧点云I_f，参考帧点云I_r，初始变换参数集$\boldsymbol{\Psi}_0$，学习速率η

输出：变换参数 $\boldsymbol{\Psi}$

采用分割阈值 γ 分割声呐图像。

采用 k-means 聚类算法对分割后的点云进行聚类并去除噪声。

采用高斯函数对每一个聚类结果进行描述，得到高斯混合模型 $\mathcal{G}(\boldsymbol{x}\mid I_f)$ 和 $\mathcal{G}(\boldsymbol{x}\mid I_r)$ 。

$\boldsymbol{\Psi} \leftarrow \boldsymbol{\Psi}_0$， $\text{iter}_{\text{cur}} \leftarrow 0$

while $|\boldsymbol{g}| > \delta$ & $\text{iter}_{\text{cur}} < \text{iter}_{\text{MAX}}$ do

  $\boldsymbol{g} \leftarrow 0$， $\boldsymbol{H} \leftarrow 0$

  for $\mathcal{N}_i \in \mathcal{G}(\boldsymbol{x}\mid I_f)$ do

    $\mathcal{N}_i' \leftarrow T(\boldsymbol{\Psi}, \mathcal{N}_i)$, $d = []$

    for $\mathcal{N}_j \in \mathcal{G}(\boldsymbol{x}\mid I_r)$ do

      $d = [d; \text{KLD}(\mathcal{N}_i' \parallel \mathcal{N}_j)]$

    end for

    $d' = \text{sort}(d)$

    $j_n = d'(1)$

    $\boldsymbol{g} \leftarrow \boldsymbol{g} + W_g(\boldsymbol{\Psi}, \mathcal{N}_i, \mathcal{N}_{j_n})$

    $\boldsymbol{H} \leftarrow \boldsymbol{H} + W_H(\boldsymbol{\Psi}, \mathcal{N}_i, \mathcal{N}_{j_n})$

  end for

  for $\mathcal{N}_j \in \mathcal{G}(\boldsymbol{x}\mid I_r)$ do

    $d = []$

    for $\mathcal{N}_i \in \mathcal{G}(\boldsymbol{x}\mid I_f)$ do

      $\mathcal{N}_i' \leftarrow T(\boldsymbol{\Psi}, \mathcal{N}_i)$

      $d = [d; \text{KLD}(\mathcal{N}_j \parallel \mathcal{N}_i')]$

    end for

    $d' = \text{sort}(d)$

    $i_n = d'(1)$

    $\boldsymbol{g} \leftarrow \boldsymbol{g} + W_g(\boldsymbol{\Psi}, \mathcal{N}_j, \mathcal{N}_{i_n})$

    $\boldsymbol{H} \leftarrow \boldsymbol{H} + W_H(\boldsymbol{\Psi}, \mathcal{N}_j, \mathcal{N}_{i_n})$

  end for

  $\boldsymbol{\Delta\Psi} = -\eta \cdot \boldsymbol{H}^{-1}\boldsymbol{g}$

  $\boldsymbol{\Psi} = \boldsymbol{\Psi} + \boldsymbol{\Delta\Psi}$

  $\text{iter}_{\text{cur}} = \text{iter}_{\text{cur}} + 1$

end while

return $\boldsymbol{\Psi}$

4.4 仿真实验

本节使用 Ribas 等[9]提供的机械扫描声呐数据集来研究所提的点云配准算法 SKLD-D2D 的性能。这个数据集是利用装备了 Tritech miniking 机械扫描声呐的 AUV 在西班牙沿海地区的科斯塔布拉瓦附近的一个废弃港口环境中所采集的。这个数据集中大约有 230 帧声呐点云。

一般地，这个数据集满足 4.1 节所述的假设(2)。尽管在这个数据集中没有有效的深度计数据可以直接证明采集该数据集时 AUV 在水平面内运动。但是，可以从以下三方面侧面说明这个数据集满足假设(2)。首先，在数据采集过程中，一个装备了差分全球定位系统(differential global positioning system, DGPS)的浮台系在 AUV 上。对水下机器人研究者来说，电磁波信号难以穿越水面是众所周知的事实。但是，经过检查该数据集，发现 DGPS 输出的经纬度位置信息信号一直处于有效状态。因此，可以推断出在采集数据集时水下机器人在大致平行于海平面的水平面内运动。其次，采集该数据集使用的声呐所发射的声波的垂直开角为 40°。在数据采集过程中水下机器人在垂直方向上可以发生一定的位移而不会强烈地违反假设(2)。最后，在文献[27]的实验设置描述部分，可以知道该数据集采集自平面环境或者仅由与水下机器人工作深度无关的垂直墙面所组成的环境。

根据 4.1 节所述的假设(1)，可以从船位推算系统中获得机械扫描声呐发射每一束声波时水下机器人相应的位置和姿态。利用该位置和姿态所构成的变换矩阵可以将一个扫描周期中的扫描线从极坐标系转换到笛卡儿坐标系形成一个扫描周期的声呐图像[19]。机械扫描声呐运动扭曲校正的原理在附录 B 中详细介绍。

为了证明所提算法的有效性，利用现有的 ICP、KC、NDT 及 D2D 2D-NDT 算法进行对比。为了验证直接将 KL 散度应用于机械扫描声呐图像配准的可行性，也使用 KLD-D2D 来估计变换参数。这里使用 KL 散度替换所提的 SKLD-D2D 中的对称 KL 散度。所有算法都在 MATLAB 2014a 环境下编程，并在一台安装有 4GB 内存、3.2GHz 英特尔酷睿 i5 处理器的电脑上进行测试。

SKLD-D2D 的参数设置如下。初始变换参数 t_x、t_y 及 θ 分别设置为 0。算法最大迭代次数 iter_{MAX} 及迭代终止条件 δ 分别设置为 30 和 10^{-6}。优化算法的学习速率为 1.1。在声呐图像的滤波过程中，如 4.1 节所述，使用更低的阈值 γ=80 来高通滤波声呐图像。声呐头处的暂态“环”由虚假声波回波产生，将声呐图像中每根扫描线中靠近声呐头的前 20 个点去掉[28]。将包含少于 3 个点的聚类结果视为散乱点并遗弃。k-means 聚类算法中的聚类个数 K 与声呐点云中点数量 N 成正比：

$$K = \left\lceil \frac{N}{C} \right\rceil \tag{4.13}$$

根据经验，参数 C 设置为 120，而 SKLD-D2D 的性能对这个参数不是特别敏感。高斯混合模型中高斯函数的个数设置需要权衡估计精度和计算代价。更多的高斯函数将会提高配准的精度，但是计算代价将会变大。

对于其他对比算法的参数设置，本章对每个参数都进行了多次尝试，并最终选择使对比算法发挥最佳性能的参数设置值。对于 NDT 和 D2D 2D-NDT 算法，采取将点云划分栅格逐渐减小的策略来保证算法能够收敛[13]。在以后的实验中这些参数都保持不变。

实验 1. 参数 γ 的影响

本节评价参数 γ 的设置对所提出的 SKLD-D2D 配准算法性能的影响。为了定量研究所提的算法，人为地创造了变换参数真实值。水平和垂直平移参数随机采样自区间[−4m,4m]，旋转量随机采样自区间[−10°,10°]。

使用如表 4.1 第一列所示的不同分割阈值 γ 分割同一帧声呐图像得到不同的浮动帧点云。每一帧浮动帧点云都采用由上面所述方法生成的变换参数变换为 100 帧不同的参考帧点云。如表 4.1 所示，配准算法的精度由算法所估计的变换参数值与真实变换参数值之间的误差均值和方差所衡量。

表 4.1　参数 γ 的设置对 SKLD-D2D 配准性能的影响

γ	Δt_x/m	Δt_y/m	$\Delta\theta$/(°)	时间/s	点数
100	0.0344±0.2283	−0.0092±0.2934	−0.1519±2.8324	0.19±0.02	1210
90	0.0339±0.1284	0.0492±0.1422	−0.0618±1.5622	0.53±0.06	2468
80	0.0322±0.0975	0.0248±0.0903	−0.0052±0.8062	1.12±0.18	3641
70	0.0188±0.0588	0.0120±0.0787	0.0468±0.4593	1.88±0.27	4834
60	0.0224±0.0563	0.0055±0.0694	0.1315±0.4369	3.09±0.44	6044
50	0.0176±0.0430	0.0052±0.0586	0.1091±0.4439	5.22±0.83	7717

从表 4.1 的第一列和第六列可以看到，参数 γ 设置越低，越多的点将会被保存下来。如表 4.1 第五列所示，当点云中点的数量增加，配准算法的计算速度必定会变慢。实际上，参数 γ 的设置需要平衡声呐图像中环境信息保留量与配准算法的计算代价。

总之，参数 γ 的设置主要影响 SKLD-D2D 算法的速度而不是其配准精度。

实验 2. 配准已知变换参数点云对

因为在 INS 中存在累积误差，将配准算法所估计的变换参数与由 INS 提供的水下机器人运动信息进行对比不能够反映配准算法的配准精度。因此，在此部分实验中，配准算法性能的研究方法与实验 1 相同。不同之处在于，本节从数据集中随机选择了 108 帧声呐点云作为浮动帧点云。利用随机生成的变换参数将每一帧浮动帧点云变换为 10 帧不同的参考帧点云。这样可以得到 1080 对点云来测试包括 ICP、KC、NDT、D2D 2D-NDT、KLD-D2D 及 SKLD-D2D 在内的不同配准算法的性能。所有配准算法的性能测试结果都列于表 4.2。表 4.3 给出了一个使用不同配准算法估计变换参数的例子。

表 4.2　不同配准算法参数估计误差和运行时间的均值与方差

算法	Δt_x/m	Δt_y/m	$\Delta\theta$/(°)	运行时间/s
ICP	0.0001±0.5525	0.0166±0.2820	0.0135±1.2194	4.92±4.79
KC	0.0234±0.6986	−0.0407±0.7849	−0.0885±2.9451	28.16±10.77
NDT	0.0311±0.5922	−0.0021±0.3993	−0.0379±0.5323	383.94±147.04
D2D 2D-NDT	−0.0019±0.7760	0.0135±0.3711	0.0132±1.1207	8.13±2.70
KLD-D2D	−0.0466±1.9528	−0.0283±1.2921	−0.1559±4.8492	0.81±0.51
SKLD-D2D	−0.0063±0.6232	−0.0037±0.4121	−0.0148±1.0082	1.38±0.94

表 4.3　使用不同的配准算法估计一对声呐点云变换参数

估计参数	真实值	ICP	KC	NDT	D2D 2D-NDT	KLD-D2D	SKLD-D2D
t_x/m	2.881	2.181	3.601	2.589	2.39	2.469	2.818
t_y/m	0.113	−0.154	−0.285	−0.064	−0.043	−0.008	−0.016
θ/(°)	3.396	2.377	3.396	3.231	3.139	3.161	3.426

从表 4.2 中可以看到，SKLD-D2D 算法的配准误差与 ICP、NDT 及 D2D 2D-NDT 算法相当，但是 SKLD-D2D 算法所需要的计算时间较后三者更少，也就意味着 SKLD-D2D 算法更加高效。SKLD-D2D 算法就配准精度和计算效率而言都要优于 KC 算法。尽管 SKLD-D2D 算法较 KLD-D2D 算法速度稍慢，但是 SKLD-D2D 算法较 KLD-D2D 算法的配准误差更小。SKLD-D2D 算法配准误差的方差较 KLD-D2D 算法的更小，意味着 SKLD-D2D 算法较 KLD-D2D 算法更加鲁棒。在两个高斯混合模型的相似性度量中加入对称性约束不但提高了估计的精度而且提高了配准算法的实用性。但是，因为在 SKLD-D2D 算法中需要计算两次 KL 散度，而在 KLD-D2D 算法中只需要计算一次 KL 散度，对称性约束稍微增加了计算代价。因此，综合考虑配准精度和计算代价，SKLD-D2D 算法优于其他的配准算法。

实验 3. 配准真实声呐点云对

不同于实验 2 中利用已知的变换参数形成声呐点云对，本节从数据集中选取一对变换参数未知的真实声呐点云进行配准形成局部地图。这里采用文献[29]所提出的发散度指标来衡量不同配准算法的配准精度。更明确地，将配准之后的点云划分为等大小的格子并计算被点占据的格子数量。数量越少说明两帧点云重合

度越高，配准精度越高。发散度指标可以定义为

$$\text{crispness} = \sum_{i=1}^{|v|} \mathcal{S}_{\text{occupied}}\left(\text{voxel}_i\right) \tag{4.14}$$

式中，$|v|$ 是格子的总数量。如果至少有一个点落入格子中，就认为该格子已经被占据了，即 $\mathcal{S}_{\text{occupied}}\left(\text{voxel}_i\right)=1$。本章将格子的边长设置为 0.5m。

图 4.2 为采用不同的配准算法配准一对声呐点云。为了更直观地显示，浮动帧点云采用绿色表示，参考帧点云采用红色表示，而落入重叠区域的点云采用蓝色表示。不同配准算法的发散度指标值列于表 4.4。

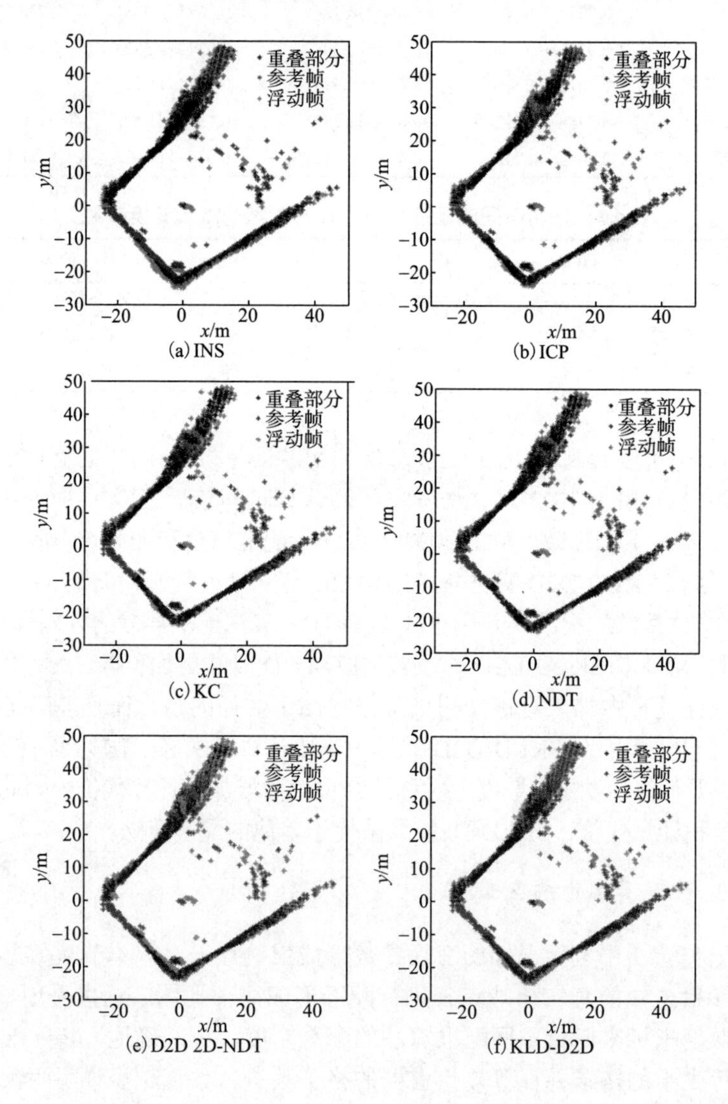

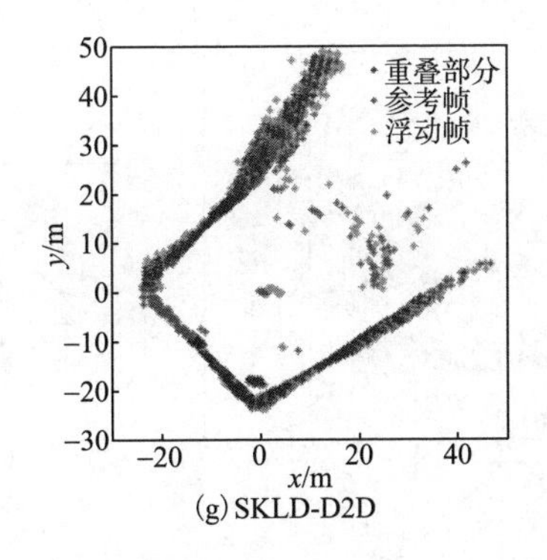

(g) SKLD-D2D

图 4.2 使用不同配准算法配准连续两帧声呐点云形成局部地图(见书后彩图)

表 4.4 图 4.2 中不同配准算法生成的局部地图的发散度指标

	INS	ICP	KC	NDT	D2D 2D-NDT	KLD-D2D	SKLD-D2D
发散度指标	1570	1455	1431	1416	1488	1511	1413

从表 4.4 中可以看到，SKLD-D2D 算法的发散度指标较其他算法的发散度指标明显小很多，这与图 4.2(g) 中蓝色点数量较其他算法所生成的图的蓝色点数量要多是一致的。这不但表明 SKLD-D2D 算法的配准精度较其他算法更高，而且表明发散度指标是衡量不同配准算法在配准真实点云对时配准精度的定量指标。更进一步地，所有的配准算法都可以减少由 INS 生成图的发散度指标，这也与图 4.2(a) 中蓝色点数量较其他算法生成的图的蓝色点数量少一致，表明这里所列出的所有配准算法都可以校正船位推算系统的累积误差。

实验 4. 配准声呐点云序列

不同配准算法之间配准误差的差异往往比较微小而难以用作配准算法的性能对比。而局部配准误差会快速累积，如果连续配准几帧声呐点云形成局部地图，那么像边缘、物体轮廓等高频信息会变得模糊[30]。为了评价不同配准算法在减少累积误差方面的能力，本节连续配准 5 帧声呐点云形成局部地图。因为第 21 帧到第 25 帧声呐点云序列中 INS 的累积误差较其他序列的更大，因此选择该声呐点云序列进行配准形成局部地图。

不同配准算法所生成的局部地图如图 4.3 所示，对应的发散度指标列于表 4.5 中。KC 算法生成的局部地图的发散度指标最小。详细观察图 4.3(c) 中的局部地图容易发现港口的边缘部分等属于同一个物体的点云具有更高的重叠度。

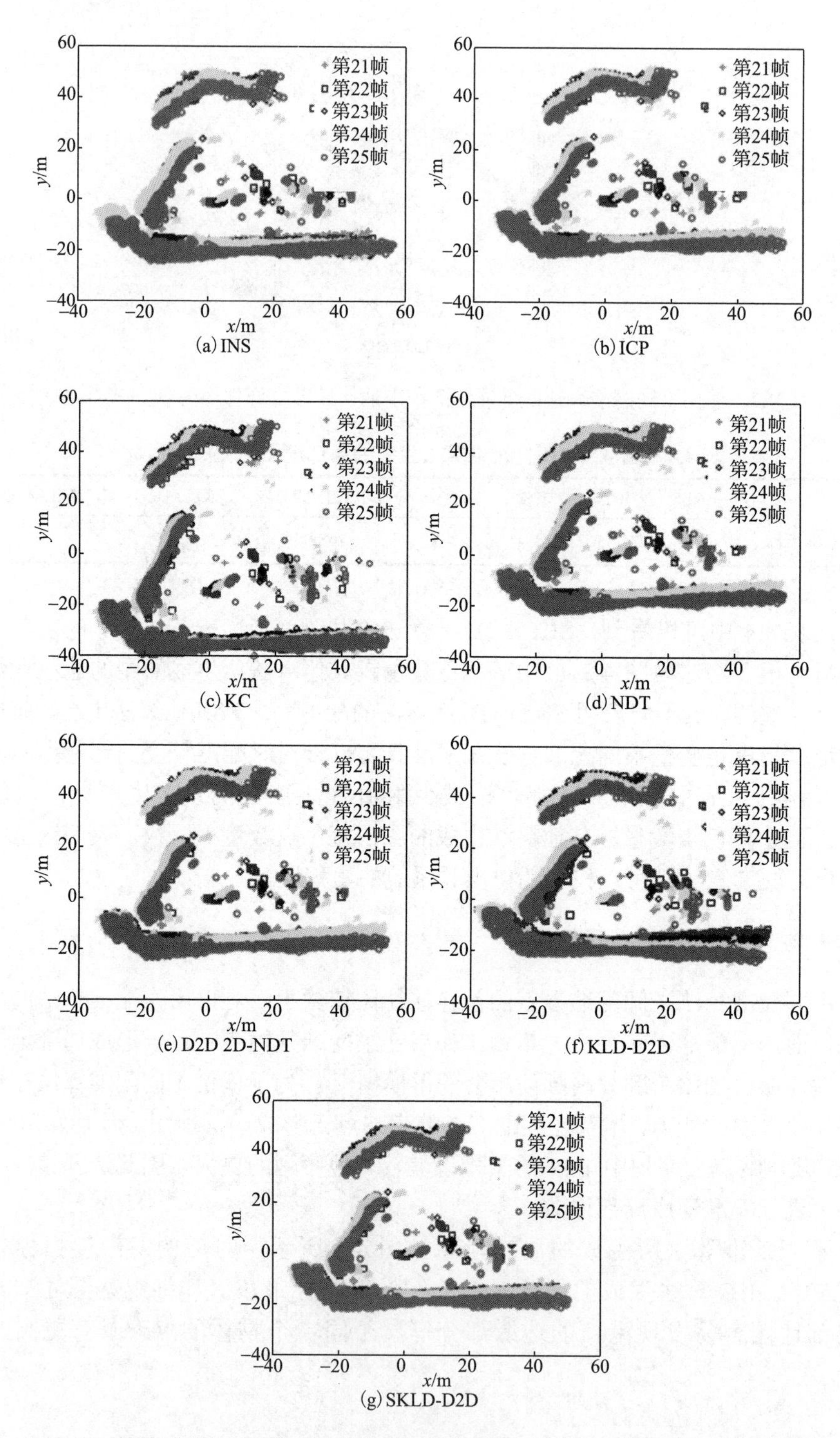

(a) INS (b) ICP (c) KC (d) NDT (e) D2D 2D-NDT (f) KLD-D2D (g) SKLD-D2D

图 4.3　使用不同的配准算法连续配准 5 帧声呐点云形成局部地图(见书后彩图)

表 4.5 图 4.3 中不同配准算法生成的局部地图的发散度指标

	INS	ICP	KC	NDT	D2D 2D-NDT	KLD-D2D	SKLD-D2D
发散度指标	3475	3183	3099	3258	3229	3904	3225

但是，当点云中含有较多噪声的时候，必须仔细调整 ICP 和 KC 算法的噪声处理参数。KC 算法性能对带宽参数设置较为敏感。表 4.5 中所列出的 KC 算法生成的局部地图的发散度指标是将带宽优化为 3 时获得的。而当与实验 2 与实验 3 一样保持带宽为 2 时，发散度指标增加为 3452。因此，使用 KC 算法进行点云配准时需要仔细选择带宽参数的设置值。ICP 算法使用匹配点之间的最大距离参数来消除噪声的影响。ICP 算法性能对匹配点之间的最大距离设置较为敏感。当设置 ICP 算法的最佳最大距离参数时，相应局部地图的发散度指标为 3183。但是，当 ICP 算法的最大距离参数与实验 2 和实验 3 一样设置，相应局部地图的发散度指标增长至 3549。

从表 4.5 中看到，SKLD-D2D 算法与 NDT 及 D2D 2D-NDT 算法的发散度指标相近。但是，NDT 和 D2D 2D-NDT 算法需要仔细设置最优的格子大小。在这个实验中，NDT 和 D2D 2D-NDT 算法的格子大小分别优化设置为{25,20,10}及{25,20,10,5,2,1}。这主要是因为较大的初始误差更有可能使得配准算法的目标函数陷入局部最优值。例如，当使用 NDT 算法配准第 24 帧和第 23 帧声呐点云时，角度量初始值 0° 与真实值 27° 相差较远。如果与实验 2 和实验 3 一样设置格子大小，角度估计误差将达到 14.62°，然而当使用最优的格子大小设置，角度估计误差仅为 0.17°。更小的格子将使得生成的高斯混合模型中包含更多的高斯函数，从而产生更多的局部极小值阻碍梯度下降法收敛到全局最优值。配准算法的精度对格子大小的设置较为敏感，说明 NDT 算法的配准性能依赖于先验知识。

SKLD-D2D 算法的发散度指标比 KLD-D2D 算法的更小，说明对 KL 散度加上对称性约束有利于寻找到更佳的参数估计值。SKLD-D2D 算法的平均运行时间为 1.47s。而本章所使用的机械扫描声呐的扫描周期为 14s。前者远远小于后者，说明 SKLD-D2D 算法可以以较高的估计精度在线进行数据关联。

4.5 本章小结

本章针对机械扫描声呐提出了一种新的点云配准算法 SKLD-D2D。机械扫描声呐图像具有空间和时间分辨率低的特点。不同于诸如 ICP 点到点配准算法或者

NDT 点到概率分布的算法，SKLD-D2D 工作于概率分布到概率分布的模式，显著地减少了计算代价。采用 k-means 聚类算法分别将浮动帧点云及参考帧点云聚类为紧凑的簇类，并且采用高斯函数对每一个聚类结果进行描述，从而将点云建模为高斯混合模型。为了更好地度量两个概率分布之间的相似性以及增加配准算法的稳定性，构建了基于对称 KL 散度的目标函数。设计了近似策略来获得两个高斯混合模型之间 KL 散度的解析解。通过使用梯度下降法求解目标函数的最优或次优解进而获得待求的配准参数。声呐点云配准实验验证了 SKLD-D2D 算法不但大大减少了计算代价，而且就配准精度和鲁棒性而言，其配准性能不亚于典型的点到点或者点到概率分布的配准方法。

附录 A　目标函数的梯度及黑塞矩阵

在牛顿梯度下降法中待求变换参数向量 $\boldsymbol{\Psi}$ 的增量可以写为

$$\Delta\boldsymbol{\Psi} = -\eta\frac{\nabla\mathcal{F}\left(\boldsymbol{\Psi}\right)}{\nabla\mathcal{F}^2\left(\boldsymbol{\Psi}\right)} \tag{4.15}$$

式中，$\nabla\mathcal{F}\left(\boldsymbol{\Psi}\right)$ 和 $\nabla\mathcal{F}^2\left(\boldsymbol{\Psi}\right)$ 分别是目标函数 (4.11) 的梯度向量和黑塞矩阵；η 为学习速率。因为对称 KL 散度由两个 KL 散度所组成，梯度向量 $\nabla\mathcal{F}\left(\boldsymbol{\Psi}\right)$ 和黑塞矩阵 $\nabla\mathcal{F}^2\left(\boldsymbol{\Psi}\right)$ 都包含两项，如式 (4.16a)、式 (4.16b) 所示：

$$\nabla\mathcal{F}\left(\boldsymbol{\Psi}\right) = \sum_{i=1}^{m} W_g\left(\boldsymbol{\Psi}, \mathcal{N}_i, \mathcal{N}_{j_n}\right) + \sum_{j=1}^{m'} W_g\left(\boldsymbol{\Psi}, \mathcal{N}_j, \mathcal{N}_{i_n}\right) \tag{4.16a}$$

$$\nabla\mathcal{F}^2\left(\boldsymbol{\Psi}\right) = \sum_{i=1}^{m} W_H\left(\boldsymbol{\Psi}, \mathcal{N}_i, \mathcal{N}_{j_n}\right) + \sum_{j=1}^{m'} W_H\left(\boldsymbol{\Psi}, \mathcal{N}_j, \mathcal{N}_{i_n}\right) \tag{4.16b}$$

因为式 (4.16a)、式 (4.16b) 中右边第一项的推导过程与右边第二项的推导过程相似，为了简化陈述，这里只给出右边第二项的推导过程。

向量 $W_g\left(\boldsymbol{\Psi}, \mathcal{N}_j, \mathcal{N}_{i_n}\right)$ 表示为

$$W_g\left(\boldsymbol{\Psi}, \mathcal{N}_j, \mathcal{N}_{i_n}\right) = \begin{bmatrix} \boldsymbol{j}_1^{\mathrm{T}}\boldsymbol{B}\boldsymbol{\mu}_{i_n j} \\ \boldsymbol{j}_2^{\mathrm{T}}\boldsymbol{B}\boldsymbol{\mu}_{i_n j} \\ \mathrm{trace}\left(\boldsymbol{B}\boldsymbol{C}_1 + \boldsymbol{C}\boldsymbol{\Sigma}_j\right) + \left(\boldsymbol{j}_3^{\mathrm{T}}\boldsymbol{B} + \boldsymbol{\mu}_{i_n j}^{\mathrm{T}}\boldsymbol{C}\right)\boldsymbol{\mu}_{i_n j} \end{bmatrix} \tag{4.17}$$

式中，

$$
\begin{cases}
\boldsymbol{\mu}_{i_n j} = \boldsymbol{R}\boldsymbol{\mu}_{i_n} + \boldsymbol{t} - \boldsymbol{\mu}_j, \ \boldsymbol{B} = \boldsymbol{R}^{\mathrm{T}} \boldsymbol{\Sigma}_{i_n}^{-1} \boldsymbol{R} \\
\boldsymbol{j}_1 = \dfrac{\partial \boldsymbol{\mu}_{i_n j}}{\partial t_x}, \ \boldsymbol{C} = \dfrac{\partial \boldsymbol{R}^{\mathrm{T}}}{\partial \theta} \boldsymbol{\Sigma}_{i_n}^{-1} \boldsymbol{R} \\
\boldsymbol{j}_2 = \dfrac{\partial \boldsymbol{\mu}_{i_n j}}{\partial t_y}, \ \boldsymbol{C}_1 = \dfrac{\partial \boldsymbol{R}^{\mathrm{T}}}{\partial \theta} \boldsymbol{\Sigma}_{i_n} \boldsymbol{R} \\
\boldsymbol{j}_3 = \dfrac{\partial \boldsymbol{\mu}_{i_n j}}{\partial \theta} = \dfrac{\partial \boldsymbol{R}}{\partial \theta} \boldsymbol{\mu}_{i_n}
\end{cases}
\tag{4.18}
$$

黑塞矩阵 $W_H\left(\boldsymbol{\Psi}, \mathcal{N}_j, \mathcal{N}_{i_n}\right)$ 表示为

$$
W_H\left(\boldsymbol{\Psi}, \mathcal{N}_j, \mathcal{N}_{i_n}\right) = \begin{bmatrix} h_{11} & h_{12} & h_{13} \\ h_{21} & h_{22} & h_{23} \\ h_{31} & h_{32} & h_{33} \end{bmatrix}
\tag{4.19}
$$

式中，

$$
\begin{cases}
h_{11} = \boldsymbol{j}_1^{\mathrm{T}} \boldsymbol{B} \boldsymbol{j}_1 \\
h_{12} = \boldsymbol{j}_1^{\mathrm{T}} \boldsymbol{B} \boldsymbol{j}_2 \\
h_{13} = \boldsymbol{j}_1^{\mathrm{T}} \left(\boldsymbol{D} \boldsymbol{\mu}_{i_n j} + \boldsymbol{B} \boldsymbol{j}_3 \right) \\
h_{21} = \boldsymbol{j}_2^{\mathrm{T}} \boldsymbol{B} \boldsymbol{j}_1 \\
h_{22} = \boldsymbol{j}_2^{\mathrm{T}} \boldsymbol{B} \boldsymbol{j}_2 \\
h_{23} = \boldsymbol{j}_2^{\mathrm{T}} \left(\boldsymbol{D} \boldsymbol{\mu}_{i_n j} + \boldsymbol{B} \boldsymbol{j}_3 \right) \\
h_{31} = \boldsymbol{j}_3^{\mathrm{T}} \boldsymbol{B} \boldsymbol{j}_1 + \boldsymbol{j}_1^{\mathrm{T}} \left(\boldsymbol{C} + \boldsymbol{C}^{\mathrm{T}} \right) \boldsymbol{\mu}_{i_n j} \\
h_{32} = \boldsymbol{j}_3^{\mathrm{T}} \boldsymbol{B} \boldsymbol{j}_2 + \boldsymbol{j}_2^{\mathrm{T}} \left(\boldsymbol{C} + \boldsymbol{C}^{\mathrm{T}} \right) \boldsymbol{\mu}_{i_n j} \\
h_{33} = \operatorname{trace}\left(\boldsymbol{D} \boldsymbol{C}_1 + \boldsymbol{B} \left(\boldsymbol{E}_1 + \boldsymbol{G}_1 \right) + \left(\boldsymbol{E} + \boldsymbol{G} \right) \boldsymbol{\Sigma}_j \right) \\
\qquad + \boldsymbol{j}_{33}^{\mathrm{T}} \boldsymbol{B} \boldsymbol{\mu}_{i_n j} + 2 \boldsymbol{j}_3^{\mathrm{T}} \left(\boldsymbol{C} + \boldsymbol{C}^{\mathrm{T}} \right) \boldsymbol{\mu}_{i_n j} + \boldsymbol{j}_3^{\mathrm{T}} \boldsymbol{B} \boldsymbol{j}_3 + \boldsymbol{\mu}_{i_n j}^{\mathrm{T}} \left(\boldsymbol{E} + \boldsymbol{G} \right) \boldsymbol{\mu}_{i_n j}
\end{cases}
\tag{4.20}
$$

其中，

$$
\begin{cases}
\boldsymbol{E} = \dfrac{\partial^2 \boldsymbol{R}^{\mathrm{T}}}{\partial \theta^2} \boldsymbol{\Sigma}_{i_n}^{-1} \boldsymbol{R}, \ \boldsymbol{G} = \dfrac{\partial \boldsymbol{R}^{\mathrm{T}}}{\partial \theta} \boldsymbol{\Sigma}_{i_n}^{-1} \dfrac{\partial \boldsymbol{R}}{\partial \theta} \\
\boldsymbol{E}_1 = \dfrac{\partial^2 \boldsymbol{R}^{\mathrm{T}}}{\partial \theta^2} \boldsymbol{\Sigma}_{i_n} \boldsymbol{R}, \ \boldsymbol{G}_1 = \dfrac{\partial \boldsymbol{R}^{\mathrm{T}}}{\partial \theta} \boldsymbol{\Sigma}_{i_n} \dfrac{\partial \boldsymbol{R}}{\partial \theta} \\
\boldsymbol{D} = \dfrac{\partial \boldsymbol{B}}{\partial \theta}, \ \boldsymbol{j}_{33} = \dfrac{\partial^2 \boldsymbol{\mu}_{i_n j}}{\partial \theta^2} = \dfrac{\partial^2 \boldsymbol{R}}{\partial \theta^2} \boldsymbol{\mu}_{i_n} = \dfrac{\partial \boldsymbol{R}^{\mathrm{T}}}{\partial \theta} \boldsymbol{\Sigma}_{i_n}^{-1} \boldsymbol{R} + \boldsymbol{R}^{\mathrm{T}} \boldsymbol{\Sigma}_{i_n} \dfrac{\partial \boldsymbol{R}}{\partial \theta}
\end{cases}
\tag{4.21}
$$

上面推导过程中所涉及的偏导数如式(4.22)所示：

$$\begin{cases}\dfrac{\partial \boldsymbol{\mu}_{i_n j}}{\partial t_x}=\begin{bmatrix}1\\0\end{bmatrix}, & \dfrac{\partial \boldsymbol{R}}{\partial \theta}=\begin{bmatrix}-\sin\theta & -\cos\theta\\ \cos\theta & -\sin\theta\end{bmatrix}\\ \dfrac{\partial \boldsymbol{\mu}_{i_n j}}{\partial t_y}=\begin{bmatrix}0\\1\end{bmatrix}, & \dfrac{\partial^2 \boldsymbol{R}}{\partial \theta^2}=\begin{bmatrix}-\cos\theta & \sin\theta\\ -\sin\theta & -\cos\theta\end{bmatrix}\end{cases} \tag{4.22}$$

附录 B　机械扫描声呐图像运动扭曲校正原理

本附录根据文献[19]简要介绍机械扫描声呐图像运动扭曲校正原理。由于机械扫描声呐需要较长的时间完成整个扫描周期，而水下机器人在此期间不可避免地会发生位姿的改变，这将使得机械扫描声呐图像发生扭曲。为了解决这个问题，需要知道声波发射和接收时刻机器人的位姿。大部分水下机器人的运动速度都相对较慢，机械扫描声呐声波发射和接收时刻的时间差可以忽略不计，这里仅考虑声波回波接收时刻机器人的位姿。将同一个扫描周期内所有的距离测量值都变换到同一个参考坐标系下，为了减少运动不确定性带来的影响，本章将这个参考坐标系设置在目前扫描周期的中间声波接收时刻的机器人载体坐标系下。

在这个水下机器人相对位置定位系统中，AHRS 提供机器人方位角的测量值，而 DVL 测量机器人相对大地的速度值。所有传感器的测量值都是异步输出的。机械扫描声呐距离测量频率为 30Hz，DVL、AHRS 测量频率分别为 1.5Hz、10Hz。在数据集采集过程中水下机器人在横滚、俯仰面很稳定并且以定速执行巡航任务。因此，可以采用简单的四自由度定速动力学模型来预测机器人的运动。当接收到机械扫描声呐声波回波时采用 EKF 滤波器预测机器人的位姿，而当 DVL 或者 AHRS 有新的测量值时更新 EKF 的预测值。下面给出模型预测和更新的细节信息。

1. 系统模型预测

使用如式(4.23)所示的四自由度定速运动学模型来预测水下机器人在时刻 k 的运动信息。

$$
\boldsymbol{x}_k = \begin{bmatrix} x \\ y \\ z \\ \psi \\ u \\ v \\ w \\ r \end{bmatrix}_k = \begin{bmatrix} x + \left(uT + n_u \dfrac{T^2}{2}\right)\cos(\psi) - \left(vT + n_v \dfrac{T^2}{2}\right)\sin\psi \\ y + \left(uT + n_u \dfrac{T^2}{2}\right)\sin(\psi) + \left(vT + n_v \dfrac{T^2}{2}\right)\cos\psi \\ z + wT + n_w \dfrac{T^2}{2} \\ \psi + rT + n_r \dfrac{T^2}{2} \\ u + n_u T \\ v + n_v T \\ w + n_w T \\ r + n_r T \end{bmatrix}_{k-1} \tag{4.23}
$$

式中，(x,y,z) 为机器人在大地坐标系下的三维坐标；ψ 为机器人相对于正北方向的偏航角度；(u,v,w) 为机器人本体坐标系下的线速度；r 为机器人本体坐标系下的角速度；T 为时间步长；$\boldsymbol{n}=\left[n_u, n_v, n_w, n_r\right]^{\mathrm{T}}$ 为零均值高斯加速度噪声，其协方差矩阵为

$$
\boldsymbol{Q} = \begin{bmatrix} \sigma_{n_u}^2 & 0 & 0 & 0 \\ 0 & \sigma_{n_v}^2 & 0 & 0 \\ 0 & 0 & \sigma_{n_w}^2 & 0 \\ 0 & 0 & 0 & \sigma_{n_r}^2 \end{bmatrix} \tag{4.24}
$$

2. 观测模型更新

当 DVL 或者 AHRS 传感器产生新的速度测量值或者方位测量值时，采用标准的卡尔曼滤波器等式对模型预测进行更新。

$$
\boldsymbol{z}_{\mathrm{DVL},k} = \left[u_{b,w}\ v_{b,w}\ w_{b,w}\ z_{\mathrm{depth}}\right]^{\mathrm{T}} \tag{4.25}
$$

$$
\boldsymbol{z}_{\mathrm{AHRS},k} = \left[\psi\ r\right]^{\mathrm{T}} \tag{4.26}
$$

式中，下标 b 或者 w 表示 DVL 对水底或者对水层的速度。测量模型可以进一步写为

DVL 模型更新：

$$
\boldsymbol{z}_{\mathrm{DVL},k} = \boldsymbol{H}_{\mathrm{DVL}} \boldsymbol{x}_k + w_k \tag{4.27}
$$

$$\boldsymbol{H}_{\mathrm{DVL}}=\begin{bmatrix}0&0&1&0&0&0&0&0\\0&0&0&0&1&0&0&0\\0&0&0&0&0&1&0&0\\0&0&0&0&0&0&1&0\end{bmatrix}\tag{4.28}$$

AHRS 模型更新：

$$\boldsymbol{z}_{A\mathrm{HRS},k}=\boldsymbol{H}_{\mathrm{AHRS}}\boldsymbol{x}_k+w_k\tag{4.29}$$

$$\boldsymbol{H}_{\mathrm{AHRS}}=\begin{bmatrix}0&0&0&1&0&0&0&0\\0&0&0&0&0&0&0&1\end{bmatrix}\tag{4.30}$$

AHRS、DVL 模型更新：

$$\boldsymbol{z}_{\mathrm{AHRS,DVL},k}=\boldsymbol{H}_{\mathrm{AHRS,DVL}}\boldsymbol{x}_k+w_k\tag{4.31}$$

$$\boldsymbol{H}_{\mathrm{AHRS,DVL}}=\begin{bmatrix}0&0&1&0&0&0&0&0\\0&0&0&1&0&0&0&0\\0&0&0&0&1&0&0&0\\0&0&0&0&0&1&0&0\\0&0&0&0&0&0&1&0\\0&0&0&0&0&0&0&1\end{bmatrix}\tag{4.32}$$

式中，w_k（传感器测量噪声）为零均值高斯白噪声。

3. 机械扫描声呐图像扭曲校正原理

使用前述基于 EKF 船位推算的导航系统可以估计水下机器人的位姿。但是，它所估计的位姿的不确定性将会无限制地增长。这里，仅仅对一个扫描周期中相对于扫描周期中间时刻载体坐标系 I_c 的相对位姿和不确定性感兴趣。因此，每当一个新的声波发射时就将卡尔曼滤波器的位姿和不确定性设置为 0，这使得每一个声波发射时刻对应的机器人位姿预测值都是独立且不相关的。

方位传感器的航向角测量值 ψ 表示与磁北的绝对角度，使用该值来初始化滤波器。这样，使用 EKF 就可以计算相邻声波发射时刻机器人的相对位姿和它们的不确定度。有了这些信息，可以通过机器人的姿态将距离测量值复合在同一参考坐标系 I_c 下以校正运动造成的图像扭曲。

令

(1) 第 i 时刻在水下机器人载体坐标系 I_i 下测量的点建模为高斯随机变量 $z_i^{I_i}\equiv N\left(\hat{z}_i^{I_i},\boldsymbol{P}_{z_i}\right)$。

(2) B_i 为与 I_i 同坐标原点，但是为指北的坐标系。

(3) $\boldsymbol{x}_i^{B_i} \equiv N\left(\hat{\boldsymbol{x}}_i^{B_i}, \boldsymbol{P}_{x_i}\right)$ 为基于 EKF 船位推算的水下机器人状态及不确定度。

(4) $\boldsymbol{d}_i^{B_i} \equiv N\left(\hat{\boldsymbol{d}}_i^{B_i}, \boldsymbol{P}_{d_i}\right)$ 为水下机器人在第 $i-1$ 时刻与第 i 时刻之间的相对位移变化。这里 $\hat{\boldsymbol{d}}_i^{B_i} = \left[x_i, y_i, 0\right]^{\mathrm{T}}$ 是水下机器人状态变量 $\hat{\boldsymbol{x}}_i^{B_i}$ 中的元素。$\boldsymbol{P}_{d_i}$ 为状态向量对应的协方差矩阵相应的子矩阵。

(5) $\boldsymbol{r}_i^{B_i} \equiv N\left(\hat{r}_i^{B_i}, P_{r_i}\right)$ 为水下机器人本体坐标系 I_i 与指北坐标系 B_i 之间的角度变换。这里，$\hat{\boldsymbol{r}}_{I_i}^{B_i} = \left[0, 0, \psi_i\right]^{\mathrm{T}}$ 为水下机器人状态向量 $\hat{\boldsymbol{x}}_i^{B_i}$ 中的元素，而 $\boldsymbol{P}_{r_i}$ 为状态向量对应的协方差矩阵相应的子矩阵。

从而，本章可以将整个扫描周期中获得的距离测量值转换到扫描周期中间声波接收时刻机器人本体坐标系 I_c 下：

$$Z_i = \begin{cases} Z_i, & i = c \\ \oplus r_{B_c}^{I_c} \oplus D_{B_i}^{B_c} \oplus r_{I_i}^{B_i} \oplus Z_i^{I_i}, & i \neq c \end{cases} \tag{4.33}$$

式中，$D_{B_i}^{B_c}$ 是距离测量值 Z_i 与中间参考系 B_c 之间水下机器人的相对位姿，计算公式如下：

$$D_{B_i}^{B_c} = \sum_{j=c}^{i-1} \operatorname{sgn}(i-c) d_j^{B_j} \tag{4.34}$$

根据上述原理，机械扫描声呐运动扭曲校正效果如图 4.4 所示。

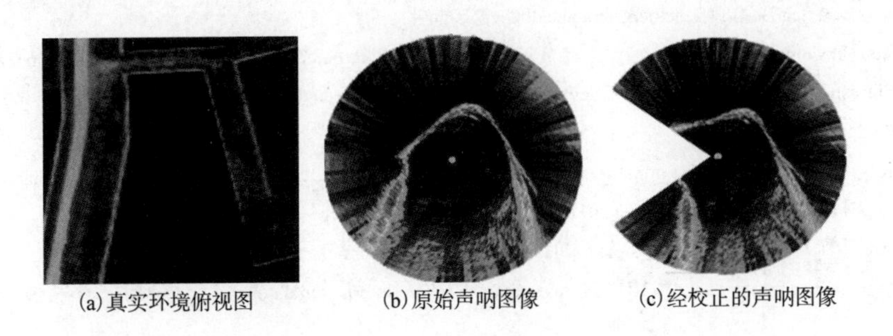

(a) 真实环境俯视图　(b) 原始声呐图像　(c) 经校正的声呐图像

图 4.4　机械扫描声呐图像运动扭曲校正示意图（见书后彩图）

参 考 文 献

[1] Ozog P, Carlevaris-Bianco N, Kim A, et al. Long-term mapping techniques for ship hull inspection and surveillance using an autonomous underwater vehicle[J]. Journal of Field Robotics, 2016, 33: 265-289.

[2] Boom B J, He J, Palazzo S, et al. A research tool for long-term and continuous analysis of fish assemblage in coral-reefs using underwater camera footage[J]. Ecological Informatics, 2014, 23: 83-97.

[3] Mccarthy J, Benjamin J. Multi-image photogrammetry for underwater archaeological site recording: an accessible, diver-based approach[J]. Journal of Maritime Archaeology, 2014, 9（1）: 95-114.

[4] Solari F J, Rozenfeld A F, Sebastián V A, et al. Artificial potential fields for the obstacles avoidance system of an AUV using a mechanical scanning sonar[C]. IEEE/OES South American International Symposium on Oceanic Engineering（SAISOE）, IEEE, Buenos Aires, 2016: 1-6.

[5] Chen L, Wang S, Hu H, et al. Improving localization accuracy for an underwater robot with a slow-sampling sonar through graph optimization[J]. IEEE Sensors Journal, 2015, 15（9）: 5024-5035.

[6] Dong M, Chou W, Fang B. Underwater matching correction navigation based on geometric features using sonar point cloud data[J]. Scientific Programming, 2017（1）: 1-10.

[7] Cui W. Development of the jiaolong deep manned submersible[J]. Marine Technology Society Journal, 2013, 47: 37-54.

[8] He B, Zhang H, Li C, et al. Autonomous navigation for autonomous underwater vehicles based on information filters and active sensing[J]. Sensors, 2011, 11: 10958-10980.

[9] Ribas D, Ridao P, Tardós J D, et al. Underwater slam in man-made structured environments[J]. Journal of Field Robotics, 2008, 25: 898-921.

[10] Castellani U, Fusiello A, Murino V, et al. Efficient on-line mosaicing from 3D acoustical images[C]. Oceans, IEEE, Kobe, 2004: 670-677.

[11] Hernández E, Ridao P, Ribas D, et al. Probabilistic sonar scan matching for an AUV[C]. IEEE/RSJ International Conference on Intelligent Robots and Systems, IEEE, Saint Louis, MO, 2009: 255-260.

[12] Biber P, Strasser W. The normal distributions transform: a new approach to laser scan matching[C]. IEEE/RSJ International Conference on Intelligent Robots and Systems（IROS 2003）, IEEE, Las Vegas, NV, 2003: 2743-2748.

[13] Magnusson M, Lilienthal A, Duckett T. Scan registration for autonomous mining vehicles using 3D-NDT[J]. Journal of Field Robotics, 2007, 24: 803-827.

[14] Tsin Y, Kanade T. A correlation-based approach to robust point set registration[C]. Computer Vision - ECCV 2004. Springer-Verlag Berlin Heidelberg, Prague, 2004: 558-569.

[15] Straub J, Campbell T, How J P, et al. Efficient global point cloud alignment using bayesian nonparametric mixtures[C]. IEEE Conference on Computer Vision and Pattern Recognition（CVPR）, IEEE, Honolulu, HI, 2017: 2403-2412.

[16] Jian B, Vemuri B C. Robust point set registration using gaussian mixture models[J]. IEEE Transactions on Pattern Analysis and Machine Intelligence, 2011, 33: 1633-1645.

[17] Stoyanov T, Magnusson M, Andreasson H, et al. Fast and accurate scan registration through minimization of the distance between compact 3D-NDT representations[J]. The International Journal of Robotics Research, 2012, 31: 1377-1393.

[18] Briggs F, Raich R, Fern X Z. Audio classification of bird species: a statistical manifold approach[C]. IEEE International Conference on Data Mining, IEEE, Miami, FL, 2009: 51-60.

[19] Mallios A, Ridao P, Ribas D, et al. Scan matching slam in underwater environments[J]. Autonomous Robots, 2014, 36（3）: 181-198.

[20] Burguera A, González Y, Oliver G. The uspic: performing scan matching localization using an imaging sonar[J]. Sensors, 2012, 12（6）: 7855-7885.

[21] Das A, Waslander S L. Scan registration with multi-scale k-means normal distributions transform[C]. IEEE/RSJ International Conference on Intelligent Robots and Systems, IEEE, Vilamoura, 2012: 2705-2710.

[22] Kullback S. Information theory and statistics[M]. Mineola, New York: Dover Publications, 1968.

[23] Myronenko A, Song X. Point set registration: coherent point drift[J]. IEEE Transactions on Pattern Analysis and Machine Intelligence, 2010, 32: 2262-2275.

[24] Klemelä J. Smoothing of multivariate data: density estimation and visualization[M]. Hoboken: Wiley-Blackwell, 2009.

[25] Said A B, Hadjidj R, Foufou S. Cluster validity index based on jeffrey divergence[J]. Pattern Analysis and Applications, 2017, 20 (1): 21-31.

[26] Goldberger J, Gordon S, Greenspan H. An efficient image similarity measure based on approximations of KL-divergence between two gaussian mixtures[C]. IEEE International Conference on Computer Vision, IEEE, Nice, France, 2003: 487-493.

[27] Ribas D. Underwater slam for structured environments using an imaging sonar[D]. Girona: University de Girona, 2008.

[28] Ribas D. Towards simultaneous localization & mapping for an auv using an imaging sonar[R]. Girona: University de Girona, 2005.

[29] Douillard B, Quadros A, Morton P, et al. Scan segments matching for pairwise 3D alignment[C]. IEEE International Conference on Robotics and Automation, IEEE Saint Paul, MN, 2012: 3033-3040.

[30] Song S, Herrmann J M, Si B, et al. Two-dimensional forward-looking sonar image registration by maximization of peripheral mutual information[J]. International Journal of Advanced Robotic Systems, 2017, 14: 1-17.

5 空间认知机制启发的机器人导航

机器人走进深海的挑战之一就是拥有智慧的脑。深海环境的典型特征是非结构化、范围大、动态性强、通信困难。在海洋生活的章鱼、海豚、鲸等动物具有很强的导航、捕食和交互能力，表现出惊人的环境适应能力和智能水平。

深海环境的诸多挑战为人工智能系统的设计和运行设置了宽泛的边界条件。而传统人工智能系统的智能水平和自主能力无法应对如此宽泛的边界条件所带来的不确定性和不稳定性。传统的人工智能方法和系统虽然对特定问题在特定条件下可以表现出很好的性能，但是这些方法和系统尚不具有解决跨领域问题及适应新场景的可扩展性和灵活性。因此，必须采用系统性的方法来研究智能系统的共性问题和关键问题，通过建立坚实的理论基础推导相应的智能算法，从而具备更好的通用性。近年来，以深度学习为代表的神经计算技术，借鉴脑的多层级信息处理方式，通过最优化的方法直接建立输入和输出间的多层级映射关系。智能系统能在统计意义上根据输入产生合适的输出。深度神经网络已经在识别、检测等领域取得了革命性的成功，初步展现了神经计算的生命力。这种“黑盒子”工作原理为建造智能系统提供了便捷的方法。然而，黑盒子建模方法不能为理解智能的产生提供足够的机理性认识，而且更重要的是缺乏泛化能力，不能很好地应对动态环境和新的场景。深度学习网络初步验证了借鉴大脑信息处理机制的可行性。因此，研究受脑启发的类脑智能系统在世界范围内成为一个前沿研究领域。

5.1 引言

人工智能也称为机器智能，研究让智能体通过感知环境、采取行动完成任务的概率最大化。现有的人工智能还停留在窄人工智能的范畴，对动态环境的理解能力和适应能力存在先天的不足。脑是自然通过几亿年自然演化形成的通用智能系统。神经科学通过研究脑的连接结构、放电规律及与动物行为的关系，揭示了大脑感知、记忆、决策等认知功能的一系列重要神经机制。脑正是具有这些经过几亿年自然演化形成的神经机制才产生学习和记忆功能，从而在非结构化、大规模动态环境中长期自主生存。因此，借鉴脑信息处理的基本原则，开发脑启发算法、研制类脑智能系统是人工智能研究的重要方法和途径，在世界范围内逐步成为一个新兴的前沿研究方向。类脑智能借鉴脑神经网络的连接模式、工作机制，使人工智能系统具有与动物相似的信息处理机制和过程，从而获得学习和记忆功能，更好地适应动态环境。这对提高人工智能系统在运动控制、环境感知、导航、操控和协作方面的学习能力、灵活性、稳健性和可解释性具有非常重要的启发意义。

1988 年诞生的计算神经科学依据脑科学在连接图谱、电生理、基因和分子等方面的研究成果，建立脑神经网络的计算模型，在电路和算法层次解释了认知功能和行为产生的方法和条件，从而为发展人工智能算法提供系统化的理论框架[1]。近年来，从视觉神经系统启发而来的深度学习已经在识别、检测等感知智能领域取得了革命性的成功，初步展现了计算神经科学的生命力。神经科学的研究表明，感知信息被感知皮层处理后传到内嗅皮层(entorhinal cortex, EC)和海马体(hippocampus)，形成长期记忆。内嗅皮层、海马体和相关脑区形成的记忆神经环路是空间导航、概念形成、想象、推理、决策等认知智能的核心物质基础。

5.2 空间认知

空间记忆是动物在复杂多变的自然界中生存所必需的认知功能。实验研究证实，许多动物具有很强的空间认知和导航能力。例如，蝙蝠可以远距离觅食[2]，而鲸能够完成数千公里的长途迁徙[3]。

从 1948 年起，心理学家就提出动物通过构建“认知地图”(cognitive map)来理解环境[4]。这一观点逐步被以 O’Keefe 等为代表的神经科学家证实，表明大脑具有实现认知地图的神经环路，从而揭开了空间认知的神经机制[5]。

5.2.1 记忆神经环路

空间认知由多个脑区协同工作完成，处理、整合感知信息和运动信息等多源信息，形成对外界环境的“认知地图”表征。参与空间认知的脑区及其内部的亚区构成了一个复杂的神经环路。

感知信息由外周神经系统接收，经过新皮层(neocortex)的层级网络，到达海马体形成情景记忆。例如，灵长类动物视网膜神经节细胞(retinal ganglion cells,RGC)

接收外界光刺激，经过视觉相关区域的层级投射及复杂视觉处理，最终到达内嗅皮层和海马体［图 5.1(a)］。图 5.1(a)中的 HC 和 ER 区域分别为海马体和内嗅皮层，它们的内部连接结构由图 5.1(b)显示。其他感觉如听觉、体感有着同样复杂的上游处理过程，嗅觉的处理过程则比较简单，由感知气味的嗅球直接到达内嗅皮层。

内嗅皮层分成内侧内嗅皮层(medial entorhinal cortex, MEC)和外侧内嗅皮层(lateral entorhinal cortex, LEC)［图 5.1(b)］，是海马体与外界沟通的主要中介，接收整合感知、运动及奖赏和情绪信息并传入海马体。通常认为，海马体的构造包含齿状回(dentate gyrus, DG)、下托(subiculum, Sub)、CA1、CA2、CA3 等区域［图 5.2(a)］。与新皮层的双向连接模式不同，海马体内各区域间的连接主要表现为单向［图 5.1(b)］。浅层内嗅皮层整合信息并再加工后输入海马体。内嗅皮层第二层的神经元发出连接至齿状回和 CA3 区域，第三层的神经元发出连接至 CA1 和下托。深层内嗅皮层主要接收海马体的输出信号。作为海马的输出区域，CA1 和下托发出连接至内嗅皮层的第五层，从而形成海马和内嗅皮层间的神经回路。

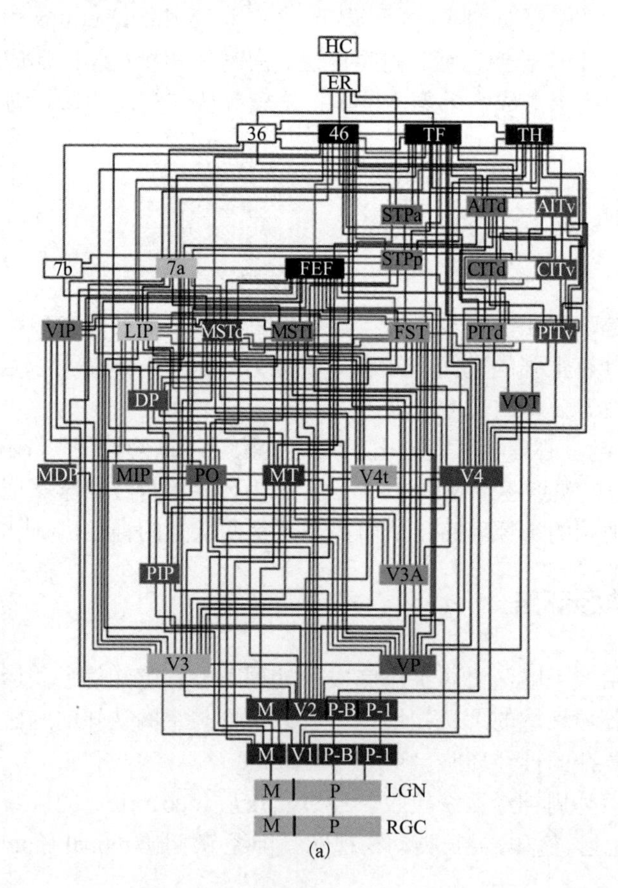

(a)

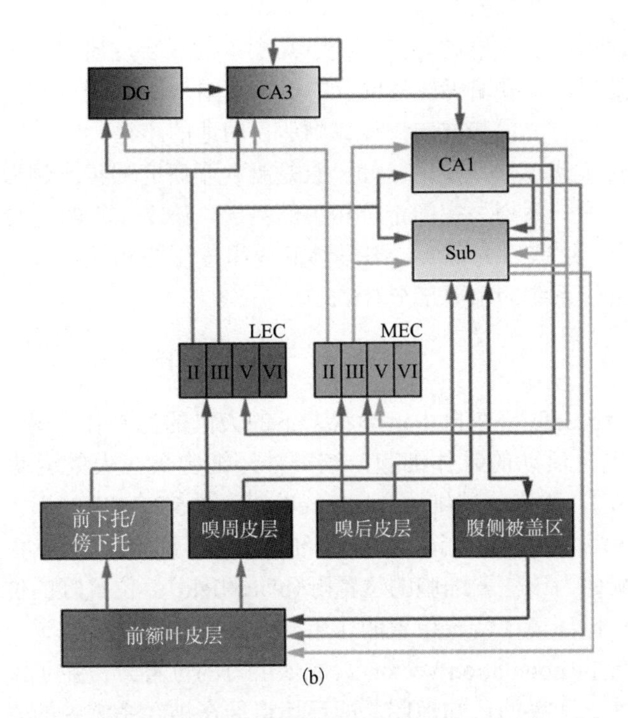

图 5.1 哺乳动物视觉感知通路和海马体

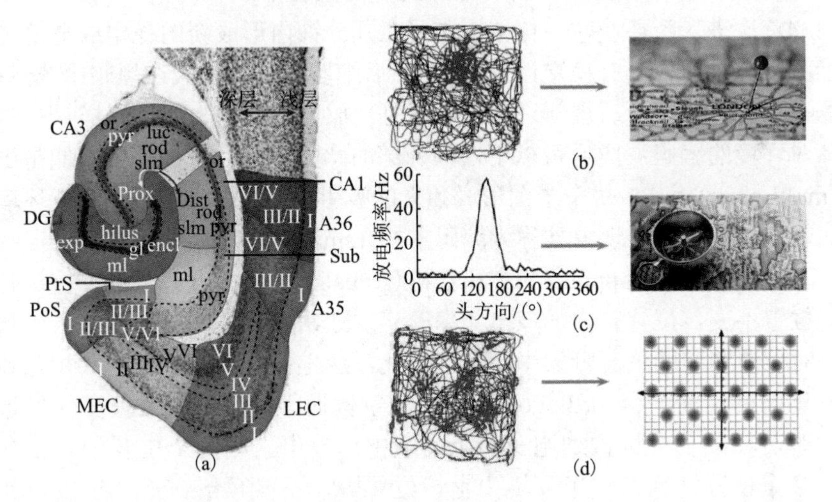

图 5.2 大鼠的海马体及相关区域包含编码空间信息的多种神经元(见书后彩图)

5.2.2 哺乳动物大脑的定位导航系统

空间认知是动物感知外部世界、建立本体与客体关联的基本认知功能，是脑认知功能的重要部分。皮质具有层次化的组织结构。初级感觉皮层编码外部环境的感觉刺激，比如图像轮廓的方向。处于高层次的联合皮质通过坐标转换、速度整合等一系列处理，形成编码自身位置的认知地图[6,7]。空间认知主要包括定位和导航，即表达自身的位置和方向，计算到达目的地的路径。

20 世纪 70 年代以来，空间认知一直是脑科学研究的重点领域。学者在哺乳动物大脑中发现了一系列与空间定位相关的脑区，确定了动物定位及导航能力的内在神经基础[8]。这些研究证实，海马体和内嗅皮层等相关区域具有高度有序的组织结构，是定位系统的主要部分(图 5.2)。

1. 位置细胞

1971 年，O'Keefe 等在自由运动状态下的大鼠的海马体［图 5.2(a)］中发现了具有特殊峰电位活动的锥体细胞，该类神经细胞只在大鼠运动到特定区域时放电［图 5.2(b)］，称为位置细胞(place cell)[9]。图 5.2(b)中的黑色曲线是实验中记录的大鼠在环境中的运动轨迹，每一个红点表示该细胞放电时动物所处的位置。放电强烈的区域称为该位置细胞的位置野(place field)。位置野的位置和大小因细胞而异，起到记忆环境中特定位置的作用。位置细胞群体组成了一个表征动物位置的稀疏群体向量(population vector)。成千上万的位置野覆盖了整个环境空间，构成了大脑对外部环境的认知地图，即环境格局在神经系统中的表达。位置细胞也同样存在于小鼠、蝙蝠[10]、猴子[11]和人[12]的大脑中。

动物首次进入新环境时，位置细胞可在几分钟内形成新的稳定放电模式[13]。位置细胞的放电模式具有稳定性，去掉光照后细胞的放电模式在黑暗中依然存在。当动物在数天甚至数月后重新进入该环境时，放电模式基本保持原样[14]。这表明海马体对环境的编码形成后可以不依赖外部的感知信息。认知地图可能是由多个子图(multi-chart)组成，每个子图形成独立的吸引子网络。位置细胞在新环境中迅速形成新的放电模式的现象被称为编码重构(remapping)[15]。编码重构存在两种形式：频率重构(rate remapping)和全局重构(global remapping)[16]。频率重构时细胞的放电位置不变，位置野内的放电频率改变，通常由环境的轻微变化所引起。全局重构时位置细胞的位置野的中心发生变化，放电模式与原放电模式相互独立，导致群体向量相互正交(orthogonal)。全局重构通常由环境的显著变化引起。全局重构时，如果某个位置细胞在两个环境中均放电，则两个位置野间没有对应关系，某个位置细胞在一个环境中存在位置野，不能预测在下一环境中是否存在位置野。

编码重构表明海马体具有模式分离(pattern separation)的功能，把环境的感知信息映射成为不同的模式加以存储。模式分离过程通过减少不同输入的相关性，并增加特异性编码，将输入转换成独特而不易混淆的表示。该过程被认为主要由海马的 DG 区完成[17]。相对于模式分离，模式完形(pattern completion)是记忆提取的一种机制。模式完形指海马体根据不精确的输入或者只有部分输入时，恢复所存储的记忆的过程。实验发现，去掉环境中的少量地标并不影响位置细胞整体的放电。模式完形主要在 CA3 中进行。编码重构中还存在部分重构(partial remapping)的现象[18]，指环境改变仅引起了部分位置细胞编码重构而其余位置细胞编码状态不变。

位置细胞空间编码的稳定性表明，位置细胞是哺乳动物空间记忆的神经基础。位置细胞被发现后，后续研究者试图寻找其他空间信息在大脑中的编码方式，揭开了空间记忆研究的崭新图景。

2. 头朝向细胞

头朝向细胞(head direction cell)于 1984 年由 Ranck 在大鼠海马邻区背侧前下托(presubiculum, PrS)中发现[19]。之后的研究表明，头朝向细胞广泛分布在深层内侧内嗅皮层、丘脑前背侧核、压后皮层等脑区中[20,21]，该类细胞被认为存在于整个边缘系统(limbic system)中，在动物导航系统中起罗盘的作用［图 5.2(c)］。头朝向细胞的放电与动物头部的朝向相关，在同一个环境中每个头朝向细胞都偏好一个特定的方向，当动物头部朝向与该方向夹角较小时该细胞开始放电，夹角越小，放电越强烈[22]。

旋转空间环境中的视觉标志物，头朝向细胞的编码方向发生同样的旋转，表明该类细胞对朝向的认知锚定于外界刺激而非地磁场。该旋转将导致位置细胞的位置野相应旋转[15]。损毁丘脑前背侧核或后下托等包含头朝向细胞的脑区后，旋转环境将不再引起位置细胞编码的旋转，但是位置细胞整体编码并不受较大影响，表明位置细胞编码并不需要完整的头部朝向编码系统[23]。进入不同的环境时，头朝向细胞与位置细胞类似，也会发生编码重构现象，但是与位置细胞的编码重构不同的是，不同头朝向细胞偏好方向间的相对关系基本保持不变[24]，表明头朝向编码系统形成了一个稳定的循环网络(recurrent network)。头朝向编码系统不仅依赖外界刺激，同时整合自身运动如前庭系统(vestibular system)的信息输入，从而在黑暗环境等无外界感知信息输入时仍能更新朝向编码[25]。

头朝向细胞在大鼠刚出生时便能产生稳定的头朝向特异性放电[26]，表明其在动物导航系统形成过程中的重要地位。目前，神经科学的研究暂未发现专门编码动物运动方向的细胞[27]。

3. 栅格细胞

编码空间信息的第三大类神经细胞为栅格细胞(grid cell)。在栅格细胞被发现之前，研究者普遍认为动物的空间定位能力完全来自海马体，因此相关研究一直局限于海马体内。挪威科技大学 Moser 研究组的 Hafting 等独辟蹊径，从投射向海马的上游神经元入手，于 2005 年发现了位于大鼠内侧内嗅皮层浅层的栅格细胞[28]

[图 5.2(d)]。栅格细胞在二维开放平面环境中的编码模式表现出惊人的几何结构，每个栅格细胞在二维平面空间中具有多个位置野，位置野间形成等边三角栅格的周期性规则排列，遍布整个环境。后发现栅格细胞同样存在于深层内侧内嗅皮层、前下托(presubiculum,PrS)和傍下托(parasubiculum,PaS)中[29]。后发现的区域中大部分栅格细胞放电同时受到头朝向的调制，该类细胞称为联合栅格细胞(conjunctive grid cell)[20]。研究人员在猴子[30]、蝙蝠[31]和人[32]中也发现了栅格细胞的存在，因此普遍认为栅格细胞是哺乳动物编码空间信息的共性机制。

栅格编码的几何属性可以用位置野的间距(scale)、栅格对称轴的方向(orientation)和位置野的空间相位(phase)三个参数来描述。间距指相邻位置野中心间的距离，方向指位置野中心连线同参考方向的最小夹角，相位表示距参考点最近的位置野中心相对参考点的偏移。内侧内嗅皮层背侧到腹侧记录到的栅格细胞呈模块化分布。不同模块栅格编码的间距呈几何级数分布[33,34]，间距大小从20～25cm增大到几米或者更长[35]，相邻模块间的间距比例在不同实验条件下为1.4～1.7不等[33,34]。同一模块内的栅格细胞间距和方向一致，相位在空间中呈随机分布[34]。栅格细胞形成对位置的多分辨率周期性编码，理论分析表明，这种编码结构在细胞数固定的情况下达到最大的空间分辨率，也可利用最少的细胞数实现既定的分辨率[36-38]。栅格细胞的多尺度周期性编码表明，不同细胞的栅格编码相互间具有平移、旋转和缩放的关系，栅格编码因此可以表达距离信息，起到空间坐标系的作用。

栅格细胞的放电受到环境线索的控制，旋转环境中的标识卡将使栅格细胞放电模式发生同样的旋转[28]。去掉光照等外界信息输入后，栅格细胞仍能保持稳定的放电模式，表明维持栅格编码不需要视觉输入。位置细胞发生全局重构时，栅格编码发生整体的旋转和平移[39]。改变环境的几何关系将使栅格细胞放电做相应调整，例如仅将原环境的 x 轴压缩至原来的70%，将使栅格编码在 x 轴上压缩到原来的78%[33]。栅格编码的整体变化既表明外部线索对栅格细胞放电具有锚定作用，又表明栅格细胞网络具有内在的稳定性。

动物在黑暗环境中可以通过对自身运动信息的积分确定当前自身的位置，即路径整合(path integration)或航位推算(dead reckoning)。栅格细胞所处的内侧内嗅皮层被认为是大脑完成路径整合的脑区。当自身路径整合和环境线索的结果发生冲突时，将利用环境线索校正路径整合的结果[33,40]。栅格细胞对噪声也有一定的鲁棒性[41,42]。

栅格编码的建立需要一个发育过程。栅格细胞的编码模式在大鼠出生后的3～4周才逐渐出现，在这个时间段，它们开始离巢探索环境[43,44]。随着发育，栅格编码的周期性程度逐渐上升，表明栅格细胞网络可以在探索过程中学习距离的度量关系。

栅格细胞位于位置细胞上游及其独特的编码特性很容易使人认为位置细胞的

编码信息完全来自栅格细胞[45,46]。位置细胞在内嗅皮层失活后编码环境能力减弱[47-49]，表明位置细胞并不完全依赖栅格细胞。海马体失活后，大部分栅格细胞失去栅格型放电并转变成头朝向细胞[50]，表明栅格细胞需要来自海马体位置细胞的输入。丘脑前核(anterior thalamic nucleus)中的头朝向细胞被破坏后，栅格细胞的放电模式受损[51]，表明头朝向信号对于栅格细胞放电模式的形成和功能的完整性同样不可或缺。海马区与其他区域的输入一起成为内嗅皮层栅格型放电的形成、更新的先决条件。

4. 边界细胞

早在 1996 年，O'Keefe 和 Burgess 在实验过程中发现，当改变环境的边界和大小时，位置细胞的位置野也会以相同的改变量向环境边缘平移[52]。他们假设位置细胞还可以分出专门对活动边界(墙或是一道无法跨越的沟壑)敏感的亚类，并将其命名为边界细胞(border cell，又叫作 boundary vector cell)。理论上，位置细胞的放电模式可以通过边界细胞神经元群体的加和并减去阈值的方式来描述[53,54]。

2008 年，边界细胞的存在被两个实验室证实[55,56](图 5.3)。边界细胞同栅格细胞、头朝向细胞一起共存于内嗅皮层、前下托和傍下托中。当动物处于封闭环境的某个边界附近时，表明该边界的边界细胞放电频率增强［图 5.3(a)］。挪动该墙壁，则该细胞放电野跟随墙壁移动［图 5.3(b)］，延长该墙壁，该边界细胞的位置野仍能铺满该墙壁［图 5.3(c)］。边界细胞对环境的多个边界都有响应。当在环境中添加与边界细胞编码的墙壁平行的新墙壁时，边界细胞在新增墙壁处增加一个位置野［图 5.3(d)、(e)］。边界细胞中编码相邻边界的细胞在其他环境中依然在相邻边界放电，这与头朝向细胞相似，表明边界细胞同头朝向细胞一样形成了稳定的循环网络[56]。

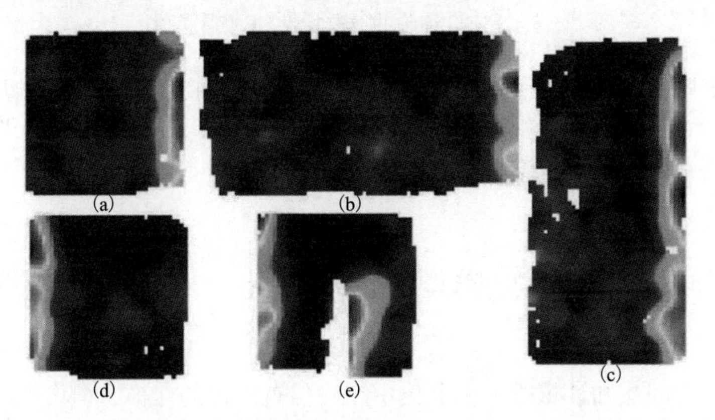

图 5.3　边界细胞的放电野(见书后彩图)

细胞的放电频率用热图表示，红色表示放电频率高，蓝色代表不放电

幼鼠在第一次离巢时就可检测到稳定的边界细胞和头朝向细胞[57]，表明边界细胞和头朝向细胞在动物空间认知系统形成过程中起着基础性的作用。

5. 速度细胞

栅格细胞的编码模式表达距离测度，可以由路径整合的机制通过整合运动速度而形成。因此研究者提出存在编码动物运动速度细胞(speed cell)的假设，并且速度细胞应与栅格细胞共存于同一脑区。Moser 研究组在 2015 年发现速度细胞(图 5.4)，其放电频率和运动速度正相关。图 5.4 中每个子图对应一个速度细胞。标准化后的放电频率(彩色实线)随标准化后的运动速度(灰色实线)表现出相似的变化趋势。每个子图的左上角和右上角的数字分别对应细胞的最大放电频率(Hz)和运动速度的最大值(m/s)。内侧内嗅皮层中有约 15%的细胞会编码大鼠运动速度[58]。速度细胞对速度的编码与环境无关，且速度细胞的放电超前运动速度为 59～89m/s。

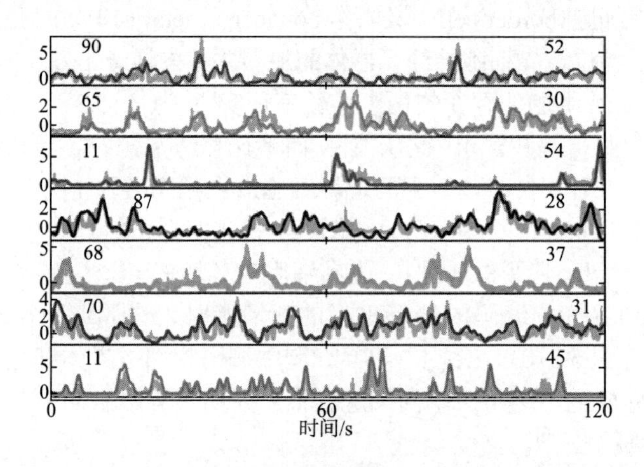

图 5.4　速度细胞的放电特性(见书后彩图)

速度细胞的发现标志着空间认知相关的三种重要物理量即位置、时间、速度在大脑中都有相应的神经细胞。三位一体的空间运动系统初现形貌，揭开了研究动物空间认知与路径整合系统的新篇章。

5.3　空间记忆的计算模型

早期的空间认知计算模型主要集中在对位置细胞的建模。栅格细胞的发现促使研究者用全新的视角审视记忆神经环路的计算机理和研究栅格细胞的栅格编码产生机制[59,60]。

5.3.1 振荡相干模型

振荡相干模型假设神经元的输入电流由多个相隔 60° 的相干模式组成(图 5.5)，每个相干模式由胞体附近的周期性振荡输入电流、树突的受运动速度和方向调制的周期性振荡输入叠加形成。振荡输入的频率 f_a 相对于胞体的振荡频率受细胞偏好的运动方向 ϕ_d 的调制，并随运动速度的增加而增加。这样就将动物的运动速度和方向整合为空间相位，形成位置编码[61-63]。振荡相干模型可以追溯到文献[64]中对细胞相位进动现象的解释。相位进动(phase precession)指动物在靠近并经过位置野的移动过程中,位置细胞的放电脉冲在时间上对应于 θ 波的相位逐渐提前的现象。

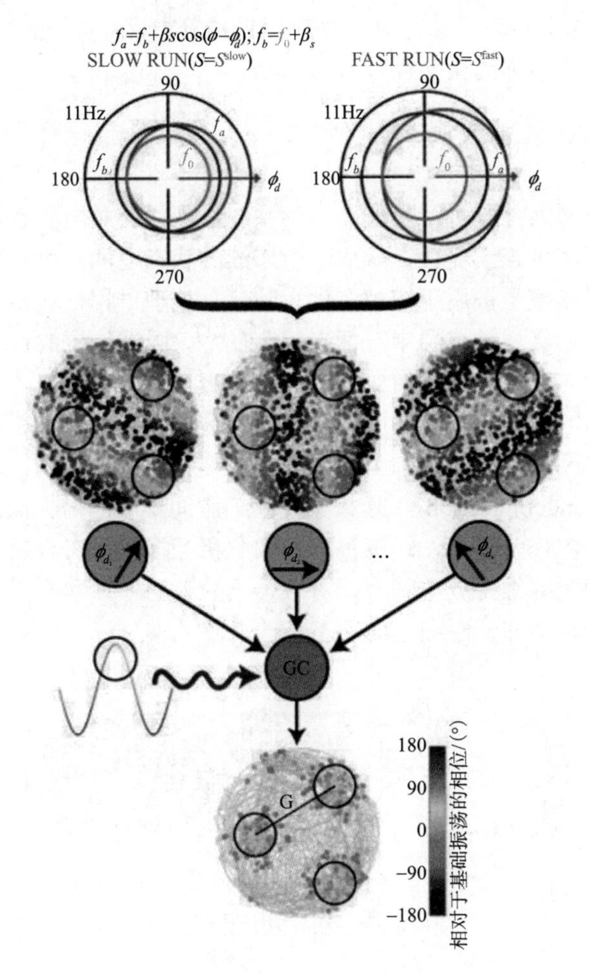

图 5.5　振荡相干模型(见书后彩图)

振荡相干模型间接地得到一些实验的支持。比如令大鼠脑中产生 θ 波的内侧隔核(medial septum)失活，栅格细胞将很快失去栅格型放电模式[65,66]。但是该现象也可能是因为内侧隔核的失活引起了其他脑区的功能紊乱进而间接影响栅格细胞的稳定性。

振荡相干模型存在诸多质疑。不支持振荡相干模型的实验则来自对蝙蝠和灵长类动物的研究。果蝠和灵长类动物都存在栅格编码，但是果蝠和猕猴在运动中没有持续稳定的 θ 波[30,31]，不足以为振荡相干模型提供稳定的基波[67]。振荡相干模型基于抽象的完美振荡器,而大脑中的振荡具有复杂动态特性[68]。将观测到的生物实际振荡用于振荡相干模型中，模型仅能维持数秒的稳定放电状态[68]，而实验研究表明，大鼠的栅格细胞在去掉外部输入的情况下能保持十几分钟以上的稳定放电。振荡相干模型中假定多个输入振荡器保持独立，而实际的局部神经环路中，振荡信号往往会有很强的相关性。

5.3.2 连续吸引子网络

连续吸引子网络是一种特殊的动力学系统，网络的放电状态形成很多个吸引子，不同吸引子间可连续变化，构成一个连续的状态空间，可以用来描述物理空间中的连续量。该模型被用于模拟多种大脑信息处理过程，包括运动皮层对运动轨迹的表示[69]、初级视觉皮层中对朝向的选择[70]、眼球位置的移动过程[71]、头部朝向细胞的头朝向调制[72]、位置细胞对位置的表达[73-75]等。

头朝向细胞的头朝向调制常用一维连续吸引子模型建模［图 5.6(a)］。细胞被概念性地排布在圆上，细胞在圆上的位置表征细胞对方向的偏好。细胞之间具有循环连接(recurrent connection)，连接强度随细胞间距离的增大而减小。通过循环连接，邻近的细胞相互激活，距离很远的细胞相互抑制。在合适的兴奋和抑制的强度下网络能稳定地维持放电状态，对应于头的朝向。该网络通过积分头朝向运动角速度可以解释头部朝向细胞的动态特性[72,76,77]。

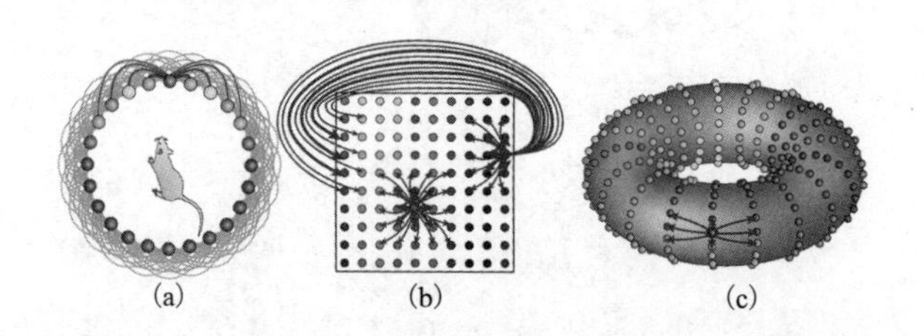

图 5.6 连续吸引子模型

扩展头朝向细胞模型可以构建二维连续吸引子网络［图 5.6(b)］，模拟位置细胞、栅格细胞等对二维环境的位置编码。在二维连续吸引子网络中，细胞排列在二维神经空间中。细胞在神经空间中的坐标编码动物在二维环境中的位置。细胞间循环连接的强度随细胞间距离的增大而减小。为了消除边界的影响，让各个边界附近的细胞与对立边界上的细胞建立连接，构成具有周期性边界条件的环面［图 5.6(c)］。具有不对称性循环连接的二维连续吸引子网络可以驱动网络的状态向偏移方向连续移动，从而实现路径整合[78,79]。

内嗅皮层的结构和栅格细胞的编码模式符合连续吸引子网络的假设[80]。实验研究也发现了支持连续吸引子网络的证据[81]。连续吸引子网络需要精确的循环连接矩阵来保证网络状态不发生漂移或瓦解。如何通过学习机制形成循环连接矩阵仍然未知。

5.3.3 自适应网络

栅格细胞的自适应网络模型模拟动物在发育过程中栅格细胞网络的形成过程，认为空间中规则的栅格是由细胞放电的疲劳及各向同性的运动产生[82](图 5.7)。每个栅格细胞接收来自位置细胞或其他具有一定位置选择性细胞的前馈输入。前馈连接利用赫布学习调整连接权重，建立栅格细胞的放电状态与位置输入的关联，从而使栅格细胞形成稳定的位置编码。由于细胞放电的疲劳，栅格细胞被激活后需要一定时间才可以继续放电［图 5.7(a)～(c)］，随着动物的运动在赫布学习机制的作用下，细胞的周期性放电模式就在前馈连接中稳固下来［图 5.7(d)］。

通过头方向细胞的调制和循环连接，栅格细胞的栅格放电模式收敛到相同的方向。在方形环境中，当动物的运动轨迹受环境边界限制而更偏好沿墙的方向运动时，栅格的方向也对齐到墙的方向[83]。这一结论与方形环境中记录到的栅格方向的大致分布基本吻合[84]。

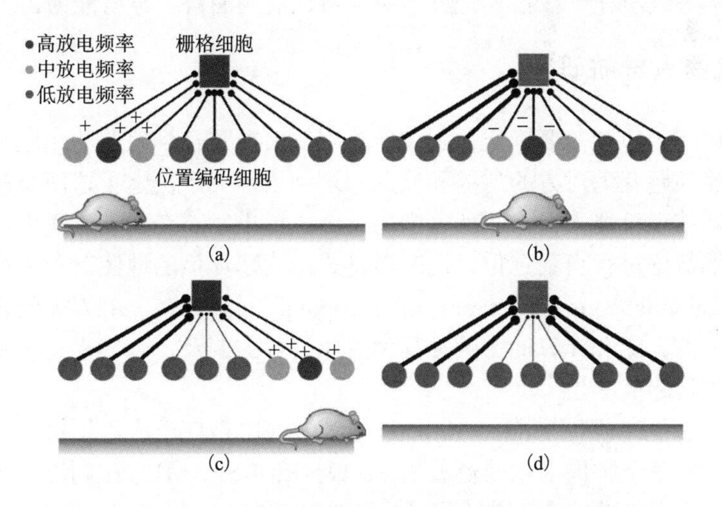

图 5.7　基于放电频率自适应的网络模型(见书后彩图)

与连续吸引子网络模型相比，自适应网络模型更具有灵活性。自适应网络模型可模拟在非欧几里得环境，如球形环境[85]、双曲空间[86]中的栅格细胞形成过程。自适应网络模型的循环连接可以通过自组织学习机制得到[87]。建立多层的自适应网络可以解释栅格细胞在内嗅皮层各层中差异化分布的现象，表明内嗅皮层第二层中的栅格型放电模式可能继承自深层内嗅皮层[87]。深层的内嗅皮层区(第三、第五、第六层)首先对朝向、速度和位置信息进行整合。这些整合后的信息被内嗅皮层第二层的栅格细胞用于形成更为抽象的空间表征。

也有研究者利用其他形式的自适应网络解释栅格细胞放电模式的产生机制[88-92]。

5.4 机器人类脑导航

无人驾驶车辆、移动机器人等智能体开展自主作业的前提条件是认知环境。在实际环境中，机器人或无人车面临“我在哪里”“环境是什么样的”和“我要去哪里”等基本问题。也就是说，机器人应该具备在环境中自定位(self localization)、地图构建(mapping)和路径规划(path planning)的功能。在任务区域行进时，往往有很多因素要求机器人能够不依赖外源性位置信息自主地完成导航。例如，在地下设施、隧道或室内，卫星等通信信号不能有效传播或者没有通信设备，无法获得 GPS 等外源性位置信息。而惯性导航系统在航迹推算过程中存在漂移误差，由此得到位置估计的误差随时间不断增加，无法作为长期稳定的位置信息源。因此，机器人内在的定位、地图构建和路径规划能力是提高移动机器人“自主”与“智能”水平的关键所在，在很大程度上决定着机器人的自主导航能力。

5.4.1 机器人导航研究

构建环境的地图需要确定位置才能将感知信息整合到地图的相应区域。定位和地图构建问题互为对方的前提和输入，这种依存关系决定了这两个问题必须一起解决。即移动机器人在未知环境中的某个位置出发，在移动过程中根据自身运动和传感器数据进行自我定位，同时增量式地构建环境的地图，称为同步定位和地图构建(simultaneous localization and mapping, SLAM)[93]。SLAM 的研究主要利用了滤波方法。随着计算能力的提高和成像设备的普及，近年来基于视觉特征的导航方法也日趋成熟。

扩展卡尔曼滤波(extended Kalman filer, EKF)被广泛应用于机器人的自定位和地图构建。基于扩展卡尔曼滤波的 SLAM(EKT-SLAM)方法利用机器人的运动学方程跟踪机器人的位置，通过数据关联的方法(data association)在地图的陆标和传感器检测到的特征之间建立对应关系，通过减小感知信息的预测误差得到更精确的位置和地图估计。EKF 本质上是一个贝叶斯滤波器，但是它做了两个近似假设：首先，EKF 假设状态向量服从高斯分布；其次，它把运动学方程和观测方程进行线性化近似。在这两个近似的基础上，EKF-SLAM 方法在数学可以简洁地表示为由机器人和陆标的位置构成的状态向量及相应的协方差矩阵的更新，因此得到了非常广泛的应用。但 EKF-SLAM 方法有四个明显的缺点，使得它不适用于大规模动态复杂环境。首先，EKF-SLAM 方法依赖机器人的运动学方程，并进行线性近似，当机器人的硬件随时间发生变化时，不精确的运动学模型会使算法失效；其次，高斯假设使 EKF 只能近似地表达单峰分布，无法处理多峰分布等非高斯分布，而后者是一个稳健的 SLAM 系统的必要条件(比如当机器人受到外界环境的干扰需要进行全局定位时，或者当环境的感知信息很模糊、环境具有多个非常相似的区域时，机器人的位置需要用多峰概率分布来表达)；再次，数据关联不是一个简单的问题，一旦观测到的特征和地图中的陆标之间发生错误匹配将导致 EKF 发散；最后，状态向量的协方差矩阵的更新计算复杂度为 $O(n^2)$，其中 n 为陆标的数量。因此在大规模环境中，数量众多的陆标使 EKF-SLAM 算法的速度随着探索区域的增大而快速减慢，可扩展性较差。

粒子滤波(particle filter, PF)是另一种贝叶斯滤波器，它通过采样的方法，选取一组样本来近似表达状态向量的概率分布。这使得粒子滤波能够表达任意的概率分布和非高斯噪声。基于粒子滤波的 SLAM(PF-SLAM)方法用采样得到的一组带有权重的粒子表示机器人的位置分布，这样就把系统状态估计问题分解成为机器人路径轨迹估计和已知某个轨迹的情况下的地图估计问题[94]。为此，PF-SLAM 方法为每个粒子所表示的机器人路径建立一个地图并独立更新。PF-SLAM 比最大似然位置估计的地图构建方法精度更高。但是，由于粒子数量较多，当环境很大时维护地图所需的计算量和存储空间将非常大。Montemerlo 等[95]用多个独立的 EKF 更新每个粒子对应的特征地图，由于地图表达形式简洁，减少了计算量和存储代价。PF-SLAM 方法的主要缺点是缺乏稳健性，这是因为采样是一个近似过程，当面临干扰或者环境发生变化时，有限的样本不能覆盖后验概率密度大的区域，造成粒子贫乏(particle depletion)。这对动态环境是个严重的问题，比如在浪、流干扰普遍存在的水下环境中，机器人的运动和感知会引入很多噪声和不确定性。在室内环境中，椅子和人等物体的位置经常移动，对算法造成不确定的干扰。

随着计算机视觉中特征检测技术的发展，SLAM 的性能得到很大提高。Cummins 等提取图像的加速稳健特征(speeded up robust features, SURF)形成词袋(bag of words)来表征位置的表观[96-98]。

机器人 SLAM 的研究正朝实用化迈进。目前最成功的例子是谷歌公司开发的智能车，在天气良好的情况下已经累计安全驾驶上百万公里。谷歌智能车装配了高精度激光雷达，用来构建环境的高精度地图，通过匹配与联网搜索的方式工作。

谷歌智能车仍需要 GPS 信号的支持，不能在恶劣天气条件下完成导航，而且面对环境的动态变化需要事先更新街景数据库才能进行自动驾驶。

总之，现有的机器人定位和地图构建方法主要有如下缺点：

(1)在大规模环境中存储量和计算量过大，可扩展性差；

(2)数据关联发生错误时算法容易发散，不容易从错误中恢复，导致在动态环境中算法的稳健性差；

(3)感知环境时特征类型和特征提取方法固定，不易于检测动态环境中的陆标，也不易于处理多模态信息。比如现有的特征提取算法对于水下声呐图像具有很大的局限性。

5.4.2 类脑导航

海马体和内嗅皮层等区域构成的记忆神经环路是认知地图形成的关键。位置细胞、栅格细胞等编码空间信息的细胞构成了脑内在的空间定位系统。受记忆神经环路的启发，类脑导航方法建立大脑空间记忆神经环路的神经网络模型，研究哺乳动物大脑识别位置完成定位和地图构建的工作原理，揭示哺乳动物在大规模环境中实现高效导航的编码和信息处理机制。类脑导航神经网络模型模拟哺乳动物在大规模环境形成认知地图、完成自定位的机制，能较好地解决大规模室外环境中机器人自定位和地图构建的问题。

伦敦大学学院的 Burgess 等[99]基于大脑海马区位置细胞的原理，提出了基于位置细胞的机器人定位的方法，并在微型机器人上展示了位置细胞进行地图构建与导航过程。

2004 年，澳大利亚昆士兰理工大学的 Milford 等[100]基于大鼠海马体的连接结构和神经编码的基本特征，开发了一个基于竞争吸引子网络的自定位和地图构建系统 RatSLAM。模型提取单目摄像头获取的视频中的速度信息并进行整合，利用地标的视觉表观信息校正定位的累积误差。随后他们又在 RatSLAM 中引入了经验地图，使系统生成具有距离属性的直观地图[101]。RatSLAM 能够在真实的大面积区域建立半度量拓扑地图[102,103]。RatSLAM 主要分为三个部分：局部视图细胞(local view cells)、位姿细胞(pose cells)及经验制图(experience map)。机器人的视觉信息通过处理转换到局部视图细胞中表示，局部视图细胞与位姿细胞存在对应关系，产生相应的连接，位姿细胞通过竞争神经网络来表达机器人的位置，利用位姿细胞放电状态的变化，完成路径整合的功能。环境信息以经验制图的形式存储，经验制图在二维空间平面产生认知地图，利用视觉特征,在回到相同位置时，对地图进行闭环校正。经验制图通过经验和经验之间的连接进行创建和维持。在实现过程中，共包括四个主要节点：局部视图网络、视觉测量、位姿细胞网络、经验制图。局部视图网络实现局部视图细胞和视觉特征的对应，视觉测量从视觉特征中提取角速度和线速度,位姿细胞与局部视图细胞对应并通过注入电流实现位姿细胞的闭环校正。实验证明,该方法可以完成面向室内、室外环境的同步定位与地图构建。由于 RatSLAM 没有考虑内嗅皮层的输入，在大环境中位姿细胞的编码具有不确定性，给系统的精确性和稳定性带来问题。Steckel 等[104]扩展了 RatSLAM，根据声音感知信息进行定位和地图构建。

2007 年，美国神经研究所的 Fleischer 等[105]在类脑计算芯片上实现海马区位置细胞的神经网络，使机器人能在简单环境中导航。

随着对栅格细胞的深入研究，部分学者将栅格细胞的工作机制用于机器人定位和地图构建。Franzius 等[88]构建深度网络，采用慢特征分析和稀疏性限制，让网络学习一组滤波器,将高维感知信息转换为与位置相关的特征编码。Samu 等[106]用栅格细胞形成的吸引子网络跟踪机器人位置，并用位置细胞的反馈连接提高栅格细胞网络的稳健性。于乃功等[107]模拟海马区到内嗅皮层的神经通路,应用误差反向传播算法使模型中的位置细胞形成环境的认知地图表达,用于机器人的定位。Mulas 等[108]通过赫布学习使栅格细胞的路径整合更加稳定。唐华锦等[109]构建了一个包含视觉皮层、内嗅皮层和海马体等多脑区的认知地图构建系统，在实验室环境中完成了移动机器人的定位、地图构建和认知任务的学习。曾太平等[110]借鉴内嗅皮层栅格细胞的位置和速度联合编码的机制,建立栅格细胞神经网络和头朝向细胞神经网络，利用连续吸引子网络的神经动力学机制整合视觉感知的运动信息和地标信息。由于吸引子网络具有内在的稳定性，网络能形成稳定的位置和方向表征，由此解码网络的状态可以构建环境的半米制拓扑地图，在大规模室外环境中表现出很好的稳健性。Deepmind 和伦敦大学学院从机器学习的角度出发构建了一个基于长短期记忆网络(long short-term memory)的路径整合模型[111]。模型中引入了一组隐含节点用于读取长短期记忆网络存储的关于运动的记忆，隐含节点的激活状态进一步由一个线性解码器来预测位置细胞和头朝向细胞的激活状态。他们利用监督学习的方法在一个虚拟环境中学习线性网络的连接权重，发现隐含节点可以形成类似栅格细胞、头朝向细胞或边界细胞的放电模式。这一模型表明栅格细胞可以通过学习的过程形成。由于模型需要事先给定同一个环境中的位置细胞和头朝向细胞的激活状态作为监督学习的信号，因此不太清楚是否能在多个环境中表现出泛化能力。另外由于隐含节点之间没有循环连接，学习到的栅格编码没有表现出方向一致性。

把栅格细胞、头朝向细胞及位置细胞的神经编码机制应用于机器人的自定位和认知地图构建，可以验证记忆神经环路在空间认知上的有效性和稳健性。模拟空间认知的脑机制能够为发展工作机理清晰、具有稳健性和安全性的机器人类脑导航算法提供有益的探索。

5.4.3 位置和速度联合编码的栅格细胞模型

内嗅皮层的栅格细胞能够在动物所探索的空间环境中形成周期性的正六边形发放模式，以编码动物在环境中的多个位置。而位置细胞的位置野的数量则少得多，位置野的分布是随机的，在环境中并不显示出规则的排布。不同皮层区域的栅格细胞形成的位置编码，具有不同的尺度，形成多分辨率的位置编码。栅格细胞主要位于内嗅皮层第二层，而在内嗅皮层第三层和更深的分层则存在栅格和头朝向联合编码的细胞，同时受到速度信息的调制[112]。在内嗅皮层中发现的速度细胞线性地响应动物的运动速度，并与动物所在环境无关，被认为是动物在环境中动态编码能力的关键[58]。人们认为，栅格细胞是支持高级认知功能的关键，如动物的自身定位[113]、空间导航和空间记忆[114]，所以自发现以来，人们对栅格细胞进行了大量的实验研究和理论研究。

栅格细胞的连续吸引子网络模型基于两个基本假设。首先，栅格细胞之间需要具有中心兴奋、周围抑制的循环连接结构[115]。当循环连接的强度足够大时，即使网络只接收均匀的外界输入，中心兴奋、周围抑制的连接模式，使网络中的细胞群体产生栅格状分布的放电斑图。作为连续吸引子网络的一个显著特征，这种栅格状放电斑图可以具有任意的空间相位和方向。

为了使单个细胞在环境中产生六边形栅格编码，网络的群体放电斑图需要随动物的运动在网络中流动。除了相差一个固定的旋转角度，群体放电斑图的流动速度需要与动物的运动速度成正比。在文献[116]中，斑图的流动是通过两种机制来实现的。首先，每个神经元偏好某个运动方向，接收受运动速度调制的输入。当动物沿着神经元偏好的方向上运动时，该神经元接收的输入强度大于其他运动方向。其次，神经元投射给其他神经元的连接沿该神经元偏好的运动方向有一个位移。在这两种机制的作用下，当动物沿某个方向运动时，偏好这个运动方向的神经元就会比其他神经元的激活程度更高，从而在网络中产生以相应速度流动的斑图。

文献[116]中的模型可以产生稳定的栅格细胞的编码，但是不能解释具有头方向选择性的联合栅格细胞的编码。另外，为了产生稳定的放电野，斑图的流动速度需要和动物的运动速度成正比，因此要求模型中的神经元采用阈值线性激活函数。而脑中真实神经元的放电频率随输入强度呈现非线性，因此该模型的假设并不合理。

为了克服上述两个缺点，可以假设栅格细胞同时编码位置和运动。网络中的神经元具有位置和速度两种标签，神经元之间形成的循环连接使得网络具有栅格状的群体放电斑图。当放电斑图的中心位于具有某个速度标签的神经元时，放电斑图能够自发地以对应于该标签的速率和方向进行流动。放电斑图在速度标签上的位置由受速度调制的输入决定。通过学习的机制，动物的运动速度可以由神经网络映射到栅格细胞的速度标签上，从而栅格细胞放电斑图的流动速度和动物的运动速度成正比。由于放电斑图的流动是网络内在自发产生的，因此不依赖循环连接的精确设定，也不依赖神经元模型的传递函数。

对于一维环境，比如过道、隧道等狭长的空间，网络只需要编码一维的位置和运动速度。神经元处于二维的抽象神经流形上，每个神经元用神经流行上的坐标(θ,v)表示。$\theta\in[-\pi,\pi)$是环境位置的内部表达。为了简单起见，θ具有周期性边界条件。需要注意的是，物理环境并没有周期性边界条件的设定。$v\in[-L,L]$是动物运动速度的内部表征，L是一个足够大的正数，用于表达动物所需要的最大速度。θ和v是没有量纲的量，它们反映环境中的位置和速度。

神经元(θ',v')投射到神经元(θ,v)的连接由如下耦合函数给定：

$$J(\theta-\theta',v-v',v')=J_0+J_k\cos\left(k(\theta-\theta'-v')\right)\cos\left(\lambda(v-v')\right) \tag{5.1}$$

式中，$J_0<0$，是神经元之间均匀抑制的强度；$J_k>0$，是神经元之间兴奋性作用的强度；$\lambda>0$，是速度调制的宽度；$k>0$，是正整数，决定θ维度上活动峰的数量，我们取$k=2$，是在二维环境中产生栅格编码的最小值；参数λ设定为0.8。

神经元的投射连接的最大值并不位于它自己的位置下标上，而是在位置维度上有一个位移，位移的量取决于神经元的速度下标(图5.8)。在速度维度上，投射连接通过式(5.1)中的第二个余弦函数进行宽泛的调制。神经元最大传入连接的位移取决于突触前神经元的速度偏好，并显示出倾斜的分布，这一结构是由耦合函数中第一个余弦函数的v'决定的。

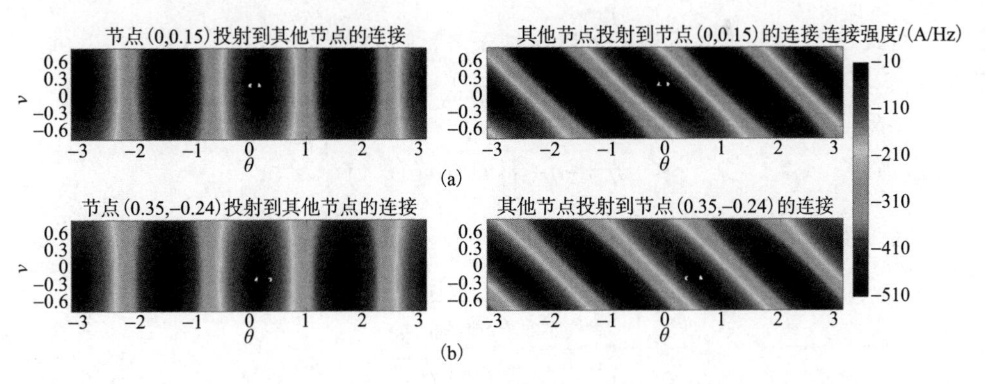

图5.8 神经流形上两个示例栅格细胞神经元模型的连接强度(见书后彩图)

为了研究网络的动力学特征，先假设网络的输入是均匀的，不受速度的调制。神经流形上处于(θ,v)的神经元的放电频率为$m(\theta,v)$，它随时间的变化用微分方程描述为

$$\tau\dot{m}(\theta,v)=-m(\theta,v)+f\left(\iint D\theta DvJ(\theta-\theta',v,-v')m(\theta',v')+I\right) \tag{5.2}$$

式中，τ 是神经元细胞膜的时间常量，设为10ms；I 是均匀的输入电流；$f(x)$是激活函数，如不做特殊说明为阈值线性函数，即当 $x>0$ 时，$f(x)\equiv[x]_+=x$，否则 $f(x)=0$。这里使用了简写形式 $\int D\theta=\frac{1}{2\pi}\int_{-\pi}^{\pi}\mathrm{d}\theta$ 和 $\int Dv=\frac{1}{2L}\int_{-L}^{L}\mathrm{d}v$。$L=\frac{\pi}{2k}$ 以保证模型有意义。

网络激活状态 $m(\theta,v)$ 的性质可以通过引入序参量来刻画。借助于模型中的周期性边界条件，对网络的斑图做傅里叶变换得到如下序参量：

$$Z_A=\iint D\theta Dv\mathrm{e}^{\mathrm{i}(k(\theta+v)-\lambda v)}m(\theta,v)\equiv\rho_A\mathrm{e}^{\mathrm{i}\psi_A}$$

$$Z_B=\iint D\theta Dv\mathrm{e}^{\mathrm{i}(k(\theta+v)+\lambda v)}m(\theta,v)\equiv\rho_B\mathrm{e}^{\mathrm{i}\psi_B}$$

$$\eta=\iint D\theta Dv\mathrm{m}(\theta,v)$$

则式(5.2)可以写为

$$\tau\dot{m}(\theta,v)=-m(\theta,v)+\tilde{g}(\theta,v) \tag{5.3}$$

式中，$\tilde{g}(\theta,v)$ 是神经元的总输入：

$$\tilde{g}(\theta,v)=\left[J_0\eta+I+\frac{J_k}{2}\rho_B\cos(k\theta+\lambda v-\psi_B)+\frac{J_k}{2}\rho_A\cos(k\theta-\lambda v-\psi_A)\right]_+$$

对式(5.3)做傅里叶变换，可以得到序参量的动力学方程：

$$\tau Z_{B,A}=-Z_{B,A}+\iint D\theta Dv\mathrm{e}^{\mathrm{i}(k(\theta+v)\pm\lambda v)}\tilde{g}(\theta,v)$$

$$\tau\dot{\eta}=-\eta+\iint D\theta Dv\tilde{g}(\theta,v)$$

通过重组，定义如下五个序参量：

$$\gamma=\frac{\rho_B-\rho_A}{\rho_B+\rho_A}$$

$$\alpha=\frac{J_k}{I}\frac{\rho_B+\rho_A}{2}$$

$$\sigma=\frac{I+J_0\eta}{\alpha I}$$

$$\psi_+=\frac{\psi_B+\psi_A}{2}$$

$$\psi_- = \frac{\psi_B - \psi_A}{2}$$

并定义缩放后的增益函数：

$$g(\theta,v) \equiv \frac{1}{\alpha I}\tilde{g}(\theta,v)$$

对上述序参量进行微分，可以得到对应的动力学方程：

$$\begin{aligned}\tau\dot{\gamma} = -J_k \iint D\theta Dv g(\theta,v)\Big[&\sin\big(k(\theta+v)\psi_+\big)\sin(\lambda v-\psi_-) \\ &+\gamma\cos\big(k(\theta+v)-\psi_+\big)\cos(\lambda v-\psi_-)\Big]\end{aligned} \tag{5.4}$$

$$\tau\dot{\alpha} = \alpha\left[-1 + J_k \iint D\theta Dv g(\theta,v)\cos\big(k(\theta+v)-\psi_+\big)\cos(\lambda v-\psi_-)\right] \tag{5.5}$$

$$\begin{aligned}\tau\dot{\sigma} = &\frac{1}{\alpha} + J_0 \iint D\theta Dv g(\theta,v) \\ &- J_k\sigma \iint D\theta Dv g(\theta,v)\cos\big(k(\theta+v)-\psi_+\big)\cos(\lambda v-\psi_-)\end{aligned} \tag{5.6}$$

$$\begin{aligned}\tau\dot{\psi}_+ = \frac{J_k}{1-\gamma^2}\iint D\theta Dv g(\theta,v)\Big[&\sin\big(k(\theta+v)-\psi_+\big)\cos(\lambda v-\psi_-) \\ &-\gamma\cos\big(k(\theta+v)-\psi_+\big)\sin(\lambda v-\psi_-)\Big]\end{aligned} \tag{5.7}$$

$$\begin{aligned}\tau\dot{\psi}_- = \frac{J_k}{1-\gamma^2}\iint D\theta Dv g(\theta,v)\Big[&\cos\big(k(\theta+v)-\psi_+\big)\sin(\lambda v-\psi_-) \\ &-\gamma\sin\big(k(\theta+v)-\psi_+\big)\cos(\lambda v-\psi_-)\Big]\end{aligned} \tag{5.8}$$

式中，$\gamma \in [-1,1]$ 是活动峰的斜度，由于耦合函数是不对称的，因此 γ 不为零；$\sigma \in [-1,1]$ 是决定活动峰大小的阈值；$\alpha \geqslant 0$ 是活动峰的幅值；$\frac{\psi_+}{k}$ 和 $\frac{\psi_-}{\lambda}$ 是活动峰的中心在神经流形上位置维度和速度维度的坐标。

神经元的放电频率的动力学方程转换为

$$\tau\dot{m}(\theta,v) = -m(\theta,v) + \alpha I g(\theta,v)$$

$$g(\theta,v) = \big[\cos(k\theta-\psi_+)\cos(\lambda v-\psi_-) - \gamma\sin(k\theta-\psi_+)\sin(\lambda v-\psi_-) + \sigma\big]_+$$

对于不同的耦合函数的强度参数 J_k 和 J_0，式 (5.2) 的解具有几种不同性质的状态。

当兴奋性连接强度 J_k 比较小时，网络具有均匀的激活状态。当 J_k 增大时，网络的斑图在 θ 维度收敛成 k 个局部的活动峰，而占满整个 v 维度。在这种情况下，具有正速度下标的神经元向正方向传递斑图的效果与具有负速度下标的神经元向负方向传递斑图的效果相互抵消，因此斑图静止，不产生流动［图 5.9(b)］。当 J_k 足够大时，网络的斑图在 v 维度也收敛到局部的活动峰。由于在位置维度上耦合函数具有不对称性，斑图自发地在网络中沿位置维度流动，流动的速度取决于活动峰在速度轴上的位置［图 5.9(c)］。由于网络在速度维度形成连续吸引子，活动峰可以稳定在速度维度的某个位置上，网络的斑图就可以以对应的速度在位置维度上流动。这时，虽然网络的斑图没有稳定态，但是网络的序参量 γ、σ、α 收敛到不动点。耦合函数的抑制参数 J_0 需要足够小，以保证网络的激活状态不会发散。耦合函数可以是抑制性的（$J_0+J_k<0$）。兴奋性的耦合函数可以产生类似的结果。

我们先分析序参量的不动点。当网络处于均匀激活状态时，由于所有神经元都被激活，因此可以直接分析式(5.2)。网络的稳定状态为

$$m(\theta,v)=\frac{I}{1-J_0}$$

由此可以得到均匀激活状态的条件是

$$J_0<1$$

在均匀激活状态，序参量 α 为 0。引入一个新的序参量，描述活动峰的大小：

$$\beta\equiv\alpha\sigma=\frac{I+J_0\eta}{I}\tag{5.9}$$

ψ_+ 和 ψ_- 是两个自由参量，可以指定它们为 $\psi_+=\psi_-=0$。我们只需要考察 β 和 α 的动力学。借助微分的链式法则，从式(5.5)和式(5.9)中可得

$$\tau\dot{\beta}=-\beta+1+J_0\iint D\theta Dvh(\theta,v)\tag{5.10}$$

$$\tau\dot{\alpha}=-\alpha+J_k\iint D\theta Dvh(\theta,v)\cos\left(k(\theta+v)\right)\cos(\lambda v)\tag{5.11}$$

式中，$h(\theta,v)=\alpha\cos(k\theta)\cos(\lambda v)+\beta$。

式(5.10)和式(5.11)的不动点为 $\left(\alpha=0,\beta=\dfrac{1}{1-J_0}\right)$。在不动点线性化动力学方程，得到对应的线性动力学方程的系数矩阵为

$$\begin{bmatrix}J_0-1 & 0\\ 0 & J_kC-1\end{bmatrix}$$

式中，

$$C\equiv\iint D\theta Dv\cos(k\theta)\cos\left(k(\theta+v)\right)\cos^2(\lambda v)=\frac{1}{2\pi}\left[1+\frac{k^2\cos(\lambda\pi/k)}{k^2-4\lambda^2}\right]$$

因此，使均匀激活状态保持稳定的条件为$J_0<1$，$J_k<1/C$。

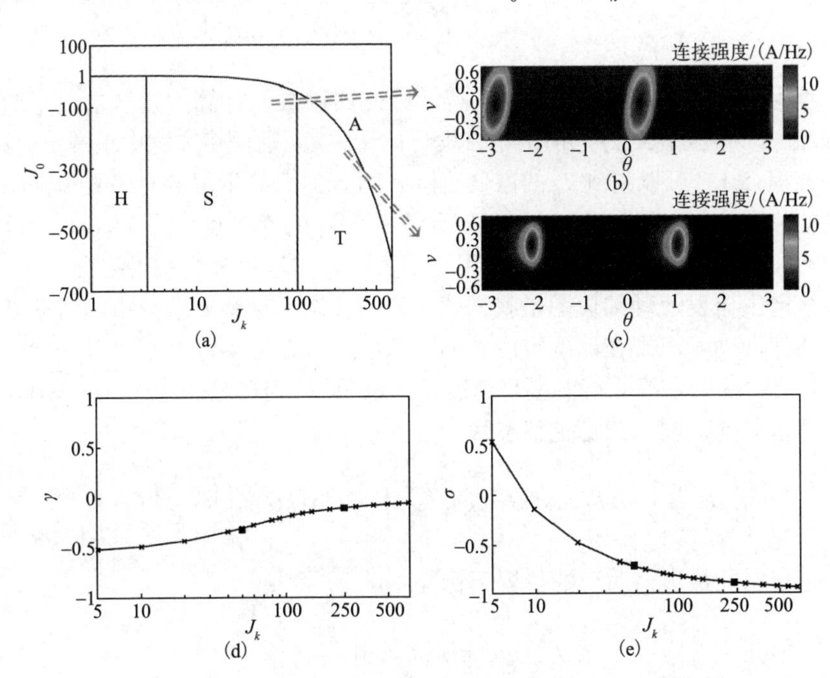

图 5.9　栅格细胞网络状态的相变

当J_k超过$1/C$时，网络中出现静止的斑图，填满整个速度维度。在这种情况下，$\psi_-=0$，而ψ_+是一个自由参量，决定活动峰的中心在位置维度的坐标。令$\psi_+=0$，在稳定状态下，网络的斑图具有如下形式：

$$m(\theta,\nu)=\alpha I\left[\cos(k\theta)\cos(\lambda\nu)-\gamma\sin(k\theta)\sin(\lambda\nu)+\sigma\right]_+$$

图 5.9(b)显示了通过模拟式(5.2)得到静止斑图的一个例子。斑图中的两个活动峰是倾斜的，对应于非零的γ值。活动峰的倾斜程度与γ的绝对值成正比。

序参量(γ,α,σ)收敛于不动点，不动点的方程为

$$\begin{cases}\dfrac{1}{J_k}=\iint D\theta D\nu g(\theta,\nu)\cos\left(k(\theta+\nu)\right)\cos(\lambda\nu)\\0=J_k\iint D\theta D\nu g(\theta,\nu)\sin\left(k(\theta+\nu)\right)\sin(\lambda\nu)+\gamma\\\dfrac{1}{\alpha}=\sigma-J_0\iint D\theta D\nu g(\theta,\nu)\end{cases}\tag{5.12}$$

式中，$g(\theta,\nu)=\left[\cos(k\theta)\cos(\lambda\nu)-\gamma\sin(k\theta)\sin(\lambda\nu)+\sigma\right]_+$。由方程组(5.12)的最后一个方程可得，防止网络放电频率发散的条件为

$$J_0 \leqslant J_0^c \equiv \frac{\sigma}{\iint D\theta D v g(\theta, v)} \tag{5.13}$$

方程组(5.12)的解析解不容易求得，因此通过数值计算的方法求出不动点的数值解。由于方程组(5.12)的前两个方程与α无关，从前两个方程中求解出γ和σ。再根据方程(5.13)可以得到J_0的取值范围。图 5.9(a)显示了耦合函数中抑制性连接强度的临界值J_0^c。图 5.9(d)、(e)显示了γ和σ的不动点。图 5.9(b)、(c)所示网络的γ和σ值在图 5.9(d)、(e)中用方块表示，与理论分析结果吻合。

网络产生自发流动的斑图是我们感兴趣的状态。这就要求网络的活动峰足够小，能够使活动峰出现在速度维度上的任意位置。在活动峰刚刚可以开始流动的临界点，活动峰的边缘正好刚刚与速度下标v的边界相接触。这时，$\psi_- = 0$，在速度维度的边界处，网络的稳定状态为

$$m\left(\theta, \frac{\pi}{2k}\right) = \alpha I\left[\cos(k\theta)\cos\left(\frac{\lambda\pi}{2k}\right) - \gamma\sin(k\theta)\sin\left(\frac{\lambda\pi}{2k}\right) + \sigma\right]_+$$

这个稳定状态的最大值对应的位置下标为

$$\theta^* = \arctan\left(-\frac{\gamma}{k}\tan\left(\frac{\lambda\pi}{2k}\right)\right)$$

在速度维度的边界处，放电频率的最大值为

$$m^* = \alpha I\left[\sqrt{\cos^2\left(\frac{\lambda\pi}{2k}\right) + \gamma^2\sin^2\left(\frac{\lambda\pi}{2k}\right)} + \sigma\right]_+$$

在临界点，m^*为 0，因此可得序参量σ的临界值为

$$\sigma^* = -\sqrt{\cos^2\left(\frac{\lambda\pi}{2k}\right) + \gamma^2\sin^2\left(\frac{\lambda\pi}{2k}\right)}$$

当$\sigma < \sigma^*$时，网络产生自发流动的斑图。把σ^*与从方程组(5.12)中得到的σ值对应，可以得到斑图开始自发流动斑图的J_k临界值。图 5.9(c)显示了自发流动斑图的一个例子。

斑图的流动速度由式(5.7)给定，它由活动峰在速度维度的位置决定。虽然斑图流动速度的解析解无法直接给出，它的近似值可以通过分析具有不对称连接的环状吸引子模型得到：

$$\dot{\psi}_+ \approx \dot{\Psi}(u) \equiv \frac{\tan(ku)}{k\tau} \tag{5.14}$$

在$I = 60$的均匀输入下，通过计算机仿真，把网络的活动峰初始化在神经流形

中速度维度的不同位置，记录网络斑图的实际流动速度。网络斑图的实际流动速度与活动峰在速度维度的位置有关，与式(5.14)给出的理论近似值吻合(图 5.10)。

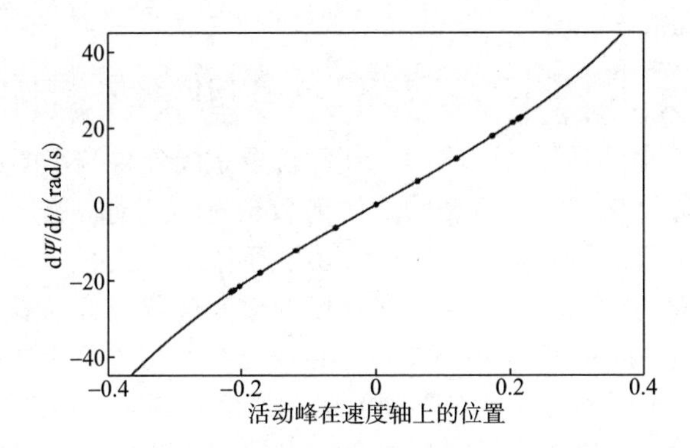

图 5.10　斑图的流动速度取决于活动峰在速度维度的位置

为了在环境中产生稳定的放电野，网络需要精确地整合运动速度，因此需要保证斑图的流动速度与动物的运动速度成正比：

$$\frac{S}{V}=\frac{\frac{2\pi}{k}}{\dot{\Psi}(u)} \tag{5.15}$$

式中，V 是动物的运动速度；u 是活动峰在速度维度中期望的位置；S 是比例系数，决定栅格的位置野的间距。式(5.15)的含义为当动物以速度V 运动时，穿过两个位置野之间的距离所需的时间与神经流形上斑图以$\dot{\Psi}(u)$的速度流动一个周期的时间相等。

给定运动速度V，斑图在速度维度的位置为

$$u(V)=\frac{1}{k}\arctan\left(\frac{2\pi\tau V}{S}\right) \tag{5.16}$$

函数$u(V)$给出了当运动速度为V 时，外界的速度输入需要选择激活神经元的速度下标。因此，网络接收的输入由均匀的输入替换为速度输入：

$$I_v^{\text{GRID}}(v|V)=I\left[1-\epsilon+\epsilon\exp\left(-\frac{\left(v-u(V)\right)^2}{2\sigma^2}\right)\right]$$

式中，$\epsilon=0.8$是速度调制的强度；$\sigma=0.1$是速度调制的宽度；I 是输入的幅值。函数$I_v^{\text{GRID}}(v|V)$可以通过一个神经网络来实现，假定这个网络在动物的发育过程中形成。

先模拟网络在 2m 长的一维环境中的路径整合。动物在环境中来回做随机游走，不能超过环境的边界。运动速率不超过 1m/s。图 5.11(a)显示了仿真过程中一

分钟的轨迹片段。受网络输入的影响，网络斑图的大小和斜度均比均匀输入时小［图 5.11(b)］。在速度输入的作用下，活动峰的中心会沿速度维度移动到期望的位置，从而使斑图的流动速度与动物的运动速度保持稳定的线性关系［图 5.11(c)］。这个线性比例为 $\frac{2\pi}{kS}$ ［式(5.15)］。动物在环境中的位置可以根据斑图的相位历史来估计。动物的真实位置和从网络中估计的位置之间保持较小的误差，表明网络能进行精确的路径整合［图 5.11(d)］。仿真 20min 的运动轨迹后，网络中的神经元在环境中显示出稳定的放电野，图 5.11(e)显示了三个具有代表性的神经元在位置和速度联合空间的放电图。神经元在环境的空间位置上具有多个等间距排布的放电野，放电野之间的距离是 30cm，这是由网络的参数 S 决定的。对于神经元在速度维度的下标，不同的神经元对不同的运动速度有响应。图 5.11(e) 中上面两个神经元只有在动物沿一个方向运动时被激活，这是因为它们偏好不同方向的高速运动。图 5.11(e) 中最下面神经元的放电没有表现出方向选择性，这是由于它的速度下标位于速度维度的零点，因此在两个运动方向上都被激活。

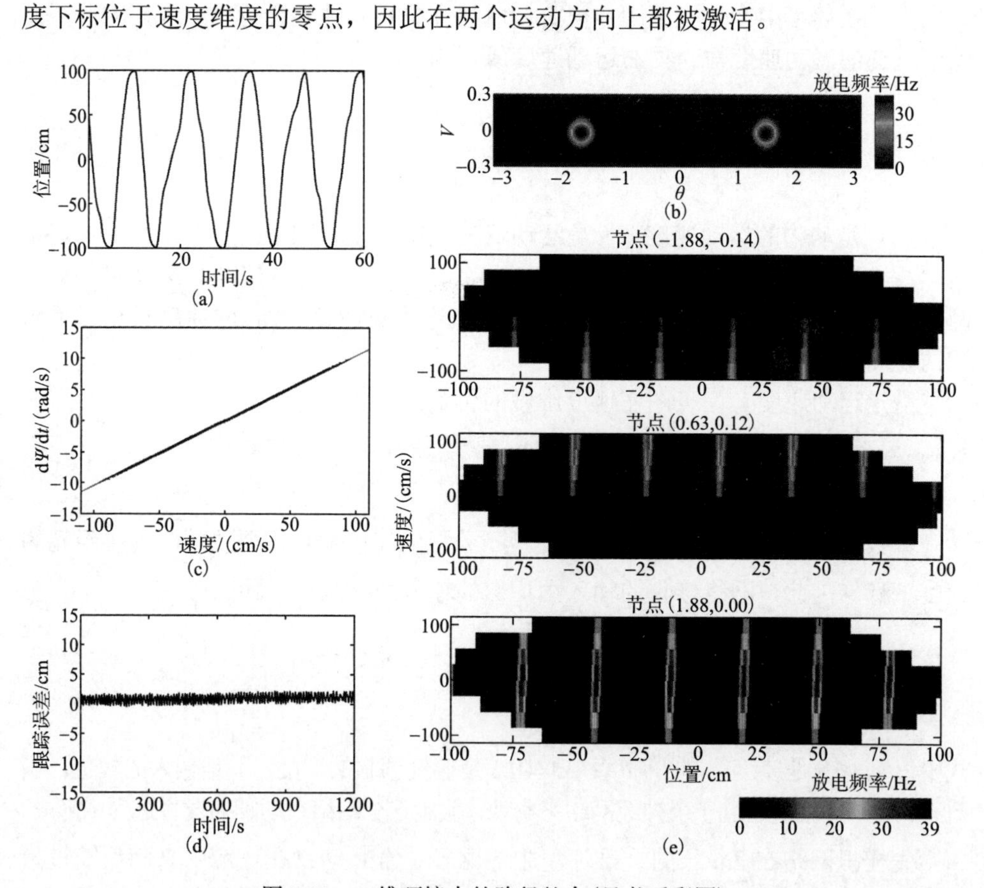

图 5.11　一维环境中的路径整合(见书后彩图)

位置野的中心朝行进方向倾斜［图 5.11(e)］，这是由于网络中的活动峰具有斜度(γ 非零)。当活动峰位于神经元的右上或左下时，神经元也将处于激活状态。图 5.11(e)中放电野的倾斜程度较低，这是由于网络中活动峰的倾斜度较小的缘故。如果减小速度输入调制(较小的ϵ)，则活动峰的形状与均匀输入时的斑图更加相似，从而使得放电野的“倾斜效果”更强。具有方向选择性的联合栅格细胞的放电频率小于没有方向选择性的纯栅格细胞［图 5.11(e)］。

大脑神经环路的连接可能不规则而且不精确。模型中斑图的流动速度对连接矩阵的扰动保持稳健性。连接矩阵中添加从高斯分布采样的随机噪声，高斯分布的均值为零，标准方差等于原始权重范围的 2%或 10%(即当 $J_k=250$ 时，对应的权重范围为 500，添加的随机噪声的标准方差为 10 或 50)。添加高斯噪声扰动后，斑图的流动速度和动物的运动速度分布在一条通过原点的直线上，表明斑图的流动速度总体上仍与运动速度保持线性比例关系，表现出细微的波动［图 5.12(a)、(c)］。

在两种不同强度的高斯噪声扰动下，神经元仍形成稳定的放电野［图 5.12(b)、(d)］。跟踪误差相对于间距最高约 16%($S=30\,\text{cm}$)。对于 10%的扰动，跟踪误差表现出较大的波动［图 5.12(e)］。为了量化地评估网络的路径整合性能，使用八组不同的随机数序列，对网络做八次独立的仿真，用平均漂移(即绝对跟踪误差)来度量。在高斯扰动噪声强度为 10%的情况下，网络能够维持大约 5min 的路径整合，使漂移不超过栅格间距的一半［图 5.12(f)］。对于较小的扰动，网络可以进行更长时间的路径整合。

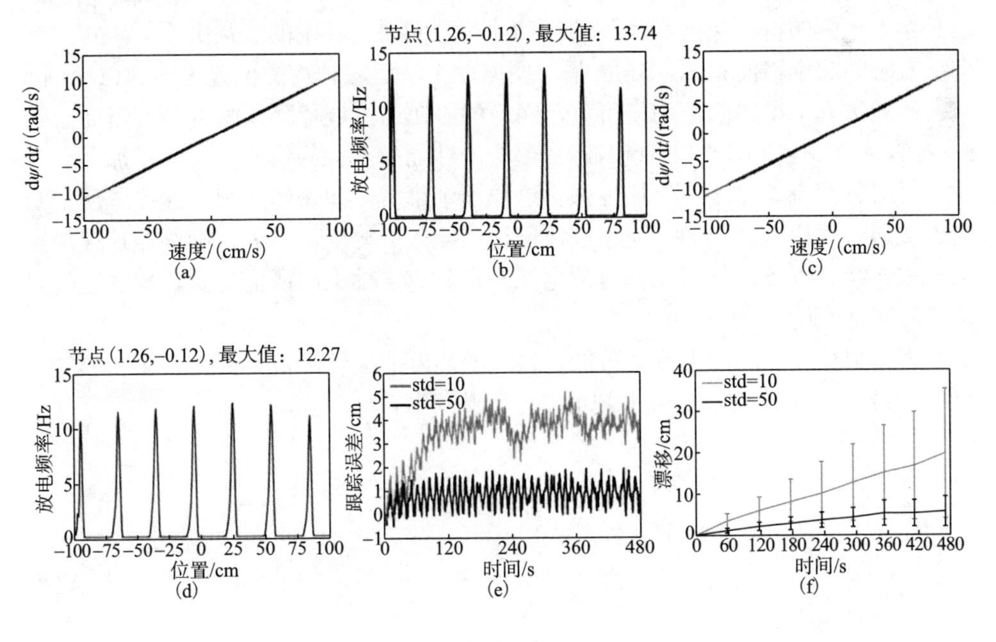

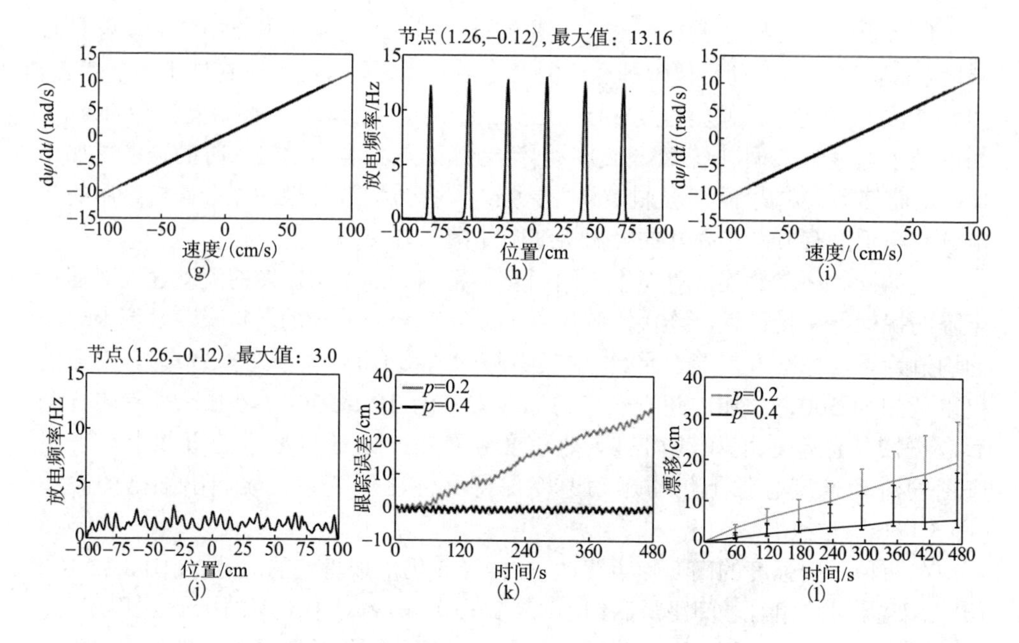

图 5.12　模型对连接矩阵的扰动具有稳健性

进一步，将连接矩阵中 20%或 40%的元素随机设置为零来稀释连接矩阵。斑图的流动速度相对于动物的运动速度大约呈线性变化[图 5.12(g)、(i)]。对于 20%的稀释，网络中的神经元会形成清晰的放电野［图 5.12(h)］，并且网络的跟踪误差很小。但是，稀释 40%后，神经元在环境中失去清晰的放电野［图 5.12(j)］。这是由于斑图的流动速度和动物的运动速度之间缺乏精确的线性关系，跟踪误差会随着时间的推移而累积。3min 后，网络就无法追踪动物的位置［图 5.12(k)］。从八次独仿真中得出的平均值可见，网络能够在连接被稀释 40%的情况下完成约 5min 的路径整合［图 5.12(j)］。路径整合的性能随着稀释量的减少而增加。

网络斑图流动速度的鲁棒性来自这样一个事实，即斑图的流动速度本质上是由连接的不对称性决定的，而不取决于运动输入的幅度。此外，网络在速度维度上形成连续吸引子，从而允许将放电峰固定到速度轴上的所需位置，使放电峰以期望的速度流动。

大脑中神经元的放电频率可能是输入的高度非线性函数。因此在更一般的情况下，式(5.2)中的激活函数由阈值 S 型函数代替：

$$f(x)=H(x)\left[\frac{2}{1+\exp(-\mu x)}-1\right]$$

式中，$H(x)$是阶跃函数；μ 是激活函数的增益。神经元的最大放电频率归一化为

1。在这种一般的情况下，求解斑图的流动速度与放电峰中心在速度轴上的位置之间的映射关系比较困难。一种可行的办法是建立运动编码神经元到栅格细胞的神经网络来实现这个映射。为简单起见，使用查找表代替这个映射。该查找表把运动速度区间［–100cm/s,100cm/s］划分为 201 个等宽的小区间。通过仿真计算斑图的流动速度，发现与活动峰的中心在神经流形中速度轴上的位置符合式(5.14)给出的关系，并且与增益参数 μ 无关。根据这个关系建立从运动速度区间中心映射到活动峰中心位置的查找表。为了补偿放电频率归一化的影响，将连接的强度扩大 20 倍，以便活动峰的大小类似于线性情况［$J_k = 5000$，$J_0 = 5200$，图 5.13(a)］。在使用非线性激活函数的网络中，用查找表代替 $u(V)$ 为网络提供分辨率有限的速度输入。在 20min 探索环境的模拟过程中，网络中的神经元形成稳定的栅格状放电野［图 5.13(b)］。这表明，即使在放电频率非线性地依赖网络输入、网络接收速度输入的分辨率有限的情况下，网络也能够执行精确的路径整合。

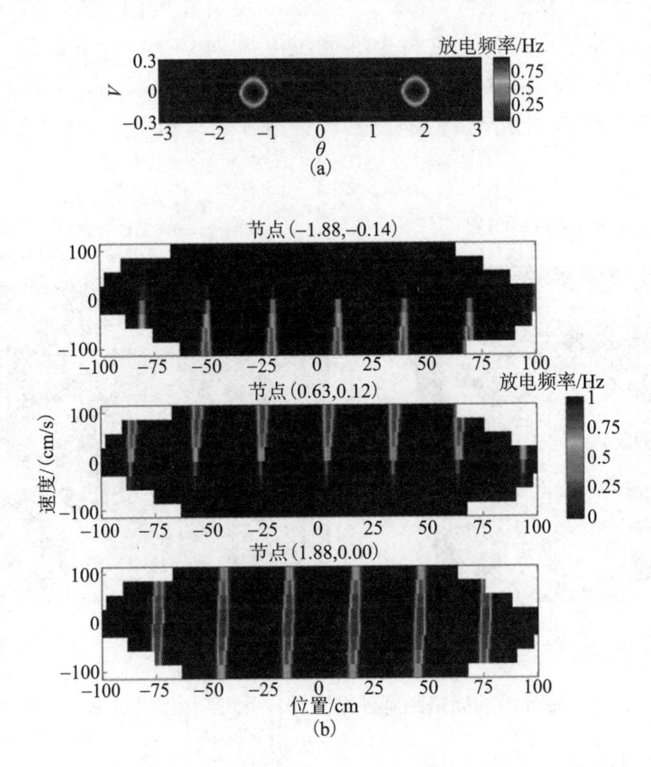

图 5.13　网络对输入分辨率和非线性放电的稳健性(见书后彩图)

为了在二维环境中进行路径整合，需要扩展模型的神经流形，以表示物理空间每个维度中的位置和速度。神经流形的神经元由坐标$(\boldsymbol{\theta}, \boldsymbol{v})$表示。$\boldsymbol{\theta} = (\theta_x,\ \theta_y)$ 和

$\boldsymbol{v}=\left(v_x,v_y\right)$共同表示二维环境中位置和速度的四维空间。为了数学上的方便，假定$\boldsymbol{\theta}$具有周期性边界条件，即$\theta_x,\theta_y\in\left[-\pi,\pi\right)$。$v_x$和$v_y$的范围是$\left[-L_t,L_t\right]$，其中$L_t$为速度下标的最大值。神经元之间的耦合函数也相应地从一维情况扩展为

$$J(\boldsymbol{\theta},\boldsymbol{v}\,|\,\boldsymbol{\theta}',\boldsymbol{v}')=J_0+J_k\cos\left(k\sqrt{\sum_{j\in\{x,y\}}|\,\theta_j-\theta_j{}'-v_j{}'|^2}\right)\cos\left(\lambda\sqrt{\sum_{j\in\{x,y\}}\left(v_j-v_j{}'\right)^2}\right)\quad(5.17)$$

式中，$|d|$是圆上的距离：

$$d=\operatorname{mod}\left(d+\pi,2\pi\right)-\pi$$

其中，$\operatorname{mod}(x,y)\in\left[0,y\right)$是对实数$x$取模$y$的运算。

从式(5.17)可以看出，第一个余弦项中突触前神经元的速度标签$v_i{}'$在位置轴上将非对称性引入了权重矩阵。第二个余弦项负责速度选择性。模型中神经元在速度维度和位置维度均匀排列，每个速度维度排列 9 个神经元，每个位置维度排列 25 个神经元，这样总共有 50625 个神经元。图 5.14 显示了神经流形中位于$(0,0,0.15,0)$的示例神经元与神经流形中上具有速度标签$(0.23,0.23)$的神经元之间的连接矩阵。

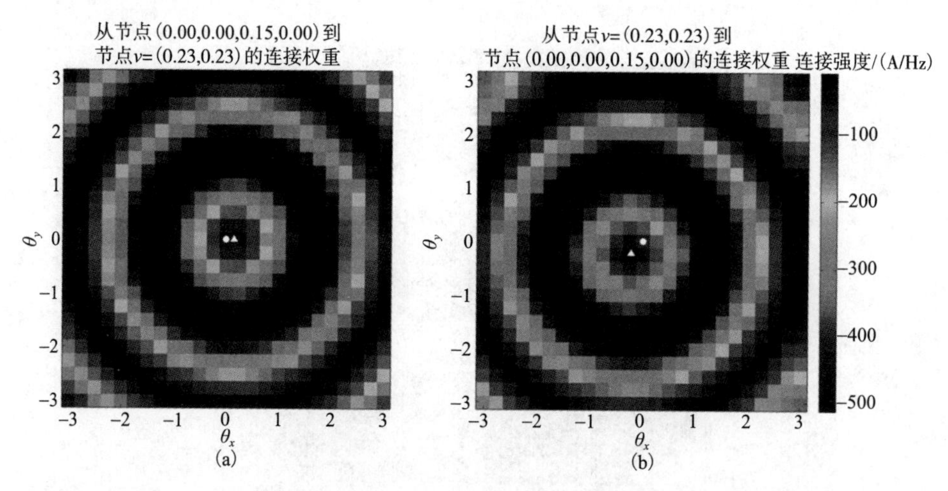

图 5.14　二维环境的栅格细胞模型中神经元的耦合函数(见书后彩图)

网络的速度输入由下式给出：

$$I_v^{\mathrm{GRID}}\left(\boldsymbol{v}|\boldsymbol{V}\right)=I\left[1-\epsilon+\epsilon\exp\left(-\frac{\sum_{i\in\{x,y\}}\left(v_i-u\left(V_i\right)\right)^2}{2\sigma^2}\right)\right]\quad(5.18)$$

式中，V_i是动物在二维环境中 x 或 y 方向上速度矢量的分量。在式(5.16)中定义的$u(V_i)$给出了活动峰在神经流形中相应速度维度上位置。$\epsilon=0.8$和$\sigma=0.1$是速度调制的强度和宽度。每个速度分量都以相同的方式映射到神经流形上，并且神经流形上速度维度的方向不必平行于物理环境中坐标轴的方向，它们只需要保持固定的夹角。

在 1m×1m 的正方形环境中模拟动物探索环境过程中的随机行走。动物沿 x 和 y 方向上的运动速度在[−100cm/s，100cm/s]的范围内独立变化。由于很难在四维神经流形中可视化神经元的放电活动，因此图 5.15 仅显示了具有相同速度标签$v_y=0$的切片上神经元的放电。每个切片上神经元的群体放电具有相同的三角栅格结构。在每个具有被激活的神经元的切片中，活动峰的数量为四个，这是因为网络在神经流形的每个位置轴上恰好容纳两个活动峰。网络的放电集中在神经流形上速度维度中所需要位置上，并且由于速度输入和耦合函数的调制，网络的放电强度向速度维度的两侧方向下降。这种平滑的速度调制起到插值的作用，弥补神经流形上速度表征的稀疏性。网络因此能够根据活动峰在速度维度上的位置产生以各种速度流动的斑图。

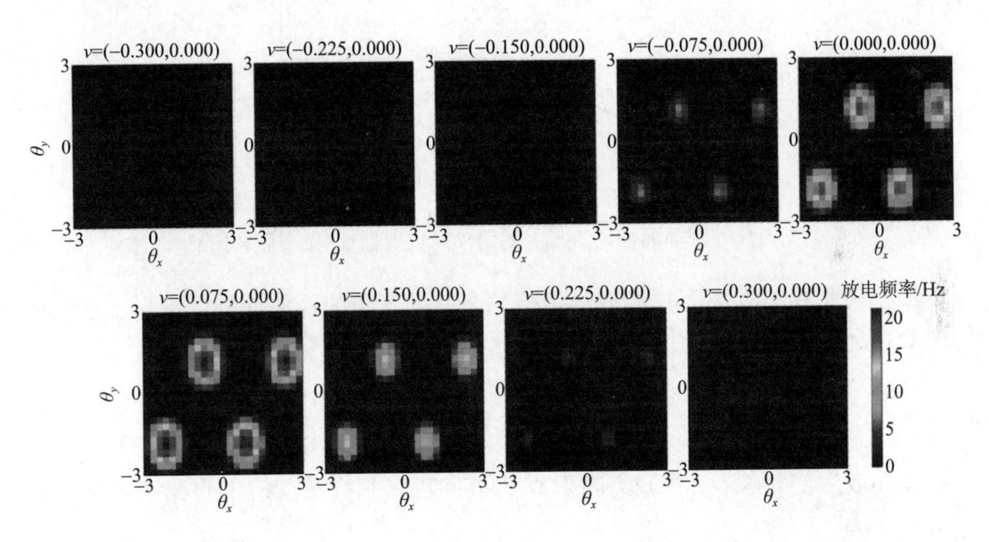

图 5.15　网络$v_y=0$处神经流形的子空间的放电斑图(节点的放电频率用热图表示)(见书后彩图)

神经流形上活动峰的中心编码了空间位置与平动速度。我们引入傅里叶变换来估计四维神经空间上活动峰的中心，定义三个投影坐标轴，分别是$\boldsymbol{e}_1=[0,1]^{\mathrm{T}}$，$\boldsymbol{e}_2=[\sin\alpha,-\cos\alpha]^{\mathrm{T}}$，$\boldsymbol{e}_3=[-\sin\alpha,-\cos\alpha]^{\mathrm{T}}$(图 5.16)。图 5.16 中，展开的环面神经空间(θ_x,θ_y)如黑色边框所示，通过傅里叶变换映射到$\boldsymbol{e}_1$和$\boldsymbol{e}_2$轴上。环面上活动

峰的中心(红色的点)在每一个投影轴上以相位的方式进行编码。根据三角关系，活动峰在圆环面神经流形上的位置可以通过在投影轴上的相位进行恢复。α 是第二个投影轴的法方向。环面的展开面是正方形，$\alpha = \arctan 2$。栅格斑图在各投影方向的波长为 $l_1 = 1$，$l_2 = l_3 = \sin\alpha$。斑图投影到各投影轴上的相位为

$$\psi_j = \frac{\angle\left(\iint D\boldsymbol{\theta} D\boldsymbol{v} m(\boldsymbol{\theta},\boldsymbol{v}) \exp\left(\mathrm{i}k\frac{\boldsymbol{\theta}^{\mathrm{T}}\boldsymbol{e}_j}{l_j}\right)\right)}{k}$$

式中，i 为虚数单位；函数 $\angle(Z)$ 计算复数 Z 的角度。

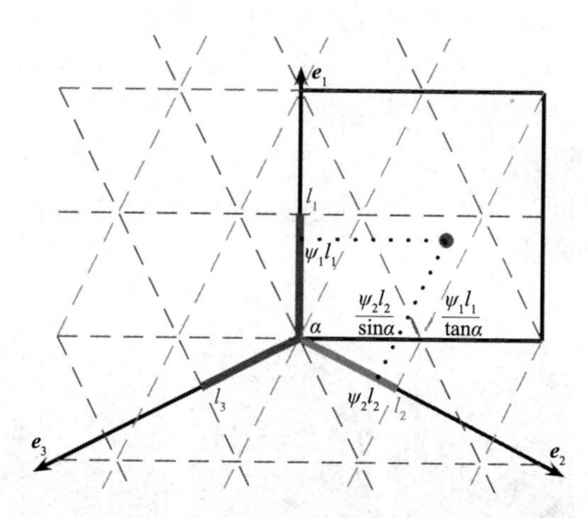

图 5.16　圆环面神经流形上的活动峰位置估计(见书后彩图)

根据投影轴与圆环面神经流形坐标轴之间的三角关系估计神经流形上活动峰的中心在环面上的空间相位。在 θ_y 维度，活动峰中心的空间相位为

$$\widehat{\theta_y} = \psi_1 l_1$$

将缩放后的相位 $\psi_1 l_1$ 和 $\psi_2 l_2$ 映射到 θ_x 方向，得到峰活动的中心在 θ_x 方向上的空间相位为

$$\widehat{\theta_x} = \frac{\psi_2 l_2}{\sin\alpha} + \frac{\psi_1 l_1}{\tan\alpha}$$

受到周期性条件的限制，这样得到的空间相位处于范围 $[0, 2\pi/k)$ 内。为了估计机器人在物理环境中的真实位置，可以利用连续时间步的相位进行解缠绕。解缠绕之后，对积累的相位进行缩放，用于估计机器人的位置：

$$\hat{x}(t)=\frac{S}{2\pi/k}\widehat{\theta_x}(t)$$

$$\hat{y}(t)=\frac{S}{2\pi/k}\widehat{\theta_y}(t)$$

式中，$\widehat{\theta_x}(t)$和$\widehat{\theta_y}(t)$是经过解缠绕之后的积累相位；$\frac{S}{2\pi/k}$是尺度缩放因子，由运动速度和斑图流动速度之间的比例系数决定。

为了估计活动峰在速度维度的位置，对神经元的放电频率做傅里叶变换：

$$\phi_j=\frac{\angle\left(\iint D\boldsymbol{\theta}D\boldsymbol{v}m(\boldsymbol{\theta},\boldsymbol{v})\exp\left(\mathrm{i}\lambda v_j\right)\right)}{\lambda}$$

用缩放后的角度$\phi_j\in(-L_t,L_t)$表示活动峰在v_j轴上的位置$j\in\{x,y\}$。

在模拟的 20min 探索过程中，网络中各个神经元的空间放电图显示出具有相同间距和方向但空间相位可变的栅格模式(图 5.17 中第一列)。另外，远离神经流形上速度轴原点的神经元在头部方向上表现出调制［图 5.17(a)、(b)中第二列］，类似于从内嗅皮层的第三到第六层观察到的联合栅格细胞。图中显示的示例神经元的速度放电图分别证明了它们对向西和向东北方向快速移动的偏爱［图 5.17(a)、(b)中第三列］。作为比较，位于速度轴上靠近原点的神经元会生成与运动方向无关的位置野［图 5.17(c)］。

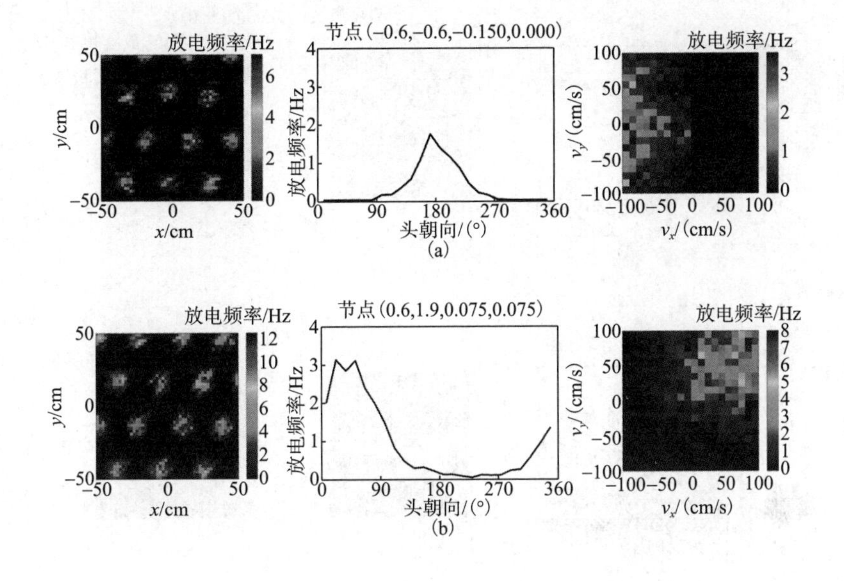

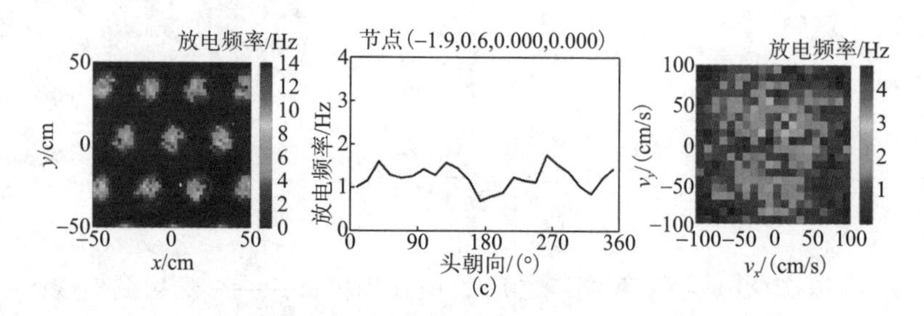

图 5.17　联合编码的栅格细胞节点对二维环境中的位置、运动方向和速度的放电选择性(见书后彩图)

为了测试二维环境中路径整合的鲁棒性，我们对神经元的连接矩阵添加随机扰动。图 5.18(a)显示了把服从高斯分布的随机噪声添加到网络连接矩阵之后的模拟，该高斯分布的平均值为零，标准方差相对于权重的范围为 10%。从网络状态重建动物的位置，与动物在环境中的实际位置之间的距离代表了路径整合的漂移误差。网络中的神经元在环境中显示栅格状的放电模式［图 5.18(a)］。网络能够在 3min 内均保持漂移小于栅格间距的一半以内。大约 6min 后，漂移误差累积超过栅格的间距，放电野周期性的晶格结构也开始变得松散［图 5.18(a)］。图 5.18(b)所示的仿真中删除了 20%的连接。在整个仿真过程中，路径整合的漂移不超过栅格间距的一半，并且网络中神经元的放电野是稳定的。对于 10%的高斯噪声扰动或连接的 20%的随机稀释，网络能够在二维环境中维持约 2min 的路径整合［图 5.18(c)、(d)］。

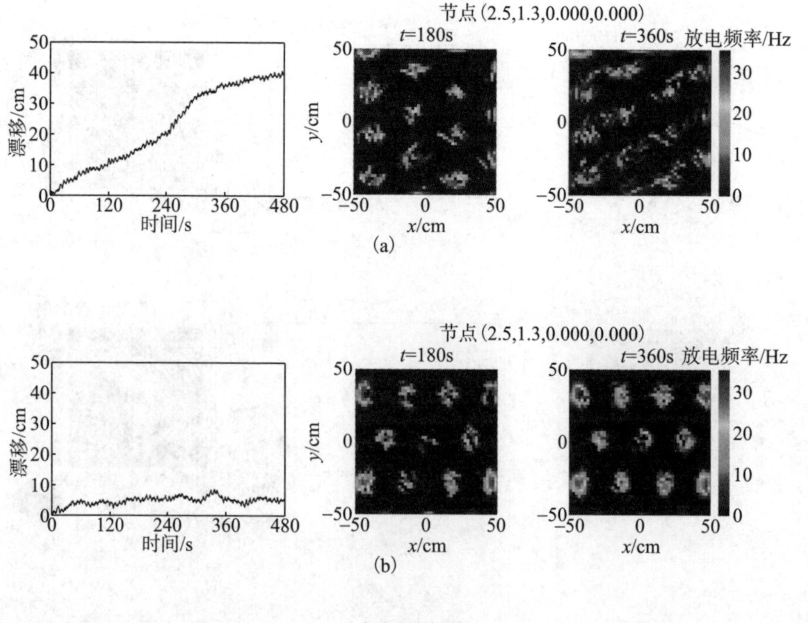

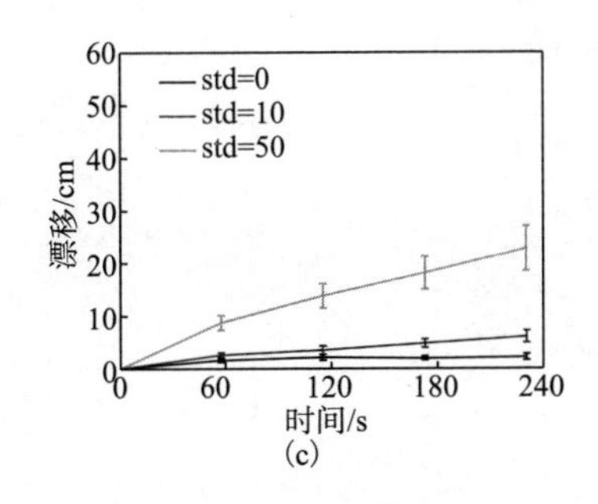

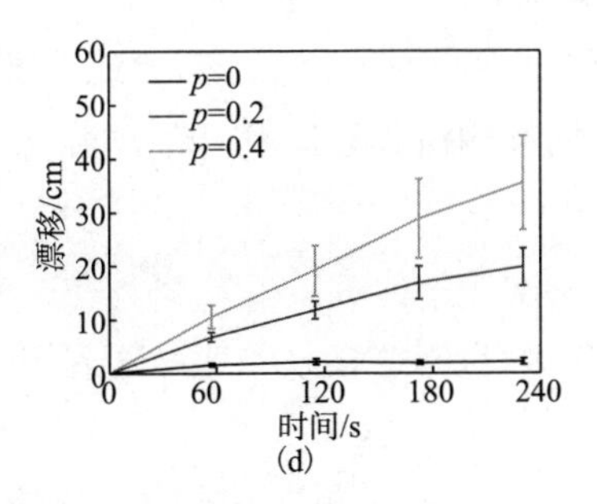

图 5.18　栅格细胞网络在二维环境中的稳健性(见书后彩图)

5.4.4　头朝向和角速度联合编码的头朝向细胞模型

利用位置和速度联合编码的栅格细胞模型的相同机制，建立头朝向和角速度联合编码的头朝向细胞模型，联合编码头的朝向与旋转速度。模型整合角速度信息，形成头方向的编码。

在头朝向-角速度细胞模型中，每一个神经元由坐标(θ,v)表示。$\theta\in[0,2\pi)$是头朝向在神经流形上的内部编码，θ具有周期性边界条件。$v\in[-L_r,L_r]$为编码环境中运动的角速度信息，其中L_r为角速度下标的最大值。θ和v在神经流形上都是无量纲的量，分别编码头的朝向和角速度。神经元之间的耦合函数维持一个单独的活动峰。突触前神经元(θ',v')到突触后神经元(θ,v)的连接强度描述为

$$J(\theta,v|\theta',v')=J_0+J_1\cos(\theta-\theta'-v')\cos(\lambda(v-v'))$$

式中，$J_0<0$，为神经元之间的抑制强度；$J_1>0$，为神经元之间的兴奋性连接强度；λ为神经元的连接在角速度方向的交互宽度。具有下标θ'的突触前神经元向突触后神经元投射最强的连接位于$\theta'+v'$处，而不是与突触前神经元相同的位置θ'处。这种不对称的连接使得吸引子网络能够产生自发移动的斑图。

在神经流形上位于坐标(θ,v)处的神经元的发放率$m(\theta,v)$由微分方程描述为

$$\tau\dot{m}(\theta,v)=-m(\theta,v)+f\left(\iint D\theta Dv J(\theta,v|\theta',v')m(\theta',v')+I_v^{\mathrm{HD}}+I_{\mathrm{view}}^{\mathrm{HD}}\right)\quad(5.19)$$

式中，I_v^{HD}和$I_{\mathrm{view}}^{\mathrm{HD}}$分别是速度的调制输入和来自局部视图细胞的校准电流；τ为时间常量。在这里使用了速记符号$\int D\theta=\frac{1}{2\pi}\int_0^{2\pi}\mathrm{d}\theta$和$\int Dv=\frac{1}{2L_r}\int_{-L_r}^{L_r}\mathrm{d}v$。$L_r$应该选择足够大，保证网络能够编码所有可能的角速度。

为了对角速度进行整合，头朝向细胞网络应该激活在神经流形中速度维度上处于合适位置的神经元。给定任意的角速度ω，活动峰在v维度上期望的位置为

$$u(\omega)=\arctan(\tau\omega)$$

这是从活动峰的流动速度 $\dot{\psi}$ 和活动峰在角速度维度上的位置之间的关系得到的：

$$\omega=\dot{\psi}=\frac{\tan v}{\tau}$$

头朝向细胞网络接收的速度输入用一个高斯函数进行调制：

$$I_v^{\mathrm{HD}}(v|\omega)=I_r\left[1-\epsilon_r+\epsilon_r\exp\left(-\frac{\left(v-u(\omega)\right)^2}{2\sigma_r^2}\right)\right]$$

式中，I_r 是角速度输入的幅值；ϵ_r 是角速度调制的强度；σ_r 是角速度调制的宽度。

θ 和 v 维度上的活动峰的中心分别编码了头的方向与角速度。网络编码的头朝向与角速度根据如下傅里叶变换进行估计：

$$\psi=\angle\left(\iint m(\theta,v)\exp(\mathrm{i}\theta)D\theta Dv\right)$$

$$\phi=\frac{\angle\left(\iint m(\theta,v)\exp(\mathrm{i}\lambda v)D\theta Dv\right)}{\lambda}$$

式中，i 是虚数单位；$\psi\in[0,2\pi)$，表示在神经流形中头方向上估计的相位，对应于动物在环境中头的朝向；$\phi\in[-L_r,L_r]$，表示在神经流形中速度轴上的活动峰的位置估计。

5.4.5 基于空间认知机制的机器人导航系统

尽管已有大量的计算模型对栅格细胞进行研究揭示运动和感知信息的空间编码，但是目前很少有机器人导航系统能够利用动物的空间认知机制。RatSLAM 所提出的位姿细胞(pose cell)能够帮助机器人在大尺度环境中完成长期的导航相关任务，但其模型没有考虑栅格细胞的编码特性和神经网络的动力学特性，缺乏生物相似性。有些机器人导航系统使用栅格细胞模型完成路径整合，编码机器人的位置[108,117,118]，但大都采用已有的位于内嗅皮层第二层的纯位置编码栅格细胞模型[116]，在数米范围内的室内环境进行测试。

哺乳动物能够在大规模非结构化环境中进行导航。如何利用神经编码机制表征所探索的环境，探究头朝向细胞和栅格细胞构成的神经环路产生空间认知的原理是一个核心科学问题。有必要尝试利用哺乳动物空间认知神经环路的结构和计算机制，模拟空间认知环路中神经元对空间位置信息和运动信息的联合编码方式，研究其神经动力学及移动机器人的认知地图构建模型。

基于空间认知机制可以构建机器人类脑导航模型(图 5.19)。角速度更新头朝向-角速度细胞网络，编码角速度和头朝向。栅格-速度细胞网络接收头朝向细胞和速度的输入，形成位置编码，实现机器人的位置跟踪。利用局部视图细胞对跟踪误差进行矫正，通过解码栅格细胞网络的斑图构建环境的认知地图。图 5.19 中栅格细胞网络与头朝向细胞网络的状态通过热图的方式呈现，红色表示较强的发放活动，蓝色表示无发放的静息状态。联合编码头朝向细胞网络和联合编码栅格细胞网络都采用连续吸引子网络进行建模，并采用相同的计算机制。

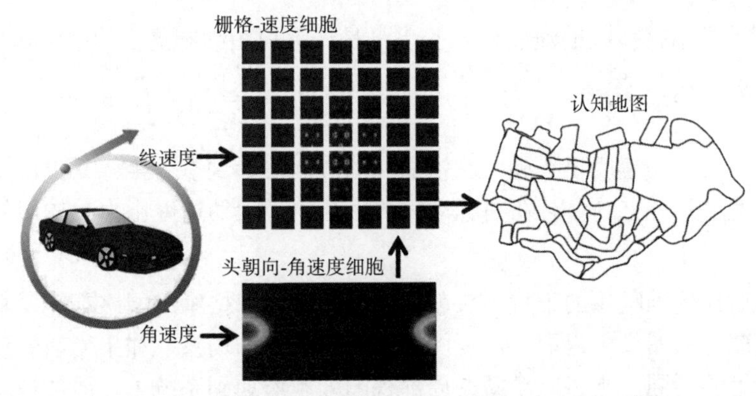

图 5.19　基于空间认知机制的机器人导航系统(见书后彩图)

头朝向细胞形成编码头朝向和角速度的神经流形。网络的活动峰在头朝向维度的相位表示机器人在物理环境中头所朝的方向，活动峰在角速度维度的位置表示机器人旋转的角速度。头朝向细胞网络联合地编码了动物的头朝向和角速度。由于不对称的循环连接和神经动力学，固有的旋转斑图会自发地出现在网络中。外界输入的角速度信息会激活网络中编码相应旋转的神经元，使活动峰以与机器人相同的角速度旋转，从而跟踪机器人的头方向。联合编码栅格细胞构成二维环境中的位置和运动速度的神经流形。网络的活动峰在位置维度的坐标表示机器人在物理环境中的位置取模运算后的相位，活动峰在速度维度的坐标表示机器人移动的速度。联合编码栅格细胞模型同时编码了动物在二维环境中的位置和移动。头朝向细胞的输入和速度输入激活联合编码栅格细胞网络中编码相应移动速度的一部分神经元，网络中的周期性三角形斑图在神经动力学的作用下以与动物运动成比例的速度进行流动。头朝向细胞和栅格细胞通过群体编码共同表征了机器人在物理环境的头朝向和位置。与此同时，联合栅格细胞和联合头朝向细胞与局部视图细胞建立关联，当遇到熟悉的场景时，联合栅格细胞和联合头朝向细胞接收局部视图细胞的输入，为网络提供锚定线索，使发放模式稳定地锚定在环境中。认知地图构建模型能在长达 66km 的城市道路上完成自定位和地图构建。认知地图构建模型获取单摄像头的视觉信息，尽管环境中的光线和地形不断发生变化，模型仍能在大规模环境中表现出稳定、鲁棒的性能，构建连贯一致的认知地图。

模型中的头朝向-角速度联合编码的头朝向细胞和栅格-速度联合编码的栅格细胞对应于哺乳动物大脑中内嗅皮层的第三、第五、第六层。局部视图细胞对应于压后皮层(retrosplenial cortex)，模拟视觉对内嗅皮层提供的输入。认知地图则位于海马体之中。

栅格-速度联合编码的神经元放电频率的动力学方程为

$$\tau\dot{m}(\boldsymbol{\theta},\boldsymbol{v}) = -m(\boldsymbol{\theta},\boldsymbol{v}) + f\left(D\boldsymbol{\theta}D\boldsymbol{v}J(\boldsymbol{\theta},\boldsymbol{v}|\boldsymbol{\theta}',\boldsymbol{v}')m(\boldsymbol{\theta}',\boldsymbol{v}') + I_v^{\mathrm{GRID}} + I_{\mathrm{view}}^{\mathrm{GRID}}\right)$$

式中，I_v^{GRID} 是网络接收的速度输入；$I_{\mathrm{view}}^{\mathrm{GRID}}$ 是局部视图细胞提供的视觉输入。在这里使用了简写形式 $\int D\boldsymbol{\theta} = \frac{1}{4\pi^2}\int_0^{2\pi}\int_0^{2\pi}\mathrm{d}\theta_x\mathrm{d}\theta_y$ 和 $\int D\boldsymbol{v} = \frac{1}{4L_t^2}\int_{-L_t}^{L_t}\int_{-L_t}^{L_t}\mathrm{d}v_x\mathrm{d}v_y$ 。

机器人的运动速度沿头朝向网络估计的方向投影到参考坐标系中，得到机器人的平动速度 $V = (V_x, V_y)$。在哺乳动物的大脑中，运动速度由内嗅皮层的速度细胞编码。

运动估计受到噪声的干扰，头朝向细胞网络和栅格细胞网络都需要来自视觉信息的校准。从图像中提取局部视图模板编码当前的场景，如果当前的视图与之前的视图足够不同，则将一个新的局部视图细胞添加到系统中。局部视图细胞包含的信息有视图模板、估计的头方向 ψ 、估计的位置 $\left(\widehat{\theta_x},\widehat{\theta_y}\right)$ 和相位 $\hat{\boldsymbol{\theta}}$ 。如果机器人回到之前访问的位置，相似的视图重新出现，相应的局部视图细胞被激活，把视觉信息注入空间记忆网络中。局部视图细胞注入头朝向细胞网络的电流为

$$I_{\mathrm{view}}^{\mathrm{HD}}(\theta) = I_d \exp\left(-\frac{\|\theta-\psi\|^2}{2\sigma_d^2}\right)$$

式中，I_d 为注入电流的幅值；ψ 为视图模板所关联的相位；σ_d 为局部视图细胞输入的调制宽度。

对于栅格细胞网络，来自局部视图细胞的输入电流为

$$I_{\mathrm{view}}^{\mathrm{GRID}}(\boldsymbol{\theta}) = I_p\left(\frac{1}{3}\sum_{j=1}^{3}\cos\left(k\frac{\left(\boldsymbol{\theta}-\hat{\boldsymbol{\theta}}\right)^{\mathrm{T}}\boldsymbol{e}_j}{l_j}\right)+C\right)$$

式中，I_p 为注入电流的幅值；C 为一个常量，用于调节输入电流的基准值；$\hat{\boldsymbol{\theta}}$ 为局部视图细胞所关联的相位。其余参数与图 5.16 中定义的一致。需要注意的是，注入的电流与 $\boldsymbol{\theta}$ 有关。

头朝向-角速度细胞均匀地排列在长方形的二维神经流形上，两个维度分别为头朝向和转动角速度，头朝向维度的神经元数量为 51 个，转动角速度维度上的神经元数量为 25 个。总共有 1275 个头朝向-角速度细胞。为了编码机器人的最大转

动角速度，L_r 的值设定为 0.0095。

栅格-速度细胞均匀地排列在一个四维的神经流形上，其中包括两个位置维度和两个移动速度维度。每个位置维度上有 15 个神经元，每个速度维度上的神经元数量为 7 个，这样网络中总共有 11025 个神经元。为了编码机器人的最大平移速度，L_t 的值设定为 0.3。模型所使用的重要参数如表 5.1 所示。

表 5.1 模型的参数列表

参数	数值	参数	数值
J_0	–60	L_t	0.3
J_1	50	S	4
λ	0.8	I_t	60
L_r	0.0095	σ_t	0.1
I_r	50	I_d	60
ϵ	0.8	σ_d	2.19
σ_r	0.012	I_p	200
J_k	50	C	0.5
k	2		

利用栅格-速度细胞网络的空间编码，可以构建环境的认知地图。认知地图采用经验制图编码的形式，它是一个由顶点和连边构成的拓扑地图，图中的每个顶点存储其代表的空间位置、头方向和由视觉信息提供的空间位置变换关系。当机器人回到熟悉的位置，通过图松弛算法[119]对闭环时的拓扑地图进行优化[102]，从而在整体上减小顶点的位置误差。

认知地图构建系统在 Ubuntu 14.04 操作系统上的机器人操作系统（robot operating system, ROS）Indigo 环境中采用 C++编程语言开发。整个系统分布在五个不同的节点上（图 5.20），视觉处理和经验地图节点采用了文献[103]中的算法。图 5.20 中，传感器/包文件节点提供图像。平动速度和旋转角速度由视觉里程计节点估计。局部视图细胞节点根据当前的局部视图的视觉特征判断是否是熟悉的场景。空间记忆网络节点完成路径整合，并决定是否在地图上创建新的边和顶点。拓扑地图由经验地图节点产生。

视觉里程计节点通过 ROS 接收来自相机或者存储的数据包文件，根据视觉场景的变化估计角速度和平动速度。局部视图细胞节点根据当前局部视图的视觉特征判断场景是新的，还是熟悉的，并为空间记忆网络注入校准电流。空间记忆网络节点包括了头朝向-角速度细胞网络和栅格-速度细胞网络。此节点以 ROS 消息的方式接收来自里程计节点和局部视图细胞节点的输入。头朝向-角速度细胞网络和栅格-速度细胞网络整合速度信息和视觉信息，形成机器人位姿的编码。空间记忆网络节点对是否创建新的顶点和边做出决策，并发送 ROS 消息到经验地图节点。经验地图节点读取联合编码栅格细胞网络的神经编码，并将环境的关键位置作为顶点加入拓扑地图中。顶点存储了来自联合栅格细胞的位置和头朝向细胞的头方向以及之前的顶点。在闭环时，采用拓扑地图的松弛算法，降低由速度估计的误差造成的地图表达中绝对位置的不一致。当联合栅格细胞网络的编码与拓扑地图中前一顶点存储的编码差异足够大时，空间记忆网络将通过经验地图节点创建新的顶点和新的边，并连接到之前的顶点。

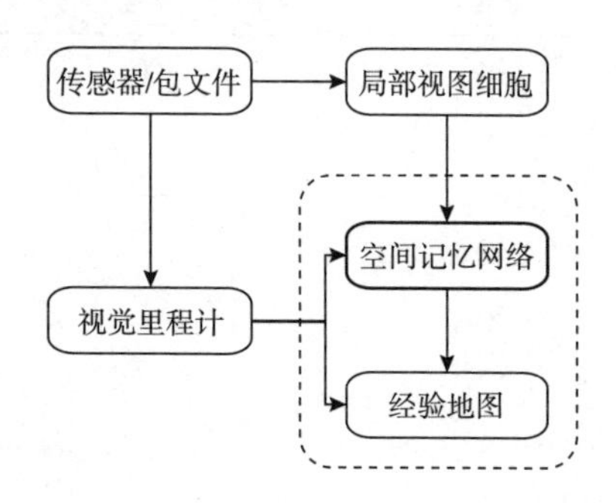

图 5.20　基于空间认知机制的机器人导航系统软件架构

机器人导航系统的实时状态采用 Python 脚本编程进行可视化，实时地显示系统的关键部分，包括头朝向细胞网络和栅格细胞网络的放电状态[图 5.21(a)、(b)]、图像输入和局部视图模板［图 5.21(c)］以及当前的经验地图［图 5.21(d)］。

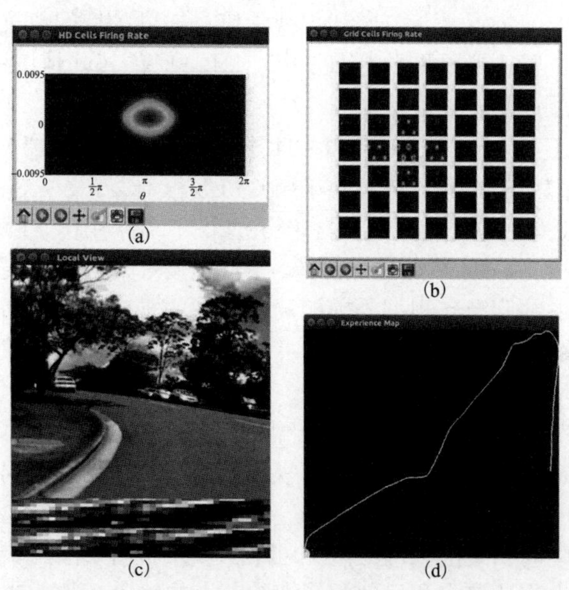

图 5.21　基于空间认知机制的机器人导航系统的运行状态(见书后彩图)

图 5.21(a)中头朝向-速度细胞的神经活动用热图表示，暖色表示神经元发放活动强烈，冷色表示神经元发放活动从弱变化到零；图 5.21(b)为栅格-速度细胞网络的神经活动，图中每一个小方块对应神经流形中编码相同运动速度的神经元，方块的方位对应于运动速度的大小和方向，中间的方块对应于静止状态；图 5.21(c)中机器人的视觉输入(上)，当前场景的视觉特征模板(下)，最匹配的模板(中)；图 5.21(d)为经验地图，显示已经构建的拓扑地图的顶点与边。

Milford 等[102]首次使用圣卢西亚数据集。数据集通过一辆在顶部装有网络摄像头的小轿车在澳大利亚布里斯班市的城郊圣卢西亚区采集。小汽车沿着公路网络行驶［图 5.22(a)］，每个街道至少遍历一次。图 5.22(a)显示圣卢西亚区的主要公路网络。轨迹总长达 66km，以典型时速 60km/h 运行大约 100min。轨迹所覆盖的区域大小为东西 3km，南北 1.6km。街道的场景通过车顶的网络摄像头以 10 帧/s 的速度进行记录，图像分辨率为 640 像素×480 像素，但未记录 GPS 信息。

由于圣卢西亚区的地形多变，并且环境覆盖的区域非常大，使得地图构建具有挑战性。道路网络包括不同大小内转车道 51 个和超过 80 个的交叉口。公路场景从多车道到单车道，地形从平地到陡坡，光线从明亮到灰暗，路况变化丰富［图 5.22(b)］。

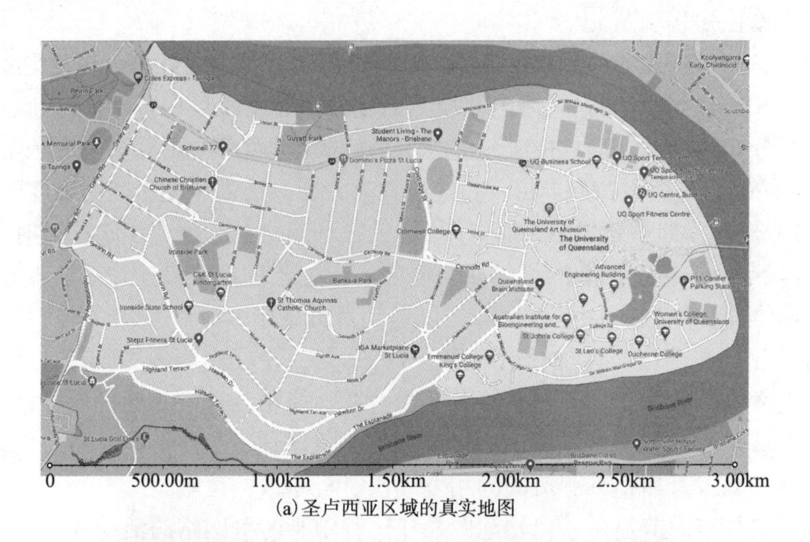

(a)圣卢西亚区域的真实地图

(b)机器人所经历的圣卢西亚区的视觉场景

图 5.22 机器人在圣卢西亚区的复杂环境中进行自定位和认知地图构建

基于空间认知机制的机器人导航系统在圣卢西亚公开数据集上进行了验证。系统在具有 3.4GHz 六核 i7 处理器、64G 内存的计算机上运行，程序采用 OpenMP 进行并行计算。

图 5.23 为认知地图构建过程中空间记忆神经网络中神经元的集群编码。神经元放电频率的大小由颜色编码，由红到蓝表示放电频率从最大变化到零。图 5.23(a)、(b)表示头朝向-角速度细胞在不同时刻的集群编码。活动峰的中心在流形上角速度维度和头方向维度的相位用短箭头标记；图 5.23(c)、(d)表示栅格-速度细胞在不同时刻的集群编码。活动峰的相位在速度维度用长箭头标记，在位置维度由短箭头标记。

图 5.23(a)和(c)展示了在实验开始时，机器人处于静止状态，头朝向-角速度细胞网络和栅格-速度细胞网络中神经元的发放状态。头朝向-角速度细胞网络有一个单峰分布的神经活动。神经流形的水平轴θ表示头朝向，纵轴v表示角速度，v的正半轴表示逆时针旋转。由于角速度此时为零，活动峰处于速度维度的原点。在头方向维度，活动峰的中心编码了机器人在环境中的方向。由于初始时刻平动速度为零，栅格-速度细胞网络的活动峰中心也处于速度维度的原点。栅格-速度细胞在四维的神经流形沿着速度轴v_x和v_y切片分成了 49 个子空间，切片对应的v_x坐标从左到右递增，v_y坐标从下到上递增。每一个子空间内的所有神经元具有相同的速度坐标。每一个子空间的水平轴为θ_x，纵轴为θ_y。被激活的栅格细胞在空间维度保持相同的栅格斑图。栅格斑图的幅值在速度维度上随离中心的距离的增大而逐渐减少。栅格细胞斑图的相位编码了机器人的位置。

图 5.23(b)和(d)显示了认知地图构建过程中某时刻网络的活动状态。头朝向-角速度细胞网络的活动峰中心处于(3.25,0.0017)，意味着此时机器人头方向的角度为 186.21°，机器人正在以 0.69rad/s 的速度逆时针旋转。此时，栅格-速度细胞网络的活动峰在速度轴上位于$v_x=-0.0889$和$v_y=-0.0045$，对应于真实的速度为$V_x=-11.44\mathrm{m/s}$和$V_y=-0.57\mathrm{m/s}$。

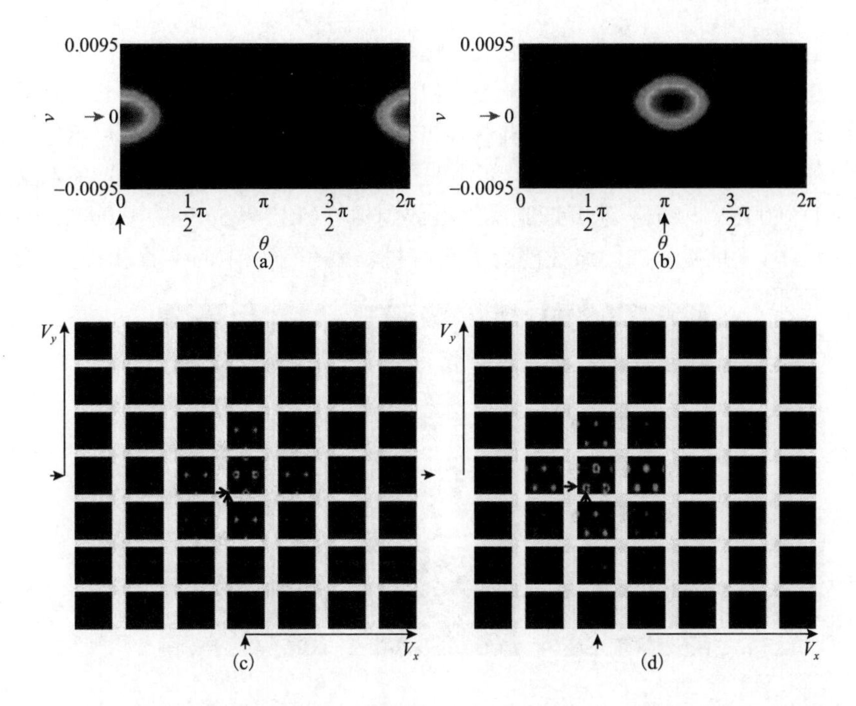

图 5.23　认知地图构建过程中空间记忆神经网络中神经元的集群编码（见书后彩图）

局部视图细胞传入的视觉输入为空间记忆神经网络提供了误差校正机制。视觉信息的误差校正利用了吸引子网络的模式完形机制。图 5.24 展示了栅格-速度细胞网络在模式完形过程中网络斑图的变化。认知地图构建过程中的六个时刻所对应的网络状态和经验地图按时间顺序从左到右、从上到下排列，分别显示对应时刻的头朝向-角速度细胞网络的状态(上)，栅格-速度细胞网络的状态(中)，以及当前的经验地图(下)。机器人首次经过环境中某处时，整合运动速度，网络的活动峰不断更新，形成对机器人的速度、头朝向和位置的编码，并建立局部视图细胞与网络的关联。图 5.24(a)显示当机器人首次到达某位置时，头朝向-角速度细胞网络的活动峰中心处于(3.3763,0.0023)［图 5.24(a)上］，栅格-速度细胞网络的活动峰处于(1.1781,5.7298,−0.1027,−0.0191)［图 5.24(a)中］。形成闭环前，机器人即将重新访问熟悉的区域，此时头朝向-角速度细胞网络更新活动峰，中心处于(3.0973,0.0021)［图 5.24(b)上］，栅格-速度细胞网络的活动峰处于(2.2176,2.3562,−0.1272,−0.0158)［图 5.24(b)中］。当机器人再次回到环境的熟悉区域形成闭环时，局部视图细胞激活，通过连接向网络注入电流［图 5.24(c)］。在头朝向-角速度细胞网络中注入的电流集中于头方向相位为 3.3763 的细胞，在栅格-速度细胞网络中，注入的电流集中于位置相位为(1.1781,5.7298)的细胞。经过连续的电流注入，头朝向相位维持在 3.3110，栅格模式的相位维持在(1.1915,5.7334)［图 5.24(d)］。

注入的电流激活网络的一部分细胞，在循环连接的作用下，新激活的神经元的放电频率逐渐占据主导地位，网络斑图收敛到局部视图细胞关联的模式上，实现模式完形的过程［图 5.24(e)］。当机器人再次开始探索未知区域时，局部视图细胞转为静息态，活动峰变成了原来局部化的形态。头朝向-角速度细胞网络收敛到相位(3.6011,0.0012)，栅格-速度细胞网络收敛到相位(5.1744,5.6989,–0.0432,–0.0215)［图 5.24(f)］，并继续进行路径整合，跟踪机器人在环境中的位置和头方向。

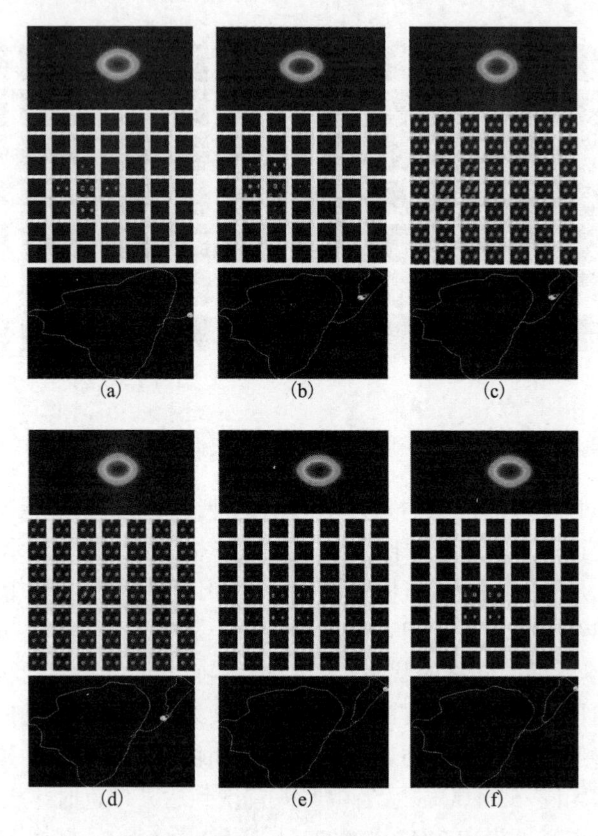

图 5.24　视觉输入引起的模式完形过程

利用吸引子网络的模式完形功能，空间记忆神经网络能很好地解决路径闭环问题。基于空间认知机制的机器人导航系统构建的圣卢西亚区的认知地图正确地编码了所有的环状路径和交叉口，在整体上反映了道路网络的真实结构(图 5.25)。由于考虑了物理上的距离信息，系统构建的认知地图实际上是一个半米制的拓扑地图，较好地编码了环境的局部距离信息。由于运动速度的估计误差，从全局看，构建的认知地图在道路的方向和长度上与真实环境有差别。这也表明，基于空间认知机制的机器人导航系统对误差具有容错能力。

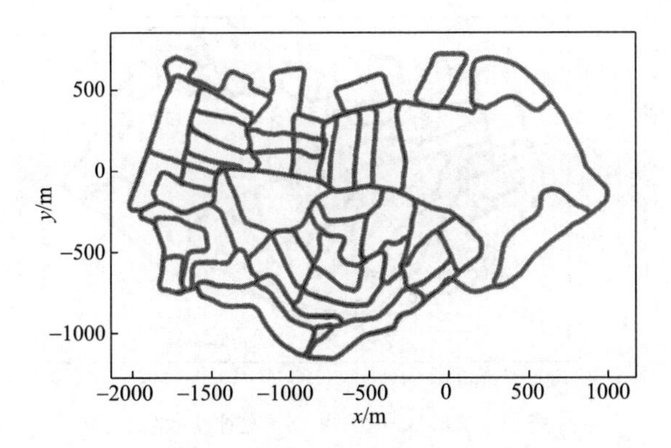

图 5.25 基于空间认知机制机器人导航系统构建的圣卢西亚区认知地图（见书后彩图）

粗线由拓扑地图的顶点组成，细线表示连接拓扑地图顶点的边

为了更好地观察单个神经元在环境中形成的放电野，在认知地图上叠加显示单个神经元的放电频率。位于头朝向-角速度神经流形上坐标(0,0)处的头朝向细胞在机器人沿西南附近方向移动时，会强烈地放电［图 5.26(a)］。由于头朝向细胞网络中活动峰的宽度较大，在头方向上覆盖约 70°，因此这个神经元在较广的方向范围内放电。这个神经元偏好低的角速度，因此这个神经元的放电集中在直的道路上，此时机器人沿直线运动，角速度很低。在许多与西南方向平行的道路上，该神经元并没有放电。这是因为机器人在这些道路上沿东北方向移动，运动方向与该神经元偏好的放电方向相反。这可以通过偏好相反方向的神经元的放电野来确认［图 5.26(b)］。此神经元的标签为$(\pi,0.0024)$，其在东北附近方向上放电强烈，其放电野与图 5.26(a)中神经元的放电野不重叠。该神经元偏好 0.24rad/s 的逆时针旋转。因此，在弯曲路径上，当机器人沿东北附近方向逆时针旋转时，其放电频率始终先增大然后减小，表明机器人的头部方向和角速度由接近变化到远离该神经元所偏好的方向和角速度。对所有偏好$\theta=0$的神经元的放电野求和［图 5.26(c)］，

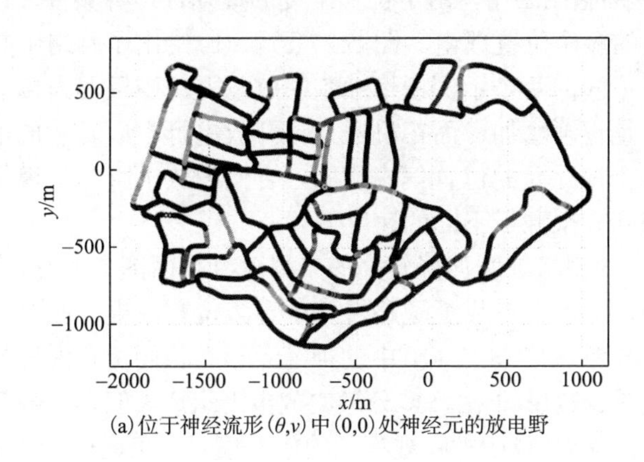

(a)位于神经流形(θ,v)中(0,0)处神经元的放电野

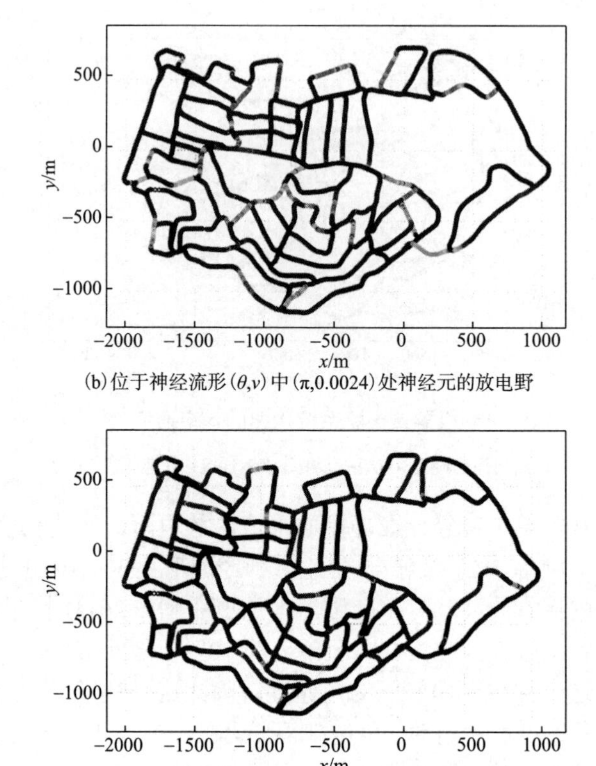

(b) 位于神经流形 (θ,v) 中 $(\pi,0.0024)$ 处神经元的放电野

(c) 所有偏好 $\theta=0$ 神经元的放电野的总和

图 5.26　头朝向-角速度细胞的放电野(见书后彩图)

细胞的放电频率显示在经验地图上，放电频率从高到低用红色到蓝色编码

得到细胞群体的方向放电图。这一放电图表明，这组神经元编码以西南为中心的较大范围的方向。在局部区域，这些神经元能够保持一致的放电方向。

在栅格-速度细胞网络中，由于位置维度的周期性边界条件，每一个栅格细胞都在物理环境中的多个位置放电。图 5.27(a)、(b)给出了网络中具有相同位置标签但是速度标签不同的两个示例栅格细胞的放电野。当机器人接近放电野的中心时，放电频率总是逐渐增加，而在机器人离开放电野中心时，放电频率总是逐渐减小。由于这两个神经元的位置偏好相同，它们的放电野具有很大的重合度。它们放电野的不同部分来源于不同的速度偏好。

图 5.27(b)中的栅格细胞偏好较高的平移速度，而图 5.27(a)中的神经元偏好低速运动，因此，后者会在靠近道路转弯的许多位置放电，在这些位置机器人需要明显的减速。与图 5.27(a)、(b)中的神经元具有相同位置偏好的所有神经元的放电野的总和［图 5.27(c)］由许多分散的放电野组成，但它们缺乏全局的栅格状结构。这类似于在发夹迷宫[120]中观察到的放电模式，在这种模式下，动物也沿直

线运动。网络中神经元的放电野之间的距离远大于动物实验中观察到的典型间距。这是由于输入到模型的速度是在输入图像的视觉空间中定义的，并且不同于机器人的实际运动速度。

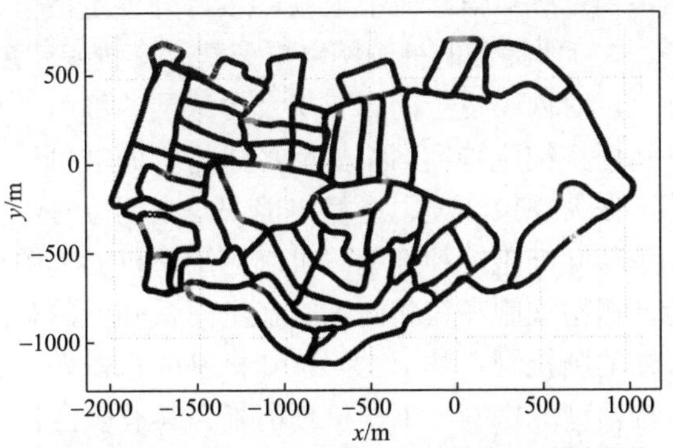

(a)位于神经流形$(\theta_x,\theta_y,v_x,v_y)$中$(\pi,\pi,0,0)$处神经元的放电野

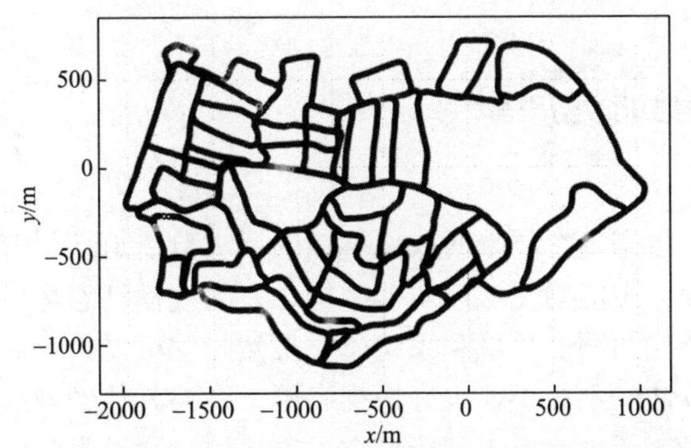

(b)位于神经流形$(\theta_x,\theta_y,v_x,v_y)$中$(\pi,\pi,0.1,0.1)$处神经元的放电野

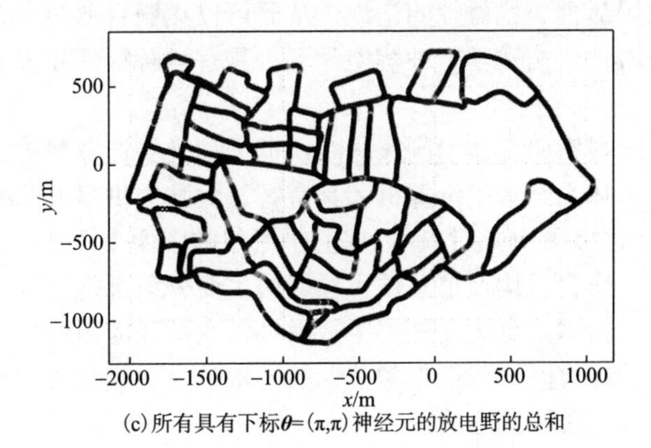

(c)所有具有下标$\boldsymbol{\theta}=(\pi,\pi)$神经元的放电野的总和

图 5.27 栅格-速度细胞的放电野(见书后彩图)

细胞的放电频率用热图编码，红色表示高发电频率，蓝色表示放电频率降低到零

借鉴内嗅皮层栅格细胞的位置和速度联合编码的机制，可以构建稳健的类脑空间定位和认知地图构建系统，对运动信息和感知信息进行融合，并在环境中形成稳定的空间编码。在大规模户外环境中的实验表明，这种基于空间认知机制的机器人导航系统利用视觉感知信息而不依赖GPS等外界定位信息就能够构建出连贯一致的拓扑地图。本节所提出的神经网络框架建立在内嗅皮层-海马体神经环路的神经机制的基础上，对内嗅皮层的第三层及更深层的细胞进行建模。建立的头朝向细胞神经网络和栅格细胞神经网络能够形成稳定的吸引子，利用神经动力学机制纠正累积误差，在大规模环境中能稳定地编码空间位置，表现出很好的稳健性。把栅格细胞、头朝向细胞的神经编码机制应用于机器人的自定位和认知地图构建，不仅能够验证栅格细胞和头朝向细胞在空间认知上的有效性和稳健性，而且可以模拟空间认知的脑机制。基于空间认知机制的机器人导航系统由于具有与大脑类似的连接结构及计算机制，工作机理清晰，具有安全性，为克服深度学习神经网络难解释、难理解的黑箱局限性提供了崭新的思路。

5.5 类脑智能研究展望

生产、生活、生态各个领域对人工智能的需求日益迫切，但是现有人工智能系统的智能水平和自主能力无法应对非结构化、大规模动态环境的诸多现实场景的挑战。而针对特定问题的算法和系统研究虽然能使机器人解决特定领域的具体问题，但是这些方法和系统不能很好地推广用于解决其他领域或未遇见过的新问题。类脑智能为研究新一代人工智能提供了方法论。通过类脑研究，可以加深对自然智能系统的灵活性、稳健性的认识，从而可以克服目前很多人工智能系统的预编程和黑箱局限性，构建基于理解型学习、具有可解释性和安全性的人工智能系统。

各国正在把脑科学研究作为国家战略，把推动类脑计算和神经机器人的发展作为构建未来全新体系结构的计算机和具有智慧大脑的机器人的根本途径。美国国家工程院也把“大脑的逆向工程”列为21世纪的十四个全球重大挑战之一。目前世界主要大学和研究机构及信息技术领域的主要公司都把类脑智能作为具有颠覆性的下一代信息技术，全力研究期望占据技术发展和应用的先机。脑认知机理和人工智能技术的深度融合将催生颠覆性的技术革命。相信类脑智能的研究将为未来智能与人类社会带来深远的影响[121]。

5.6 本章小结

本章介绍了哺乳动物大脑内在的空间定位系统和受空间认知机制启发的类脑导航方法。哺乳动物的空间定位系统包括栅格细胞、头朝向细胞、边界细胞、速度细胞和位置细胞等多种编码空间信息的细胞类型。这些细胞组成的神经网络能在大规模动态环境中形成对自身位置的编码，完成空间定位和导航任务。基于空间认知机制构建脑启发的机器人导航方法，可以提升机器人对动态环境的适应能力、对大规模环境的表征能力，降低系统的能耗。类脑导航方法是一个新兴的交叉研究领域，对水下环境中的定位和导航具有重要的意义，能够赋予水下机器人自主空间认知的能力，实现长期自主。

参 考 文 献

[1] Sejnowski T J, Koch C, Churchland P S. Computational neuroscience[J]. Science, 1988, 241(4871): 1299-1306.

[2] Richter H V, Cumming G S. Food availability and annual migration of the straw-colored fruit bat (Eidolon helvum)[J]. Journal of Zoology, 2006, 268(1): 35-44.

[3] Horton T W, Holdaway R N, Zerbini A N, et al. Straight as an arrow: humpback whales swim constant course tracks during long-distance migration[J]. Biology Letters, 2011, 7(5): 674-679.

[4] Tolman E C. Cognitive maps in rats and men[J]. Psychological Review, 1948, 55(4): 189-208.

[5] 汪云九. 身在何处——2014 年诺贝尔生理学或医学奖介绍[J]. 自然杂志, 2014, 36(6): 409-414.

[6] Moser E I, Moser M B. Grid cells and neural coding in high-end cortices[J]. Neuron, 2013, 80(3): 765-774.

[7] Barry C, Burgess N. Neural mechanisms of self-location[J]. Current Biology, 2014, 24(8): R330-R339.

[8] Rowland D C, Roudi Y, Moser M B, et al. Ten years of grid cells[J]. Annual Review of Neuroscience, 2016, 39(1): 19-40.

[9] O'Keefe J, Dostrovsky J. The hippocampus as a spatial map. Preliminary evidence from unit activity in the freely-moving rat[J]. Brain Research, 1971, 34(1): 171-175.

[10] Yartsev M M, Ulanovsky N. Representation of three-dimensional space in the hippocampus of flying bats[J]. Science, 2013, 340(6130): 367-372.

[11] Hori E, Nishio Y, Kazui K, et al. Place-related neural responses in the monkey hippocampal formation in a virtual space[J]. Hippocampus, 2005, 15(8): 991-996.

[12] Ekstrom A D, Kahana M J, Caplan J B, et al. Neurosurgical recording reveal cellular networks underlying human spatial navigation[J]. Neurosurgery, 2003, 54(3): 184-188.

[13] Wilson M A, Mcnaughton B L. Dynamics of the hippocampal ensemble code for space[J]. Science, 1993, 261(5124): 1055-1058.

[14] Thompson L T, Best P J. Long-term stability of the place-field activity of single units recorded from the dorsal hippocampus of freely behaving rats[J]. Brain Research, 1990, 509(2): 299-308.

[15] Muller R U, Kubie J L. The effects of changes in the environment on the spatial firing of hippocampal complex-spike cells[J]. Journal of Neuroscience, 1987, 7(7): 1951-1968.

[16] Leutgeb S, Leutgeb J K, Barnes C A, et al. Neuroscience: independent codes for spatial and episodic memory in hippocampal neuronal ensembles[J]. Science, 2005, 309(5734): 619-623.

[17] Colgin L L, Moser E I, Moser M B. Understanding memory through hippocampal remapping[J]. Trends in Neurosciences, 2008, 31(9): 469-477.

[18] Bostock E, Muller R U, Kubie J L. Experience-dependent modifications of hippocampal place cell firing[J]. Hippocampus, 1991, 1(2): 193-205.

[19] Ranck J B. Head direction cells in the deep layer of dorsal presubiculum in freely moving rats[C]//Society of Neuroscience Abstract, 1984, 10: 599.

[20] Sargolini F, Fyhn M, Hafting T, et al. Conjunctive representation of position, direction, and velocity in entorhinal cortex[J]. Science, 2006, 312(5774): 758-762.

[21] Taube J S. The head direction signal: origins and sensory-motor integration[J]. Annual Review of Neuroscience, 2007, 30(1): 181-207.

[22] Taube J S, Muller R U, Ranck J B. Head-direction cells recorded from the postsubiculum in freely moving rats. I. Description and quantitative analysis[J]. Journal of Neuroscience, 1990, 10(2): 420-435.

[23] Calton J L, Stackman R W, Goodridge J P, et al. Hippocampal place cell instability after lesions of the head direction cell network[J]. Journal of Neuroscience, 2003, 23(30): 9719-9731.

[24] Taube J S, Muller R U, Ranck J B. Head-direction cells recorded from the postsubiculum in freely moving rats. II. effects of environmental manipulations[J]. Journal of Neuroscience, 1990, 10(2): 436-447.

[25] Yoder R M, Taube J S. The vestibular contribution to the head direction signal and navigation[J]. Frontiers in Integrative Neuroscience, 2014, 8: 32.

[26] Bjerknes T L, Langston R F, Kruge I U, et al. Coherence among head direction cells before eye opening in rat pups[J]. The Journal of Neuroscience, 2015, 25(1): 103-108.

[27] Raudies F, Brandon M P, Chapman G W, et al. Head direction is coded more strongly than movement direction in a population of entorhinal neurons[J]. Brain Research, 2015, 1621: 355-367.

[28] Hafting T, Fyhn M, Molden S, et al. Microstructure of a spatial map in the entorhinal cortex[J]. Nature, 2005, 436(7052): 801-806.

[29] Boccara C N, Sargolini F, Thoresen V H, et al. Grid cells in pre-and parasubiculum[J]. Nature Neuroscience, 2010, 13(8): 987-994.

[30] Killian N J, Jutras M J, Buffalo E A. A map of visual space in the primate entorhinal cortex[J]. Nature, 2012, 491(7426): 761-764.

[31] Yartsev M M, Witter M P, Ulanovsky N. Grid cells without theta oscillations in the entorhinal cortex of bats[J]. Nature, 2011, 479(7371): 103-107.

[32] Jacobs J, Weidemann C T, Miller J F, et al. Direct recordings of grid-like neuronal activity in human spatial navigation[J]. Nature Neuroscience, 2013, 16(9): 1188-1190.

[33] Barry C, Hayman R, Burgess N, et al. Experience-dependent rescaling of entorhinal grids[J]. Nature Neuroscience, 2007, 10(6): 682-684.

[34] Stensola H, Stensola T, Solstad T, et al. The entorhinal grid map is discretized[J]. Nature, 2012, 492(7427): 72-78.

[35] Brun V H, Solstad T, Kjelstrup K B, et al. Progressive increase in grid scale from dorsal to ventral medial entorhinal cortex[J]. Hippocampus, 2010, 18(12): 1200-1212.

[36] Mathis A, Herz A V M, Stemmler M B. Multiscale codes in the nervous system: The problem of noise correlations and the ambiguity of periodic scales[J]. Physical Review E-Statistical, Nonlinear, and Soft Matter Physics, 2013, 88(2): 022713.

[37] Stemmler M, Mathis A, Herz A V M. Connecting multiple spatial scales to decode the population activity of grid

cells[J]. Science Advances, 2015, 1(11): e1500816.

[38] Wei X X, Prentice J, Balasubramanian V. A principle of economy predicts the functional architecture of grid cells[J]. eLife, 2015, 4: e08362.

[39] Fyhn M, Hafting T, Treves A, et al. Hippocampal remapping and grid realignment in entorhinal cortex[J]. Nature: International Weekly Journal of Science, 2007, 446(7132): 190-194.

[40] Hardcastle K, Ganguli S, Giocomo L M. Environmental boundaries as an error correction mechanism for grid cells[J]. Neuron, 2015, 86(3): 827-839.

[41] Sreenivasan S, Fiete I. Grid cells generate an analog error-correcting code for singularly precise neural computation[J]. Nature Neuroscience, 2011, 14(10): 1330-1337.

[42] Towse B W, Barry C, Bush D, et al. Optimal configurations of spatial scale for grid cell firing under noise and uncertainty[J]. Philosophical Transactions of the Royal Society of London, 2014, 369(1635): 113-119.

[43] Wills T J, Cacucci F, Burgess N, et al. Development of the hippocampal cognitive map in preweanling rats[J]. Science, 2010, 328(5985): 1573-1576.

[44] Langston R F, Ainge J A, Couey J J, et al. Development of the spatial representation system in the rat[J]. Science, 2010, 328(5985): 1576-1580.

[45] Solstad T, Moser E I, Einevoll G T. From grid cells to place cells: A mathematical model[J]. Hippocampus, 2006, 16(12): 1026-1031.

[46] Fiete I R, Burak Y, Brookings T. What grid cells convey about rat location[J]. Journal of Neuroscience the Official Journal of the Society for Neuroscience, 2008, 28(27): 6858-6871.

[47] Brun V H, Leutgeb S, Wu H Q, et al. Impaired spatial representation in CA1 after lesion of direct input from entorhinal cortex[J]. Neuron, 2008, 57(2): 290-302.

[48] Bush D, Barry C, Burgess N. What do grid cells contribute to place cell firing?[J]. Trends in Neurosciences, 2014, 37(3): 136-145.

[49] Hales J B, Schlesiger M I, Leutgeb J K, et al. Medial entorhinal cortex lesions only partially disrupt hippocampal place cells and hippocampus- dependent place memory[J]. Cell Reports, 2014, 9(3): 893-901.

[50] Bonnevie T, Dunn B, Fyhn M, et al. Grid cells require excitatory drive from the hippocampus[J]. Nature Neuroscience, 2013, 16(3): 309-317.

[51] Winter S S, Clark B J, Taube J S. Disruption of the head direction cell network impairs the parahippocampal grid cell signal[J]. Science, 2015, 347(6224): 870-874.

[52] O' Keefe J, Burgess N. Geometric determinants of the place fields of hippocampal neurons[J]. Nature, 1996, 381(6581): 425-428.

[53] Barry C, Lever C, Hayman R, et al. The boundary vector cell model of place cell firing and spatial memory[J]. Reviews in the Neurosciences, 2006, 17(1-2): 71-97.

[54] Barry C, Burgess N. Learning in a geometric model of place cell firing[J]. Hippocampus, 2010, 17(9): 786-800.

[55] Savelli F, Yoganarasimha D, Knierim J J. Influence of boundary removal on the spatial representations of the medial entorhinal cortex[J]. Hippocampus, 2010, 18(12): 1270-1282.

[56] Solstad T, Boccara C N, Kropff E, et al. Representation of geometric borders in the entorhinal cortex[J]. Science, 2008, 322(5909): 1865-1868.

[57] Bjerknes T L, Moser E I, Moser M B. Representation of geometric borders in the developing rat[J]. Neuron, 2014, 82(1): 71-78.

[58] Kropff E, Carmichael J E, Moser M B, et al. Speed cells in the medial entorhinal cortex[J]. Nature, 2015,

523(7561): 419-424.

[59] Zilli E A. Models of grid cell spatial firing published 2005-2011[J]. Frontiers in Neural Circuits, 2012, 6: 16.

[60] Rowland D C, Roudi Y, Moser M B, et al. Ten years of grid cells[J]. Annual Review of Neuroscience, 2016, 39(1): 19-40.

[61] Burgess N, Barry C, O'Keefe J. An oscillatory interference model of grid cell firing[J]. Hippocampus, 2010, 17(9): 801-812.

[62] Burgess N. Grid cells and theta as oscillatory interference: theory and predictions[J]. Hippocampus, 2008, 18(12): 1157-1174.

[63] Hasselmo M E, Giocomo L M, Zilli E A. Grid cell firing may arise from interference of theta frequency membrane potential oscillations in single neurons[J]. Hippocampus, 2007, 17(12): 1252-1271.

[64] O'Keefe J, Recce M L. Phase relationship between hippocampal place units and the EEG theta rhythm[J]. Hippocampus, 1993, 3(3): 317-330.

[65] Brandon M P, Bogaard A R, Libby C P, et al. Reduction of theta rhythm dissociates grid cell spatial periodicity from directional tuning[J]. Science, 2011, 332(6029): 595-599.

[66] Koenig J, Under A N, Leutgeb J K,et al. The spatial periodicity of grid cells is not sustained during reduced theta oscillations[J]. Science, 2011, 332(6029): 592-595.

[67] Cantero J L, Atienza M, Stickgold R, et al. Sleep-dependent θ oscillations in the human hippocampus and neocortex[J]. Journal of Neuroscience, 2011, 23(34): 10897-10903.

[68] Zilli E A, Yoshida M, Tahvildari B, et al. Evaluation of the oscillatory interference model of grid cell firing through analysis and measured period variance of some biological oscillators[J]. PLoS Computational Biology, 2009, 5(11): e1000573.

[69] Lukashin A V, Georgopoulos A P. A dynamical neural network model for motor cortical activity during movement: population coding of movement trajectories[J]. Biological Cybernetics, 1993, 69(5-6): 517-524.

[70] Sompolinsky H, Shapley R. New perspectives on the mechanisms for orientation selectivity[J]. Current Opinion in Neurobiology, 1997, 7(4): 514-522.

[71] Seung H S. How the brain keeps the eyes still[J]. Proceedings of the National Academy of Sciences, 1996, 93(23): 13339-13344.

[72] Zhang K. Representation of spatial orientation by the intrinsic dynamics of the head-direction cell ensemble: a theory[J]. Journal of Neuroscience, 1996, 16(6): 2112-2126.

[73] Samsonovich A, Mcnaughton B L. Path integration and cognitive mapping in a continuous attractor neural network model[J]. Journal of Neuroscience, 1997, 17(15): 5900-5920.

[74] Battaglia F P, Treves A. Attractor neural networks storing multiple space representations: a model for hippocampal place fields[J]. Physical Review E, 1998, 58(6): 7738-7753.

[75] Tsodyks M. Attractor neural network models of spatial maps in hippocampus[J]. Hippocampus, 1999, 9(4): 481-489.

[76] Redish A D, Elga A N, Touretzky D S. A coupled attractor model of the rodent Head Direction system[J]. Network: Computation in Neural Systems, 1999, 7(4): 671-685.

[77] Song P, Wang X J. Angular path integration by moving "hill of activity": a spiking neuron model without recurrent excitation of the head-direction system[J]. Journal of Neuroscience, 2005, 25(4): 1002-1014.

[78] Mcnaughton B L, Battaglia F P, Jensen O, et al. Path integration and the neural basis of the 'cognitive map'[J]. Nature Reviews Neuroscience, 2006, 7(8): 663-678.

[79] Si B, Romani S, Tsodyks M, et al. Continuous attractor network model for conjunctive position-by-velocity tuning of grid cells[J]. PLoS Computational Biology, 2014, 10(4): e1003558.

[80] Witter M P, Moser E I. Spatial representation and the architecture of the entorhinal cortex[J]. Trends in Neurosciences, 2006, 29(12): 671-678.

[81] Yoon K J, Buice M A, Barry C, et al. Specific evidence of low-dimensional continuous attractor dynamics in grid cells[J]. Nature Neuroscience, 2013, 16(8): 1077-1084.

[82] Kropff E, Treves A. The emergence of grid cells: intelligent design or just adaptation?[J]. Hippocampus, 2010, 18(12): 1256-1269.

[83] Si B, Kropff E, Treves A. Grid alignment in entorhinal cortex[J]. Biological Cybernetics, 2012, 106(8-9): 483-506.

[84] Stensola T, Stensola H, Moser M B, et al. Shearing-induced asymmetry in entorhinal grid cells[J]. Nature, 2015, 518(7538): 207-212.

[85] Stella F, Si B, Kropff E, et al. Grid cells on the ball[J]. Journal of Statistical Mechanics: Theory and Experiment, 2013, 2013(3): 03013.

[86] Urdapilleta E, Troiani F, Stella F, et al. Can rodents conceive hyperbolic spaces?[J]. Journal of the Royal Society Interface, 2015, 12(107): 20141217-20141214.

[87] Si B, Treves A. A model for the differentiation between grid and conjunctive units in medial entorhinal cortex[J]. Hippocampus, 2014, 23(12): 1410-1424.

[88] Franzius M, Sprekeler H, Wiskott L. Slowness and sparseness lead to place, head-direction, and spatial-view cells[J]. PLoS Computational Biology, 2007, 3(8): e166.

[89] Mhatre H, Gorchetchnikov A, Grossberg S. Grid cell hexagonal patterns formed by fast self-organized learning within entorhinal cortex[J]. Hippocampus, 2012, 22(2): 320-334.

[90] Castro L, Aguiar P. A feedforward model for the formation of a grid field where spatial information is provided solely from place cells[J]. Biological cybernetics, 2014, 108(2): 133-143.

[91] Stepanyuk A. Self-organization of grid fields under supervision of place cells in a neuron model with associative plasticity[J]. Biologically Inspired Cognitive Architectures, 2015, 13: 48-62.

[92] Dordek Y, Soudry D, Meir R, et al. Extracting grid cell characteristics from place cell inputs using non-negative principal component analysis[J]. eLife, 2016, 5: e10094.

[93] Durrant-Whyte H, Bailey T. Simultaneous localization and mapping: part I[J]. IEEE Robotics and Automation Magazine, 2006, 13(2): 99-110.

[94] Grisetti G, Tipaldi G D, Stachniss C, et al. Fast and accurate SLAM with rao-blackwellized particle filters[J]. Robotics and Autonomous Systems, 2007, 55(1): 30-38.

[95] Montemerlo M, Thrun S, Koller D, et al. FastSLAM: a factored solution to the simultaneous localization and mapping problem[C]//8th National Conference on Artificial Intelligence, 2002: 593-598.

[96] Cummins M, Newman P. FAB-MAP: probabilistic localization and mapping in the space of appearance[J]. International Journal of Robotics Research, 2008, 27(6): 647-665.

[97] Newman P, Sibley G, Smith M, et al. Navigating, recognizing and describing urban spaces with vision and lasers[J]. International Journal of Robotics Research, 2009, 28(11-12): 1406-1433.

[98] Paul R, Newman P. FAB-MAP 3D: topological mapping with spatial and visual appearance[C]//IEEE International Conference on Robotics and Automation, 2010: 2649-2656.

[99] Burgess N. Robotic and neuronal simulation of the hippocampus and rat navigation[J]. Philosophical Transactions of the Royal Society B: Biological Sciences, 1997, 352(1360): 1535-1543.

[100] Milford M J, Wyeth G F, Prasser D. Simultaneous localisation and mapping from natural landmarks using ratSLAM[C]//Proceedings of the 2004 Australasian Conference on Robotics and Automation, 2004: 1-9.

[101] Milford M J, Prasser D, Wyeth G F. Experience mapping: producing spatially continuous environment representations using RatSLAM[C]//Proceedings of the 2005 Australasian Conference on Robotics and Automation, 2005: 1-10.

[102] Milford M J, Wyeth G F. Mapping a suburb with a single camera using a biologically inspired SLAM system[J]. IEEE Transactions on Robotics, 2008, 24(5): 1038-1053.

[103] Ball D, Heath S, Wiles J, et al. OpenRatSLAM: an open source brain-based SLAM system[J]. Autonomous Robots, 2013, 34(3): 149-176.

[104] Steckel J, Peremans H. BatSLAM: simultaneous localization and mapping using biomimetic sonar[J]. PLoS One, 2013, 8(1): e54076.

[105] Fleischer J G, Gally J A, Edelman G M, et al. Retrospective and prospective responses arising in a modeled hippocampus during maze navigation by a brain-based device[J]. Proceedings of the National Academy of Sciences, 2007, 104(9): 3556-3561.

[106] Samu D, Eros P, Ujfalussy B, et al. Robust path integration in the entorhinal grid cell system with hippocampal feed-back[J]. Biological Cybernetics, 2009, 101(1): 19-34.

[107] Yu N G, Chen H, Wang L, et al. A biological plausible spatial recognition model in robots based on error back-propagation algorithm[J]. Transactions on Computer Science and Technology, 2013, 2(3): 31-39.

[108] Mulas M, Waniek N, Conradt J. Hebbian plasticity realigns grid cell activity with external sensory cues in continuous attractor models[J]. Frontiers in computational neuroscience, 2016, 10: 13.

[109] Tang H J, Huang W, Narayanamoorthy A, et al. Cognitive memory and mapping in a brain-like system for robotic navigation[J]. Neural Networks, 2017, 87: 27-37.

[110] Zeng T, Si B. Cognitive mapping based on conjunctive representations of space and movement[J]. Frontiers in Neurorobotics, 2017, 11: 61.

[111] Banino A, Barry C, Uria B, et al. Vector-based navigation using grid-like representations in artificial agents[J]. Nature, 2018, 557(2705): 429-433.

[112] Sargolini F, Fyhn M, Hafting T, et al. Conjunctive representation of position, direction, and velocity in entorhinal cortex[J]. Science, 2006, 312(5774): 758-762.

[113] Mathis A, Herz A V M, Stemmler M. Optimal population codes for space: grid cells outperform place cells[J]. Neural Computation, 2012, 24(9): 2280-2317.

[114] Bush D, Barry C, Manson D, et al. Using grid cells for navigation[J]. Neuron, 2015, 87(3): 507-520.

[115] Fuhs M C, Touretzky D S. A spin glass model of path integration in rat medial entorhinal cortex[J]. Journal of Neuroscience, 2006, 26(16): 4266-4276.

[116] Burak Y, Fiete I R. Accurate path integration in continuous attractor network models of grid cells[J]. PLOS Computational Biology, 2009, 5(2): e1000291.

[117] Strösslin T, Sheynikhovich D, Chavarriaga R, et al. Robust self-localisation and navigation based on hippocampal place cells[J]. Neural Networks, 2005, 18(9): 1125-1140.

[118] Yuan M, Tian B, Shim V A, et al. An entorhinal-hippocampal model for simultaneous cognitive map building[C]// Twenty-Ninth AAAI Conference on Artificial Intelligence, 2015: 586-592.

[119] Duckett T, Marsland S, Shapiro J. Fast, on-line learning of globally consistent maps[J]. Autonomous Robots, 2002, 12(3): 287-300.

[120] Derdikman D, Whitlock J R, Tsao A, et al. Fragmentation of grid cell maps in a multicompartment environment[J]. Nature Neuroscience, 2009, 12(10): 1325-1332.

[121] 曾毅, 刘成林, 谭铁牛. 类脑智能研究的回顾与展望[J]. 计算机学报, 2016, 39(1): 212-222.

6 脑电信号识别方法

脑机接口采用脑电信号控制外部设备，为人脑与外界之间提供了一种全新的交互方式，在神经康复、认知计算、人机交互及人机混合智能等领域有着广泛的应用前景。如何有效地将人脑活动转换为控制外部设备的指令仍然是脑机接口尚待解决的问题，是脑机接口的核心问题。本章针对该核心问题，将现有的脑电信号识别方法归纳为传统的信号分析方法、深度学习方法及黎曼学习方法三大类，并提出一个新的基于深度学习的脑电信号识别方法。利用深度卷积网络理论，实现一种空间-时间-频率联合特征学习方法。并且采用迁移学习方法解决深度学习网络需要大量训练数据的问题，使得所提方法可以应用于小样本学习问题。本章所提出的新方法在标准数据集上做了验证，取得了良好的识别结果。

6.1 引言

随着人们生活节奏的加快、生活压力的增大，中风引起的运动瘫痪越来越普及化和年轻化。运动能力的丧失不仅给自身带来巨大的痛苦，给家庭及社会也带来了沉重负担。然而，当 29 岁下肢瘫痪的病人平托(J. Pinto)穿戴着由脑信号控制的外骨骼，在 2014 年巴西圣保罗的世界杯开幕式上，踢出为比赛开球的第一脚时，所有的瘫痪病人都看到了曙光。从此，脑机接口(brain computer interface, BCI)——用脑电控制外部设备，引起了全球范围内的关注[1]。脑机接口在人脑与计算机或其他电子设备之间建立一种直接的信息交流和控制通道，而不依赖外周神经系统与肌肉组织等常规的大脑信息输出通路，为人脑和外界之间提供了一种全新的交互方式。脑机接口不仅在医疗康复上有着广泛的应用，例如可以应用于中风病人的运动神经康复治疗；在认知计算、人机交互及其人机混合智能等其他领域也有着广泛的应用前景[2-4]，例如，在交通及军事领域中，可以利用脑机接口提高对智能车的自动控制或实现无人驾驶技术等；在休闲娱乐领域，可以通过脑机接口，用思维来控制电子游戏，给人前所未有的休闲娱乐体验。此项技术还有一个重要的应用是创建脑控机器人，例如“蛟龙”号水下机器人的操控包括对本体的航向、机械臂的作业等多种操作任务，如果能同时利用操作人员的手脚和意识来进行控制，能大大减少操控人员的数量、减轻操作人员的负担，方便其进行水下作业。此外，脑机接口研究更重要的意义和价值在于它可以为大脑提供一种新的信息输出渠道，实现大脑和外界环境的交流，有助于人们深入了解和研究复杂的大脑神经活动，并极大地丰富人类在脑认知科学研究领域的研究内容。因此，对脑机接口的研究具有广泛的社会意义和潜在的医学价值。

脑机接口从大脑中提取反映其思维活动的脑信号，然后将这些思维活动翻译成控制外部设备的指令，最后用这些指令来完成控制任务，并同时给大脑一些反馈。所以在脑机接口的研究中，脑信号的翻译(也叫识别)不可或缺。脑信号分为头皮脑电信号(electroencephalogram, EEG)和皮层脑电信号(electrocorticogram, ECoG)。EEG 是通过多个电极从头皮上提取的反映大脑皮层神经细胞的电生理活动的信号，而 ECoG 需要做手术将电极植入颅骨，从头颅内提取信号。EEG 信号因其无须手术就可以提取，采集方式灵活，实用性更高，故在脑机接口的研究中比 ECoG 更受人青睐。但是 EEG 信号是非平稳的、非线性的信号，具有信号幅度微弱、信噪比低、噪声干扰大等特点[5]。所以，对 EEG 信号的识别具有一定的难度。本章介绍常用的 EEG 信号识别方法及最新的研究成果。

6.2 脑机接口系统

基于 EEG 的 BCI 系统，是通过 EEG 监视大脑活动来解读其意图，而大脑的认知活动涉及很多同步发生的现象，这些现象大都复杂而难以理解，只有很少一部分脑电信号的生理现象被解码，人们可以通过调制这些脑电信号作为 BCI 的控制信号。当前常用的控制 BCI 的信号有以下几种:视觉诱发电位(visual evoked potential, VEP)、慢皮层电位(slow cortical potential, SCP)、P300 诱发电位(P300 evoked potential)和感觉运动节律(sensorimotor rhythm, SMR)等。其中感觉运动节律由大脑活动中的 m 节律(8～12Hz)和 b 节律(18～25Hz)频段组成。研究发现，无论是发生实际肢体运动还是想象肢体运动时都会引起大脑皮层运动中枢大量神经细胞的活动状态改变，导致脑电信号中 m 节律和 b 节律频段的能量增加或者降低，出现事件相关同步(event-related synchronization, ERS)或者事件相关去同步(event-related desynchronization, ERD)现象[6,7]。仅通过运动想象就能产生相应的控制 BCI 系统的 EEG 信号，用户的认同度高，因此基于感觉运动节律的 BCI 系统，是目前脑机接口的研究热点之一。最早开展这方面研究的是奥地利格拉茨技术大学 Pfurtscheller 带领的研究小组。早在 20 世纪 90 年代，他们就以运动想象产生

ERD/ESD 现象为基础，建立了 Graz I 和 Graz II 系统。Graz I 系统是通过识别受试者想象左、右手运动所产生的脑电信号来发出相应的控制命令，部分受试者经过训练，识别准确率可达 85%[8]；Graz II 系统的受试者是通过想象左、右手或者左、右脚运动产生的脑电信号对系统进行控制，经过训练，在线分类正确率达 77%[9] (图 6.1)。近年的研究成果包括[10,11]：与功能点刺激相结合，部分恢复了两个高位脊髓损伤病人的上肢活动能力；为像霍金一样的肌萎缩侧索硬化症患者设计虚拟键盘，使其能够与外界进行交流；利用受试者通过运动想象产生的脑电信号，实现对虚拟环境中的事物进行控制等。

如图 6.2 所示，以运动想象为控制信号的脑机接口系统主要包含五大模块：信号采集、信号预处理、特征提取、分类识别及输出控制。其中，信号预处理、特征提取与分类识别统称为信号处理，即脑信号翻译，是 BCI 技术的核心部分。

图 6.1 Graz 实验室开发的基于运动想象的脑机接口游戏系统

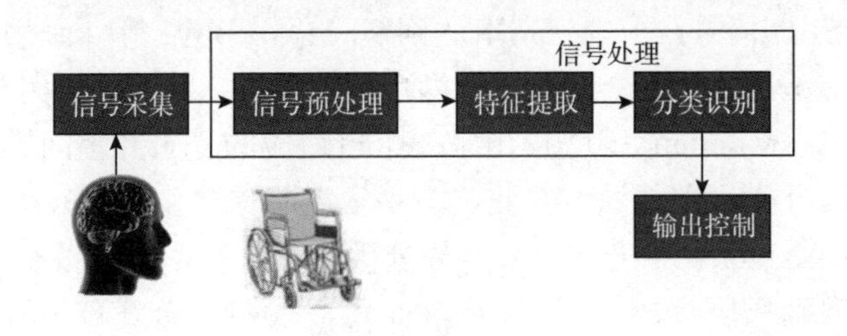

图 6.2 BCI 系统结构图

6.3 脑信号翻译方法

脑机接口中脑信号的翻译可以归结为有监督的学习问题，即在使用脑机接口前，需要对脑机接口进行调制，收集带有标签的训练数据集，对脑信号翻译器进行训练。训练好的脑信号翻译器能对新的未知脑信号进行识别。目前，脑信号的翻译方法主要归结为三大类：经典信号处理方法[12-15]、强机器学习方法[16-19]及黎曼学习方法[20-22]。

1. 经典信号处理方法

经典信号处理方法将 EEG 信号翻译分解为三个独立的模块：预处理、特征提取和特征识别。这类方法首先利用带通滤波、低通滤波等滤波器去除肌电、眼电等噪声；然后采用主成分分析、独立分量分析、共空间模式(common spatial pattern, CSP)等空间滤波器，或者短时傅里叶变换、小波变换、经验模式分解等时频转换方法，增强信噪比，提取信号源，并在增强的信号基础上提取功率谱等特征，组成特征向量；最后利用线性判别分析(linear discriminant analysis, LDA)、支持向量机(support vector machine, SVM)、k-近邻(k-nearest neighbor，k-NN)分类器等向量分类器对提取的特征向量进行识别。经典信号处理方法已经有较长的研究历史，取得了一些研究成果：Schloegl 等[23]采用有限脉冲反应滤波器对运行想象 EEG 信号进行频段选择，然后采用自适应回归模型的参数谱作为特征向量，输入 LDA 中进行识别，最低以 5.8%的错误率识别出想象左、右手运动的 EEG 信号；Meng 等[24]采用带通滤波器预处理 EEG 信号后，结合双树复小波变换和样本熵作为特征提取方法，利用 SVM 作为分类器，识别两类运动想象 EEG 信号，平均准确率达 87.25%；Bashar 等[25]采用双树复小波变换提取特征，利用 k-NN 分类器，对想象左、右手运动的 EEG 信号进行分类识别，识别率高达 91.07%；Hong 等[26]同样利用带通滤波器预处理 EEG 信号后，采用离散小波变换后系数的统计特征结合运动感知节律的功率特征作为分类器的输入，利用 SVM 作为分类器识别两类运动想象 EEG 信号，平均识别率达到 90.21%；Boye 等[27]采用基于主成分分析的特征提取方法，提取第一主成分作为特征向量输入 k-NN 分类器中进行识别，取得了较好结果；Mondini 等[28]提出了一个自适应的基于共空间模式与支持向量机的特征提取与分类识别方法，对左、右手运动想象产生的 EEG 信号进行分类，取得较好结果；Kamousi 等采用独立分量分析对左、右手运动想象的 EEG 信号进行分类，平均准确率达 80%[29-30]；Chiappa 等[31]将独立分量分析看成是一个生成模型，采用贝叶斯规则建立分类器，对三类脑电信号进行分类识别，最高的准确率为 52.7%；Liu 等[32]结合小波能量特征与相位耦合特征，采用支持向量机作为分类器识别两类运动想象的 EEG 信号，准确率达到 89.4%；He 等[33]采用共贝叶斯网络建模方法，提取共贝叶斯网络中共边对应的条件概率作为特征输入，利用 SVM 作为分类器，也得到很好的识别效果；Ahmad 等[34]采用自适应回归模型的参数谱作为特征输入，比较了多层感知机和径向基网络与线性判别分析方法在识别两类运动想象信号任务中的性能，其中，多层感知机平均识别正确率为 88%，径向基网络的平均识别正确率为 87.43%，而 LDA 的平均识别正确率只有 78.82%；Park 等[35]采用 5 阶巴特沃思(Butterworth)滤波器进行预处理，然后结合经验模式分析和共空间模式，在频率和空间分布中共同提取与识别相关的信号源，以信号源的对数能量谱作为特征向量，采用支持向量机作为分类器识别两类运动想象 EEG 信号，平均识别率为 77.7%。

2. 强机器学习方法

与经典信号处理方法不同，强机器学习方法(如深度学习方法)将 EEG 信号翻译看作一个整体，提供端到端的 EEG 信号翻译。近年的研究成果有：Forney 等[16]采用回声状态网络(echo state network, ESN)来捕捉 EEG 信号的动态变化特征，分别对每一类思维任务建立一个 ESN 模型，以 83.33%的平均正确率识别两类思维任务，以 54.24%的平均正确率识别四类思维任务；Li 等[17]构建深度网络来学习 EEG 信号的多重分形特征，识别两类运动想象 EEG 信号，取得可以接受的识别结果；An 等[18]利用快速傅里叶变换将 EEG 信号从时域转换为频域，然后利用深度置信网络(deep belief network, DBN)作为分类器识别想象左、右手运动的 EEG 信号，取得比 SVM 分类器更好的结果；Li 等[19]利用去噪自编码网络(denosing autoencoder, DAE)对运动想象 EEG 信号进行分类识别，取得比 SVM 更好的识别结果；Lu 等[36]将 EEG 信号转换到频率空间，然后利用限制玻尔兹曼机进行特征学习与识别；Schirrmeister 等[37]采用深度卷积网络对 EEG 信号进行翻译，平均翻译正确率比采用经典的共空间模式方法提高 2%；Ma 等[38]利用深度学习压缩感知方法挖掘运动视觉诱发电位来提高 EEG 信号的翻译性能，识别率提高了 3.5%；Tabar 等[39]结合卷积网络和堆栈自编码器(stacked autoencoder, SAE)，将 EEG 的翻译正确率提高了 9%。这类方法是近几年才出现在 EEG 信号翻译中，它们虽然具有很强的识别能力，但是需要大量的学习数据、学习算法才能收敛，并且计算量通常都比较大，识别结果的可解读性差。

3. 黎曼学习方法

黎曼学习方法将要翻译的 EEG 信号表示成协方差矩阵，然后利用基于协方差矩阵的分类器对其进行识别。这类方法与共空间模式有着很强的联系，都是通过对 EEG 信号协方差矩阵的操作来完成翻译任务。然而这类方法更简单，不需要信号源的提取，提取信号源所需要的空间信息已经包含在协方差矩阵中。这类方法在 BCI 中的应用较新颖，近几年才开始出现。Barachant 等[20,40]采用黎曼空间的 Fisher 线性判别分析、黎曼均值最近法(minimum distance to Riemannian mean, MDRM)和切线空间线性判别分析(tangent space LDA, TSLDA)来识别运动想象

EEG 信号，都取得了较高的识别正确率。Xie 等[41]采用双线性映射将 EEG 信号的协方差矩阵降到黎曼子空间进行运动想象的识别，取得的识别结果比在原黎曼空间更好。Gaur 等[42]结合经验模式分解和黎曼均值最近法在 EEG 信号翻译中取得比现有算法都要高的识别正确率。基于黎曼学习的脑电信号翻译方法，可靠性较高。因为黎曼距离具有转换不变性，两个 EEG 样本在信号传感空间(测量的空间)和在未知的信号源空间(真实的空间)的黎曼距离是一样的，对噪声不敏感。而且黎曼方法不像强学习方法那样需要大量的学习数据来训练学习算法，具有很强的实用性。但是这类方法的识别正确率还是较逊于基于深度学习的脑电信号翻译方法。

6.4 基于卷积深度网络的脑电信号翻译方法

脑电信号翻译是有监督的分类问题。我们的目标是构建正确率高、稳定性好且不需要海量数据的分类方法。对于脑电信号来说，每个事件相关电位都有自己特定的时间长度和频率特征，并且在绝大部分情况下，不同事件会激活不同脑区。因此，高效的脑电信号识别方法应该同时采用脑电信号在时间、空间及频率三个维度所携带的信息，这种方法在 BCI 领域已经有人在研究[43]。然而现有这类方法都将特征提取与识别分为两个独立的步骤，即首先手动提取特征，然后再对提取的特征进行分类。这种做法让特征提取不具有识别针对性，有可能不利于最终的识别结果。因此我们提出一种新的脑电信号识别方法，采用卷积网络实现一种新的时间-空间-频率联合特征自动学习方法。该方法的特征学习以识别为导向，实现了特征提取与特征识别的融合。在所提的卷积网络中，引入了小波核，大大减少了网络的参数个数，并且采用了剪裁训练(cropped training)与提前停止(early stopping)等训练策略，同时引入迁移学习理论，来解决 BCI 不能为深度学习方法提供大样本的问题。下面详细介绍我们提出的卷积网络设计。

1. 问题描述

假设对于受试者 s，我们能获得一个 EEG 数据集。该数据集包含受试者 s 所做的若干次试验的脑电记录，并且每次试验受试者 s 所做的脑活动类别有对应的标记。将该数据集记为 $D^s=\left\{\left(X_1^s,y_1^s\right),\left(X_2^s,y_2^s\right),\cdots,\left(X_{N_s}^s,y_{N_s}^s\right)\right\}$，其中，$N_s$ 表示受试者 s 的试验次数，$X_i^s\in R^{E\times T}$ 代表该次试验用 E 个电极采样 T 次所得的脑电数据，y_i^s 是该次试验的类别标签。脑电信号解码的任务就是寻找一个解码器 f，用已知的试验来训练 f，使得其能为没有见过的试验分配正确的标签。这里考

虑参数化的分类器 $f\left(X_j;\theta\right): R^{E\times T} \to L$，以 θ 为参数，将类别 y_j 分配给试验 X_j，即 $y_j = f\left(X_j;\theta\right)$。EEG 解码器 $f\left(X_j;\theta\right)$ 囊括了传统解码方法独立处理的两部分[37]——以 $\theta_\varnothing$ 为参数、从数据学习的特征表达 $\varnothing\left(X_j;\theta_\varnothing\right)$ 与以 θ_g 为参数、用这些特征来训练的分类器 g，即 $f\left(X_j;\theta\right) = g\left(\varnothing\left(X_j;\theta_\varnothing\right);\theta_g\right)$。

2. 网络架构

不同种类的脑活动可能在不同时间、不同频段激活不同脑区，根据此原理我们提出结合小波核与空间滤波器的卷积网络。该网络如图 6.3 所示，包含五层：两个卷积层、一个池化层、一个丢落层和用于分类的全连接输出层。各层的详细描述如下。

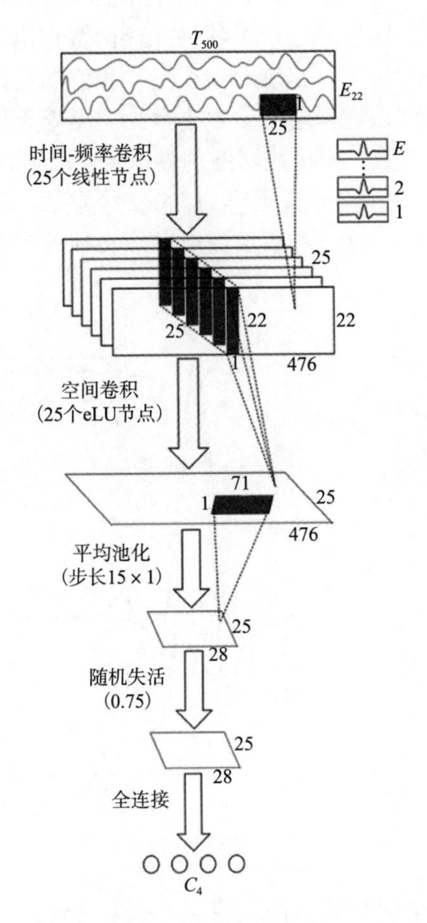

图 6.3　空间-时间-频率联合特征学习的深度卷积网络架构

1)卷积层

该网络包含两个卷积层，第一层卷积做时频变换，第二层做空间卷积。时间-频率卷积层的设计起源于实数范围内 Morlet 小波变换，其中每个节点的卷积核(图 6.4)可看成一个时间-频率联合滤波器，实现在卷积网络加入时频特征的设计。第η个节点的卷积核在t采样时刻可表示为

$$w_{\eta}(t)=\exp\left(-\frac{a_{\eta}^{2}t^{2}}{2}\right)\cos\left(2\pi b_{\eta}t\right) \tag{6.1}$$

式中，a_{η}和b_{η}为参数，其值可以在网络训练过程中不断调整。对比实数 Morlet 小波核，$1/a_{\eta}$可看作高斯时间窗口的宽度，b_{η}代表中心响应频率。每个小波核具有一定的采样宽度，采样时间是相较于 0s 左右对称的时间段。每一个通道的信号分别与每一个核做卷积，然后通过一个线性激活函数得出结果，即$f(x)=x$，其中x为输入与核做卷积的结果。在这一卷积层，我们的设计在两方面优于传统的设计：一方面，我们的这一卷积层的参数个数少。无论卷积核的宽度为多少，每个节点仅需要学习 2 个参数。而传统网络的卷积层，以输入数据具有 22 个通道、卷积核宽度为 25 为例，每个节点需要学习 25×2 个参数，约为我们所提出模型的 275 倍。另一方面，我们的这一卷积层提取时域和频域信息，而传统卷积核只在时域上提取信息。

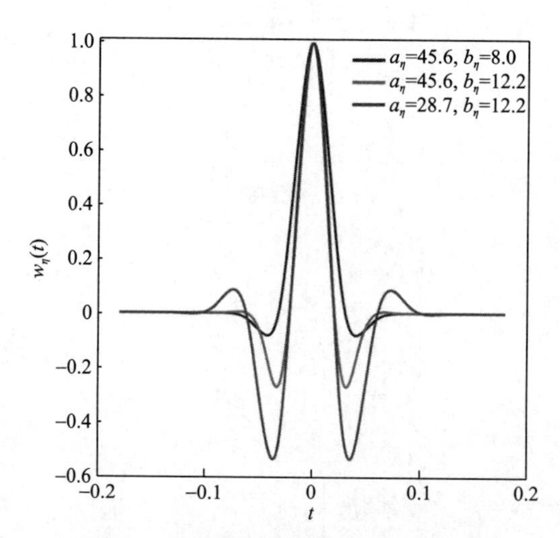

图 6.4　时域上的卷积核(见书后彩图)

第二层卷积层是由空间滤波器构成的，可用来提取各个通道间的互信息。每个空间滤波器与时间-频率卷积层得到的特征映射做卷积。我们设定该层的激活函

数为非线性函数，具体采用指数线性函数(exponential linear units, eLUs)。这个激活函数对噪声干扰具有良好的稳定性，并且收敛性优于其他非线性函数[44]。eLUs激活函数表示为

$$f(x)=\begin{cases}x, & x>0\\ \exp(x)-1, & x\leqslant 0\end{cases} \tag{6.2}$$

2)池化与丢落层

在两个卷积层之后，分别设计了一个池化层和一个丢落层，用于降采样和防止过拟合。池化层常用的策略有平均池化和最大池化。平均池化具体做法是采用一定大小的池化窗口以固定步长在该层的输入数据上滑动，在窗口滑动过程中，依次计算窗口覆盖数据的平均值并作为池化层的输出；最大池化层做法与平均池化类似，不同之处在于，最大池化是取窗口覆盖数据的最大值作为池化层的输出。池化可以粗化已提取的特征表达，降低网络大小，使网络具有变换稳定性。本章所提的网络采用的是平均池化。丢落层被广泛应用于处理视觉图像的深度学习网络中。当网络前向传输时，池化层以一定概率随机将节点的输出值强制设置为0；当网络参数反向传播时，已被置为0的节点不再传输梯度。这个策略是用来防止不同的神经元共同演化，可以理解为类似训练一个网络的集成。

3)输出层

最后一层为输出层，该层是一个全连接层，这一层的每个输入节点和输出节点都有连接，采用softmax函数执行多类别的逻辑回归。最后一层包含C个输出节点，输入是前几层提取的特征表达。整个网络将输入数据每一类映射一个实数，即$g(X_i;\theta):R^{E\times T}\to R^C$，其中，$\theta$表示整个网络的参数，$E$表示脑信号的维数(通道个数)，$T$表示采样的个数，$C$表示要分类的样本类别个数。为了得到识别结果，利用softmax函数将网络的输出转换为输入X_i类别为l_k的条件概率：

$$p(l_k\mid g(X_i;\theta))=\frac{\exp\left(g_k(X_i;\theta)\right)}{\sum_{m=1}^{C}\exp\left(g_m(X_i;\theta)\right)} \tag{6.3}$$

式中，$k=1,\cdots,C$；$g_m(X_i;\theta)$是$g(X_i;\theta)$的第m个分量。这样每一个样本针对每一类别都能得到一个条件概率分布。通过最小化损失函数(6.4)，网络将学会给正确的类别赋予高的概率。

$$\theta^*=\operatorname{argmin}_\theta\sum_{i=1}^{N}L\left(y_i,p\left(l_k\mid g(X_i;\theta)\right)\right) \tag{6.4}$$

式中，

$$L\left(y_i, p\left(l_k \mid g\left(X_i;0\right)\right)\right)=\sum_{k=1}^{C}-\log\left(p\left(l_k g\left(X_i;\theta\right)\right)\right)\delta\left(y_i=y_k\right) \tag{6.5}$$

式(6.5)为负对数似然函数，也叫交叉熵损失函数。这里的$\delta(\cdot)$是指示函数，即

$$\delta(x)=\begin{cases}1, & x\text{为真}\\ 0, & x\text{为假}\end{cases} \tag{6.6}$$

最终 EEG 信号的解码是给样本赋予条件概率最大者对应的类别标签：

$$f\left(X_j;\theta\right)=\underset{l_k}{\operatorname{argmax}}\ p\left(l_k|g\left(X_i;\theta\right)\right) \tag{6.7}$$

3. 网络训练

为了获得较好的泛化能力，我们采用了几种深度学习中常用的学习策略。下面介绍本书所采用的策略。

1) 剪裁训练策略

神经网络的一大缺点是需要大量学习样本来训练网络才能收敛。然而通常情况下在 BCI 领域，每个受试者只能做为数不多次试验。采用每次试验所记录的全部数据作为输入，每次试验的标签作为输出，那么用来训练网络的样本会很少。幸运的是，每次试验能持续几秒钟。因此，可以采用一种叫剪裁训练的策略[44]。具体做法是从每次试验的t_c秒开始，采用宽度为T'秒的滑动窗口，截取样本，窗口每次也滑动t_c秒。在该次试验记录的数据中，截取样本的类别与该次试验的类别一致。剪裁训练策略就是利用所有截取的样本来训练网络。但是从同一试验中截取的样本之间具有很高的相关性。因此，只最小化式(6.5)给出的损失函数不能满足要求，需要最小化以下正则化的损失函数[44]：

$$\begin{aligned}L\left(y_i, p\left(l_k \mid g\left(X_i^{t_c\cdots t_c+T'};\theta\right)\right)\right)=&\sum_{k=1}^{C}-\log\left(p\left(l_k \mid g\left(X_i^{t_c\cdots t_c+T'};\theta\right)\right)\right)\delta\left(y_i=y_k\right)\\&+\sum_{k=1}^{C}-\log\left(p\left(l_k \mid g\left(X_i^{t_c\cdots t_c+T'};\theta\right)\right)\right)p\left(l_k \mid g\left(X_i^{t_c\cdots t_c+T'};\theta\right)\right)\end{aligned} \tag{6.8}$$

式中，$X_i^{t_c\cdots t_c+T'}$表示第i个样本(多维电信号)从t_c时刻一直到t_c+T'时刻截取出来的信号片段。

我们在原损失函数中增加了试验X_i中分别以t_c和$t_{c'}$时间开始提取相邻样本的交叉熵。这个正则化损失函数将会惩罚相邻的样本预测不同的标签。这样会减少相邻样本间提取的特征差异，迫使网络提取相邻样本稳定的特征。

在训练阶段，首先收集所有试验的第一个截断样本，求解以式(6.5)为损失函数的最优化问题[式(6.4)]。训练好的网络对所有试验的第一个截断样本会有

一个中间的预测。对于试验 i，这个中间预测表示为 $p_{u=1}\left(l_k|g\left(X_i^{t_c\cdots t_c+T'};\theta\right)\right)$，然后相应地收集第二个截断样本来训练网络。此时，网络由前面训练好的网络来初始化，并求解以正则化的损失函数［式(6.8)］为目标函数的优化问题［式(6.4)］。该过程重复执行，直到最后一个截断样本也用来训练网络。最终对于试验 i 的解码函数为

$$f\left(X_j;\theta\right)=\arg\max_{l_k} p_u\left(l_k|g\left(X_i^{ut_c\cdots ut_c+T'};\theta\right)\right) \tag{6.9}$$

2) 提前停止优化策略

基于 Adam 优化器的小批量梯度下降算法被用来解决优化问题[式(6.4)]，该问题的损失函数可定义为式(6.5)或式(6.8)。训练数据集被划分为两个部分：训练部分及验证部分。优化步骤亦被描述为两个阶段:第一阶段：利用划分的训练数据训练卷积网络 100 次，并在验证数据上完成测试实验，具备最优验证准确率模型所对应的权重被选择出来作为第二阶段模型的初始权重，对应的训练误差被记为第一阶段最优训练误差；第二阶段，将初始化后的网络在所有训练数据集(包含训练部分和验证部分)继续训练，直至训练误差降至与第一阶段最优训练误差相同时训练停止。训练过程中的学习率 η 遵循指数衰减函数：

$$\eta(t)=t_0+\left(t_1-t_0\right)\exp\left(-t/\tau\right) \tag{6.10}$$

式中，t_0 和 t_1 分别代表所允许的最低和最高学习速率；τ 是指数衰减因子, 即学习速率随着学习时间步长的增加，以衰减因子 τ 从 t_1 衰减至 t_0。

3) 权重迁移

正如前文所述，深度神经网络的有效训练需要大量的学习样本。然而在脑机接口的实际应用中，对每位脑机接口使用者都收集大量的训练样本通常是不可能的。主要原因是脑电解码器校正时只采集数据并不实际控制外部设备，过程相当乏味。长时间矫正会使脑机接口使用者失去注意力而对要求的行为产生不准确的脑电响应[45]。但是短时间校正意味着仅有少量的数据样本是可用的，进而导致分类器(尤其是深度神经网络)达到局部最优或者造成过拟合现象。因此，如何解决这个矛盾在脑机接口研究领域是一个非常热门的话题。

除了裁剪训练策略，本书也考虑利用迁移学习策略[46]来解决只有少量有效样本情况下训练深度神经网络的问题。本章中采用的迁移技术被称为样本迁移[47]，此迁移策略使用其他受试者(源受试者)采集到的样本来帮助需要在测试阶段完成分类脑电信号的受试者(目标受试者)。进而，一个重要的问题随之引出，如何使用来自源受试者的样本来帮助目标受试者训练专属于本人的神经网络呢？本书提出基于预训练技术来实现将源受试者的样本迁移到目标受试者上。预训练是一项借用一个成功训练网络某层或者所有网络层的策略，即当针对某任务得到一个具

有高分类准确率的模型结构，之后再遇到类似任务时可以用该模型初始化新的网络框架并继续完成训练，以此缩短训练时间，降低样本使用量，进而提高模型的通用性。因此，将源神经网络(在源受试者的样本上训练的网络)多层的参数迁移到目标网络(在目标受试者的样本上训练的网络)。迁移参数的实现被分为四步。首先，利用每个源受试者所拥有的样本训练一个该受试者特有的网络。此时裁剪训练策略和提前停止优化策略均被利用。其次，初始化源受试者的神经网络。假设共有 M 个源受试者，而目标网络的第 n 层参数(记为 w_n^t)需要被用来初始化。将 M 个源受试者所有的第 n 层网络参数求均值并初始化 w_n^t：

$$w_n^t = \sum_{m=1}^{M} \rho_m w_{mn}^s \tag{6.11}$$

式中，w_{mn}^s 表示在第 m 个源网络中，连接第 n 层和下一层的权重参数；ρ_m 表示第 m 个源受试者网络贡献给目标网络初始化任务的强度大小，$\sum_{m=1}^{M} \rho_m = 1$。再次，在初始化基础上精调目标网络，利用目标受试者的训练样本训练网络得到最优特征提取器和分类器。最后，利用目标受试者在测试时期收集到的测试数据集测试已精调的目标网络。参数的迁移可用来提高神经网络在小样本数据集上的分类能力，加快深度网络的收敛速度。

4. 实验验证

本书在三个公开的脑电信号数据集上评测了所提出的基于深度卷积网络的脑电解码器。三个数据集依次为第四次脑机接口大赛的数据集 2a[48]、数据集 2b[49]及上肢运动数据集[50]。数据集详细介绍如下：

(1)数据集 2a：第四次脑机接口大赛的数据集 2a 包含来源于 9 位健康受试者的脑电信号。受试者被要求想象 4 类不同的运动任务，即想象左手的运动、右手的运动、双脚的运动及舌头的运动。数据收集人员在受试者大脑感觉运动的区域安放22个电极(250Hz 采样频率)并依次记录信号。信号通过带宽滤波锁定在0.5Hz到 100Hz 的频段。对于每个受试者，分两天采集数据，每一天记录 288 次试验，其中每个运动想象类别拥有 72 次试验。在每一次试验中，箭头形状的线索会出现在受试者面前的屏幕上并引导受试者完成相应的运动想象任务，箭头指向左侧、右侧、下方或者上方分别代表四类运动。线索出现至最终完成想象任务会持续 4s。

(2)数据集 2b：第四次脑机接口大赛的数据集 2b 利用 3 个电极记录了 9 位受试者的脑电信号。每位受试者想象左手运动或右手运动的脑部活动，以 250Hz 的采样频率被记录。信号同样通过带宽滤波锁定在 0.5Hz 到 100Hz 的频段。对于每一位受试者，试验被设计为在不同的 5 天中通过 5 个时段完成任务。前两个时段受试者没有给予任何回馈响应，然而后 3 个时段中受试者正确响应后可在屏幕上看到笑容符号的在线回馈。前 3 个试验部分采集的数据被视为训练数据集，剩下的两个部分被用来作为测试数据集。在无回馈阶段的每一次试验中，受试者表现基于提示的手部运动想象共持续 4s；在线回馈阶段，受试者将持续 4.5s 完成任务。

(3) 上肢运动数据集：该数据集采集了 15 位健康受试者的脑电信号。每一位受试者在不同天中完成两个阶段的试验，依次为运动执行和运动想象任务。信号以 512Hz 的采样频率从 61 根电极中采得并带通滤波得到 0.01Hz 到 200Hz 的频段。这里只专注于运动想象数据。每一位受试者通过线索提示想象 6 类运动类型，包含肘关节的弯曲和伸展、前臂的向后旋转和向前旋转、双手的张开和握紧。每一位受试者可记录 360 条试验，其中每一类运动想象任务具有 60 条试验数据。每一类运动的想象持续 3s。

对于模型的分类性能验证，对数据进行最低程度的预处理，以期卷积神经网络可以通过自身结构学习任意的变化。模型的分类性能采用 kappa 数值来衡量，kappa 值得计算公式为 $\mathcal{K}=(p_a-p_c)/(1-p_c)$，其中，$p_a$ 代表所有正确分类的比例，而 p_c 是随机分类的比例。对于第四次脑机接口比赛的数据集 2a 和 2b，训练数据和测试数据被分别给出，因此均在训练数据集上训练模型，之后在测试数据集测试模型性能。然而，上肢运动数据集的训练数据和测试数据未被分开，所以利用十折交叉验证来估计分类准确率。

首先来比较本章所提出模型性能与启发该神经网络的基准方法性能的优劣。基准方法利用复数 Morlet 小波变化将信号在时域表达上分解为多个频段，并在相应频段上提取出平均频谱振幅[51]作为支持向量机分类器的输入特征[52,53]。

1) 与基准方法性能比较

此部分用来比较本书提出的深度卷积网络和基准方法在不同数据集上的分类性能高低。在三类数据集上的实验结果分别展示在表 6.1～表 6.3。

表 6.1 展示了深度卷积网络和基准方法在脑机接口数据集 2a 上的分类性能。威尔科克森符号秩检验(Wilcoxon's signed rank test)每个受试者的分类准确率，发现深度卷积网络的分类性能明显不同于基准方法的分类性能(P = 0.008)。威尔科克森符号秩检验是一种常用检验两组结果差异性的统计测试。此外，基于深度卷积网络的脑电信号解码方法的平均准确率(kappa 值)相比基准方法提高了 56%，所有受试者的分类准确率相对于原分类方法均有所提高。两类方法的最大 kappa 差异集中在受试者 5 上，基于深度卷积网络的脑电信号解码方法达到了 0.59，约比基准方法提高了 4 倍。而受试者 9 在两类方法上得到了最小的 kappa 差异，尽管如此，基于深度卷积网络的脑电信号解码方法依然比基准方法提高了约 10%。

表 6.1　在数据集 2a 上深度卷积网络和基准方法的性能比较(kappa 值)

受试者	深度卷积网络(无参数迁移)	基准方法
S1	0.62(0.006)	0.41
S2	0.32(0.010)	0.09
S3	0.71(0.026)	0.61
S4	0.40(0.028)	0.29
S5	0.59(0.009)	0.11
S6	0.33(0.009)	0.27
S7	0.66(0.013)	0.43
S8	0.72(0.009)	0.44
S9	0.69(0.005)	0.63
均值	0.56(0.013)	0.36

在脑机接口第四届比赛中的数据集 2b 上，深度卷积网络和基准方法的分类准确率如表 6.2 所示，通过威尔科克森符号秩检验其分类性能与基准方法仅有略微差异($P = 0.123$)。基于深度卷积网络的脑电信号解码方法在 9 个受试者中，7 个受试者上击败了基准方法，而其余的受试者取得了不是十分理想的分类性能，比如受试者 9 在两种方法的分类性能上的准确率差不多。尽管如此，基于深度卷积网络的脑电信号解码方法的平均分类准确率(kappa 值)依然超过了基准方法 18.2%。

表 6.2　在数据集 2b 上深度卷积网络和基准方法的性能比较(kappa 值)

受试者	深度卷积网络(无参数迁移)	基准方法
S1	0.47(0.026)	0.43
S2	0.27(0.031)	0.16
S3	0.72(0.015)	0.17
S4	0.95(0.008)	0.94
S5	0.73(0.027)	0.65
S6	0.45(0.026)	0.65
S7	0.77(0.012)	0.46
S8	0.86(0.014)	0.84
S9	0.62(0.017)	0.64
均值	0.65(0.020)	0.55

对于上肢运动想象的数据集，我们采用十折交叉验证来检验模型的分类性能，深度卷积网络和基准方法在15个受试者上的kappa值及平均准确率如表6.3所示。深度卷积网络解码该数据集的平均准确率为 0.17(kappa 值)，比基准方法提高了约2.3倍。值得注意的是，基准方法在15个受试者数据集上的解码准确率大部分趋于 0。这个现象说明基准方法在想象上肢运动的数据集上的分类性能近乎随机猜测，然而本书所提出的深度卷积网络在解码任务中远远高于这个随机猜测值。从以上实验不难发现，自主学习数据特征并融合特征提取与特征识别步骤可达到极为优异的性能。分类准确率也说明了结合时间-频率变化和空间滤波的深度卷积神经网络是一种可用于脑电信号解码的成功设计。

表 6.3　在上肢运动数据集上深度卷积网络和基准方法的性能比较(kappa 值)

受试者	深度卷积网络(无参数迁移)	基准方法
S1	0.17(0.038)	0.06(0.058)
S2	0.17(0.044)	0.10(0.079)
S3	0.17(0.039)	0.09(0.072)
S4	0.17(0.054)	0.08(0.072)
S5	0.16(0.028)	0.07(0.055)
S6	0.16(0.038)	0.03(0.084)
S7	0.17(0.032)	0.00(0.051)
S8	0.17(0.036)	0.10(0.064)
S9	0.17(0.034)	0.02(0.071)
S10	0.18(0.055)	0.01(0.066)
S11	0.18(0.042)	0.04(0.026)
S12	0.16(0.024)	0.02(0.055)
S13	0.16(0.028)	0.02(0.050)
S14	0.17(0.043)	0.01(0.077)
S15	0.17(0.040)	0.08(0.065)
均值	0.17(0.038)	0.05(0.063)

2)特征解释

深度卷积网络在视觉图像处理等领域虽然取得了极为瞩目的成就，但是通常因网络的难解释性被一再攻击。深度神经网络是一种端到端实现学习任务的设计，因此学习过程中提取的特征通常是难以直观理解的。在此，希望本书所提出模型提取的特征具有物理意义并以期更好地应用于脑机接口领域的开发。我们在这里对模型提取的特征进行了分析，特征分析使用了脑机接口比赛数据集 2a 的第 8 个受试者的脑电信号数据，详细的分析过程如下。首先，将式(6.1)中时间-频率卷积核的中心频率 b_η 的初始化范围分为三个挡，依次为 α 频段(7～13Hz)、β 频段(13～31Hz)和 γ 频段(71～91Hz)。其次，所有的时间-频率卷积节点被随机均匀划分在三组中，每个节点的初始化中心频率为对应频段中的随机数值，期望时间-频率卷积节点能够在不同的频率响应段收集频谱振幅。最后，基于受试者 8 的数据训练卷积网络并利用前面所提到的裁剪训练策略和提前停止优化策略，但是权重迁移策略在这里并不考虑。训练过程中，卷积核的中心频率 b_η 会随之更新。下面根据这个分析方法逐层分析深度卷积网络所提取到的特征。

首先分析时间-频率卷积层所提取的特征。计算每个卷积节点在所有试验过程中的平均输出，并依照节点更新后的中心频率将平均输出值分为三类，相关结果如图 6.5(a)所示。可以发现，时间-频率卷积节点依照中心频率划分的组合在训练成功后的模型依然保持稳定。对每个频段的所有节点响应求取平均值，发现位于 α 频段的节点与位于 γ 频段的节点具有相似的平均响应值，并明显高于 β 频段的平均节点响应。根据不同的分类任务将每个频段的节点重新划分，并对每个频段且每个分类任务中的所有节点在试验过程中的平均输出值求取平均响应，结果如图 6.5(c)所示，α 频段和 γ 频段对运动想象的解码均有明显的贡献。

然后分析空间卷积层所提取的特征。在空间卷积层，对每个节点所提取特征图取均值并以此定义为该节点的衡量指标，即节点的平均响应值越大，其在学习过程中起到的作用越大。此外，空间特征与分类任务是密切相关的。以左手运动想象为例，提取受试者 8 完成该任务的全部 72 条试验，以此确定左手运动想象是由哪些空间节点所决定的。每次试验选取前三个最重要的空间卷积层节点。

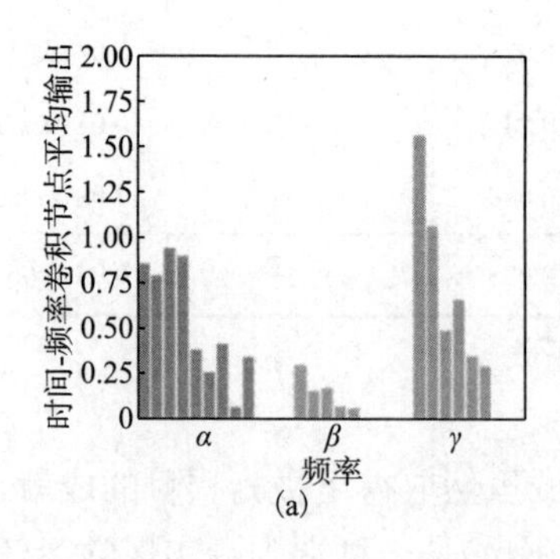

(a)

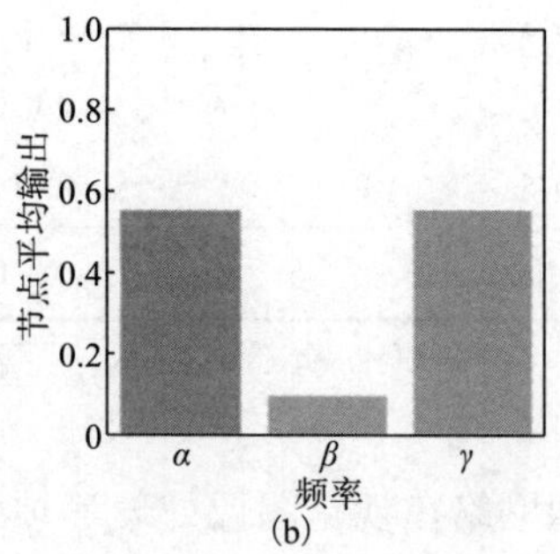

(b)

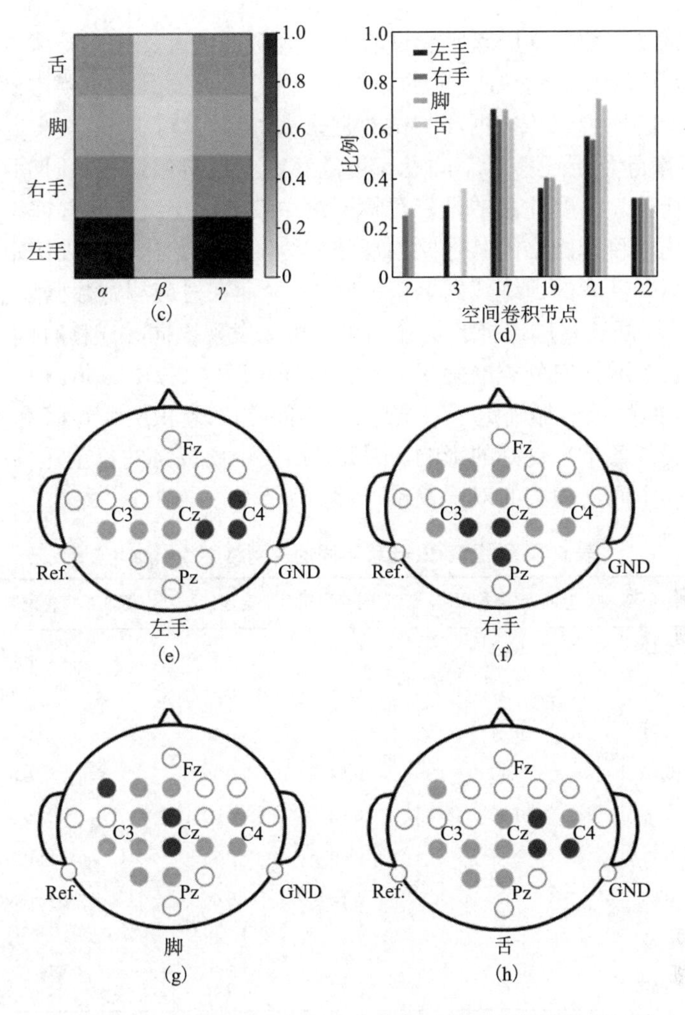

图 6.5　深度卷积网络在解码脑电信号时提取特征的物理解释

3) 权重迁移

本章为权重迁移学习技巧设计了不同的策略，并尝试选择出能够提供正迁移的最优策略。对于某一数据集，被用来测试的受试者称为目标受试者，其训练试验被囊括在目标模型的训练过程中。测试试验仅被用来测试学习到的分类器性能。数据集中的其他受试者被称为源受试者，其训练试验和测试试验均可被用来帮助目标模型的学习过程。在此，用目标网络的分类性能与前文未做任何权重迁移的模型性能做对比，以此突出权重迁移策略的重大作用。

(1) 迁移层的选择。在本深度卷积网络中有三层可以用来实现权重迁移，分别为时间-频率卷积层、空间卷积层、全连接层。具有较好分类性能的源网络应该能提高目标网络的分类性能。为了证实这个想法并确定迁移层，我们在数据集 2a 上进行了如下试验。数据集中除了受试者 8 作为源受试者，其他受试者轮流作目标受试者，这是因为受试者 8 在之前的分类试验中取得了最优的分类准确率(表 6.1)。利用源受试者的所有训练数据和测试数据来训练源网络，并依次实现四种迁移设计：时间-频率卷积层迁移、空间卷积层迁移、全连接层迁移、时间-频率和空间卷积层双层迁移。需要注意的是，目标网络中仅上述层级的权重被源网络对应层级权重初始化，目标网络的其他网络层依然为随机初始化。完成初始化后，目标网络仅在目标受试者的训练数据上精调网络，继而在对应测试数据集上验证性能。表 6.4 给出了不同迁移层选择的实验结果。可以发现，同时迁移时间-频率卷积层和空间卷积层的网络在分类准确率上超出未迁移网络 2.7% kappa 值，并且明显优于其他选择。此结果更加确定了双层迁移(时间-频率卷积层和卷积空间层)将为脑电信号的分类任务带来良好的影响。因此，后文中所提到的权重迁移均专指时间-频率卷积层和空间卷积层的双层权重迁移。

表 6.4 数据集 2a 迁移不同的源网络层(kappa 值)

受试者	未迁移	时间-频率卷积层	空间卷积层	全连接层	时间-频率卷积层和空间卷积层
S1	0.62	0.62	0.69	0.57	0.61
S2	0.32	0.34	0.48	0.31	0.32
S3	0.71	0.74	0.78	0.68	0.72
S4	0.40	0.40	0.54	0.39	0.48
S5	0.59	0.60	0.68	0.59	0.56
S6	0.33	0.35	0.49	0.35	0.36
S7	0.66	0.66	0.74	0.66	0.68
S8	0.72	—	—	—	—
S9	0.69	0.67	0.77	0.66	0.71
均值	0.558	0.567	0.662	0.548	0.573

(2)源受试者迁移权重的强度选择。每个源受试者为目标网络贡献权重的初始化是依照一定的比例(强度)进行的，即式(6.11)中的参数 ρ。对于每一个源受试者，本书探索两种强度的选择：其一是使用表 6.4 中仅利用测试数据集测试获得的 kappa 值；其二是使用表 6.5 随机分配验证数据集所得到的 kappa 值。更为详细的解释是，第一种选择是在测试数据集测试分类性能的多 kappa 值中找到最优源网络并为目标网络迁移权重；而第二种选择是从训练数据和测试数据的融合数据集中随机抽取验证数据集，并在验证数据集测试网络的分类性能，从中选取最大 kappa 值对应的源网络来初始化目标网络。两种强度选择的相关结果如表 6.5 所示，可以发现，使用验证 kappa 值的大小来确定迁移强度优于其他选择。一个可能的

原因是验证数据集包含了同时来源于训练阶段和测试阶段的试验数据，为源网络提供了较为全面的整体评价。接下来的实验，统一采纳以下两项规则：①同时迁移时间-频率卷积层和空间卷积层；②在验证数据集上计算每一个源受试者的kappa值并通过kappa的大小来确定迁移强度 r，其中验证数据集是从融合了训练阶段和测试阶段的所有数据集中随机选取的。迁移策略的选择除了前面提到的将最优源网络的参数迁移至目标网络，即top1迁移，本书也探索了其他的选择，包含迁移前三个最好的源网络权重的加权平均参数(top3 迁移)，迁移所有源网络权重的加权平均参数(加权平均迁移)，迁移源网络权重的平均参数值(平均迁移)。此处由验证数据集计算到的kappa值确定了加权的权数，所有参与迁移的源网络权数总和为1。

表 6.5　在数据集 2a 上以不同的强度策略迁移权重(kappa 值)

受试者	测试精度为权重	验证精度为权重
S1	0.61	0.63
S2	0.32	0.32
S3	0.72	0.75
S4	0.48	0.44
S5	0.56	0.60
S6	0.36	0.38
S7	0.68	0.69
S8	0.72	0.71
S9	0.71	0.73
均值	0.573	0.583

表6.6展示了基于不同迁移策略的模型在数据集2a上的分类性能。从表中可以发现迁移策略普遍提高了目标网络的分类准确率。在所有的迁移选择中，迁移最优源网络(top1 迁移)实现了最大的分类性能提升，相对于未做任何权重迁移的目标网络具有明显的不同，其威尔科克森符号秩检验的双边 p 值是0.028，小于显著性水平0.05。通过利用top1迁移策略，受试者8、9获得了更好的分类性能，平均分类准确率(kappa值)达到了0.583，相较于原模型提高了5%。

表 6.6　在数据集 2a 上测试基于不同迁移策略的模型分类性能

受试者	未迁移	top1 迁移策略	top3 迁移策略	加权平均策略	平均策略
S1	0.62	0.63	0.61	0.62	**0.64**

续表

受试者	未迁移	top1 迁移策略	top3 迁移策略	加权平均策略	平均策略
S2	**0.32**	**0.32**	0.30	0.31	0.30
S3	0.71	**0.75**	0.71	0.70	0.73
S4	0.40	**0.44**	0.38	0.35	0.34
S5	0.59	**0.60**	0.58	0.58	0.59
S6	0.33	**0.38**	0.36	0.33	0.34
S7	0.66	0.69	0.69	0.69	0.69
S8	0.72	0.71	0.72	0.69	0.70
S9	0.69	0.73	0.73	0.69	0.69
均值	0.558	**0.583**	0.564	0.551	0.558

注：表中黑体数字表示最好的识别结果，余同。

本书在数据集 2b 上也验证了 top1 迁移策略，如表 6.7 所示。整体分类性能有所提升，平均 kappa 值从 0.6 提高至 0.62。从以上试验中不难发现，迁移具有最优分类性能的源网络的时间-频率卷积层和空间卷积层的双层权重是一项成功的迁移策略，其中最优源网络是在验证数据集(从训练集和测试集随机抽取)上测试得到最大 kappa 值对应的源网络。

表 6.7　在数据集 2b 上测试基于迁移策略的模型分类性能

受试者	未迁移	top1 迁移策略
S1	0.47	**0.51**
S2	0.27	**0.27**
S3	0.72	**0.74**
S4	0.95	**0.96**
S5	0.73	0.71
S6	0.45	0.41
S7	0.77	**0.81**
S8	0.86	0.84
S9	0.62	**0.66**
均值	0.649	**0.657**

(3)训练数据的最低需求量。通过使用迁移策略，在保证不损害分类性能的基础上，减少了用于模型训练的数据量。在脑机接口领域，降低训练数据量意味着缩短脑机接口系统的校准时间，因此减少训练数据需求是十分重要并且有益的。

当精调目标网络仅使用部分目标受试者的训练数据时，在数据集 2a 的第 4 位受试者上展示了分类性能是如何改变的［图 6.6(a)］。当用于训练网络的目标受试者数据量增加时，模型的分类准确率逐渐提高。基于权重迁移的网络性能在只使用40%的训练数据时达到与未迁移网络(随机初始化并仅使用训练数据训练)相同的准确率［图 6.6(a)中虚线所示］。图 6.6(b)展示了数据集 2a 上所有受试者在引入权重迁移的模型中达到原未迁移网络分类性能的所需最小训练数据量，其中数据需求至少降低 20%。这意味着通过使用权重迁移策略，新受试者可以在脑机接口系统中至少缩短 20%的校准时间，明显提高了系统的实用性。

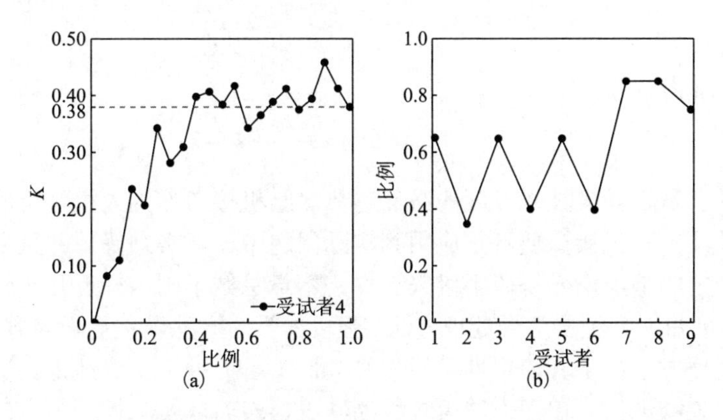

图 6.6　基于 top1 迁移策略，数据集 2a 用于模型训练的最小需求量

4) 与现有模型性能比较

在三个数据集上，对比所提出神经网络模型的最终分类性能和现有模型的最优分类性能，结果见表 6.8。对于脑机接口第四届比赛的数据集 2a、2b，本书模型获得了略高的分类准确率(kappa 值)，即相较于比赛公开的最优分类结果分别增加了 2%和 3%。对于上肢运动数据集，本书模型在 15 位受试者数据集上的平均分类准确率为 0.31，明显超过文献[50]中报告的最优结果，约增加了 15%。

表 6.8　所提模型与现有模型结果比较

数据集	模型	kappa 值	正确率
数据集 2a	本书模型	0.58	0.69
	FBCSP	0.57	0.67
	OSTP	0.60	0.72
	ConvNets	—	**0.74**
数据集 2b	本书模型	**0.66**	**0.83**
	FBCSP	0.60	0.79

续表

数据集	模型	kappa 值	正确率
数据集 2b	OSTP	0.60	0.78
	ConvNets	0.63	—
上肢运动数据集	本书模型	**0.17**	**0.31**
	DSP	—	0.27

注：FBCSP 是滤波器组共空间模式（filter bank common spatial pattern, FBCSP）；OSTP 是最优空间模式（optimal spatial-temporal pattern, OSTP）。

6.5 本章小结

人机融合是机器人技术发展的必然趋势。脑机接口作为人机融合的一个重要手段备受关注。脑机接口要真正应用到实际问题中，就必须好用并且易用。这需要有高效稳定的脑电信号解码手段来支撑。本章总结了国内外近几年脑电信号解码的方法，可归纳为经典信号处理方法、强机器学习方法及黎曼学习方法三大类。经典信号处理方法由于其简单性及历史悠久性，目前处于主导地位。这类方法在两类运动想象脑电信号识别上取得较好的结果。然而就实际控制来说，由此产生的两个控制指令远远不够，通常需要多个指令一起来完成控制，这就涉及同时识别多种类别的脑电信号。对于这种情况大都通过一对一或者一对多等启发式方法扩展两类脑电信号识别方法来完成多类别脑电信号识别任务，识别正确率较低。

以卷积网络为代表的强机器学习方法，在识别多类别脑电信号上给出了较高的识别正确率，但是这类算法需要大量的训练数据，并且识别结果的可解读性低。本章介绍了一种新的卷积网络，将小波变换、空间滤波和决策规则融为一体，实现了一种端到端的脑电信号解码方法。该新卷积网络采用小波核，每个小波核只有两个参数，远小于经典的卷积核，由此降低了网络过拟合的可能性。该网络的小波核卷积层提取脑电信号中的时频信息，输出时频域中的振幅作为下一层的输入，下一层再接着做空间滤波，提取脑电信号中的空间信息。因此该卷积网络实现了一种空间-时间-频率联合特征学习方法，提高了该网络的可解释性。但是，该卷积网络具有所有深度学习网络的通病，即需要大量的训练数据，算法才能收敛到较好的结果。然而在脑机接口领域，一个用户可以用来训练脑电信号解码器的样本数目不是特别多。如果收集太多，需要耗费很长时间，会打消用户的积极性。因此，本章提出迁移学习策略，利用别的用户脑电信号数据来辅助当前用户训练其脑电信号解码器，取得了良好效果。该方法的提出将进一步推进脑机接口的实际应用。

脑机接口是脑与机器人之间的桥梁。要推进脑机接口的实际应用，除了设计高效的脑电信号解码器以外，还必须加深对脑活动的认知与理解，研制新型脑电信号提取范式，更需要设计灵巧的便于控制的机器人。

参考文献

[1] 顾凡及. 脑机接口技术[J]. 科学(上海), 2016, 68(6): 40-44.

[2] Chavarriaga R, Gheorghe L A, Zhang H, et al. Detecting cognitive states for enhancing driving experience [C]. Proceedings of the Fifth International Brain-Computer Interface Meeting, Graz University of Technology Publishing House, 2013.

[3] Pichiorri F, Morone G, Pisotta I, et al. BCI for stroke rehabilitation: a randomized controlled trial of efficacy [C]. Proceedings of the Fifth International Brain-Computer Interface Meeting, Graz University of Technology Publishing House, 2013.

[4] 李勃. 脑机接口技术研究综述[J]. 数字通信, 2013, 40(4): 5-8.

[5] 王金甲, 杨亮. 脑机接口中多线性主成分分析的张量特征提取[J]. 生物医学工程学杂志, 2015, 32(3): 526-530.

[6] Mcfarland D J, Miner L A, Vaughan T M, et al. Mu and beta rhythm topographies during motor imagery and actual movements[J]. Brain Topography, 2000, 12(3):177-186.

[7] 程龙龙, 明东, 刘双迟, 等. 脑-机接口研究中想象动作电位的特征提取与分类算法[J]. 仪器仪表学报, 2008, 29(8): 1772-1778.

[8] Pfurtscheller G, Flotzinger D J, Kalcher J. Brain-computer interface a new communication device for handicapped persons[J]. Journal of Microcomputer Applications, 1993, 16(3): 293-299.

[9] Kalcher J, Flotzinger D, Neuper C, et al. Graz brain-computer interface II: towards communication between humans and computers based on online classification of three different EEG patterns[J]. Medical and Biological Engineering and Computing, 1996, 34(5): 382.

[10] Pfurtscheller G, Müller-Putz G R, Schlögl A, et al. 15 years of BCI research at Graz university of technology: current projects[J]. IEEE Transactions on Neural Systems and Rehabilitation Engineering, 2006, 14(2): 205-210.

[11] Pfurtscheller G, Leeb R, Faller J, et al. Brain-computer interface systems used for virtual reality control[M]//Virtual Reality·Rijeka, Croatia: InTech, 2011.

[12] Nicolas-Alonso L F, Gomez-Gil J. Brain computer interfaces, a review[J]. Sensors, 2012, 12(2): 1211-1279.

[13] Lotte F, Congedo M, Lécuyer A, et al. A review of classification algorithms for EEG-based brain-computer interfaces[J]. Journal of Neural Engineering, 2007, 4(2): R1-R3.

[14] Lakshmi M R, Prasad T V, Prakash V C. Survey on EEG signal processing methods[J]. International Journal of Advanced Research in Computer Science and Software Engineering, 2014, 4(1): 84-91.

[15] Ilyas M Z, Saad P, Ahmad M I. A survey of analysis and classification of EEG signals for brain-computer interfaces[C]. International Conference on Biomedical Engineering, 2015: 1-6.

[16] Forney E, Anderson C, Gavin W, et al. A stimulus-free brain computer interface using mental tasks and echo state networks[C]. Proceedings of the Fifth International Brain-Computer Interface Meeting, 2013.

[17] Li J H, Cichocki A. Deep learning of multifractal attributes from motor imagery induced EEG[J]. Neural Information Processing, 2014 , 8834: 503-510.

[18] An X, Kuang D P, Guo X J, et al. A deep learning method for classification of EEG data based on motor imagery[C]. International Conference on Intelligent Computing, Springer, Cham, 2014.

[19] Li J H, Struzik Z , Zhang L Q, et al. Feature learning from incomplete EEG with denoising autoencoder[J]. Neurocomputing, 2015, 165: 23-31.

[20] Barachant A, Stéphane B, Congedo M, et al. Multiclass brain-computer interface classification by riemannian geometry[J]. IEEE Transactions on Biomedical Engineering, 2012, 59(4): 920-928.

[21] Congedo M, Barachant A, Bhatia R. Riemannian geometry for EEG-based brain-computer interfaces: a primer and a review[J]. Brain-Computer Interfaces, 2017: 1-20.

[22] Yger F, Berar M, Lotte F. Riemannian approaches in brain-computer interfaces: a review[J]. IEEE Transactions on Neural Systems and Rehabilitation Engineering, 2017, 25(10):1753-1762.

[23] Schloegl A, Neuper C, Pfurtscheller G. Subject specific EEG patterns during motor imaginary[C]. International Conference of the IEEE Engineering in Medicine & Biology Society, IEEE, 1997:1530-1532.

[24] Meng M, Lu S N, Man H T, et al. Feature extraction method of motor imagery EEG based on DTCWT sample entropy[C]. Control Conference, 2015: 3964-3968.

[25] Bashar S K, Hassan A R, Bhuiyan M I H. Identification of motor imagery movements from EEG signals using dual tree complex wavelet transform[C]. International Conference on Advances in Computing, Communications and Informatics, 2015: 290-296.

[26] Hong J, Qin X S, Bai J, et al. A combined feature extraction method for left-right hand motor imagery in BCI[C]. IEEE International Conference on Mechatronics and Automation, 2015:2621-2625.

[27] Boye A T, Kristiansen U Q , Billinger M, et al. Identification of movement-related cortical potentials with optimized spatial filtering and principal component analysis[J]. Biomedical Signal Processing and Control, 2008, 3(4): 300-304.

[28] Mondini V, Mangia A L, Cappello A. EEG-based BCI system using adaptive features extraction and classification procedures[J]. Computational Intelligence and Neuroscience, 2016:1-14.

[29] Kamousi B, Liu Z, He B. Classification of motor imagery tasks for brain-computer interface applications by means of two equivalent dipoles analysis[J]. IEEE Transactions on Neural Systems and Rehabilitation Engineering, 2005, 13(2): 166-171.

[30] Qin L, Ding L, He B. Motor imagery classification by means of source analysis for brain-computer interface applications[J]. Journal of Neural Engineering, 2004, 1(3): 135-141.

[31] Chiappa S, Barber D. EEG classification using generative independent component analysis[J]. Neurocomputing, 2006, 69(7-9): 769-777.

[32] Liu C W, Fu Y F, Sun H W, et al. Discrimination of EEG related to motor imagery by combined wavelet energy feature with phase synchronization feature[C]. IEEE International Conference on Cyber Technology in Automation, Control, and Intelligent Systems, 2015: 1917-1922.

[33] He L H, Hu D, Wan M, et al. Common Bayesian network for classification of EEG-based multiclass motor imagery BCI[J]. IEEE Transactions on Systems Man and Cybernetics Systems, 2016, 46(6):843-854.

[34] Ahmad M, Aqil M. Implementation of nonlinear classifiers for adaptive autoregressive EEG features classification[C]. Electrical Engineering, IEEE, 2015.

[35] Park C, Looney D, Ur Rehman N, et al. Classification of motor imagery BCI using multivariate empirical mode decomposition[J]. IEEE Transactions on Neural Systems and Rehabilitation Engineering, 2013, 21(1): 10-22.

[36] Lu N, Li T F, Ren X D, et al. A deep learning scheme for motor imagery classification based on restricted Boltzmann

machines[J]. IEEE Transactions on Neural Systems & Rehabilitation Engineering, 2016, 25(6): 566-576.

[37] Schirrmeister R T , Springenberg J T , Fiederer L D J , et al. Deep learning with convolutional neural networks for EEG decoding and visualization[J]. Human Brain Mapping,2017, 38: 5391-5420.

[38] Ma T, Li H, Yang H, et al. The extraction of motion-onset VEP BCI features based on deep learning and compressed sensing[J]. Journal of Neuroscience Methods, 2016, 275: 80-92.

[39] Tabar Y R, Halici U. A novel deep learning approach for classification of EEG motor imagery signals[J]. Journal of Neural Engineering, 2017, 14(1): 016003.

[40] Barachant A, Bonnet S, Congedo M, et al. Riemannian geometry applied to BCI classification[J]. Lecture Notes in Computer Science, 2010, 6365: 629-636.

[41] Xie X F, Yu Z L, Lu H P, et al. Motor imagery classification based on bilinear sub-manifold learning of symmetric positive-definite matrices[J]. IEEE Transactions on Neural Systems and Rehabilitation Engineering, 2017, 25(6): 504-516.

[42] Gaur P, Pachori R B, Wang H, et al. A multi-class EEG-based BCI classification using multivariate empirical mode decomposition based filtering and riemannian geometry[J]. Expert Systems with Applications, 2018, 95: 201-211.

[43] Molina G N G, Ebrahimi T, Vesin J M. Joint time-frequency-space classification of EEG in a brain-computer interface application[J]. EURASIP Journal on Advances in Signal Processing, 2003(7): 1-17.

[44] Clevert D, Unterthiner T, Hochreiter S. Fast and accurate deep network learning by exponential linear units (ELUS) [C]. International Conference on Learning Representations, 2016.

[45] Tu W T, Sun S L. A subject transfer framework for EEG classification[J]. Neurocomputing, 2012, 82: 109-116.

[46] Pan S J, Yang Q. A survey on transfer learning[J]. IEEE Transactions on Knowledge and Data Engineering, 2010, 22(10): 1345-1359.

[47] Samek W, Meinecke F C, Muller K R. Transferring subspaces between subjects in brain-computer interfacing[J]. IEEE Transactions on Biomedical Engineering, 2013, 60(8): 2289-2298.

[48] Brunner C, Leeb R, Muller-Putz G R, et al. BCI competition 2008-graz data set A[C]. Institute for Knowledge Discovery, Graz University of Technology, 2008:136-142.

[49] Leeb R, Brunner C, Muller-Putz G R, et al. BCI competition 2008-graz data set B[C]. Institute for Knowledge Discovery, Graz University of Technology, 2008: 1-6.

[50] Ofner P, Schwarz A, Pereira J, et al. Upper limb movements can be decoded from the time-domain of low-frequency EEG[J]. PLoS One, 2017, 12(8): e0182578.

[51] Rotermund D , Ernst U A , Mandon S , et al. Toward high performance, weakly invasive brain computer interfaces using selective visual attention[J]. Journal of Neuroscience, 2013, 33(14): 6001-6011.

[52] Scholkopf B, Smola A J, Williamson R C, et al. New support vector algorithms[J]. Neural Computation, 2000, 12(5): 1207-1245.

[53] Williams C K I. Learning with kernels: support vector machines, regularization, optimization, and beyond[J]. Publications of the American Statistical Association, 2002, 98(462): 489-489.

7 水下机器人操作脑电控制技术

针对任务复杂的水下机器人作业中操作人员由于双手被束缚无法同时手动操作其他设备的问题，我们尝试了将脑机接口技术引入水下机器人作业中，通过解析脑电信号并将其映射为具体指令从而控制机械手完成水下作业，为操作人员提供一种独立于手动操作之外的控制方式来控制机械手，从而使其能够同时完成多项任务。然而，将脑电控制技术应用到水下机器人作业中面临着一些问题：现阶段脑电控制技术还不太成熟，直接使用真实的水下机器人进行实验具有风险；现阶段脑电控制机械手执行的都是简单、不连贯的动作，实时性、准确性方面仍有不足；现阶段脑电控制要求操作人员保持稳定的坐姿，将脑电控制技术应用到水下作业中时手臂操作带来的干扰会使识别操作人员意图的准确率降低。为此，本章在总结和分析国内外现有研究工作的基础上，针对上述问题，对水下机器人脑电控制技术进行了研究。

7.1 引言

21 世纪是人类开发海洋的新世纪，海洋面积约占地球总面积的 2/3，海洋中蕴含了无比巨大的资源与能源，是人类可持续发展的基础[1,2]。当今世界越来越重视海洋开发，迅速发展的海洋产业对水下作业技术与水下作业工具提出了越来越高的要求。水下机械手是水下作业不可或缺的一部分，其作业性能很大程度上决定了水下机器人系统整体的作业能力，并被广泛配置于载人潜水器(human occupied vehicle, HOV)、无人遥控潜水器等水下机器人上，用以完成生物样本和海底岩石样本采集、资源开采、布放与清除水雷等水下作业[3,4]。

在进行复杂度高的水下作业过程中，操作人员在对机械手进行操作的同时还要对水下机器人系统中其他设备进行操作，以达到相互配合、协同作业的目的，工作量大。若仅仅依靠操作人员的双手来执行这些任务，操作压力大，尤其在操作主从伺服式机械手时操作人员很难使用双手操作其他设备。若采用多人协作的方式来执行这些任务，操作起来费时费力，且容易出现误操作，尤其对于内部操作空间有限、可承载人数较少的载人潜水器来说，可能还无法提供足够的协作配合空间。因此，对于任务复杂的水下作业来说，如何提高操作人员的操控效率，充分调动其操作潜能，以及控制系统操作的简便化、一体化是水下作业发展的方向。

自主作业是水下机械手近年的研究热点和未来的一个发展方向，可以减少操作人员的操作压力，但现阶段仍存在一些问题，如对环境要求较高，对目标的识别和定位还不够精确，有时难以保证以理想的姿态、抓取位置和时机进行作业，因此成功应用的例子不多。

融合人脑意识是当前机器人控制研究方向的前沿课题。机器人技术在未来新兴产业发展中具有重要意义，脑科学、神经学的发展将可能加速机器人学与这些学科的结合，从而使得对提升机器人作业有非常重要作用的人-机接口应用向着更加方便、准确的方向发展，也为机器人的研究提供了新的思路与方法[5]。脑电信号是通过电极记录下来的脑细胞群的自发性、节律性电活动[6]，对这种信号的有效处理不仅可以预测人类行为，还可以在传统交互方式中提供额外信息，甚至在特殊环境下取代传统交互方式给予控制指令[7]。脑机接口技术是一种不依赖人的外周神经系统和肌肉而在大脑与被控设备之间建立起来的直接通信方式。脑机接口与传统接口相比，人是通过大脑直接进行操作，脑电信号可以提供除肢体以外的另一种独立控制信号来直接控制执行器，为人类控制外设提供了更多的途径。本章将脑电控制技术应用到水下机器人作业中，通过解析脑电信号并将其映射为具体指令从而控制机械手完成水下作业，调动操作人员的潜能，提升其作业能力，减少多人协作时出现的问题。

人的意念或思维活动是虚拟的，属于精神层面，难以直接操控系统。为了实现脑控，人们试图在人脑与计算机或其他电子设备之间建立起直接交流和控制的通道。这种通道的建立必须具备两个条件：科学依据和技术支撑。从控制科学的角度看，大脑是人体所有运动、语言机能的控制中心，以外部神经为媒介向身体发出指令。神经科学的研究发现，即使外部神经和肢体因损伤而失去作用，但大脑的功能还是正常的，大脑发出的指令信息可以通过脑电信号传递出来。研究还发现，人们在进行某些思维活动时或者在外界某种刺激的诱发下，脑电信号会呈现出某种相对应的、有规律的变化模式。由此，抽象的、虚拟的大脑活动所表达的人的意愿就有可能通过实在的、物理的脑电信号而表征出来，脑电信号就成为人脑与外部联系的桥梁。一方面，神经科学的上述研究成果为脑电控制的研究提供了科学依据和工作原理；另一方面，脑机接口技术的迅速发展为脑电控制的研究提供了技术支撑。因此，脑电控制系统得以实现。脑机接口是通过计算机或其他电子设备在人脑与外界环境之间建立一条不依赖外周神经和肌肉组织的对外信息交流和控制通路。它将携带着受试者“意愿”的特定脑电信号模式特征转换为控制命令，传递到外部设备，实现人机间的不断交互、适应和协商。作为一种通信系统，脑机接口主要由以下几部分组成：信号采集，即采集大脑信号；信号处理，即从采集到的信号中提取大脑信号特征并将其转化为设备的控制指令；应用接口，即将控制指令传输给外部设备，以实现对外部设备的操控；操作协议，即引导操作流程。

近年来，脑电控制技术的研究呈现上升的趋势。EEG 作为一种无创式、响应较快、使用方便的脑功能成像技术，可以在不带给用户任何手术风险的情况下采集到根据思维状态而快速变化的脑电信号[8]，通过解析信号中携带的用户意图来控制一些能够大幅提高人类运动能力的执行器，如智能轮椅[9]、机械手[10]、仿人机器人[11]、其他外部设备[12,13]等，从而有效地扩展人类自身的能力。同时，该技术已经开始渗透到工业、国防领域[14-16]。

在脑电控制技术领域，基于视觉诱发的稳态视觉诱发电位(steady-state visual evoked potentials, SSVEP)[17-19]和 P300[20-22]模式较为成熟，具有较高的准确率，并且不需要操作人员过长的训练时间。SSVEP 是大脑对视觉刺激的自然反应，当操作人员注视一个固定频率的闪烁激励时，其头皮枕叶会产生与激励闪烁相同频率的脑电信号；P300 的诱发原理是当操作人员所关注的激励与其他激励相比其出现的概率较小时，头皮顶叶及附近在激励出现之后的 300ms 出现一个正向波峰。两种模式都主要对操作人员所能够看到的多个激励赋予不同含义并分析哪个激励诱发出相关电位进而推断操作人员的意图。虽然两种模式的基本思想一致，但是在实际应用时存在较大区别。首先，信号产生机制的不同使得两种信号的信号源不同，SSVEP 信号出现在与视觉信息处理相关的头皮枕区，P300 信号主要出现在头皮顶叶及附近；其次，信号分析的空间不同，SSVEP 分析为频域分析，而 P300 是对信号时域波形进行判别。下面是国内外团队基于这两个模式对机械手的成功应用。

文献[10]将七自由度的机械手与二自由度的轮椅进行组合，在机械手可以完成平移、抓取等多种动作的同时，也可以通过移动轮椅来扩大机械手的使用范围，如图 7.1 所示。

(a) 实验现场

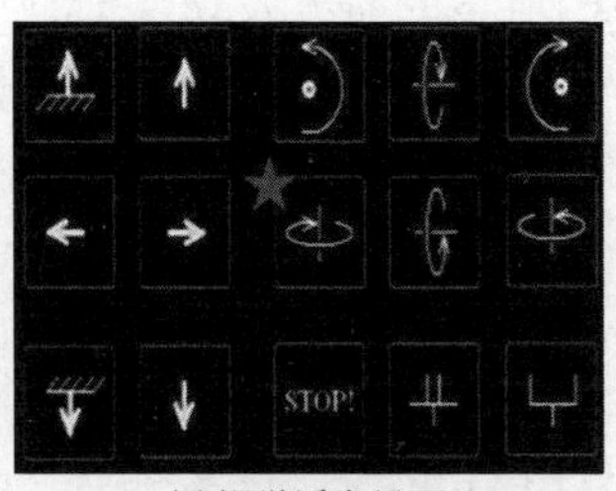

(b) 视觉诱发界面

图 7.1　P300 模式下控制七自由度机械手与二自由度轮椅

文献[23]着手于高层的“选择目标”的控制方式，每个闪烁的图像代表六自由度机械手的起始位置或者目的地，由于受试者不需要给出机械手运作过程中的每个动作的指令从而减小受试者的操作负担，如图 7.2 所示。文献[24]指出，基于 P300 脑电信号的机械手控制系统与常规的拼写输入系统相比，并不会因为加入反馈而降低系统的正确率。机械手不仅可以用来抓取物品，还可以充当画笔[25]，闪烁的符号代表实际画板上的节点，受试者通过连续注视若干节点来控制机械手在画板上移动的轨迹，画出线条，从而使机械手成为用户之间交流或者娱乐的一个手段。

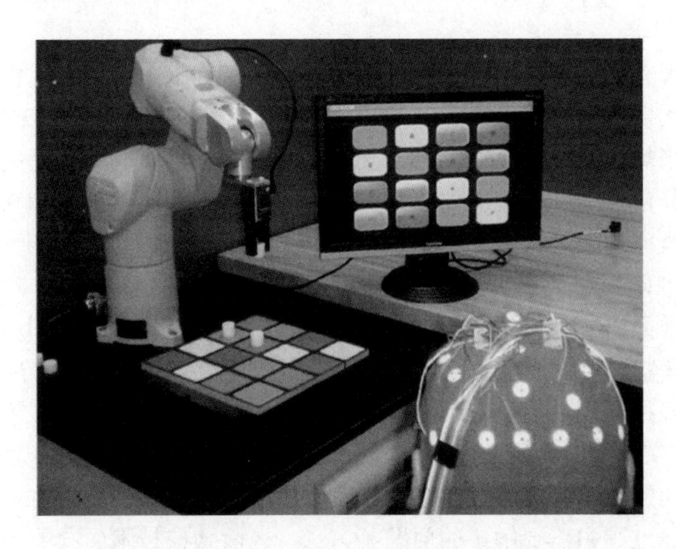

图 7.2　P300 模式下控制六自由度机械手选择目标

文献[26]使用 6 个闪烁频率不同的 LED 灯诱发出了 SSVEP，将信号的频域特征转化为控制指令，同时发送给机械手和屏幕上的模拟小球，受试者在得到小球传回的反馈信息后能够更好地控制机械手。卫兵等[27]将视觉刺激个数增加到 7 个，并且在机械手的动作中加入手指的动作，扩展了机械手的实用性。文献[28]把 SSVEP 与情绪反应相结合，通过把视觉刺激的表现方式从简单的形状变为人类情绪的照片，缩短了响应时间和过渡时间，提高了控制机械手的实时性和可靠性。文献[29]利用菜单选项、环境感知和任务规划技术提高了机械手的智能性，并且将其安装在轮椅上，使操作人员有更大的利用机械手的空间。

在脑电控制技术中，实验平台的搭建非常重要，好的实验平台可以简化问题研究并得到理想的实验结果。文献[30]搭建了配置灵活且易于扩展的脑电控制技术实验平台——Cerebot，该平台集成了 Cerebus 神经信号采集系统和作为被控对象的多种仿人机器人，采用基于 OpenViBE 的脑电信号控制系统。此平台中的

Cerebus 脑电信号采集设备，可以采集植入式和非植入式的脑电信号，通道数最高可以达到 128 通道，覆盖整个头皮；其本身自带的在线脑电信号处理模块可以有效降低干扰，得到较为纯净的脑电信号。此平台的被控对象是两款高自由度的仿人机器人，分别为 Nao(25 自由度)和 KT-X PC(20 自由度)，以及 Webots 环境下的虚拟仿人机器人。这些机器人本身配备的大量传感器可以通过采集多个模态的环境信息协助操作人员在复杂环境做出决策，从而完成既定任务。在此基础上，研究人员对脑电控制技术的两种经典信号模式(P300，SSVEP)展开研究，分别实现了具有自适应功能的在线 P300 仿人机器人控制系统和高正确率、高速度的 SSVEP 仿人机器人控制系统。

通过对现有研究进展的分析可以发现，由于受到脑电诱发模式机理的限制，基于这两种诱发模式的脑电控制技术在应用中呈现出不同的优缺点：P300 信号需要多次叠加平均才能得到良好信号，因此在系统中提高正确率和提高速度成为一对矛盾，但是它对指令的数量没有要求；SSVEP 模式受硬件性能和脑电信号在频域可识别分辨率的限制，现阶段可以给出的脑电状态数量有限，即便如此，SSVEP 的快速性、准确性和训练周期短的特性使得其应用很广泛。已有 P300、SSVEP 模式下控制地面机械手到达目标的方式为：逐步调整机械手末端到达目标处；直接选择目标使机械手末端自动到达目标处。此外，将脑电控制技术应用到工业领域也面临着多种问题：第一，现阶段脑电控制机械手所执行的都是简单、不连贯的动作，而在实际情况下需要用脑电控制机械手完成一系列不同难易程度的动作，这些动作之间的切换、连贯性及出现错误之后的矫正过程都是在将脑电控制机械手应用于实际过程中需要解决的问题；第二，之前脑控技术面向的人群主要是截瘫患者这样的残疾人士，脑电控制是整个系统中唯一控制外设的手段，而在工业环境下，当脑电控制方式与手臂操作方式同时需要时，如何能够仍保持较高的意图识别准确率是需要解决的问题。

7.2 基于事件相关电位的水下机械手脑电控制

本章基于解放水下机械手操作人员双手的工程应用背景，将脑机接口技术应用到水下机器人作业中，并建立了基于 ERP 脑电信号的脑机接口系统。脑电控制方式与手控方式的相互结合可以使操作人员同时对多个目标进行控制，减少了多人操作时遇到的协作、配合问题。

7.2.1 ERP 与水下机械手控制的优化融合

1. ERP 脑电信号及实验范式

当外加某种特定的刺激于感觉系统或脑的某一部位，在给予 / 撤销刺激或者出现某种心理因素时脑区所产生的电位变化被定义为事件相关电位(event-related potential，ERP)[31]。不同的外界刺激方式和心理因素会引起不同的 ERP，一般以极性(正向波为 P，负向波为 N)、潜伏期(从施加 / 撤销刺激至波峰 / 波谷达到最高 / 低处的时间长度)、主要分布的脑区来描述 ERP。基于 ERP 的脑电波控制方式具有如下优点：受试者在未进行训练的情况下就能够被诱发出理想的脑电信号；较高的控制意图辨识准确率；单个视觉诱发界面可以同时提供多种控制指令；受试者可以直观、方便地进行控制。基于以上优点，使用 ERP 脑电信号控制水下机械手进行作业是一个很好的选择。

在 BCI 领域，较为常见的 ERP 脑电信号为 P300 和 N200，两者皆为基于视觉诱发的脑电信号。P300 是在事件发生后大约 300ms 出现的 1 个正向波[32]，是以 δ(0.5～4Hz) 频段为主要贡献的δ和 θ(4～7.5Hz) 频段响应的融合[33]，潜伏期为 250～800ms，幅值在 5～20μV[34]。P300 是应用于 BCI 中最为常见的 ERP，产生 P300 的一种解释为背景-更新理论[35]。大脑在对激励进行感官信息的初级处理之后，会在注意力的驱使下比较工作记忆中以往激励的表征和当前激励的表征。如果没有检测到差异，则大脑只产生与感官相关的 ERP，如 N100 和 P200；如果检测到差异，大脑会更新已有的有关激励的表征，P300 则伴随这一更新过程而出现。N200 是在事件发生后大约 200ms 出现的 1 个负向波，是以θ频段为主要贡献的δ和θ频段共同调制产生的波形[36]，潜伏期为 180～325ms。采用不同的诱发范式可引起大脑不同意识程度和主观程度的信息处理过程，形成在幅值、潜伏期、脑区分布方面有差异的 N200。引起 N200 的心理因素主要有新异性、认知控制和视觉注意，与客体特征及空间特征相关。N200 是对运动处理过程的响应和对时间上亮度变化响应的成分合成，在大脑的两个半球的分布上有差异。

“oddball”范式[33]是产生 ERP 的经典实验范式，虽然 P300 与 N200 在诱发原理和信号特性等方面存在的差异导致了二者的不同表现，但在该范式下通常会同时诱发出这两种信号。该范式在一项实验中对同一感觉通路随机地呈现两种概率相差很大的刺激，经常出现的刺激为大概率者，称作标准刺激；偶然出现的刺激为小概率者，称作偏差刺激。当要求受试者对偏差刺激做出反应时，偏差刺激就变为了靶刺激。基于“oddball”范式来诱发 ERP 脑电信号，并将 P300 与 N200 脑电信号作为水下机械手的控制信号，可为操作人员提供一种独立于手动操作之外的控制方式，进而解放操作人员的双手。

2. 优化融合

将脑电控制技术应用到水下机器人作业时，对水下机械手采用脑电控制方式，被控对象为七功能(6 个自由度加 1 个功能夹钳)水下机械手。实际系统的性能与人身财产安全有直接关系，在将基于 ERP 的脑电波控制方式与水下机械手控制进行优化融合时，需要充分考虑脑电波控制和水下机械手作业的各自特点，发挥脑电波控制作为一种独立控制方式的优势。

由于水下作业任务的复杂性，需要脑电控制系统可以为操作人员提供多种能够下达的指令，单个 ERP 视觉诱发界面可以同时提供足够多的控制指令，满足作业的需求。但指令数量的增多不仅会降低系统的速度或者是准确度，同时，操作人员是通过注视屏幕来诱发相应的脑电信号，而过多的视觉激励会造成操作人员疲劳。因此，在设计 ERP 视觉诱发界面时，要兼顾确保能够顺利完成作业、尽量减少界面包含指令的数量、将遥控操作与自主操作相结合来减轻操作压力并提升操作效率。

我们以抓取作业为例来设计 ERP 视觉诱发界面，并在该作业中验证控制策略的有效性。在可以调整载体位置的情况下，机械手末端的前进、左移、右移、上升、下降与夹钳张开 / 闭合等遥控操作指令可以确保能够顺利完成简单的抓取任务。机械手的使末端靠近目标、放置目标到采样篮、恢复到初始姿态等自主操作指令可以提升操作效率和精度。为了进一步提升系统控制水下机械手的效率，可以根据任务特征将多个确定的连贯动作进行组合，如将机械手的自主操作与夹钳操作进行组合，包括使末端靠近目标与夹钳张开组合、放置目标到采样篮与夹钳张开组合、恢复到初始姿态与夹钳闭合组合。综上考虑，我们设计了基于 ERP 脑电信号控制水下机械手作业的视觉诱发界面，并将控制指令精炼为 9 个，如图 7.3 所示。该界面由 3×3 的符号矩阵组成，每个符号代表不同的水下机械手控制指令，并按照操作人员使用习惯与更易上手操作进行摆放。左侧两列为机械手的 6 个遥控操作指令，包括末端左移、右移、前进、下降、上升、夹钳张开 / 闭合，分别对应符号编号 1～6。右侧一列为机械手的 3 个自主操作指令，包括使末端靠近目标、放置目标到采样篮、恢复到初始姿态，分别对应符号编号 7～9。在该界面中，夹钳张开 / 闭合被合并为 1 个控制指令，且共用 1 个符号编号，当该指令为当前控制意图时，系统将检测机械手夹钳的当前状态，然后将其转换为相反的状态。该界面包含的水下机械手控制指令可以保证完成简单的抓取任务，对于对抓取姿态要求较高的复杂任务，需要在该界面中添加更多的控制指令。

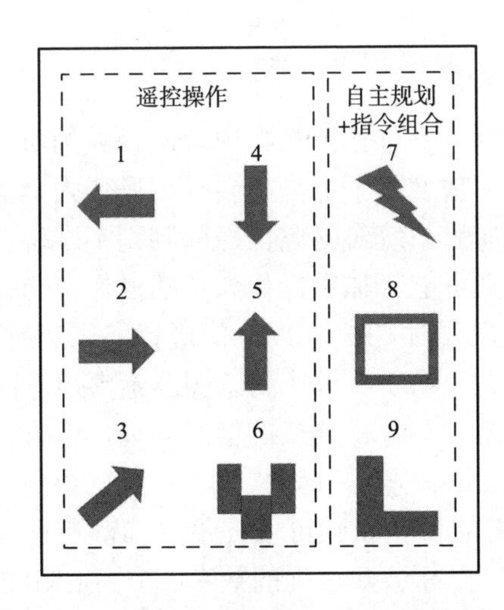

图 7.3 由符号描述的 ERP 视觉诱发界面

常用于诱发 ERP 的界面设计方式有行 / 列法和单字符法[37]。行 / 列法是界面每次激活处在同一行或者同一列的所有激励，当某一行或者列被激活时，其他行或者列被屏蔽。单字符法是界面每次只激活 1 个字符，其他所有字符都被屏蔽。这里定义“重复”为 1 个过程，在这个过程中每个激励都被激活，并且具有区别于其他所有激励的激活时刻。由于图 7.3 所设计的 ERP 视觉诱发界面包含 9 个控制指令，相对于单字符法，采用行 / 列法可以更快地完成 1 个“重复”（单字符法需要 9 次激活，行 / 列法需要 6 次激活），在分类准确率没有受到明显影响的情况下，可以更快地确定操作人员的控制意图。对于包含 9 个控制指令的视觉诱发界面，相对于其他布局形式，采用行 / 列法时 3×3 的布局形式可以更快地完成 1 个“重复”。由于水下作业对实时性要求较高，所以采用行 / 列法来诱发 ERP。

在控制过程中，水下机械手的状态需要通过视觉传感器反馈给操作人员。为了使操作人员更高效地作业，需要将视觉诱发界面与机械手的作业状态反馈界面很好地结合起来，以方便操作人员根据反馈信息快速准确地找到预期控制指令并下达。这里将这两个界面共同显示在一个显示屏中，并且为了使两个界面显示得更加充分协调，该显示屏需满足其长与宽的比例较大这一条件（实验中使用的显示屏的长宽比为 16∶9，1∶1 的方形显示屏无法将二者很协调地共同显示）。采用左侧显示机械手的作业状态反馈界面、右侧显示视觉诱发界面的方式将二者结合，这样，操作人员便可以在较短的时间内完成两个显示界面之间的注视切换，并且不会因为头部或者肢体的动作过大而影响信号的质量，又因两个界面各在一侧，操作人员对单个界面注视时注意力不会受到另一个界面的干扰。

3. 针对水下作业要求优化 ERP 界面

利用脑电波对水下机械手进行控制与现阶段相关的研究成果相比，其特点在于对脑电波控制的速度、精度有了更高的要求。操作人员需要通过注视视觉激励产生相应的脑电信号，如果系统对脑电信号的判别不准确或者是需要很长时间才能够辨识出控制意图，则可能会加重操作人员的操作负担，甚至因为控制失误而出现更大的损失。因此，需要对 ERP 诱发界面进行优化，使诱发出的 P300 和 N200 脑电信号更加明显，以提升系统辨识控制意图准确率，进而提升作业效率。

大脑在接收视觉刺激后将进行复杂的信息处理，包含处理激励的物理属性和与激励相关的心理活动。ERP 与心理因素相关并且其幅值受到认知过程的影响。文献[38]指出，含义丰富的视觉激励可以提供更丰富和直观的信息，能够降低记忆匹配环节的认知负荷、提高认知过程的效率、增大 ERP 的幅值、明显提高辨识单次诱发的 ERP 的准确率和信息传输率、提高控制机器人的精度和速度。因此，为了得到特征更加明显的 ERP 信号，将图 7.3 中由抽象符号描述的水下机械手控制指令替换为具体的水下机械手行为，并且为了使操作人员更快速、清晰明了地掌握各激励代表的控制指令，使用了红色箭头进行补充说明，如图 7.4 所示。

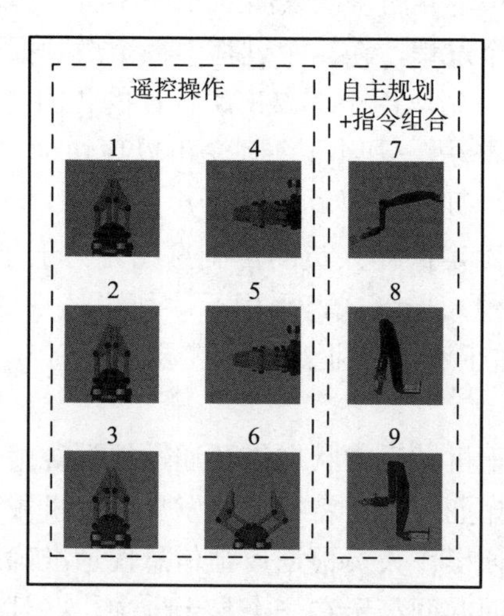

图 7.4　由水下机械手具体行为描述的 ERP 视觉诱发界面(见书后彩图)

由于 ERP 信号幅值较小，单次诱发无法获得显著的时域波形，通常需要诱发多次以提高信噪比，通过得到较为明显的特征来提高判别的准确率。这种多次诱发与长时间关注会造成操作人员的视觉疲劳和注意力下降。由于绿色和蓝色可在一定程度上缓解视觉疲劳，在设计水下机械手具体行为激励时将关于机械手的信息多以绿色来描述，并添加了蓝色的背景，这样可以在一定程度上缓解操作人员的视觉疲劳，提高控制系统长时间应用的可行性。

为了说明优化后的 ERP 视觉诱发界面给控制系统带来的作业效果提升，我们邀请了两位受试者参与到离线测试中，并比较了分别采用图 7.3 与图 7.4 作为视觉诱发界面的实验结果。实验中被注视的激励被称作目标激励，而在注视过程中受试者忽视的其他激励被称作非目标激励。实验开始后，在 1 个“重复”过程中激励以随机的序列在矩阵内进行行 / 列闪烁，每行或列的闪烁是“oddball”范式中的 1 个刺激，包含目标激励的刺激为偏差刺激，会诱发出以 P300 与 N200 为主要特征的 ERP 信号。当某行或者某列闪烁时，其他图片被覆盖，覆盖图片为中心带白色圆形点的黑色方块，如图 7.5 所示，图 7.5(a)为使用抽象符号作为激励的 1 次行闪烁，图 7.5(b)为使用水下机械手具体行为作为激励的 1 次列闪烁。测试中，为了既能留给受试者充足的反应时间，又能快速完成 1 个“重复”，设定激励的 1 个刺激持续时间为 300ms(图片显示时间为 200ms，所有图片被覆盖的时间为 100ms)，因此 1 个“重复”所需要的时间为 300ms×6=1.8s。为了提高信噪比，对单个激励的注视使用 3 个“重复”，并定义 3 个“重复”组成 1 个“试验”，受试者在 1 个“试验”中必须持续地注视目标激励。定义从注视第 1 个激励到注视第 9 个激励为 1 个“循环”，则 1 个“循环”会进行 9 个“试验”。为了使结果更具说服力，需要采集足够多的数据，实验中共进行了 8 个“循环”，即进行了 72 个“试验”。实验中通过识别哪行或列诱发出了明显 P300 与 N200 信号，系统便可以辨别出受试者选择了哪个目标(即控制意图)。为了减小个体差异性的影响，我们了受试者头部 30 个通道的脑电信号(包括 Pz 和 Cz 等)。

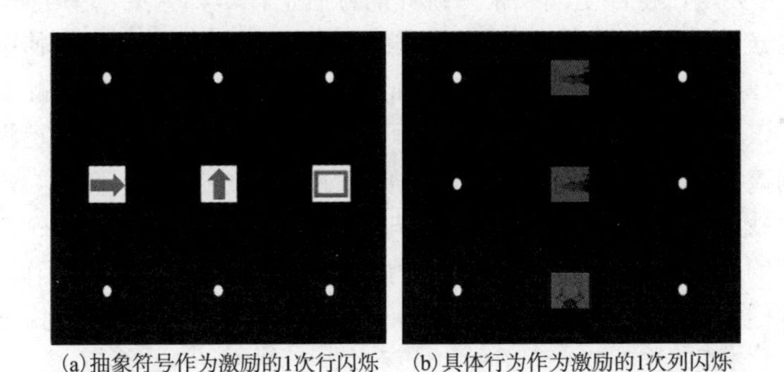

(a)抽象符号作为激励的1次行闪烁　(b)具体行为作为激励的1次列闪烁

图 7.5　激励以随机的序列在矩阵内进行行 / 列闪烁

图 7.6 为两位受试者的测试结果，红色虚线与蓝色虚线分别为采用图 7.3 作为视觉诱发界面时两位受试者所注视的目标被激活与未被激活时脑电信号 800ms 内的平均值变化情况，红色实线与蓝色实线分别为采用图 7.4 作为视觉诱发界面时两位受试者所注视的目标被激活与未被激活时脑电信号 800ms 内的平均值变化情况。从图中可以看出，采用图 7.4 作为视觉诱发界面时，诱发出的 P300 与 N200

信号更加明显，幅值更大。

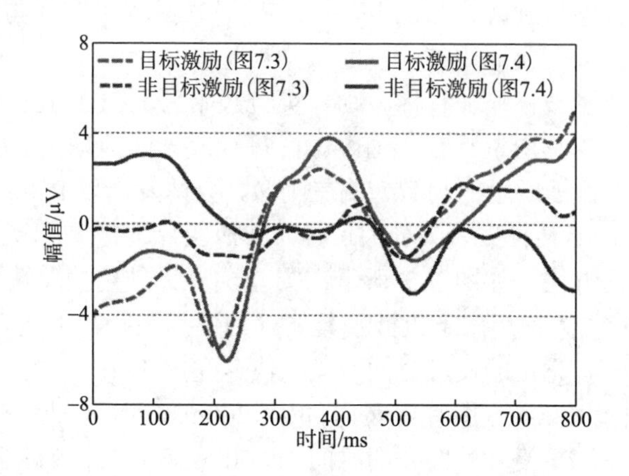

图 7.6　两位受试者的测试结果(见书后彩图)

在分析更明显信号特征对准确率产生的影响之前，需要对信号进行特征提取和分类。在低维空间表征脑电信号可以有效地减少辨识的计算量。这里，分三步对信号进行特征提取：①截取每个激励后 0～800ms 的数据段；②采用带宽为 0.1～12Hz 的 Butterworth 数字滤波器对各个数据段滤波；③将数据段从 1000Hz 的采样率降频至 50Hz，并串联选定特征通道的数据，组成 800/1000×50×30 维的特征向量。分类是在特征空间中采用统计的方法把样本归为某一个类别。文献[39]指出，线性分类器在分类 ERP 时可得到较高的准确率，因此，本章使用 Fisher 线性判别分析(Fisher's linear discriminant analysis, FLDA)方法对特征提取后的信号进行分类。该方法的思想是，在 d 维空间中寻找 1 个最优方向，使得将所有训练样本投影到该方向形成 1 维空间后两类样本的投影尽量远离，而各类样本内部尽量密集[40]。找到最优方向后，在这个方向上确定 1 个阈值，过这个阈值点且与投影方向垂直的超平面就是分类面。将目标激励诱发产生的脑电特征作为 w_1 类样本，将非目标激励产生的脑电特征作为 w_2 类样本，通过 Fisher 判别准则函数：

$$\max J_F(w)=\frac{(\tilde{m}_1-\tilde{m}_2)^2}{\tilde{s}_1^2+\tilde{s}_2^2} \tag{7.1}$$

可求出分类器的最佳投影方向为

$$\boldsymbol{w}=\boldsymbol{s}_w^{-1}(\boldsymbol{m}_1-\boldsymbol{m}_2) \tag{7.2}$$

式中，$\boldsymbol{w}$ 为训练样本集；$\boldsymbol{s}_w^{-1}$ 为总类内离散度矩阵的逆矩阵，$\tilde{s}_1^2$ 与 $\tilde{s}_2^2$ 为投影后的两类类内离散度；$\boldsymbol{m}_1$ 与 $\boldsymbol{m}_2$ 为两类均值向量，$\tilde{m}_1$ 与 $\tilde{m}_2$ 为投影到 1 维空间后的两类

均值。最终，得到的判别函数为

$$g(\boldsymbol{x}) = \boldsymbol{w}^{\mathrm{T}}\boldsymbol{x} + w_0 \tag{7.3}$$

判别规则为

$$\begin{cases} \boldsymbol{x} \in w_1, g(\boldsymbol{x}) \geqslant 0 \\ \boldsymbol{x} \in w_2, g(\boldsymbol{x}) < 0 \end{cases}$$

式中，$\boldsymbol{x}$ 为脑电信号提取后的特征向量；w_0 为阈值，由 $w_0 = -(\tilde{m}_1 - \tilde{m}_2)/2$ 公式求出。

使用 Fisher 线性判别分析方法对采集到的两位受试者的实验数据进行分类，并将采集的脑电信号分为两个部分：一部分用来训练分类器，另一部分用来测试分类器。为使测试结果更加客观，通常采用 k 折交叉验证法计算每个受试者的平均准确率[41]。随机将 5/6 的获取数据作为分类器的训练数据，余下 1/6 的获取数据作为分类器的测试数据，并多次重复训练和测试过程。最终两位受试者分别使用图 7.3 与图 7.4 作为视觉诱发界面时训练后得到的分类器平均阈值分别为 w_{0_1}=0.002、w_{0_2}=0.0032，通过迭代得到测试的平均准确率分别为 90.7%、95.8%，如表 7.1 所示。

表 7.1　两位受试者分别使用图 7.3 与图 7.4 作为视觉诱发界面时系统测试的平均准确率

受试者	图 7.3 作为视觉诱发界面时系统平均准确率/%	图 7.4 作为视觉诱发界面时系统平均准确率/%	图 7.4 相对于图 7.3 准确率提升/%
S1	89.7	94.4	4.7
S2	91.7	97.2	5.5
均值	90.7	95.8	5.1

由表 7.1 可知，相对于使用图 7.3 作为视觉诱发界面，两位受试者使用图 7.4 作为视觉诱发界面时平均准确率提高了 5.1%。当诱发的 P300 与 N200 信号变得更加明显时，两类样本的投影会更加远离，最终确定的分类面会更准确地将样本区分，从而提高系统辨识控制意图的准确率。因此，优化后的 ERP 视觉诱发界面提高了控制水下机械手的精度和速度。实验测试后，通过两位受试者的反馈了解到，他们并没有感觉到明显的疲惫，并且通过分析实验数据可以得出，准确率并没有随时间的推移产生明显下降的趋势，这为操作人员提供了长时间作业的可能。

7.2.2　实验平台的建立

由于目前控制真实水下机械手还有一些其他问题（如工业环境下的噪声干扰去除、脑电信号处理系统与水下机械手控制系统之间的通信等）有待解决，并出于安全考虑，使用建立的虚拟水下机器人作业平台来验证基于 ERP 脑电信号控制水下机械手作业的可行性和有效性。

典型的基于 ERP 的系统由三部分组成：信号获取、模式识别、控制外设。图 7.7 为建立的基于 ERP 的虚拟水下机械手脑电控制实验平台和系统框图，该系统将视觉激励产生的 ERP 脑电波作为信号源来控制水下机械手。通过如下过程来辨别操作人员控制水下机械手的意图：信号获取、噪声和伪迹去除、特征提取、目标分类。该系统主要由三部分组成：Cerebus™ 数据采集系统、计算机 1、计算机 2。Cerebus™ 用来记录精神活动期间产生的 ERP 脑电波，从计算机 2 通过串口接受激励并通过网线发送脑电信号和激励到计算机 1。计算机 1 用来处理获取的信号，并将结果发送到计算机 2。其中，使用的主要软件为 OpenViBE，该软件为设计、测试和使用 BCI 系统的新兴通用软件，在其开发环境中集成了编程、BCI 设计和信号获取软件。计算机 2 用来显示 ERP 视觉诱发界面和水下机械手的作业状态反馈界面。Webots 机器人仿真器是计算机程序，它从串口接收指令来控制虚拟水下机械手。ERP 视觉诱发界面由 Visual Studio 开发实现，当串口接收到控制指令后会在界面中将目标显示出来。为了安全，在系统中加入了急停机械手控制的手动开关按钮。

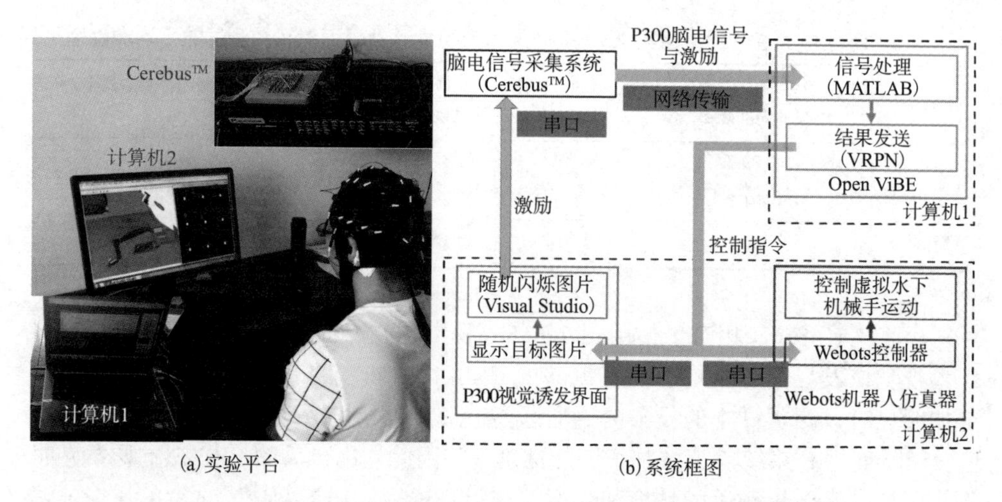

(a) 实验平台　　(b) 系统框图

图 7.7　基于 ERP 的虚拟水下机械手脑电控制实验平台和系统框图

VRPN (virtual-reality peripheral network) 为虚拟现实外围设备网络

7.2.3　实验验证

8 位(3 位男性，5 位女性)视力正常的受试者自愿参与实验。实验分为两部分：离线测试和在线控制。

1. 离线测试

离线测试过程主要用来分析系统的性能并获得用于在线控制的分类器。测试过程与使用图 7.4 作为视觉诱发界面的测试过程相同。离线测试中，每个受试者同样进行 72 个“试验”，分 8 轮从第一个图片注视到最后一个图片。任意选取其中的 60 个“试验”来训练分类器，余下的 12 个“试验”用来评估系统控制意图辨识的准确率，这样循环进行下去，训练与测试过程重复 6 次。采集到的 30 个通道的脑电信号将被作为分类器的输入特征向量。表 7.2 列出了每位受试者在 6 次测试过程中辨识操作人员控制意图的平均准确率和最高准确率。8 位受试者的平均准确率均值和最高准确率均值分别为 90.6%和 97.9%，实验结果较为理想。其中，每位受试者在 6 次测试中准确率最高的分类器将被用在在线控制过程中。

表 7.2 每位受试者在 6 次测试中的平均准确率和最高准确率

受试者	平均准确率/%	最高准确率/%
S1	100	100
S2	97.2	100
S3	79.1	91.7
S4	94.4	100
S5	69.4	91.7
S6	97.2	100
S7	97.2	100
S8	90.3	100
均值	90.6	97.9

2. 在线控制

在线控制过程中，我们进行了控制水下机械手抓取海洋生物样本的实验，离线测试中训练好的分类器将被直接使用。为了提升在线控制的实时性，操作人员在注视目标激励时，对单个激励的注视使用 3 个“重复”，即每个目标图片闪烁 6 次后系统会输出 1 个指令来控制水下机械手。实验开始后的控制过程如下：①控制末端靠近目标(如果目标能够被视觉传感器辨别，末端会自主地靠近目标)；②控制末端夹钳使其以理想的姿态抓取目标；③控制机械手将海洋生物样本放入采样篮中；④恢复机械手到其初始姿态。在控制意图的辨识发生错误时，操作人员需要注视对应的指令进行修正。上述 8 位受试者参与了在线控制实验，图 7.8 为其中一位受试者的实验过程截图，其控制时间为 93s，该时间最接近所有受试者的平均控制时间。

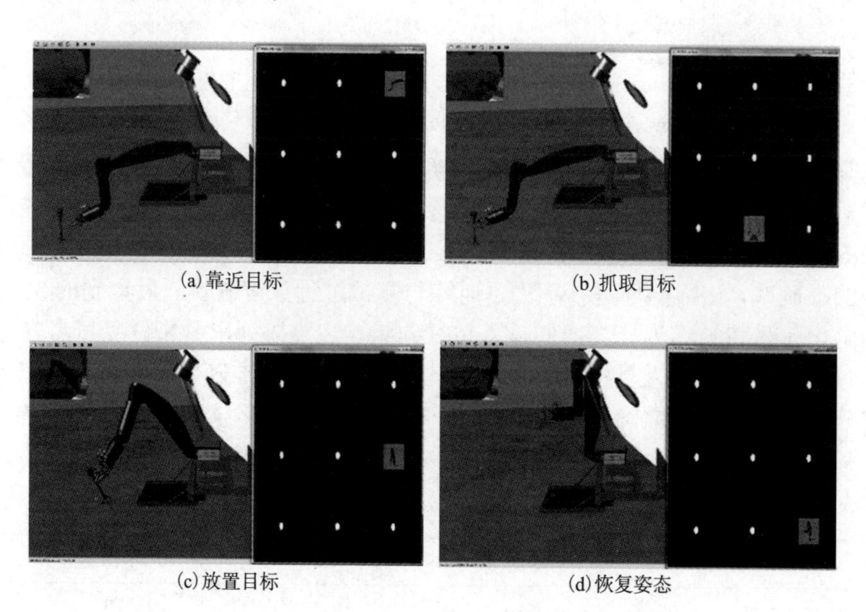

(a)靠近目标　　(b)抓取目标

(c)放置目标　　(d)恢复姿态

图 7.8　抓取海洋生物样本实验过程

图 7.9 为对应图 7.8 控制过程的机械手末端轨迹，红线代表海洋生物样本，绿线代表处于初始姿态的机械手。

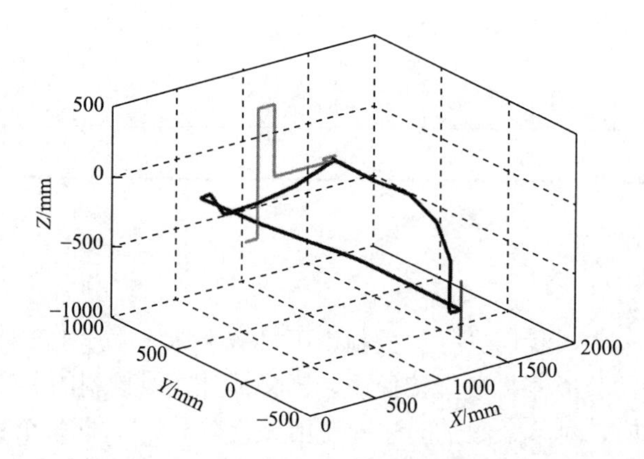

图 7.9　对应图 7.8 控制过程的机械手末端轨迹(见书后彩图)

每位受试者要求成功完成任务 3 次，在实验过程中会有一位有控制经验的人给予指导，实验结果如表 7.3 所示。C/T 代表在辨别操作人员意图中正确个数与总数的比例，AAR 代表对应的平均准确率，AOT 代表完成任务的平均控制时间，ANI 代表完成任务平均使用的指令个数。从实验结果可以看到，每位受试者 3 次完成任务的控制意图辨识平均准确率都超过了 80%，且 8 位受试者的平均准确率为91.5%,因此,使用该系统可以保证成功完成任务。他们的平均控制时间为90.1s,平均使用指令数量为 8.6 个，是执行水下任务可以接受的范围。由于在线控制与离线测试存在一定的差异，需要操作人员实际控制水下机械手进行作业，一些受试者在刚开始进行在线控制时可能会有点紧张(担心由于缺乏控制经验而不能够顺利地完成任务)，而 ERP 脑电信号的特征受精神紧张程度、情绪等心理因素影响，这导致了这些受试者开始的在线控制表现明显不如离线测试表现。然而，经过几次在线控制实验后，这些受试者的控制表现变得越来越好，逐渐趋于稳定和理想。实验结果证明了基于 ERP 脑电信号的脑机接口系统在控制水下机械手进行作业上是可行和有效的。

表 7.3　8 位受试者在线抓取海洋生物样本实验结果

受试者	控制时间/s	C/T	AAR/%	AOT /s	ANI
S1	74	7/7	95.5	77.0	7.3
	83	7/8			
	74	7/7			
S2	137	12/13	96.6	101.0	9.7
	83	8/8			
	83	8/8			
S3	93	8/9	83.3	104.7	10.0
	105	8/10			
	116	8/11			
S4	93	8/9	96.0	86.3	8.3
	83	8/8			
	83	8/8			
S5	74	7/7	88.0	87.3	8.3
	105	8/10			
	83	7/8			
S6	83	7/8	91.3	80.0	7.6
	83	7/8			
	74	7/7			
S7	83	7/8	91.7	83.3	8.0
	93	8/9			
	74	7/7			

续表

受试者	控制时间/s	C/T	AAR/%	AOT /s	ANI
S8	137 74 93	12/13 7/7 7/9	89.7	101.3	9.7
均值	90.1	7.9/8.6	91.5	90.1	8.6

7.2.4 系统评价

准确率、信息传输率 R_{ITR} 和实际比特率 R_{PBR}[42]是评价 BCI 系统辨识精度和速度的重要指标。由表 7.3 可知，8 位受试者的总体平均准确率为 91.5%，准确率较高。信息传输率考虑了准确率和每分钟的输出指令数量，客观地评价了受试对象正确完成任务的速度，其计算公式为

$$R_{\mathrm{ITR}} = \left[\log_2 N + P\log_2 P + (1-P)\times\log_2\left(\frac{1-P}{N-1}\right)\right]\times M \tag{7.4}$$

$$M = \frac{60\times 1000}{T\times n} \tag{7.5}$$

式中，N 为界面呈现的激励个数；P 为准确率；M 为每分钟可以输出的指令个数；T 为 1 个“重复”的时长，单位为 ms；n 为 1 个“试验”中包含的“重复”个数。将系统参数(见表 7.4)代入式(7.4)，可得 R_{ITR}=27.7bit/min。在实际系统中当系统因错误辨识控制意图而发出错误的指令时，受试者需要至少再额外发出两个指令才能纠正错误，从而使得被控对象执行理想动作。R_{PBR} 通过考虑分类的错误率来评估系统的实际输出速度：

$$R_{\mathrm{PBR}} = R_{\mathrm{ITR}}\times\left[1-2\times\left(1-P\right)\right] \tag{7.6}$$

将系统参数代入式(7.6)，可得 R_{PBR}=23.0bit/min。由式(7.6)可以看出，只有当准确率 $P\geqslant 50\%$时 R_{PBR} 才有意义，这也意味着只有当分类器的准确率大于 50%时，受试者才有可能完成实际任务。

文献[25]建立了基于 P300 脑电信号的地面机械手控制系统，该系统将表示机械手作业空间的抽象符号作为视觉激励，并使用诱发出的 P300 脑电信号控制机械手进行了抓取实验，这里定义该实验结果为系统 1 的实验结果。文献[43]建立了基于 N200 脑电信号的仿人机器人控制系统，该系统将含义丰富的仿人机器人具体行为作为视觉激励，并使用诱发出的 N200 脑电信号控制仿人机器人进行了行

走控制实验，这里定义该实验结果为系统 2 的实验结果。表 7.4 给出了本章所建立的水下机械手的脑电波控制系统、系统 1 及系统 2 的实验信息及结果。从实验结果可以得出，水下机械手的脑电控制系统比将抽象符号作为视觉激励的地面机械手控制系统、将具体行为作为视觉激励的仿人机器人控制系统的准确率、实际比特率都更高，系统性能更好。

表 7.4 水下机械手的脑电波控制系统、系统 1 与系统 2 实验信息及结果对比

系统参数	水下机械手的脑电波控制系统	系统 1	系统 2
N	9	16	6
T /ms	1800	2625	1320
n	3	2	3
P/%	91.5	83.3	87.1
R_{ITR} / (bit/min)	27.7	30.8	27.0
R_{PBR} / (bit/min)	23.0	20.5	20.6

7.3 基于组合分类器不同状态下的脑电信号分类

从控制科学的角度看，脑电控制机器人给控制科学的研究带来了新的机遇、问题和挑战。目前，这类控制系统的研究仍然处于初级阶段，面临着许多问题和困难，其中既有科学上的难题，也有应用中的关键技术难点。脑机接口技术在工业领域中具有十分广阔的应用前景，它为操作人员提供了一种独立于手臂操作之外的控制方式，调动了操作人员的操作潜能。然而，现阶段利用脑电信号进行控制的系统中，脑电信号大都是唯一的系统输入信号，这主要是受到脑电信号本身特点所限。肌电信号及其他生理信号(如眼动、舌动等)与脑电信号虽然有不同的起源，但是在脑电采集过程中，容积导电现象导致这些信号相互之间出现了叠加，使得非植入式采集得到的脑电信号常混有这些与意图思维无关的生理信号，从而对采集到的脑电信号造成污染。因此，融合脑电控制与手臂操作到水下作业中时，手臂操作带来的肌电信号干扰以及手臂操作时产生的分散注意力干扰都会使识别操作人员意图的准确率降低，影响作业质量。然而手臂操作干扰下如何提高系统识别操作人员意图的准确率还没有相关研究。该问题的难点在于随机加入的手臂操作产生的干扰是随机的，干扰具有不确定性且暂时无法分离出信号特征。

7.3.1 脑电控制中干扰信号的分析与去除

脑电信号的感知是通过放置在头皮的导联电极得到的，但是电极所传感的原始信号并非只有脑电，还包含有人体的其他各种电信号，形成了脑电信号的背景噪声。这些噪声基本可被分为 8 类：眼睛活动带来的眼电伪迹(ocular artifacts, OA)、心脏跳动带来的心电信号(electrocardiogram, ECG)、肌肉活动带来的肌电信号(electromyogram, EMG)、周围各种电器和输电线所带来的工频噪声(50/60Hz)、电极松动、出汗、呼吸、头部血液的流动等[44-46]。

1. 眼动噪声

眼球移动(睁眼和闭眼下皆有)和眨眼时所产生的电信号统称为眼电。在分布上，一方面，放置在眼睛附近的双极性电极能够记录到最强的眼电；另一方面，由于大脑内部的介质主要为液体状，对电信号而言属于良导体，以双眼为源，眼电将通过前额向后传播，直至遍历整个头部，因而也导致几乎所有的测量电极都会观测到眼电，从而各个导联中都将产生眼动伪迹。眼电的主要频域范围在 0～16Hz，幅度在 50μV～1mV，远大于正常脑电信号的幅度范围。去除眼电伪迹干扰的方法主要有回归[47]、主成分分析[48]和独立成分分析[49]等方法。文献[50]提出了使用小波变换和独立成分分析两种信号处理方法对汽车驾驶中眼电干扰和电磁干扰进行去除，结果表明，两种方法都有效，小波变换方法适用于通道数少、实时性要求较高的情况，而独立成分分析方法则适用于多通道的情况。

2. 工频噪声

50/60Hz 的工频噪声主要由市电的供电电缆、家用电器等产生，对电气设备、电子设备及其他敏感电器造成严重的干扰。中国及欧洲国家采用 50Hz 的工频，有些国家采用 60Hz 的工频，因而传感器需要预先集成 50/60Hz 的陷波器，以便降低工频噪声。磁感应和电阻容性耦合是引入工频噪声的主要来源，前者和皮肤-电极的阻抗无关，而后者则随着皮肤-电极阻抗的增大迅速增高。工频噪声会严重影响纯净脑电信号的提取及分析，去除信号中工频噪声的主要方法有数字滤波器、小波变换[51]、独立成分分析[52]等方法。

3. 肌电噪声

在测量脑电的过程中受试者无法全程保持静息状态，不可避免地会有面部、肢体等活动，从而产生了肌电。去除脑电信号中的肌电噪声有卡尔曼滤波器[53]、神经网络[54]等方法。肌电的干扰来源很难清晰辨别，干扰明显时会对意图识别准确率产生影响。

4. 心电噪声

人类心脏跳动所产生的电信号被称为心电，正常人的心电频率、幅度及波形都非常规则。由于大脑距离心脏比较远，电极受心电的影响并不大，在精确度要求不高的情况下，可以不考虑[55,56]。

5. 其他噪声

部分脑电传感器采用黏胶式电极，当导电黏胶长时间暴露于空气中时会导致电极无法黏牢，或者受试者在测量过程中的大动作、拉扯等都会导致电极的松动，从而引入噪声。由电极松动、呼吸、脉搏、出汗等造成的干扰比较小，频率一般在 1Hz 下(表现为测得的脑电图曲线上下漂移)，很容易被滤掉，而且也影响不到脑电特征的提取[57]。噪声会影响航天员工作效率并使其疲劳，文献[58]通过调整天宫一号舱内噪声录音至 60dB 以完全模拟太空舱内环境噪声，探究了 P300、SSVEP 和运动想象三种模式在模拟天宫一号舱内噪声干扰环境下分类正确率和特征的变化，结果显示 P300、SSVEP 模式下分类正确率无显著性改变，运动想象模式下正确率下降且显著。

7.3.2 手臂操作的加入及其对识别准确率的影响

1. 加入手臂操作的脑电控制水下机器人作业系统

将脑机接口技术应用到水下机器人作业中，采用脑电控制水下机械手、手臂操作载体等其他设备的作业方式，可以使操作人员同时对多个目标进行控制，减少了多人操作时遇到的协作、配合问题。图 7.10 为融合脑电控制与手臂操作的水

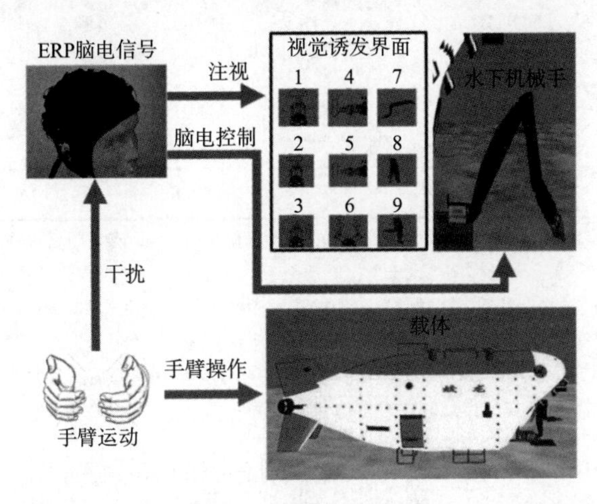

图 7.10　融合脑电控制与手臂操作的水下机器人作业系统

下机器人作业系统，系统中载体通过手臂操作可实现空间六自由度的运动，包括沿 x、y、z 三个直角坐标轴方向的移动和绕着这三个坐标轴的转动。系统中水下机械手操作采用基于事件相关电位的脑电控制方法。

2. 手臂操作对识别准确率的影响

为了分析作业过程中随机加入的手臂操作和相应的思考对系统识别操作人员控制意图准确率的影响，我们邀请了 6 位受试者参与了测试。实验分为两组测试过程，分别为脑电控制水下机械手的同时无手臂操作载体运动和存在手臂操作载体运动。在存在手臂操作的实验中，操作人员会被随机告知所要执行的动作，然后连续执行所需操作，操作包括左手前后移动、左手左右移动、右手前后移动、右手左右移动、双手前后移动和双手左右移动，分别对应载体的进退、潜浮、横移、横摇、纵摇和偏航运动。手臂运动的姿态、幅度和时间尽量模拟操作真实操纵杆时的情况。

将无手臂操作下获得的实验数据训练后得到的分类器作为分类器 A，对应的分类面为分类面 A；将存在手臂操作下获得的实验数据训练后得到的分类器作为分类器 B，对应的分类面为分类面 B。为了说明手臂操作对识别准确率的影响，6 位受试者在无手臂操作下和存在手臂操作下分别进行了 72 个“试验”（8 个“循环”）。表 7.5 为不同作业状态下 6 位受试者脑电信号在不同分类器中的分类准确率。

表 7.5 不同作业状态下 6 位受试者脑电信号在不同分类器中的分类准确率

受试者	P_{w_A}/%	P_{i_A}/%	P_{d_A}/%	P_{m_A}/%	P_{i_B}/%	P_{w_B}/%	P_{d_B}/%	P_{m_B}/%
S1	100	54.2	45.8	77.1	100	66.7	33.3	83.4
S2	100	81.9	17.1	91.0	100	98.6	1.4	99.3
S3	100	56.9	43.1	78.5	100	87.5	12.5	93.8
S4	100	41.7	58.3	70.9	100	62.5	37.5	81.4
S5	100	26.4	73.6	63.2	91.7	33.3	58.4	62.5
S6	100	55.6	44.4	77.8	83.3	90.3	–7.0	86.8
均值	100	52.8	47.2	76.4	95.8	73.2	22.6	84.5

注：P_{w_A}，无手臂操作下“试验”在分类器 A 中的分类准确率；P_{i_A}，存在手臂操作下“试验”在分类器 A 中的分类准确率；P_{d_A}，存在手臂操作下“试验”相对于无手臂操作下“试验”在分类器 A 中降低的分类准确率，$P_{d\_A}=P_{w\_A}-P_{i\_A}$；P_{m_A}，两种作业状态下“试验”在分类器 A 中的平均分类准确率，$P_{m\_A}=(P_{w\_A}+P_{i\_A})/2$；$P_{i\_B}$，存在手臂操作下“试验”在分类器 B 中的分类准确率；P_{w_B}，无手臂操作下“试验”在分类器 B 中的分类准确率；P_{d_B}，无手臂操作下“试验”相对于存在手臂操作下“试验”在分类器 B 中降低的分类准确率，$P_{d\_B}=P_{i\_B}-P_{w\_B}$；P_{m_B}，两种作业状态下“试验”在分类器 B 中的平均分类准确率，$P_{m\_B}=(P_{i\_B}+P_{w\_B})/2$。

由表 7.5 可知，手臂操作使受试者控制意图的信号特征明显程度降低，训练后得到的分类器不够理想，平均准确率有所下降（100%–95.8%=4.2%）。分别单独使用分类器 A、分类器 B 作为系统的整体分类器时，得到的平均分类准确率分别为 76.4%和 84.5%，准确率不高。因此，单独将分类器 A 或者分类器 B 作为系统整体的分类器都不能得到很好的分类结果。由于实际作业中手臂操作是随机进行的，不同的使用程度会生成具有差异的分类器，具有不确定性，因此，也不能将两种作业状态下获得的离线数据混合在一起训练后得到的分类器作为在线控制中的系统分类器。

7.3.3 分类器的组合及分类结果的选取与修正

1. 分类器的组合

在实际作业中，手臂操作为随机加入，单一分类器无法表现出良好的分类效果，将两种作业状态下得到的分类器 A 和分类器 B 组合来进行分类是一个可行的方法。两分类器所对应分类面的可能组合形式如图 7.11 所示。图 7.11(a)为两分类面平行的形式，图 7.11(b)为两分类面相交的形式(θ 为对应夹角)，I、II、III、IV 为两分类面所形成的分类区域。在 1 个“试验”中，定义 d_{r_X} 为在分类器 X 中判定为 w_1 类且为行编号的样本投影后与对应分类面的平均距离，定义 d_{c_X} 为在分类器 X 中判定为 w_1 类且为列编号的样本投影后与对应分类面的平均距离。d_A 为在分类器 A 中 d_{r_A} 与 d_{c_A} 的平均值，即 $d_A=(d_{r\_A}+d_{c\_A})/2$。d_B 为在分类器 B 中 d_{r_B} 与 d_{c_B} 的平均值，即 $d_B=(d_{r\_B}+d_{c\_B})/2$。将两分类器进行组合后，通过分析哪一个分类结果更适合作为最终结果并将当前作业状态作为参考来指导后面分类结果的选取可以有效地提高系统识别操作意图准确率。

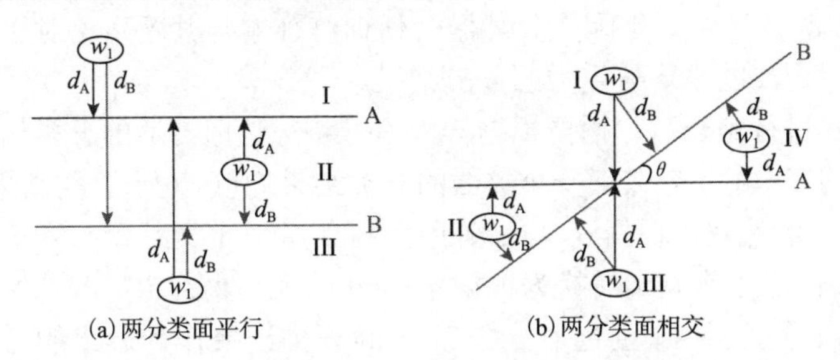

(a)两分类面平行　　(b)两分类面相交

图 7.11　两分类面的组合形式(见书后彩图)

2. 分类结果的选取

图 7.12 为随机选取的某受试者在不同作业状态下 12 个“试验”的分类结果，每个分类结果由行编号和列编号共同确定，r_i 表示第 $i(i=1,2,3)$ 行，c_i 表示第 $i(i=1,2,3)$ 列。图中横坐标为分类结果编号 / 受试者实际注视的图片编号，纵坐标为分类结果中行 / 列的平均距离($d_{r\_A}/d_{c\_A}/d_{r\_B}/d_{c\_B}$)。

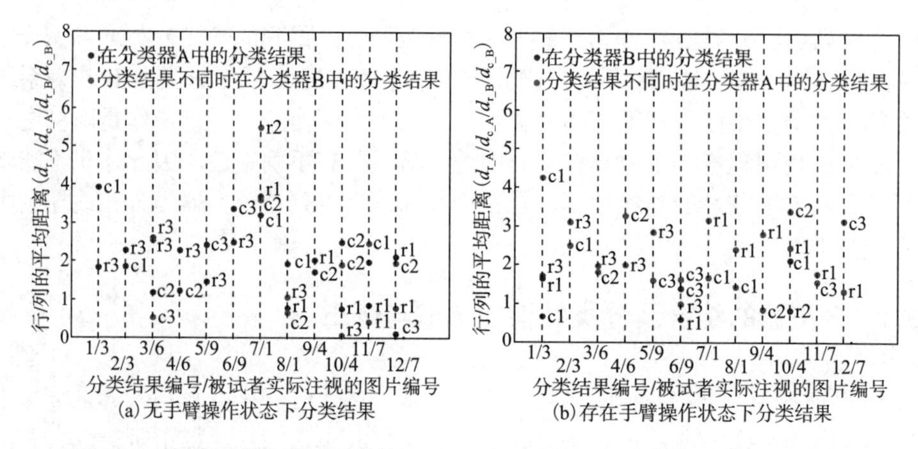

图 7.12　某受试者在不同作业状态下 12 个“试验”的分类结果(见书后彩图)

图 7.12(a)为无手臂操作状态下“试验”在分类器 A 和分类器 B 中的分类结果，蓝色点为分类器 A 中的分类结果(正确分类结果)，品红色点为分类结果不同时在分类器 B 中的分类结果(错误分类结果)，这里我们更希望使用分类器 A 的分类结果，因为分类器 A 是由无手臂操作状态下采集数据后训练得到的。图 7.12(b)为存在手臂操作状态下“试验”在分类器 A 和分类器 B 中的分类结果，蓝色点为分类器 B 中的分类结果(正确分类结果)，品红色点为分类结果不同时在分类器 A 中的分类结果(错误分类结果)，这里我们更希望使用分类器 B 的分类结果，因为分类器 B 是由存在手臂操作状态下采集数据训练后得到的。从图中及大量实验结果可以看出，对于异同的分类结果，无手臂操作时通常有 $d_A>d_B$，存在手臂操作时通常有 $d_A<d_B$，这主要是因为分类器会使训练样本与其距离相对更远，因此我们更希望采用距离的平均值更大的分类结果。

两分类器进行组合后，需要根据样本信号特征选取合适的分类结果。对于分类结果相同的“试验”，选取任一分类器的分类结果均可。对于分类结果异同的“试验”，分类结果的选取可根据 d_A 与 d_B 的大小来判定。定义距离差值 $d_\Delta=d_A-d_B$，则根据 d_A 与 d_B 的大小来判定转换为根据 d_Δ 与 0 的大小来判定：若 $d_\Delta\geqslant0$，说明 w_1 类样本更远离分类面 A，则选取分类器 A 的分类结果作为最终的分类结果；若 $d_\Delta<0$，说明 w_1 类样本更远离分类面 B，则选取分类器 B 的分类结果作为最终的分类结果。直接比较 d_A 与 d_B 大小的方式虽然简单，但没有考虑每位受试者各自的信号特征和手臂操作干扰下受影响程度的不同。在实际作业中，操作人员通常会在一种作业状态下连续执行多个指令，直接比较距离差值大小的方式也没有充分利用前一次具有一定参考价值的作业状态。

当“试验”产生异同分类结果时，为了使选取的分类结果更精确，将每位受试者在分类结果异同情况下的“试验”单独提取出来进行分析。考虑到每位受试者受影响程度不同，这里采用为每个异同分类结果的距离差值赋予一个权值 $w(0\leqslant w\leqslant 1)$ 的方式来客观描述不同作业状态下的距离差值特征，进而分析如何选择较优的分类器。设某受试者在无手臂操作状态下异同分类结果的“试验”个数为 m，在存在手臂操作状态下异同分类结果的“试验”个数为 n，定义在无手臂操作状态下第 i 个异同分类结果中 d_{A} 与 d_{B} 的差值为 $d_{\Delta\_i}(i=1,2,\cdots,m)$，在存在手臂操作状态下第 j 个异同分类结果中 d_{A} 与 d_{B} 的差值为 $d_{\Delta\_j}(j=1,2,\cdots,n)$。为了便于分析，$d_{\Delta\_i}$ 与 d_{Δ_j} 已分别按绝对值从大到小做了排序，即 i 与 j 越小，对应的距离差值绝对值越大。在某一作业状态下，若所得距离差值的绝对值越大，说明选择该分类器的分类结果越合理，则所占的权值应越大。这里为距离差值绝对值从大到小赋予不同的权值，权值依次为从 1 到 0 等差递减，则 d_{Δ_i} 与 d_{Δ_j} 所对应权值 w_i 与 w_j 可表示如下：

$$\begin{cases} w_i=(m-i)/(m-1) \\ w_j=(n-j)/(n-1) \end{cases} \tag{7.7}$$

这样便可得到横坐标为距离差值、纵坐标为权值的一系列点（d_{Δ_i},w_i）、（d_{Δ_j},w_j），这些点客观地描述了每位受试者在不同作业状态下异同分类结果中距离差值的特征。通过这些点可以找出每位受试者的基准距离差值 d_{b}，该距离差值用来作为选取更合理分类结果的依据。为了得到理想的 d_{b}，需要描述距离差值与所对应权值的函数关系。由于很难得到它们之间的精确表达式，因此这里使用最小二乘曲线拟合法[59]构造一个近似解析式，利用该方法拟合出的函数曲线可以很好地“逼近”它们之间的函数关系。对于无手臂操作状态下的异同分类结果，该过程为将所给的实验数据（d_{Δ_i},w_i）(i=1,2,⋯,m) 与一个函数 $w=S^*(d_\Delta)$ 拟合。具体描述为：若 $\delta_i=S^*(d_{\Delta\_i})-w_i(i=1,2,\cdots,m)$，$\delta=(\delta_1,\delta_2,\cdots,\delta_m)^{\mathrm{T}}$，设 $\phi_1(d_\Delta),\phi_2(d_\Delta),\cdots,\phi_k(d_\Delta)$ 是 $C[d_{\Delta\_1},d_{\Delta\_m}]$ 上线性无关函数族，在 $\phi=\mathrm{span}\{\phi_1(d_\Delta),\phi_2(d_\Delta),\cdots,\phi_k(d_\Delta)\}$ 中找一个函数 $S^*(d_\Delta)$，使误差平方和［式(7.8)］最小。

$$\sum_{i=1}^{m}\delta_i^2=\sum_{i=1}^{m}\left[S^*(d_{\Delta\_i})-w_i\right]^2=\min_{S(d_\Delta)\in\phi}\sum_{i=1}^{m}\left[S(d_{\Delta\_i})-w_i\right]^2 \tag{7.8}$$

式中，

$$S(d_\Delta)=s_1\phi_1(d_\Delta)+s_2\phi_2(d_\Delta)+\cdots+s_k\phi_k(d_\Delta)\ \ (k<m) \tag{7.9}$$

其中，$s_1,s_2,\cdots,s_k$ 为线性组合系数。

对于存在手臂操作状态下的异同分类结果，该过程为将所给的实验数据（d_{Δ_j},w_j）(j=1,2,⋯,n) 与一个函数 $w=Q^*(d_\Delta)$ 拟合。具体描述为：若 $\delta_j=Q^*(d_{\Delta\_j})-w_j(j=1,2,\cdots,n)$，$\delta=(\delta_1,\delta_2,\cdots,\delta_n)^{\mathrm{T}}$，设 $\phi_1(d_\Delta),\phi_2(d_\Delta),\cdots,\phi_k(d_\Delta)$ 是 $C[d_{\Delta\_1},d_{\Delta\_n}]$ 上的线性无关函数族，在 $\phi=\mathrm{span}\{\phi_1(d_\Delta),\phi_2(d_\Delta),\cdots,\phi_k(d_\Delta)\}$ 中找一个函数 $Q^*(d_\Delta)$，

使误差平方和［式(7.10)］最小。

$$\sum_{j=1}^{n}\delta_j^2=\sum_{j=1}^{n}\left[Q^*(d_{\Delta\_j})-w_j\right]^2=\min_{Q(d_\Delta)\in\phi}\sum_{j=1}^{n}\left[Q(d_{\Delta\_j})-w_j\right]^2 \tag{7.10}$$

式中，

$$Q(d_\Delta)=q_1\phi_1(d_\Delta)+q_2\phi_2(d_\Delta)+L+q_k\phi_k(d_\Delta)\ (k<n) \tag{7.11}$$

其中，$q_1,q_2,\cdots,q_k$ 为线性组合系数。

为了较好地描述变化规律，我们对实验数据进行了二次拟合，得到两种作业状态下异同分类结果的二次拟合函数 $w_S(d_\Delta)$ 与 $w_Q(d_\Delta)$，形式如下：

$$\begin{cases}w_S(d_\Delta)=a_1d_\Delta^2+a_2d_\Delta+a_3\\ w_Q(d_\Delta)=b_1d_\Delta^2+b_2d_\Delta+b_3\end{cases} \tag{7.12}$$

式中，a_1,a_2,a_3,b_1,b_2,b_3 为函数系数。

得到两条拟合曲线后，若两条曲线有交点，则通过求解方程组的方式便可得到该交点，该交点所对应的横坐标即为基准距离差值 d_b。根据 d_b 可以确定选取哪一分类器的分类结果更好，若 $d_\Delta \geqslant d_b$，则选取分类器 A 的分类结果更好，若 $d_\Delta < d_b$，则选取分类器 B 的分类结果更好。该基准距离差值是根据实际采集到的脑电信号分析得到的，考虑了个体差异，可以客观地反映每位受试者在异同分类结果的“试验”中的信号特征。在曲线拟合过程中，如果遇到差值大小突变明显的点(坏点)，则舍弃该点后再进行曲线拟合，以免影响整体的趋势。若两拟合曲线无交点或者用来拟合曲线的分类结果较少，则在选取分类结果时采用直接比较 d_b 与 0 大小的方式。d_b 的选择不能单纯地追求准确率高，因为当 m 与 n 相差悬殊时，d_b 将由数量多、密度大的一方决定，导致结果判定不合理。

图 7.13 为某受试者进行的 144 个“试验”中(72 个无手臂操作状态下的“试验”和 72 个存在手臂操作状态下的“试验”)异同分类结果及选取的基准距离差值，横坐标为距离差值 d_Δ，纵坐标为不同距离差值所对应的权值 w，蓝色点为无手臂操作状态下异同分类结果，品红色点为存在手臂操作状态下异同分类结果。图 7.13(a)为采用直接比较 d_b 与 0 大小的方式来选取分类结果，选取的基准距离差值 d_b=0，没有考虑个体差异；图 7.13(b)为采用二次曲线拟合交点来选取分类结果，选取的基准距离差值为交点横坐标，即 d_b=p_r。图 7.13(b)中舍弃了一个差值大小突变明显点，以达到更好的拟合结果，蓝色实线为无手臂操作状态下分类结果的二次拟合曲线，品红色实线为存在手臂操作状态下分类结果的二次拟合曲线，(p_r,p_c)为交点坐标。

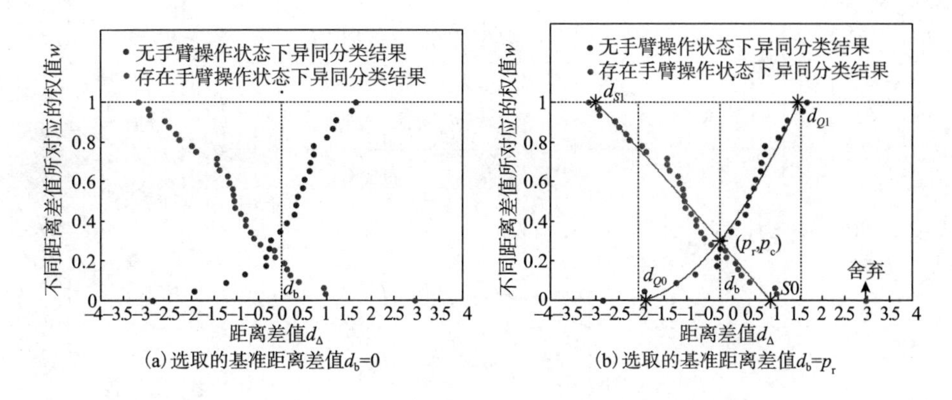

图 7.13　异同分类结果及选取的基准距离差值（见书后彩图）

3. 分类结果的修正

操作人员通常会在一种作业状态下连续执行多个指令，因此在考虑当前距离差值信息的同时充分利用前一次的作业状态可以提升系统整体的分类准确率。首先可以根据距离差值确定选取某一分类结果的正确程度，然后利用前一次的作业状态修正当前的距离差值，最后根据修正后的距离差值重新确定分类结果。

模糊分类[60,61]是模糊集合理论的一个重要应用，已被广泛应用于模式识别、模糊控制等诸多领域。本章添加了模糊分类过程，并按距离差值隶属度情况来判断分类结果选取的正确程度。目前，隶属度函数的确定大多基于经验和实验，还没有一个统一的方法。隶属度函数的建立应当尽量反映已知分类结果的分布特征，由于分类结果拟合后所得曲线与权值 w=0、w=1 边界线组成的图形近似为梯形边线，所以这里建立双梯形隶属度函数来近似描述两种作业状态下异同分类结果中距离差值与隶属不同分类器程度的对应关系。由于权值范围同样为[0,1]，那么在建立的隶属度函数中隶属不同分类器的程度即为所对应不同权值的大小。

图 7.14 为建立的关于距离差值 d_Δ 的梯形隶属度函数，函数的定义域为[d_a,d_f]，值域为[0,1]。蓝色线为无手臂操作状态下 d_Δ 的梯形隶属度函数，品红色线为存在手臂操作状态下 d_Δ 的梯形隶属度函数。通常情况下，d_a 与 d_f 采用手动设置和调整的方法，为了在做完离线实验后可以直接进行在线实验，省去离线实验后的参数设置过程，这里采用自动确定定义域范围的方式。设 $w_S(d_\Delta)$ 与 w=0、w=1 的交点分别为 d_{S0}、d_{S1}，$w_Q(d_\Delta)$ 与 w=0、w=1 的交点分别为 d_{Q0}、d_{Q1}，为了使阈值确定得更合理，这里将 d_b 作为中心点、各交点与中心点距离的平均值作为阈值与中心点的距离，则有

$$\begin{cases} d_{\mathrm{a}} = -\dfrac{|d_{S0}-d_{\mathrm{b}}|+|d_{S1}-d_{\mathrm{b}}|+|d_{Q0}-d_{\mathrm{b}}|+|d_{Q1}-d_{\mathrm{b}}|}{4}+d_{\mathrm{b}} \\ d_{\mathrm{f}} = \dfrac{|d_{S0}-d_{\mathrm{b}}|+|d_{S1}-d_{\mathrm{b}}|+|d_{Q0}-d_{\mathrm{b}}|+|d_{Q1}-d_{\mathrm{b}}|}{4}+d_{\mathrm{b}} \end{cases} \tag{7.13}$$

两梯形的输出值f_{A}与f_{B}如下：

$$f_{\mathrm{A}} = \begin{cases} 0, & d_{\Delta} \leqslant d_{\mathrm{a}} \\ \dfrac{d_{\Delta}-d_{\mathrm{a}}}{d_{\mathrm{f}}-d_{\mathrm{a}}}, & d_{\mathrm{a}} < d_{\Delta} < d_{\mathrm{f}} \\ 1, & d_{\Delta} \geqslant d_{\mathrm{f}} \end{cases} \tag{7.14}$$

$$f_{\mathrm{B}} = \begin{cases} 0, & d_{\Delta} \geqslant d_{\mathrm{f}} \\ -\dfrac{d_{\Delta}-d_{\mathrm{a}}}{d_{\mathrm{f}}-d_{\mathrm{a}}}+1, & d_{\mathrm{a}} < d_{\Delta} < d_{\mathrm{f}} \\ 1, & d_{\Delta} \leqslant d_{\mathrm{a}} \end{cases} \tag{7.15}$$

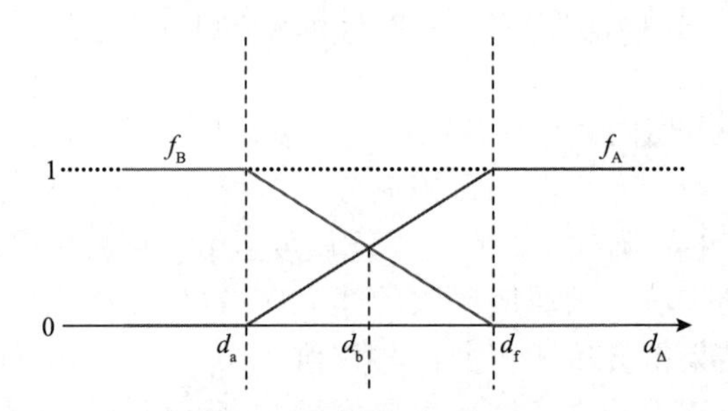

图 7.14　距离差值d_{Δ}的梯形隶属度函数(见书后彩图)

由图 7.14 可知，当$d_{\Delta} \geqslant d_f$时，使用分类器 A 的分类结果是完全正确的(f_{A}=1)；当$d_{\Delta} \leqslant d_a$时，使用分类器 B 的分类结果是完全正确的(f_{B}=1)。

由于操作人员通常会在一种作业状态下连续执行多个指令，在根据距离差值d_{Δ}的梯形隶属度函数确定了选取某一分类结果的可能正确程度($|f_{\mathrm{A}}-f_{\mathrm{B}}|$)后，参考前一次的作业状态修正当前的距离差值并进行重新判定可以实现更精确的识别。若前一次的作业状态判定为无手臂操作，说明最终分类结果选取了分类器 A 的分类结果；若前一次的作业状态判定为存在手臂操作，说明最终分类结果选取了分类器 B 的分类结果。希望修正后选取前一次作业状态和出现频率高的作业状态所对应的分类器分类结果的概率更大，并且为了不产生过干预，希望对d_{b}附近的差值距离修正效果明显，远离d_{b}的差值距离修正效果不明显。设操作人员在无手臂

操作状态下执行了 N_w 个指令，存在手臂操作状态下执行了 N_e 个指令，定义当前距离差值为 $d_\Delta(l)$，修正后距离差值为 $d_R(l)$，修正函数为 f_R。若当前产生了分类异同，且前一次选取了分类器 A 的分类结果，即有 $d_\Delta(l-1) \geqslant d_b(l \geqslant 2)$，则修正函数 f_R 与修正后距离差值 $d_R(l)$ 定义如下：

$$f_R = \frac{N_w}{N_w + N_e}(1-|f_A - f_B|)(d_f - d_b) \tag{7.16}$$

$$d_R(l) = d_\Delta(l) + f_R \tag{7.17}$$

N_w 越大，说明无手臂操作作业状态出现频率越高，$N_w/(N_w+N_e)$ 越大，修正效果越明显，相反地，N_w 越小，修正效果越不明显；$|f_A-f_B|$越小，说明差值距离与 d_b 越近，$(1-|f_A-f_B|)$会越大，修正效果越明显，相反地，$|f_A-f_B|$越大，修正效果越不明显。(d_f-d_b)为阈值与中心点的距离，用来限制修正范围。当 $N_w=0$ 或者$|f_A-f_B|=1$ 时，$f_R=0$，没有修正效果；当 $N_e=0$ 且 $f_A=f_B$ 时，$f_R=d_f-d_b$，修正效果最明显。因此，修正函数 f_R 的范围为$[0,d_f-d_b]$。由于希望 $d_\Delta(l)$ 修正后变得更大，以实现修正后选取分类器 A 的分类结果，所以将 $d_\Delta(l)$ 与 f_R 求和来求解 $d_R(l)$。

同样地，若当前产生了分类异同，且前一次选取了分类器 B 的分类结果，即有 $d_\Delta(l-1) < d_b(l \geqslant 2)$，则修正函数 f_R 与修正后距离差值 $d_R(l)$ 定义如下：

$$f_R = \frac{N_e}{N_w + N_e}(1-|f_A - f_B|)(d_f - d_b) \tag{7.18}$$

$$d_R(l) = d_\Delta(l) - f_R \tag{7.19}$$

距离差值修正后，重新判定的分类结果通常会更好地反映真实情况。但修正也有可能导致选取错误的分类结果，如当前一次选取了分类器 A 的分类结果且当前判定为使用分类器 B 的分类结果时，若实际情况使用分类器 B 的分类结果是正确的且当前距离差值接近 d_b，则修正后较容易选取错误的分类结果，这种情况多发生在两种作业状态更换的时候，但总体发生较少。

7.3.4 实验验证

1. 验证组合分类器与分类结果选取方法的有效性

为了验证组合分类器与基准距离差值确定方法的优越性，我们将上述 6 位受试者每人进行的 144 个“试验”进行了详细分析。表 7.6 为本节所提方法确定的 6 位受试者的基准距离差值($d_b=p_r$)及阈值。由于第二位受试者在无手臂操作状态下异同分类结果较少，无法客观描述整体趋势，不采用曲线拟合求交点的方式来确定基准距离差值，采用直接比较大小的方式，即令 $d_b=d_a=d_f=0$。由表 7.6 可知，所确定的各位受试者(除第二位外)的基准距离差值均与零点具有一定的偏移，更能反映个体的差异。

表 7.6　6 位受试者的基准距离差值及阈值

受试者	基准距离差值 d_b	阈值 d_a	阈值 d_f
S1	−0.28	−2.08	1.52
S2	0.00	0.00	0.00
S3	0.01	−1.13	1.15
S4	1.49	−0.81	3.79
S5	−0.20	−2.92	2.52
S6	0.20	−0.83	1.23
均值	0.20	−1.30	1.70

我们定义单独使用分类器 A 来识别操作意图的方法为方法 1，单独使用分类器 B 来识别操作意图的方法为方法 2，使用组合分类器且有 $d_b=0$ 来识别操作意图的方法为方法 3，使用组合分类器且有 $d_b=p_r$ 来识别操作意图的方法为方法 4。对于异同分类结果，表 7.7 给出了四种方法操作意图识别准确率的比较。

表 7.7　四种方法操作意图识别准确率的比较

受试者	异同分类结果总数	方法 1 准确率/%	方法 2 准确率/%	方法 3 准确率/%	方法 4 准确率/%
S1	57.00	42.11	57.89	71.93	73.68
S2	14.00	7.14	92.86	92.86	92.86
S3	40.00	22.50	77.50	67.50	67.50
S4	69.00	39.13	60.87	47.82	52.17
S5	100.00	48.00	52.00	66.00	64.00
S6	41.00	17.07	82.92	92.68	95.12
均值	53.00	29.33	70.67	73.13	74.22

由表 7.7 可知，本章提出的方法 4 所得到的操作意图识别准确率最高，相对于方法 1、方法 2、方法 3 分别提升了 44.89%、3.55%、1.09%。虽然相对于方法 2、方法 3 提升效果不明显，但该方法考虑了每位受试者各自的信号特征和手臂操作干扰下受影响程度的不同，更为合理，且对应的基准距离差值及阈值可以用来确定梯形隶属度函数。

假设 y=0 与 y=x 分别为分类面 A 与分类面 B 被投影到二维平面所产生的两条直线，所有分类结果被定义在两条直线之间，且有 $x \geqslant 0$ 。图 7.15 为第一位受试者在四种不同分类方法下的分类结果，蓝色实线为两分类面的投影，黑色点为分类正确的结果，红色点为分类错误的结果。从图中可以看出，方法 4 中分类正确的结果最多。

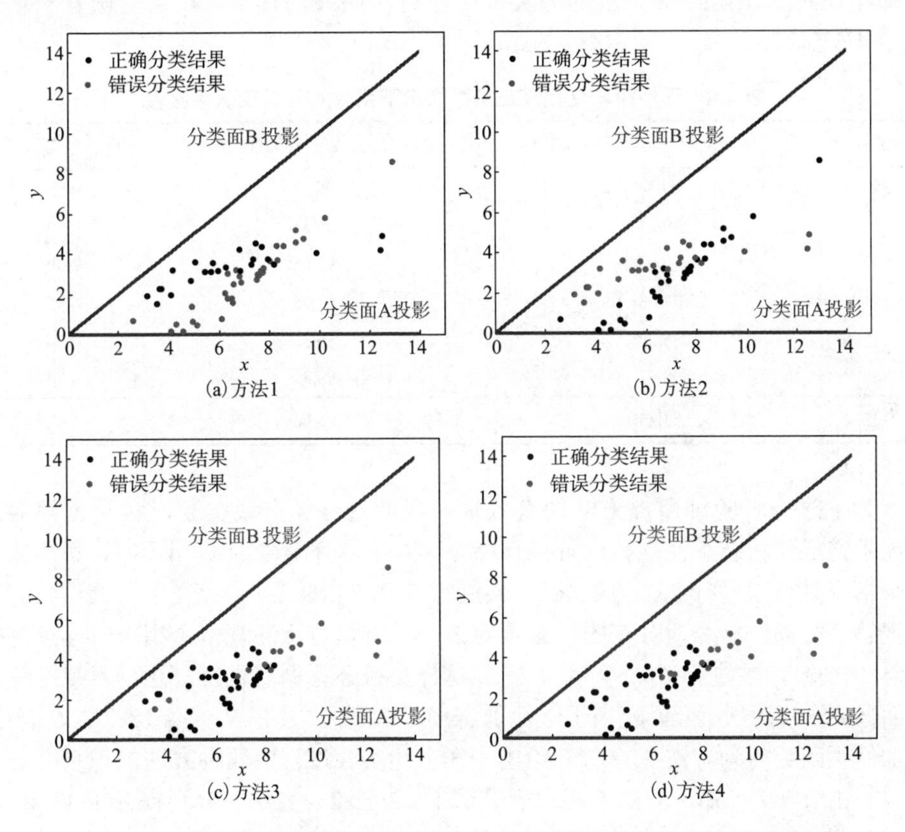

图 7.15　第一位受试者在四种不同分类方法下的分类结果(见书后彩图)

图 7.15 中某一分类结果在二维平面中坐标 (x_0,y_0) 的确定方法如下：由点到直线距离公式可得 $\left|y_0/\sqrt{2}\right| = d_{\mathrm{A}}$ 与 $\left|(x_0 - y_0)/\sqrt{2}\right| = d_{\mathrm{B}}$ ，又由于 $x_0 \geqslant 0$ 、 $y_0 \geqslant 0$ ，则有

$$\begin{cases} x_0 = \sqrt{2}(d_{\mathrm{A}} + d_{\mathrm{B}}) \\ y_0 = \sqrt{2} d_{\mathrm{A}} \end{cases} \tag{7.20}$$

2. 验证修正分类结果方法的有效性

为了验证所添加修正函数的优越性，这里用上述 6 位受试者每人进行的 144 个“试验”进行验证，此时有 $N_w=N_e=72$。表 7.8 给出了在方法 4 基础上分别在不使用修正函数与使用修正函数情况下系统的分类准确率比较。由表 7.8 可知，使用修正函数后系统的分类准确率有了明显的提升，6 位受试者平均提升了 4.63%。

表 7.8　不使用与使用修正函数情况下系统的分类准确率比较

受试者	不使用修正函数的分类准确率/%	使用修正函数的分类准确率/%	准确率提升/%
S1	89.58	96.53	6.95
S2	99.31	99.31	0.00
S3	90.97	93.06	2.09
S4	77.08	84.03	6.95
S5	75.00	86.11	11.11
S6	98.61	99.31	0.70
均值	88.43	93.06	4.63

为了进一步验证所提方法的有效性，我们进行了在线实验，实验过程为：①无手臂操作状态下注视第一行操作指令，对应图片编号为 1、4 和 7，每次注视一个指令时连续进行 2 个“试验”，共进行 6 个“试验”；②存在手臂操作状态下注视第二行操作指令，对应图片编号为 2、5 和 8，每次注视一个指令时连续进行 2 个“试验”，共进行 6 个“试验”；③这样交替逐行循环进行，直到对视觉诱发界面循环注视两次为止，相当于进行了 36 个“试验”，且有 $N_w=N_e=18$。定义方法 4 添加修正函数后为方法 5。表 7.9 给出了在上述实验过程中四种方法的识别准确率比较。由表 7.9 可知，方法 5 相对于方法 1、方法 2、方法 3 分别提升了 13.42%、5.55%、5.55%，体现了方法 5 的有效性。

表 7.9　在线实验过程中四种方法的识别准确率比较

受试者	方法 1 准确率/%	方法 2 准确率/%	方法 3 准确率/%	方法 5 准确率/%
S1	75.00	75.00	86.11	94.44
S2	83.33	100.00	100.00	100.00
S3	75.00	91.67	88.89	88.89
S4	36.11	50.00	38.89	52.78
S5	63.89	58.33	63.89	75.00
S6	94.44	100.00	97.22	97.22
均值	71.30	79.17	79.17	84.72

对于异同分类结果，图 7.16 描述了第一位受试者当前与修正后距离差值的对应关系$\left(N_w = N_e\right)$，横坐标为当前距离差值$d_\Delta(l)$，纵坐标为修正后距离差值$d_R(l)$。对于该受试者，有$d_b = -0.28$、$d_a = -2.08$和d_f=1.52，若$d_\Delta(l)>d_f$，则令$d_\Delta(l)=d_f$；若$d_\Delta(l)<d_a$，则令$d_\Delta(l)=d_a$。蓝色实线为前一次选取了分类器 A 的分类结果且当前判定为使用分类器 B 的分类结果，当修正后距离差值$d_R(l)\geqslant d_b$时，修正产生效果，最终会判定为使用分类器 A 的分类结果。由蓝色实线可知，随着当前距离差值的增大修正后距离差值也会随之增大，即距离差值越接近d_b越容易产生修正效果。令修正后距离差值为d_b时修正前距离差值为$b_1\left(b_1 = -0.88\right)$，则会产生修正效果的修正前距离差值范围为$[b_1,d_b]$。品红色实线为前一次选取了分类器 B 的分类结果且当前判定为使用分类器 A 的分类结果，当修正后距离差值$d_R(l)<d_b$时，修正产生效果，最终会判定为使用分类器 B 的分类结果。由品红色实线可知，随着当前距离差值的减小，修正后距离差值也会随之减小，即距离差值越接近d_b越容易产生修正效果。令修正后距离差值为d_b时修正前距离差值为b_2(b_2=0.32)，则会产生修正效果的修正前距离差值范围为$[d_b,b_2)$。

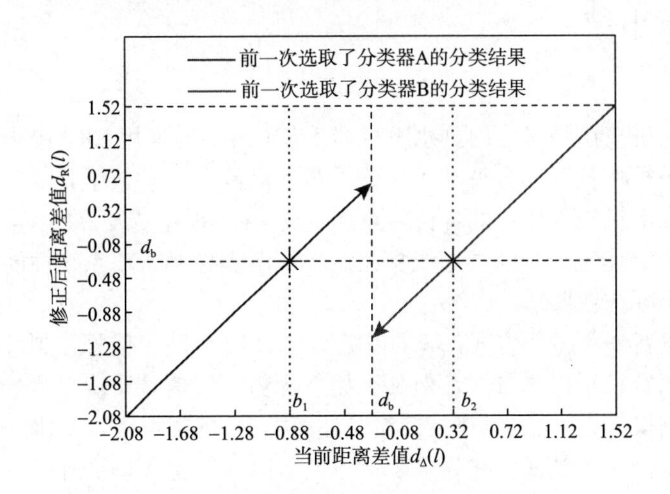

图 7.16 第一位受试者当前与修正后距离差值的对应关系(见书后彩图)

箭头代表容易产生修正效果的方向

图 7.17 描述了第一位受试者异同分类结果修正后距离差值情况，横坐标为“试验”编号，纵坐标为修正后距离差值$d_R(l)$。该受试者在 36 个“试验”中共产生了 16 个异同分类结果，在图中表示为 13 个黑色点和 3 个红色点，其中的 3 个红色点为修正后发生变化的分类结果。经验证，修正后都为正确结果，说明修正函数起到了较好的作用。

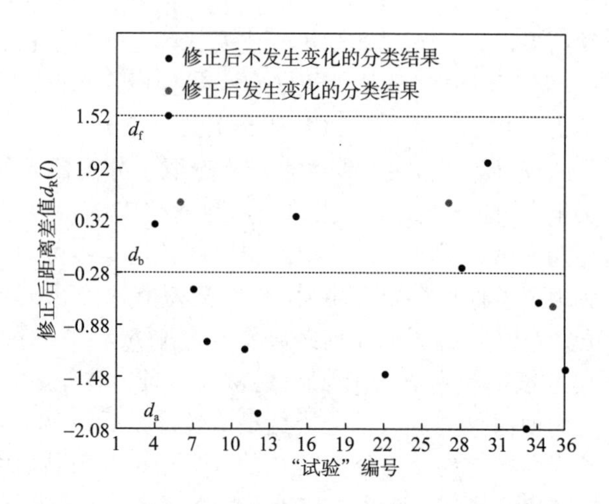

图 7.17　第一位受试者异同分类结果修正后距离差值情况(见书后彩图)

7.4　本章小结

本章将脑机接口技术应用到水下机器人作业中，并使用 ERP 脑电信号来控制水下机械手进行作业，充分调动了操作人员的潜能并且解放了其双手。通过融合脑电控制与水下机械手作业的各自特点和优化 ERP 视觉诱发界面，操作人员能够快速地完成给定任务。与同类系统相比，本章所提控制策略系统性能更好，且作业效率满足实际作业要求。

相对于语音识别操作方式，基于视觉诱发的 ERP 脑电信号控制方式在使用方便方面不如语音识别操作方式，但具有如下优势：①信号质量受背景噪声干扰较小，在不影响操作人员状态(包括情绪、注意力等)的情况下，基本不受影响，准确率更高；②操作人员即使在语言表达方面有障碍时也可以进行操作；③在指令种类需求较多的水下操作中，操作人员可以通过界面更直观地看到都有哪些操作指令，而不会出现语音识别操作方式中记忆出错而导致系统无法或错误辨识操作人员控制意图的现象。

此外，由于手臂操作干扰具有随机、不确定性，且目前无法将其提取并去除，只能采用相关方法来降低其产生的影响。在随机加入手臂操作的情况下，为了保证系统识别意图的准确率，本章将无手臂操作和存在手臂操作两种作业状态下训练得到的两分类器进行了组合，通过计算分类结果的距离差值和选定基准距离差值来判定使用哪一分类结果更合理，并根据实际作业情况的特殊性在参考前一次作业状态的前提下添加了距离差值修正函数来修正距离差值，有效提升了识别准确率。该方法考虑了个体差异性和实际作业情况特殊性，在手动操作随机加入时仍能保证较高的识别准确率，解决了脑电控制机器人时手部操作不能参与并发挥作用的问题。

参考文献

[1] 金翔龙. 二十一世纪海洋开发利用与海洋经济发展的展望[J]. 科学中国人, 2006(11): 13-17.

[2] 蒋新松, 封锡盛, 王棣棠. 水下机器人[M]. 沈阳: 辽宁科技出版社, 2000.

[3] Salgado-Jimenez T, Gonzalez-Lopez J L, Martinez-Soto L F, et al. Deep water ROV design for the Mexican oil industry[C]. Oceans, IEEE, Sydney, 2010: 1-6.

[4] Posseme G, Labiau C, Kervern G, et al. Method and system for destroying submerged objects, in particular submerged mines[P]. 1998-12-01.

[5] 谭民, 王硕. 机器人技术研究进展[J]. 自动化学报, 2013, 39(7): 964-972.

[6] 李颖洁, 邱意弘, 朱贻盛. 脑电信号分析方法及其应用[M]. 北京: 科学出版社, 2009.

[7] Allison B, Graimann B, Gräser A. Why use a BCI if you are healthy[C]. International Conference on Advances in Computer Entertainment Technology, 2007: 7-11.

[8] Wolpaw J R, Birbaumer N, McFarland D J, et al. Brain-computer interfaces for communication and control[J]. Communications of the ACM, 2011, 54(5): 60-66.

[9] Long J Y, Li Y Q, Wang H T, et al. A hybrid brain computer interface to control the direction and speed of a simulated or real wheelchair[J]. IEEE Transactions on Neural Systems and Rehabilitation Engineering, 2012, 20(5): 720-729.

[10] Palankar M, De Laurentis K J, et al. Control of a 9-DoF wheelchair-mounted robotic arm system using a P300 brain computer interface: initial experiments[C]. International Conference on Robotics and Biomimetics, Bangkok, 2008: 348-353.

[11] Li W, Jaramillo C, Li Y. Development of mind control system for humanoid robot through a brain computer interface[C]. IEEE Second International Conference on Intelligent System Design and Engineering Application (ISDEA), Hainan, China, 2012: 679-682.

[12] 李鹏海, 丁皓, 万柏坤, 等. 脑-机接口在移动外设控制中的应用研究进展[J]. 生物医学工程学杂志, 2011, 28(3): 613-617.

[13] 伏云发, 王越超, 李洪谊, 等. 直接脑控机器人接口技术[J].自动化学报, 2012, 38(8): 1229-1246.

[14] 杨鑫, 吴边, 陈卫东, 等. 脑-机接口技术在航天领域的潜在应用[J]. 载人航天, 2012, 18(3): 87-92.

[15] 郭策, 戴振东, 孙久荣. 生物机器人的研究现状及其未来发展[J]. 机器人, 2005, 27(2): 187-192.

[16] 徐池, 楼铁柱, 伯晓晨, 等. 军用生物技术发展与未来战争生物化趋势[J]. 军事医学, 2012, 36(5): 328-331.

[17] Wu Z H. Physical connections between different SSVEP neural networks[J]. Scientific Reports, 2016(6): 1-9.

[18] Allison B Z, McFarland D J, Schalk G, et al. Towards an independent brain-computer interface using steady state visual evoked potentials[J]. Clinical Neurophysiology, 2008, 119(2): 399-408.

[19] Jia C, Gao X, Hong B, et al. Frequency and phase mixed coding in SSVEP-based brain-computer interface[J]. IEEE Transactions on Bio-Medical Engineering, 2011, 58(1): 200-206.

[20] Shishkin S L, Ganin I P, Kaplan A Y. Event-related potentials in a moving matrix modification of the P300 brain-computer interface paradigm[J]. Neuroscience Letters, 2011, 496(2): 95-99.

[21] Jin J, Horki P, Brunner C, et al. A new P300 stimulus presentation pattern for EEG-based spelling systems[J].

Biomedizinische Technik, 2010, 55(4): 203-210.

[22] Townsend G, LaPallo B, Boulay C B, et al. A novel P300-based brain-computer interface stimulus presentation paradigm: moving beyond rows and columns[J]. Clinical Neurophysiology, 2010, 121(7): 1109-1120.

[23] Waytowich N, Henderson A, Krusienski D, et al. Robot application of a brain computer interface to staubli TX40 robots-early stages[C]. World Automation Congress (WAC), IEEE, Kobe, Japan, 2010: 1-6.

[24] Johnson G D, Waytowich N R, Cox D J, et al. Extending the discrete selection capabilities of the P300 speller to goal-oriented robotic arm control[C]. IEEE RAS and EMBS International Conference on Biomedical Robotics and Biomechatronics (BioRob), Tokyo, Japan, 2010: 572-575.

[25] Waytowich N, Kudrey G, Cox D. Assistive robotic applications of a staubli manipulator for use with the BCI 2000[C]. Fkiruda Conference on Recent Advances in Robotics, Florida, 2010.

[26] Shen H, Zhao L, Bian Y, et al. Research on SSVEP-based controlling system of multi-DoF manipulator[M]. Berlin: Springer, 2009: 171-177.

[27] 卫兵, 吴小培, 吕钊. 基于诱发脑电的人机交互系统的设计与实现[J]. 工业控制计算机, 2009, 22(2): 25-26.

[28] Bakardjian H, Tanaka T, Cichocki A. Brain control of robotic arm using affective steady-state visual evoked potentials[C]. Proceedings of the 5th IASTED Inter-national Conference Human-Computer Interaction, Hawaii, USA, 2010: 264-270.

[29] Grigorescu S M, Lüth T, Fragkopoulos C, et al. A BCI-controlled robotic assistant for quadriplegic people in domestic and professional life[J]. Robotica, 2012, 30(3):419-431.

[30] Li W, Jaramillo C, Li Y Y. A brain computer interface based humanoid robot control system[C]. In Proceeding IASTED International Conference Robotics (Robo 2011), Pittsburgh, 2011: 390-396.

[31] 魏景汉, 罗跃嘉. 事件相关电位原理与技术[M]. 北京: 科学出版社, 2010.

[32] Sutton S, Braren M, Zubin J, et al. Evoked potential correlates of stimulus uncertainty[J]. Science, 1965, 150(3700): 1187-1188.

[33] Karakaş S, Erzengin O U, Başar E. The genesis of human event-related responses explained through the theory of oscillatory neural assemblies[J]. Neuroscience Letters, 2000, 285(1): 45-48.

[34] Patel S H, Azzam P N. Characterization of N200 and P300: selected studies of the event-related potential[J]. International Journal of Medical Sciences, 2005, 2(4): 147-154.

[35] Polich J. Updating P300: an integrative theory of P3a and P3b[J]. Clinical Neurophysiology, 2007, 118(10): 2128-2148.

[36] Hajihosseini A, Holroyd C B. Frontal midline theta and N200 amplitude reflect complementary information about expectancy and outcome evaluation[J]. Psychophysiology, 2013, 50(6): 550-562.

[37] Guger C, Daban S E. How many people are able to control a P300-based brain-computer interface(BCI)[J]. Neuroscience Letters, 2009, 462(1): 94-98.

[38] Li M F, Li W, Zhou H H. Increasing N200 potentials via visual stimulus depicting humanoid robot behavior[J]. International Journal of Neural Systems, 2016, 26(1): 1-16.

[39] Manyakov N V, Chumerin N, Combaz A, et al. Comparison of classification methods for P300 brain-computer interface on disabled subjects[J]. Computational Intelligence & Neuroscience, 2011, 2011: 1-12.

[40] 张学工. 模式识别[M]. 3 版. 北京: 清华大学出版社, 2010: 60-66.

[41] Liu T, Goldberg L, Gao S, et al. An online brain-computer interface using non-flashing visual evoked potentials[J]. Journal of Neural Engineering, 2010, 7(3): 036003-036011.

[42] Jin J, Allison B Z, Wang X, et al. A combined brain-computer interface based on P300 potentials and motion-onset

visual evoked potentials[J]. Journal of Neuroscience Methods, 2012, 205(2): 265-276.

[43] 李梦凡. 基于事件相关电位的脑-机器人交互系统与认知负荷的解析[D]. 天津: 天津大学, 2016.

[44] Yang B, He L. Removal of ocular artifacts from EEG signals using ICA-RLS in BCI[C]. IEEE Workshop on Electronics, Computer and Applications, Ottawa, Canada, 2014: 544-547.

[45] Anderer P, Roberts S, Schlögl A, et al. Artifact processing in computerized analysis of sleep EEG-a review[J]. Neuropsychobiology, 1999, 40(3): 150-157.

[46] 魏崇卿. 医用电子学简明教程[M]. 北京: 北京医科大学、中国协和医科大学联合出版社, 1994.

[47] Wallstrom G L, Kass R E, Miller A, et al. Automatic correction of ocular artifacts in the EEG: a comparison of regression-based and component-based methods[J]. International Journal of Psychophysiology, 2004, 53(2): 105-119.

[48] Joyce C A, Gorodnitsky I F, Kutas M. Automatic removal of eye movement and blink artifacts from EEG data using blind component separation[J]. Psychophysiology, 2004, 41(2): 313-325.

[49] Vigário R N. Extraction of ocular artefacts from EEG using independent component analysis[J]. Electroencephalography & Clinical Neurophysiology, 1997, 103(3): 395-404.

[50] 彭军强, 吴平东, 殷罡,等. 汽车驾驶时脑电干扰的去除方法研究[J]. 微计算机信息, 2008, 24(14): 248-249.

[51] Wu T, Yan G Z, Yan B H, et al. EEG signal denoising and feature extraction using wavelet transform in brain computer interface[J]. Journal of Donghua University (English Edition), 2007, 24(5): 641-645.

[52] 席旭刚, 加玉涛, 罗志增. 基于独立成分分析的表面肌电信号工频去噪[J]. 传感技术学报, 2009, 22(5): 675-679.

[53] Rangayyan R M. Biomedical signal analysis: a case-study approach[J]. IEEE Signal Processing Magazine, 2002, 19(4): 86-86.

[54] Mateo J, Rieta J J. Application of artificial neural networks for versatile preprocessing of electrocardiogram recordings[J]. Journal of Medical Engineering & Technology, 2012, 36(2): 90-101.

[55] Ille N, Berg P, Scherg M. Artifact correction of the ongoing EEG using spatial filters based on artifact and brain signal topographies[J]. Journal of Clinical Neurophysiology, 2002, 19(19): 113-124.

[56] Park H J, Jeong D U, Park K S. Automated detection and elimination of periodic ECG artifacts in EEG using the energy interval histogram method[J]. IEEE transactions on Bio-medical engineering, 2002, 49(2): 1526-1533.

[57] Croft R J, Barry R J. Removal of ocular artifact from the EEG: a review[J]. Neurophysiologie Clinique/Clinical Neurophysiology, 2000, 30(1): 5-19.

[58] 张朕, 焦学军, 杨涵钧, 等. 航天噪声环境对脑-机接口的影响研究[J]. 载人航天, 2017, 23(2): 274-278.

[59] 李庆杨, 王能超, 易大义. 数值分析[M]. 北京: 清华大学出版社, 2008: 73-78.

[60] 王莉, 周献中, 李华雄. 基于决策粗糙集的模糊分类模型[J]. 信息与控制, 2014, 43(1): 24-29.

[61] 李春生, 王耀南, 陈光辉, 等. 基于层次分析法的模糊分类优选模型[J]. 控制与决策, 2009, 24(12): 1881-1884.

8

基于脑电信号的非侵入式脑机接口的原理和应用综述

8.1 引言

人与环境交互，特别是人与机器交互是人类最主要的活动内容之一，过去这种交互主要通过语言、肢体活动等进行，脑科学、神经科学及相关学科的发展开辟了新的人机交互模式并形成了新学科——脑机接口。借助脑机接口可以实现人的大脑与计算机、机器人或各种类型的机器甚或他人和动物的连接，因此，脑机接口成为共性和基础性学科，理所当然地受到了包括海洋机器人在内的各类机器人专家的关注。脑机接口是一门年轻的学科但发展迅速、应用前景广阔，本章介绍了脑机接口的原理、主要类型、国内外发展现状及某些应用实例。

脑机接口是一种能够让大脑与外界环境直接进行通信的方式。脑机接口通过分析人脑由外界刺激或者自身意图而产生的变化(如电位变化、磁场变化、血氧水平变化)向设备或者程序输入分析得到的控制信号实现人脑与外界环境的直接通信[1]。在这些可以获取的大脑信号中，最容易获取且时间精度最高的是脑电信号，通过佩戴脑电帽就可以获取，是脑机接口中应用最广的一种大脑信号。通过脑电帽获取脑电信号属于非侵入式脑机接口，该方法不需要进行开颅手术，对大脑组织没有破坏。而侵入式脑机接口需要进行开颅手术，在大脑皮层中植入电极来获取脑电信号，虽然侵入式脑机接口获取的脑电信号更加精确，也更容易对大脑皮层进行直接的刺激，但是这种方式对大脑组织有伤害且手术有风险，同时电极在一段时间后会被腐蚀掉，还需要更换，因此侵入式脑机接口难以被正常人所接受，应用领域较小。

目前，非侵入式脑机接口使用的脑电信号主要有三种：由运动想象(motor imagery，MI)产生的事件相关去同步/同步电位(ERD/ERS)[2]；由以稳定的频率快速闪烁的视觉刺激产生的稳态视觉诱发电位(SSVEP)[3]；由小概率刺激范式触发的大约 300ms 后的正向偏移的事件相关电位，称之为 P300 电位[4]。相对来说，运动想象的分类准确率和传输速度目前还不很理想，而 SSVEP 虽然有更高的传输速率，但是 P300 系统对使用者造成的疲劳度相比 SSVEP 系统更低且不容易诱发光敏癫痫[5]。

P300 信号主要由小概率刺激范式触发，可以是视觉、触觉、听觉中的一种。目前用于对外界生成控制指令的 P300 脑机系统主要使用的是视觉刺激产生的 P300 信号。一个典型的 P300 脑机系统界面由 $n \times m$ 个图标构成(n 为行数，m 为列数，n 和 m 都是整数)，这 $n \times m$ 个图标每一行会随机闪烁，然后每一列随机闪烁(行、列闪烁确定注视图标的总用时比每一个图标单独闪烁的总用时更短)，让观察者无法预知自己注视的(想要输出的)图标会在什么时候闪烁。当观察者注视的图标闪烁时，会诱发 P300 信号，通过观察受试者产生 P300 信号的时间，往前推 300～400ms 就是受试者看到图标闪烁的时间，从而可以得知受试者看到的图标的行列信息，从而确定受试者所注视的图标是哪一个，也就是要传达的指令。所以提取 P300 信号需要多个脑电帽的通道在一段时间内的脑电电压信息。

由于大脑噪声电位的幅值经常会超过 P300 信号的电位幅值，因此通常需要叠加三个试次的脑电信号(每当所有图标均闪烁一次的实验过程称为一试次)或更多试次的脑电信号才能降低噪声的幅值(因为噪声是随机的，在多次相加后噪声的平均幅值不变，而信号的幅值会显著增加)、增加 P300 脑电信号的幅值，使得 P300 信号的出现时间的识别更加准确，确定使用者注视的图标的行闪烁和列闪烁的时间，从而得到使用者当时注视的图标，也就是指令。

SSVEP 信号主要由不同相位不同频率闪烁的图片刺激产生，通过分析一段时间内脑电的频率分布和其相位信息，约 1s 即可识别出一个指令，可以用来对机械臂进行步进式控制，这样会降低系统对智能识别、智能规划的要求，对复杂环境的适应性更好。通常基于 SSVEP 信号控制的脑机接口会直接把指令显示在屏幕上，并以不同的频率和相位进行闪烁。

一个典型的 SSVEP 脑机系统，会闪烁 n 个以不同频率闪烁的图标，不同的图标表示不同的命令，然后让操控者注视代表想要传递的命令的图标，在控制过程中提取操控者一段时间内的脑电数据，对脑电数据进行傅里叶变换，得到脑电波在不同频率下的能量谱。如果频率 $f1$ 和 $f1$ 的谐波($2f1$,$3f1$)的能量显著高于其他频率的能量，那么就判断操控者在注视以频率 f 闪烁的图标，并向系统输出该图标所表示的命令。

运动想象信号是由控制者自主产生的，并不像 P300 信号或者 SSVEP 信号需要受到刺激才会产生。当控制者想象自己的肢体进行运动时，与该运动相关的大脑皮层的脑电信号在频率μ(8～12Hz)和β(18～26Hz)上的能量会发生变化，对这个变化的成功识别就对应着左手运动、右手运动等不同部位的想象运动。不同肢体想象运动的识别结果即形成不同的控制指令。

如果脑机接口使用了超过 1 种的脑电信号，那么就称其为混合脑机接口(hybrid BCI)。混合脑机接口的设计方式有很多种，可以融合 P300 刺激界面与 SSVEP 刺激界面来生成混合了 P300 信号与 SSVEP 信号的脑电信号，也可以在同步 P300 系统或者同步 SSVEP 系统中添加运动想象信号的产生与识别，从而把同步系统改造为异步脑机系统，总体来说，融合多种脑电信号有助于提高脑机接口在控制中的表现，比如更快的信息传输速度、更容易进行实际操作等。

8.2 脑电信号的特征提取与分类技术

脑电信号的提取主要包括数据预处理、特征提取和分类三部分。数据预处理是指去除工频噪声、肌电噪声等的数据提纯手段，主要是去除掉数据中无用的干扰信号。特征提取是对脑电信号进行初加工，降低噪声，并在处理后使脑电数据的特征更加明显。而分类是对提取出的特征进行分类识别，从特征中分析得到控制指令。其中特征提取和分类的难度较大，学术研究价值也更高。

8.2.1 脑电信号的特征提取技术

脑电信号提取的主要方式是通过连接人大脑头皮不同位置的电极，以高频(通常 500Hz 以上)来采样记录其电压值。在操作者使用非侵入式脑机接口时，其大脑不同位置在每一采样时刻的电压值形成了一个庞大的矩阵，要从这个矩阵中提取出可以进行识别的大脑指令，需要对这个矩阵进行处理，使其数学上的特征更为明显，方便识别大脑指令的分类算法，更容易计算出正确率更高的结果。本节对特征提取使用的主要技术进行简要的介绍。

1. 共同平均参考

共同平均参考(common average reference, CAR)方法就是取每一个被关注的电极与参考电极的电压差减去所有电极与参考电极的电压差的平均值。CAR 会减掉在大部分电极中都存在的部分，在功能上与高通滤波器有些类似。CAR 的计算公式如下：

$$V_i^{\mathrm{CAR}} = V_i^{\mathrm{ER}} - \frac{1}{n}\sum_{j=1}^{n} V_j^{\mathrm{ER}} \tag{8.1}$$

式中，V_i^{ER} 是第 i 个电极与参考电极的电压差；n 是使用的通道数[6]。

2. 表面拉普拉斯

表面拉普拉斯(surface Laplacian)方法计算了每个电极瞬时的空间电压分布的二阶导数，从而强调了电极下方源头的活动。因此，事实上表面拉普拉斯是一个高通空间滤波器，强调局部活动，减弱扩散活动。如果使用多个电极(如 64 电极以上)就可以达到高空间分辨率。每一个电极的拉普拉斯值都是自身和它周围电极结合的计算结果。电极间的距离决定了拉普拉斯空间滤波的特性。若距离变小，则表面拉普拉斯方法对高空间频率电压更敏感，对低空间频率的电压不敏感。表面拉普拉斯方法的计算公式如下：

$$V_i^{\mathrm{LAP}} = V_i^{\mathrm{ER}} - \sum_{j \in S_i} g_{ij} V_j^{\mathrm{ER}} \tag{8.2}$$

式中，g_{ij} 的计算公式如下：

$$g_{ij} = \frac{1/d_{ij}}{\sum_{j \in S_i} 1/d_{ij}} \tag{8.3}$$

S_i 是围绕着第 i 个电极的所有电极；d_{ij} 是电极 i 和电极 j 之间的距离。对于小表面拉普拉斯法来说，S_i 是离电极 i 最近的所有电极，对于大表面拉普拉斯法来说，S_i 是离电极 i 第 2 近的所有电极。McFarland 等[7]于 1997 年比较了几种空间滤波的方法并发现 CAR 和表面拉普拉斯变换的信噪比(signal-noise ratio, SNR)要比传统的以耳朵作为参考电极的方法的 SNR 值更高。

3. 主成分分析

主成分分析(principal component analysis, PCA)的主要目的是将高维数据降低为低维数据，将时间与空间复杂度降低，从而降低智能算法对样本量的需求，提高智能算法的运算速度。PCA 的算法如下。

假设有一组中心化(零均值化)的向量 $\boldsymbol{x}_t\left(t=1,\cdots,l\right)$，同时 $\sum_{t=1}^{l}\boldsymbol{x}_t = 0$，其中，每一个都是 m 维的向量，$\boldsymbol{x}_t = \left[\boldsymbol{x}_1(1)\ \boldsymbol{x}_t(2)\cdots \boldsymbol{x}_t(m)\right]^{\mathrm{T}}$，通常 $m<l$。PCA 对每个向量 $\boldsymbol{x}_t$ 进行线性变换，变为新的向量 $\boldsymbol{s}_t$：

$$\boldsymbol{s}_t = \boldsymbol{U}^{\mathrm{T}} \boldsymbol{x}_t \tag{8.4}$$

式中，$\boldsymbol{U}$ 是一个 $m \times m$ 的正交矩阵，$\boldsymbol{U}$ 的第 i 列向量 $\boldsymbol{u}_i$ 是协方差矩阵 $\boldsymbol{C} = \frac{1}{l}\sum_{t=1}^{l}\boldsymbol{x}_t\boldsymbol{x}_t^{\mathrm{T}}$。

换言之，PCA 首先解决的是特征值问题：

$$\lambda_i \boldsymbol{u}_i = \boldsymbol{C}\boldsymbol{u}_i,\quad i=1,\cdots,m \tag{8.5}$$

式中，λ_i 是矩阵 $\boldsymbol{C}$ 的一个特征值；$\boldsymbol{u}_i$ 是与其相对应的特征向量。$\boldsymbol{s}_t(i)$ 可由计算得到的 $\boldsymbol{u}_i$ 计算得出：

$$\boldsymbol{s}_t(i)=\boldsymbol{u}_i^{\mathrm{T}}\boldsymbol{x}_t,\quad i=1,\cdots,m \tag{8.6}$$

计算得到的 $\boldsymbol{s}_t$ 就是主成分。通过把特征值降序排列，并只使用与前几个特征值相对应的特征向量，就可以减少 $\boldsymbol{s}_t$ 中的元素个数，从而通过 PCA 降低了原数据的维数[8]。2006 年，Mirghasemi 等[9]的研究表明，在对 P300 信号进行分类时，如果使用 PCA 对特征进行计算，则在分类时用时更短，分类结果更精确。

4. 独立成分分析

独立成分分析(independent component analysis, ICA)是一种与盲源分离(blind source separation，BSS)技术密切关联的、通用的、不受监督的统计学技术。这是一种试图从混合了多个信号源的信号集合中分离出相互独立的信号源的技术。自从 ICA 技术被发表后，就在生物医学的信号处理和图像处理上被广泛应用，如心电图(electrocardiography, ECG)[10]、脑电图[11]、脑磁图(magnetoencephalography, MEG)[12]的处理。一个典型的 ICA 模型假设源信号是不可被观测的，是统计学上相互独立而且非高斯的，但是却各自被乘以未知系数后线性地叠加在了一起。假设观测到 M 维的随机矢量 $\boldsymbol{x}=[\boldsymbol{x}_1,\boldsymbol{x}_2,\cdots,\boldsymbol{x}_M]^{\mathrm{T}}$ 是由以下 ICA 模型生成的：

$$\boldsymbol{x}=\boldsymbol{A}\boldsymbol{s} \tag{8.7}$$

式中，$\boldsymbol{s}=[\boldsymbol{s}_1\ \boldsymbol{s}_2\cdots\boldsymbol{s}_N]^{\mathrm{T}}$ 是 N 维的矢量，表示统计学上相互独立的信号源；$\boldsymbol{A}_{M\times N}$ 是一个未知矩阵。一般 $M\geqslant N$，因此 $\boldsymbol{A}$ 一般是个满秩矩阵。ICA 的目标就是估计出一个矩阵 $\boldsymbol{W}_{N\times M}$ 从而使得 $\boldsymbol{Y}=\boldsymbol{W}\boldsymbol{x}$ 中的矩阵 $\boldsymbol{Y}$ 是真正的源 $\boldsymbol{s}$ 的一个良好估计[13]。较为常用的 ICA 算法有两种，分别是信息最大化(infomax)[14]和快速 ICA (FastICA)[15]。

5. 共空间模式

共空间模式(CSP)是一个有监督的双分类技术，依赖于将两个协方差矩阵同时对角线化，让两个类别的差异最大[16]。如果要进行多分类，就要使用 1 对 R(one versus the rest，OVR)的方法(R 为除 1 类数据以外的其他所有类的数据)。CSP 于 1995 年首先被 Soong 等[17]用来对神经活动特征进行定位，之后主要被应用在运动想象领域。2006 年，Naeem 等[18]对 ICA、CSP、拉普拉斯推导和标准的双极推导等数据处理方法进行了比较，结果显示 CSP 的表现是最好的。共空间模式的算法如下：将原始的每一个试次的脑电信号，用大小为 $N\times T$ 的矩阵 $\boldsymbol{E}$ 来表示，这里 N 是使用的电极数量，T 是每个试次每个通道取样的数量。这样经过标准化的原

始脑电信号的空间协方差矩阵为

$$\boldsymbol{C}=\frac{\boldsymbol{E}\boldsymbol{E}^{\mathrm{T}}}{\operatorname{trace}\left(\boldsymbol{E}\boldsymbol{E}^{\mathrm{T}}\right)} \tag{8.8}$$

式中，trace$(\boldsymbol{x})$表示矩阵$\boldsymbol{x}$对角线上元素的和。为了让两个种类的信号可以被分开，每一种空间的协方差$\overline{C_d}$被定义为每一组数据的协方差的平均值。现在定义第一种数据的协方差为$\overline{C_1}$，第二种数据的协方差为$\overline{C_2}$，那么合成的空间协方差为

$$\boldsymbol{C}_c=\overline{\boldsymbol{C}_1}+\overline{\boldsymbol{C}_2} \tag{8.9}$$

式中，$\boldsymbol{C}_c$可以被分解为$\boldsymbol{C}_c=\boldsymbol{U}_c\boldsymbol{\lambda}_c\boldsymbol{U}_c^{\mathrm{T}}$，其中，$\boldsymbol{U}_c$是矩阵$\boldsymbol{C}_c$的特征向量组成的矩阵，$\boldsymbol{\lambda}_c$是矩阵$\boldsymbol{C}_c$的特征值组成的对角矩阵。这里的特征值是按照从大到小排列的。经过白化变换

$$\boldsymbol{P}=\sqrt{\boldsymbol{\lambda}_c^{-1}}\boldsymbol{U}_c^{\mathrm{T}} \tag{8.10}$$

可以把$\boldsymbol{P}\boldsymbol{C}_c\boldsymbol{P}^{\mathrm{T}}$的特征值都变为1。于是有$\boldsymbol{S}_1=\boldsymbol{P}\overline{\boldsymbol{C}_1}\boldsymbol{P}^{\mathrm{T}}$和$\boldsymbol{S}_2=\boldsymbol{P}\overline{\boldsymbol{C}_2}\boldsymbol{P}^{\mathrm{T}}$，同时$\boldsymbol{S}_1$和$\boldsymbol{S}_2$可以被分解为$\boldsymbol{S}_1=\boldsymbol{B}\boldsymbol{\lambda}_1\boldsymbol{B}^{\mathrm{T}}$，$\boldsymbol{S}_2=\boldsymbol{B}\boldsymbol{\lambda}_2\boldsymbol{B}^{\mathrm{T}}$，而且$\boldsymbol{\lambda}_1+\boldsymbol{\lambda}_2=\boldsymbol{I}$，其中$\boldsymbol{I}$是单位矩阵。由于每一个特征向量对应的两个种类特征值相加等于1，就表示对于每一个特征向量来说，如果$\overline{\boldsymbol{S}_1}$的特征值越大，$\overline{\boldsymbol{S}_2}$的特征值就越小。于是特征向量$\boldsymbol{B}$可以用来进行分类。将经过白化的原始脑电信号投影到$\boldsymbol{B}$中的第一个和最后一个特征向量上，会给出携带特征的向量来帮助区分两个种类的脑电信号。投影矩阵$\boldsymbol{W}=(\boldsymbol{B}^{\mathrm{T}}\boldsymbol{P})^{\mathrm{T}}$，对单个试次$\boldsymbol{E}$的分解可以表示为$\boldsymbol{Z}=\boldsymbol{W}\boldsymbol{E}$，其中$\boldsymbol{W}^{\mathrm{T}}$的列就是共空间模式，可以被看作不随时间改变的脑电信号分布向量[19]。

6. 小波变换

1989年，Mallat发明了多分辨率理论(multiresolution theory)，并展示了小波变换(wavelet transform)方法。小波变换的特点是不仅能够提供信号的频率信息，还能提供信号的时间信息。小波变换可以准确地测出信号波在什么时候有什么变化，以及发生变化时波的频率成分。小波变换包括离散小波变换(discrete wavelet transform, DWT)和连续小波变换(continuous wavelet transform, CWT)。连续小波变换的定义如下：

$$\operatorname{CWT}(a,b)=\frac{1}{\sqrt{|a|}}\sum_{t=0}^{T-1}x(t)\psi\left(\frac{t-b}{a}\right) \tag{8.11}$$

式中，$x(t)$是一个长度为T的离散序列；a和b是对频率和时间进行缩放和移位的

两个参数；$\psi(t)$是母波，具有一个特定的波形，$\psi\left(\frac{t-b}{a}\right)$是被移位和缩放后的小波。由于$a$和$b$可以是任意实数，因此对小波的系数进行计算会耗费很多计算资源，如果选择a和b为 2 的倍数，那么小波分析就会变得更加方便。由此，离散小波变换的定义如下：

$$\mathrm{DWT}(n,m)=\frac{1}{\sqrt{|2^n|}}\sum_{t=0}^{T-1}x(t)\psi\left(\frac{t-2^n\cdot m}{2^n}\right) \tag{8.12}$$

式中，a和b分别被2^n和$2^n\cdot m$代替，n和m为整数[20]。小波变换计算其实就是在计算信号不同时间点上与母波相似度的大小，乘积就是协方差。根据不同的需求，如对 ERP 进行定位，或者寻找某个特定波发生的时间，来选取不同的母波。

8.2.2 脑电信号的分类技术

在对脑电信号进行了特征提取之后，脑电信号的特征会更加明显，此时使用分类技术来处理脑电信号就可以得到操作者想要传递的指令。脑机接口中使用的分类技术大多数属于统计和机器学习，本节对这些方法进行简要的介绍。

1. 线性判别分析

线性判别分析(LDA，也称作 Fisher’s LDA，FLDA)的原理是设法将训练数据投影到一条直线上，使得相同类别数据的投影尽可能接近，不同类别数据的投影尽可能远离。对于 P300 脑机系统，通常使用的是 2 分类。如果要进行多分类，则通常采用 1 对 R 的策略来进行每个超平面的计算。LDA 的优点是对计算量的需求量小，计算时间快，因此适于在线分类，同时，这个方法难度系数小，通常都能产生令人满意的结果[21]。

2. 支持向量机

支持向量机(SVM)同样使用一个超平面来进行分类，这个超平面会将相邻不同类别的点间隔开，并且让它们间的距离最远。最大化不同类别的点之间的距离可以提高分类的能力[22]。如果分类边界是线性的，那么就是线性的 SVM，如果使用核函数构造非线性的分类边界，那么就是非线性 SVM。常用的核函数包括高斯核(Gaussian kernel)和径向基函数核(radial basis function kernel)。SVM 的优势在于普适性比较好，对过度训练(overtraining)和维度灾难(curse of dimensionality)不敏感[23]。同时，SVM 由于计算速度快，也非常适合用于在线的脑电识别。

3. 逐步线性判别分析

逐步线性判别分析(step-wise linear discriminant analysis, SWLDA,在早期文献里有时也被称作 step-wise discriminant analysis, SWDA)是一项用来选择多回归模型中最适合预测变量的技术[24]。SWLDA 首先加入一个 p 值小于 0.1 的统计学上最显著的变量，然后每当加入一个新的变量，都会进行反向逐步回归运算来去除一个 p 值大于 0.15 的统计学上最不显著的变量，如果新的变量满足保留条件则不会被去除。这个过程会一直进行到模型变量数增加到提前设定的值，或者不再有满足添加到模型中条件的变量，也不再有满足从模型中被剔除掉的条件的变量。SWLDA 的优势在于可以自动进行特征提取，因为不显著的变量都被从模型中去除了，这样即使训练数据少也可以实现良好的分类准确率[25]。

4. 集成学习

集成学习(ensemble learning)是一种将多个个体学习器的学习结果进行组合分析得到分类结果的一种机器学习方法，这里的个体学习器可以是相同类型的，比如都是支持向量机的个体学习器，也可以是不同类型的。同质化的个体学习器组成的集成学习模型算法主要包括分类与回归树(classification and regression, CART)和神经网络，不同类型的个体学习器组成的集成学习模型算法主要包括袋装法(bagging)和随机森林法(random forest)。

5. 卷积神经网络

卷积神经网络(convoluted neural networks)属于神经网络(neural networks)的一种，由于隐藏层超过一层所以也被称为深度学习(deep learning)，之前主要用于目标识别，可以用多个不同的运算层来提取出数据不同层面上的特征，最后得到分类结果。这些运算层包括卷积运算层、池化层(pooling layer)、非线性运算层等。虽然卷积神经网络有着对相关特征的强大提取能力，但是它们的表现严重依赖架构的设计与超参数(hyper-parameter)的选择。很多用于处理脑电信息的深度学习模型都是取自之前应用于图像处理的模型。对于卷积神经网络来说，由于其较为复杂的模型架构，通常需要大量的数据进行训练才能有较好的分类准确度，然而这在脑机接口领域较为困难，因此很多使用卷积神经网络进行分类的脑机接口系统表现不佳。另外，卷积神经网络的计算要求很高，训练时间很长，多用于线下数据分类，难以在线上使用。

6. 基于黎曼几何的分类器

在黎曼几何(Riemannian geometry)中，数据可以被直接映射到几何空间上的点，并可以进而对其进行计量。对于第 i 试次的脑电数据 $\boldsymbol{X}_i \in \boldsymbol{R}^{n\times T_s}$（$n$ 为电极数量，T_s 为每个试次采样的点的数量，T_s 远大于 n）的空间协方差矩阵（一个经常被用来进行分类的脑电特征信息），可以使用样本协方差矩阵（sample covariance matrix, SCM）$\boldsymbol{P}_i$ 来对其进行估计：

$$\boldsymbol{P}_i = \frac{1}{T_s}\boldsymbol{X}_i\boldsymbol{X}_i^{\mathrm{T}} \tag{8.13}$$

式中，$\boldsymbol{P}_i$ 是一个对称正（symmetric positive-definite, SPD）矩阵。而对称正矩阵所在的空间，是一个可求导的 $\dfrac{n(n+1)}{2}$ 维度的黎曼流形 $\mathcal{M}$ 。在黎曼流形 $\mathcal{M}$ 上的一点表示一个 SPD 矩阵（如点 P 表示一个 SPD 矩阵 $\boldsymbol{P}$），而点 $\boldsymbol{P}$ 的导数是一个切线空间 T_P 。如果使用黎曼流形来进行分类，可以计算未被分类的数据 $\boldsymbol{X}$ 对应的对称正矩阵 $\boldsymbol{P}$（对应流形上的一个点），分别计算已知的每一类数据的黎曼平均数（Riemannian mean）$\mathfrak{C}$（也对应流形上的一个点），然后分别求取点 P 与每一类数据的 $\mathfrak{C}$ 间的黎曼距离，点 P 离哪个 $\mathfrak{C}$ 的黎曼距离最小，就将该数据 $\boldsymbol{X}$ 对应分给哪一类。如果在黎曼流形上使用如 LDA、SVM、神经网络等分类方法，则要数据投影到其所在的切线空间上再进行分类等操作[26]。基于黎曼几何的分类器具不需要调整参数，对噪声点不敏感，对数据进行各种线性操作不会影响黎曼距离等优点，使得其泛化性很强，也因此可以设计不需要调参的脑机接口系统[27,28]。

7. 自适应分类器

ERP 会因为各种外部原因如光照、噪声、刺激模式变化，或者内部原因如疲劳度、专注度的改变而在形态上发生变化[29-32]，从而会对分类器的准确度造成影响。自适应分类器（adaptive classifiers）的参数是随着新的 EEG 信号的产生而不断迭代改变的。这使得分类器可以随着 EEG 的状态和特性的改变而改变，从而保持分类器的有效性[33]。

8.3 脑机接口对不同对象的控制应用

从控制的角度来看，P300 信号识别准确度可以达到 90%左右，平均 5～10s 发送一次指令；SSVEP 信号识别准确度可以达到 90%左右，平均 1.5～3s 发送一次指令；MI 信号识别准确度 70%左右，平均 4～5s 发送一次指令。从识别精度上来说，P300 信号和 SSVEP 信号更加精准，易于识别。但是 P300 信号和 SSVEP 信号都需要刺激界面刺激操作者才能产生，而 MI 信号可以由操作者自主想象产生，因此 MI 信号对于操作者来说更加方便。下面介绍采用这三种控制信号来控制不同对象的研究进展。

8.3.1 使用脑机接口控制机械臂

机械臂是一种能够执行多种任务的机械工具，具有多个自由度和多种执行任务的路径，控制难度大，脑机接口控制机械臂作业的能力是衡量脑机接口实用性的重要指标。脑机接口的适用人群有很大一部分是残疾人士，他们运动能力差，如果脑机接口可以良好地控制机械臂来帮助他们进行喝水、进食等日常活动，将可以增加他们的生活自理能力。同时，在某些特定场合下，当控制者因为手部被占用，或者处于负伤、无法活动等情况下时，使用脑机接口控制机械臂可以增加控制者的作业能力。

1. 使用 P300 信号控制机械臂

2013 年，Pathirage 等[34]设计了使用 P300 信号来控制装在轮椅上的机械臂进行抓取的脑机系统，该系统对指令的识别准确度达到了平均 85.56%，使用平均 5 个指令来完成一次对物体的抓取。该系统使用 Canny 边缘检测来确定摄像头中的物体边缘，然后使用 5×5 的自适应框来选择物体，框选择在物体边缘像素最多的地方，同时保证框与框之间的距离尽量短。然后通过右侧的放大、抓取等指令实施抓取。之后使用洪水填充算法对物体进行识别，物体的所在位置会从数据库中获取，然后对抓取轨迹进行逆解求取，对物体进行抓取。P300 系统使用 BCI2000 进行开发，分类方法使用的是 SWLDA[34]。

2016 年，国防科技大学的 Wang 等[35]设计了使用 P300 信号控制六自由度机械臂的脑机系统，系统使用 SWLDA 进行分类，训练数据的分类准确度为 90%。

2017 年，Arrichiello 等[36]设计了使用 P300 信号控制七自由度 Knova Jaco2 机械臂的脑机系统，系统采用 Microsoft Kinect One 配合 OPENCV 和 ROS 系统来进行物体识别与人脸识别，操作界面由 BCI2000 编写，脑控装置采用无线干电极 Emotive Epoc 系统，机械臂采用 ROS 系统进行控制。系统采用 Aruco 库来实现对物体的检测和追踪，同时还能采用 Viola-Jones 算法对 Haar 特征进行识别，从而对操作者的嘴巴进行识别，使用脑机接口对操作者进行喂水的动作。

2019 年，Achanccaray 等[37]设计了使用 P300 信号来控制轮椅和 Kinova Jaco 机械臂的脑机系统。系统采用 g.tec 的 Nautilus 干电极设备，通过两个 Logitech C525 摄像头与不变尺寸特征转换(scale-invariant feature transform, SIFT)算法来实现对物体的识别和定位，通过三个指令的 P300 界面来选择如何移动物体。系统使用贝叶斯线性判别分析(Bayes linear discriminate analysis, BLDA)[38]对 P300 信号进行分类，有 91.6%的训练精度和 82.6%的测试精度[38]。

2. 使用 SSVEP 信号控制机械臂

2018 年，Chen 等[39]设计了用 SSVEP 信号来控制带夹钳的七自由度机械臂(Denso VS-060，控制软件为 WINCAPS III 中的 RC8 控制器)的脑机系统，该系统使用无线脑机系统，不需要训练就可以使用，能输出 15 种指令，平均识别准确度达 92.78%。左侧 6 个指令是机械臂水平前后左右动，垂直方向上下动；右侧是 4、5、6 号轴的逆时针和顺时针旋转，夹钳开启和闭合，以及回到初始位置。刺激界面在 MATLAB psychophyscs Toolbox version 3 下编写。信号分析手段采用的是基于滤波器组的典型相关性分析(filter-bank canonical correlation analysis, FBCCA)[39]，经过实验，该系统有平均 92.78%的指令识别准确率和 49.25bit/min 的信息传输速度，平均使用 159.83 个命令可以对物体进行一次抓取，平均耗时 639.33s[40]。

同年，Chen 等[41]还设计了一个类似的 SSVEP 系统，用户通过注视一个代表位置的按钮，然后机械臂会把随机放置的物体移动到用户注视的按键所代表的位置。

2019 年，Kubacki 等[42]设计了使用 SSVEP 信号来控制六自由度机械臂的脑机系统。该系统使用无线干电极 Emotive Epoc 设备，刺激源使用 Atmega 328P 微机系统控制的 LED 来进行 5～30Hz 的闪烁。系统使用四个频率表 15Hz、17Hz、19Hz、21Hz 来分别控制机械臂在 x 轴和 z 轴的移动。

3. 使用 MI 信号控制机械臂

2014 年，Hortal 等[43]使用运动想象(MI)信号来控制六自由度机械臂(Fanuc LR-Mate 200iB)。一共有四个指令，分别是想象左手动、想象右手动、从后往前背诵字母表和从 20 往前数。系统使用 Laplacian Filter 处理信号后用 adaboost SVM 进行分类。实验表明，对于两个实验者其分类准确率为 74%和 72.78%，抓取物体用时为平均 170s 与 146s。

2016 年，Meng 等[44]设计了使用 MI 信号来控制机械臂的系统。为了简化操作，系统分为两步来进行抓取，分别是控制机械臂水平移动到物体上方，然后保持机械臂在物体上方周围，之后转为垂直方向操作，保持机械臂末端在物体高度附近，然后会进行自动抓取。

2019 年，上海交通大学的 Xu 等[45]设计了有共同控制(shared control)帮助的、基于 MI 信号的脑电控制 UR5(Universal Robots A/S, Denmark)机械臂系统。系统只有一对控制指令，分别是想象左手动和想象右手动。所谓共同控制，就是一系列的智能辅助系统。比如该系统中的 RealSense SR300 RGB-D 相机，使用 ICP 算法和 Voxel grid 滤波器、统计去除滤波器(statistical removal filter)来确定待抓取物体的位姿。脑机系统如果检测到想象左手动，则让机械臂向左前方伸出；如果检测到想象右手动，则让机械臂向右前方伸出。脑电只控制机械臂在水平方向移动，当机械臂末端距离物体在阈值以内时，切换到自动抓取模式，将自动抓取物体。该系统对 MI 信号的分类精度为 70%左右。

4. 使用混合 BCI 控制机械臂

2014 年，Bhattacharyya 等[46]设计了使用 MI 信号来控制机械臂(Jaco)，使用 P300 信号来停止操作的混合 BCI 系统，系统还引入了 Errp 信号来修正控制指令。该系统使用想象左手动来让机械臂逆时针旋转，想象右手动来让机械臂顺时针旋转，想象向前动来让机械臂前伸，不想象让机械臂暂停，看机械臂到终点来触发 P300 信号让机械臂停止，如果发现 Errp 信号则让机械臂撤销当前指令并恢复到上一个指令结束的位置。文献[46]使用由卡尔曼滤波估计的自适应自动回归(adaptive auto-regressive, AAR)模型参数来作为特征及 AdaBoost SVM 算法来对运动想象信号进行分类，使用线性核的 SVM 来对 P300 与 Errp 进行分类。该系统对 MI 有平均 79%的识别准确率，对 P300 有平均 81%的识别准确率，对 Errp 有平均 80.01%的识别准确率，平均抓取用时 50s[46]。

2017 年，天津大学设计了使用 Emotive Epoc 便携干电极帽通过 MI、EMG、SSVEP 三种电信号控制 Dobot 机械臂来写字的脑机系统。该系统通过同时想象左手动与看四个闪烁按键来让机械臂上下左右动，通过同时想象右手动与看两个按键来让机械臂抬起或者放下，通过咬牙来退出对机械臂的控制，实现异步系统。该系统使用二阶动量能(second-order moment energy)算法对 MI 指令的识别准确度平均为 73%，使用典型相关分析(canonical correlation analysis, CCA)对 SSVEP 指令的识别准确度为 93%[47]。

同年，日本的 Minati 等[48]使用多种传感器设计了使用眼电、肌肉电和脑电共同控制机械臂的系统。系统使用快速眨眼来开启或者关闭系统，使用水平移动眼睛注视点来控制机械臂，用单眼眨眼来控制机械手的抓握，用 MI 来控制抓握的力度。Minati 等还另外设计了三种使用肌肉电和眼电共同控制机械臂的方案。四个方案中，使用 MI 的信号识别准确率最低，平均只有 73%，而其余三种准确率平均都达到了 93%以上。

同年，Zhang 等[49]设计了使用 SSVEP 信号对由 Kinect 相机识别出的物体进行选取，再由 MI 信号与智能抓取规划共同执行抓取的脑机系统。该系统中，通过想象左手、舌头、右手与脚的运动，来产生让机械臂进行左、上、右、下的移动。当没有 MI 信号时，机械臂会进行自主抓取。经过实验，发现这种共同控制策略的抓取效果比单独使用智能规划或者单独使用 MI 信号进行抓取都好。

8.3.2 使用脑机接口控制轮椅

脑电的应用对象有很大一部分是患有运动障碍的残疾人士，而轮椅是帮助残疾人士运动的一个良好载体。同时，电动轮椅可以很好地接收脑机接口的控制指令，在方便残疾人士日常生活的同时验证脑机接口技术的成熟度。大多数电动轮椅需要的控制指令数量不多，一般为前进、后退、左转、右转四个，无论是脑机接口中应用的 P300 信号，还是 SSVEP 信号，或者是 MI 信号，都可以达到四个输出指令的要求。同时，电动轮椅作为一个载体，还可以搭载多个激光测距仪器，来创建有限空间内的地图或者避免碰撞，优化脑电控制电动轮椅的操控，增大系统的容错率。

1. 使用 P300 信号控制轮椅

2016 年，华南理工大学的李远清教授团队把自动导航技术结合到了 P300 与 MI 脑控轮椅系统中，从而极大地降低了操作者在控制轮椅移动中的控制时间和疲劳程度。该系统首先建立二维的矢量图，为轮椅和障碍物提供坐标，同时在墙上固定了两个摄像头进行障碍物定位，轮椅上还配备了激光测距器进行轮椅位置的定位，路径规划使用 A*算法，行进途中使用 PID 算法来保证轮椅在计划的路线上行进。而 P300 和 MI 脑机接口系统被用来对目标地进行选择，之后的行进都是自动行进，极大地降低了脑控轮椅行进的操作难度[50]。

2019 年，Cruz 等[51]在 P300 脑机系统控制轮椅移动的基础上增加了对皮肤电反应的测量，用来记录控制者是否处于焦虑和压力状态下，从而当控制者因为误操作或者控制轨迹错误时将控制方式转换为自动控制。经过实验发现，当使用者是健康人时，如果脑控轮椅发生碰撞，有 100%的概率发生皮肤电反应；当脑控轮椅行进轨迹不合预期时，有 87.5%的概率发生皮肤电反应。当使用者有运动障碍时，如果脑控轮椅行进轨迹不合预期时，有 100%的概率发生皮肤电反应。经过实验发现，皮肤电反应可以用来反映操控者的压力程度，进而可以用来优化脑控轮椅的控制系统。

2. 使用 SSVEP 信号控制轮椅

2015 年，Müller 等[52]对使用 SSVEP 信号控制轮椅移动的频率段和使用疲劳度进行了研究。由于当时的分类算法不是很先进，因此实验的分类准确度都不是很高。实验进行了两组：一组使用的刺激信号在低频段，分别是 5.6Hz、6.4Hz、6.9Hz 和 8Hz；另一组使用的刺激信号是高频段，分别是 37Hz、38Hz、39Hz 和 40Hz。经过实验发现，低频段的识别准确率为 54%，高频段的识别准确率为 51%，但是高频段的使用者疲劳度更低，在控制轮椅进行移动的任务上执行得也更好。实验发现，高疲劳度会导致注意力的降低和更差的实验表现。

2015 年，Tello 等[53]设计了使用 SSVEP 脑电信号对轮椅进行控制的系统，该系统有四个指令：前进、左转、右转和停止。四个指令分别由注视着以 11Hz、8Hz、13Hz 和 15Hz 的频率闪烁的 LED 来诱发得到与命令相对应的脑电信号，进而被系统识别成控制轮椅的控制信号。Tello 等使用了最小能量组合（minimum energy combination, MEC）、典型相关分析（CCA）和多元同步指数（multivariate synchronization index, MSI）三种方法来识别 SSVEP 信号，分别获得了 74.67%、78.67%和 88%的准确率。这个系统存在的问题：①控制不够精确，对残疾人士使用起来有危险；②这是一个同步系统，系统一旦开启就在不断地进行识别，对于使用者来说无法停止。

2016 年，Achic 等[54]设计了脑控具有机械臂的轮椅系统。该系统使用 4 个 LED 阵列来诱发 SSVEP 信号，选择控制轮椅移动或者控制机械臂。当对轮椅进行控制时，系统使用脑电帽中的加速度仪来测量头部的运动，从而控制轮椅进行前进、后退、左转和右转。当对机械臂进行控制时，可以执行已经预设好的一套完整指令，如从特定地点抓取瓶子或者控制机械臂进行移动。经过实验，该系统在使用头部移动来控制轮椅移动时有 100%的准确率，在使用 SSVEP 脑机接口时有平均 60.45bit/min 的信息传输速率。

2017 年，Waytowich 等[55]设计了视觉刺激和选择软件平台（visual evoked stimulation and selection software, VESSELS）来使得开发脑机接口的应用更加方便。该平台使用 C#语言编写，支持 Windows、Mac、Andrioid 和 IOS，使用 BCI2000 和 Lab-Streaming-Layer 来获取并处理脑电信号。VESSELS 有屏幕重叠系统，可以把 SSVEP 刺激叠加在任意程序上，并将结果转换为鼠标或者键盘输出。为了验证平台的功能，Waytowich 等使用 VESSELS 搭建了一个使用三星银河 S4 手机显示刺激的脑机接口，用来控制轮椅的行动。这个轮椅系统有四个指令，分别由 6Hz、6.66Hz、7.5Hz 和 8.57Hz 闪烁的图标刺激得到，这四个闪烁图标被叠加到了由摄像头返回的视频上，这样控制者在注视刺激图标时也能得到周围的环境信息。

3. 使用 MI 信号控制轮椅

2011 年，Tsui 等[56]设计了使用 MI 信号输出两个控制命令的电动轮椅。该系统靠运动想象发出两个信号：左转和右转。为了区分左手想象运动和右手想象运动，建立了两套事件相关同步和事件相关去同步的频谱，并人为地挑选了两个能明显区分两种不同想象运动的频率段来进行区分。同时还训练了两个线性判别分析分类器来分别得到想象左手运动和想象右手运动的结果。为了避免碰撞，系统还配备了 6 个超声测距仪器来扫描环境避免碰撞。为了使控制者可以更好地控制，Tsui 等还搭建了模拟场景来帮助使用者进行线上控制训练。经过实验验证，这种控制方式可以对轮椅进行有效的控制。

2015 年，Varona-Moya 等[57]设计了使用 MI 信号输出四个控制命令的电动轮椅，四个命令分别是前进、右转、后退和左转。为了有效训练使用者，Moya 等使用 VRML 2.0 和 MATLAB 中的 Virtual Reality Toolbox 建立了虚拟训练平台。为了避障，轮椅上安置了 11 个 SRF08 超声距离探测器来在轮椅周围建立实时离散格子地图。为了对信号进行分类，挑选 5～17Hz 作为信号分析的频率区间，逐段进行分析，每段 2Hz，段和段之间有 75%的重叠。对于每个频率段都通过 10×10 的交叉验证来估计线性判别分析的最大准确率。实验筛选了 5 个使用右手的成年人，有两个准确率达不到 70%，其余 3 个都可以成功地控制轮椅按照规定路径往返一圈。

2018 年，Amin 等[58]设计了使用 MI 信号和眼电(electro-oculogram, EOG)结合控制的电动轮椅。如果使用共空间模式(CSP)来提取特征，使用线性判别分析(LDA)来辨别想象左手或者右手动，可以达到 89.8%的准确率；如果使用眼电数据来分析眼睛向左动或者向右动有 100%的准确率。但是，如果仅仅使用眼电来控制轮椅移动的话，无意识的眼动会给出很多错误指令，因此系统同时使用了眼电和 MI 脑电信息来控制轮椅，各自占 50%的权重，这样系统达到了 100%的控制准确率而且没有误操作。

8.3.3 使用脑机接口控制类人机器人

机器人，尤其是类人机器人的控制难度很高，因此作为对脑机接口控制能力的验证和探索，控制类人机器人很值得科学探索和研究，同时这方面的成果也可以进一步优化脑机接口的控制能力，从而增加脑机接口的可控对象，拓展脑机接口的应用价值，并深入挖掘脑机接口的潜力。由于这方面的研究数量并不多，接下来就不分类介绍了。

2013 年，Choi[59]使用了三种脑电信号(P300、SSVEP 和运动想象信号)来控制一个人形机器人的移动，系统还配备了目标识别算法，用来使机器人可以移动并寻找目标物体。系统使用运动想象信号和 SSVEP 信号来控制人形机器人移动，使用 P300 信号来选择目标物。经过 5 个受试者的实验表明，使用脑电信号来控制机器人移动并确定目标物的表现和使用键盘控制差不多。系统使用 SSVEP 信号来控制机器人头部的转动，每次转动 3°。当机器人头和身体的夹角超过 9° 时，可以通过运动想象信号来让机器人头和身体的朝向一致并向前移动，而目标识别则是依靠颜色。对于运动想象信号的分类，系统使用了共空间模式(CSP)算法；对于 SSVEP 信号的分类，系统使用了典型相关分析(CCA)算法；对于 P300 信号，系统使用 xDAWN 空间滤波器对信号进行增强后使用贝叶斯线性判别分析(BLDA)来进行分类识别。经过实验发现，系统对于运动想象、SSVEP 和 P300 信号的识别率分别达到了 84.6%、84.4%和 89.5%(P300 四目标)、91%(P300 双目标)，信息传输速率(information transfer rate, ITR)都超过了 11bit/min，每次操控机器人走完迷宫并完成两次目标识别的任务用时平均 789.5s。

2015 年，Petit 等[60]设计了使用脑机接口控制机器人(HRP-2)抓取一杯水喂给控制者的系统。控制者头戴一个 VR 设备，直接接收装在机器人头部的摄像头信号，同时面部贴有 ArUco 二维码来让机器人识别控制者的头部。在系统中，对机器人的移动控制采用 SSVEP 信号，对无法标识的物体的识别使用了方块世界机器人视觉系统工具(blocks world robotic vision toolbox, BLORT)[61]，对人体各个部位的识别使用了点云库(point cloud library，PCL)[62]、快速点特征直方图(fast point feature histogram, FPFH)和样本一致性初始对齐(sample consensus initial alignment, SAC-IA)算法[63]。

2016 年，Tidoni 等[64]设计了在意大利使用 SSVEP 信号来控制位于日本的机器人(HRP-2)行进并抓取一个物体放置到桌子上的实验。控制过程分两步：第一步，控制机器人穿过通道走到放置带选择物体的桌子前，此时控制界面包括四个 SSVEP 刺激图标，分别对应左转、前进、右转和停止；第二步，当机器人行进到目标物体前时，控制机器人移动的刺激图标会消失，桌面上的物体会分别以 6Hz、8Hz 和 9Hz 的频率闪烁，用户通过注视想选取的、正在闪烁的物体来控制机器人对其进行抓取。实验显示，如果在机器人行进时给予控制者同步的脚步声作为反馈，控制的准确度会更高；如果给的声音反馈与画面不同步，控制者的控制难度会增加。

同年，Spataro 等[65]设计了使用 P300 信号控制 NAO(Aldebaran Robotics, France)机器人抓取一杯水的系统来帮助患有肌萎缩侧索硬化(amyotrophic lateral sclerosis)的病人生活自理。经过实验，四个患有肌萎缩侧索硬化的病人中的三个可以成功地使用该系统控制机器人帮助其抓取一杯水。系统使用 BCI2000 进行开发，刺激界面上有八个刺激图标，分别代表着机器人移动的六个刺激图标和抓取于放下的两个刺激图标，使用者通过注视刺激图标来产生相应的控制指令。系统不只提取 P300 信号，还通过加入爱因斯坦脸部闪烁的方式提取了 N170 和 N400f 脑电信号来提高 P300 信号的识别率。系统的分类方式使用 SWLDA，最终达到的平均准确率有 78%。

2019 年，Abibullaev 等[66]设计了一个用 P300 信号控制的机器人(NAO)，可以传输 16 个指令让机器人执行，包括前进、左转、右转、后退、说你好、停止、握手等。其 P300 信号的分类算法用了L_2-ridge 逻辑回归，而在机器人的动作上，通过示教的方式来完成，在学习过程中使用了 cubic Hermite spline 算法[67]来进行插值、Savitzky-Golay 滤波器来增加信噪比、任务参数化高斯混合模型(task-parameterized Gaussian mixture model, TP-GMM)来对示教动作进行模拟和复现。经过实验，发现所有操作人员的受试者操作特征(receiver operating characteristic, ROC)曲线下面积(area under curve, AUC)都高于 80%。

同年，Aznan 等[68]设计了使用干电极和 SSVEP 信号来控制机器人走向目标物体的系统。机器人搭载的摄像头在对物体的识别上使用了 single shot multibox detector 算法[69]，通过使用 COCO 数据库中的 12 个物体类别训练了目标识别系统来对目标进行识别。在刺激界面上，被识别出的物体会闪烁，同时在界面的边缘还会有闪烁的箭头用来产生控制机器人行进的信号。信号的提取设备使用了 Cognionics Quick-20 干电极系统，在 20 个干电极通道中选用了和 SSVEP 信号高度相关的 9 个通道。在信号的分类识别上，使用了卷积神经网络[70]。经过三个受试者的实验，该系统的线上平均准确率为 85.6%，平均 ITR 为 15.2bit/min。

8.4 脑机接口在海洋科学研究中的应用展望

通过前面的叙述可以发现，脑机接口的本质是提供一种信息提取的方法，从大脑中提取到由刺激产生的或者自我发出的信号来对外界设备进行控制。虽然基于脑机接口应用的研究有很多，但是基本上大同小异，主要的差别就在于控制载体的不同。由于脑机接口的性能并不能满足对操作要求很高的载体的控制，因此大部分使用脑机接口控制的设备对信息传输速率、可传达命令的数量要求并不高。同时，由于大多数的脑机接口在对脑电信息进行分类识别时，都不能达到 100%的准确率，因此脑机接口并不适合在一个误操作就能引起灾难性后果的情况下使用。

同时，脑机接口技术也有着它的优势：脑机接口可以直接提取大脑中的信息，不需要肌肉的信息，因此，当操作者的肢体不能使用，或者被占用的情况下，脑机接口可以提供另一种信息输出的通道。同时，脑机接口还可以直接反映出操作者的大脑状态，比如其是否精神集中、是否困倦等，从而可以及时进行提醒，避免在繁重、劳累而长时的任务中出现误操作等事故。由此，我们提出了以下几种脑机接口适合的海洋科学应用场景。

1. 深海载人潜水器的潜器控制与机械臂控制

深海载人潜水器的造价很高，舱内的空间极其有限。在驾驶员使用双手对潜器的位置进行控制时，或者双手被占用时，可以使用脑机接口对机械臂等设备进行指令传输，从而增加了一个控制维度，减少载人潜水器对人数和空间的要求。由于脑机接口的信息传输能力，包括信息传输速度和信息传输准确度，并不是很高，因此载人潜水器上的脑机工作系统还需要相应的智能算法和传感器来配合脑机接口，如目标识别、目标定位、机械臂路径自动规划等，从而降低对脑机接口系统信息传输能力的要求，进而使得系统达到可以有效完成任务的程度。

2. 深海载人潜水器驾驶员的精神状态监测

根据统计，陆地上有 20%～30%的机动车事故是由于疲劳驾驶造成的，深海载人潜水器每次的工作时间都很长，驾驶员很容易疲劳从而导致误操作等事故。深海载人潜水器的造价动辄上亿，误操作或者因为反应不及时带来的事故造成的损失极大，在深海环境下甚至会导致生命危险。因此，对潜水器驾驶员及仪器、设备的操作者的疲劳监控和预警系统是有必要的，同时最好还可以对操作者的情绪状态也进行监控，预防可能的幽闭恐惧症等非正常精神状态，在出现危险情况时由系统发出报警，提示驾驶员采取有效措施来防范风险。

3. 无人载体的监控巡视

未来，海洋上会行驶大量的无人船等载体。这些无人载体会传输视频等信息给远在陆地上的控制室来对资料进行收集或者对载体进行监控。而在对无人船进行监控时，很有可能会是一对多的监控状态，同时由于海洋航行在大部分时间内并不需要操作，因此监控人员很容易产生注意力不集中的情况，或者因为监控过久而造成疲劳的情况。此时应该由对大脑状态进行监控的脑机接口设备发出预警，提醒监控人员，并在提醒无效时向上级管理层发出替换监控者等请求，从而降低风险，避免损失。

8.5 脑机接口的风险、伦理与法律问题

脑机接口的风险主要来自误操作和对人可能产生的不利影响两方面。一方面，脑机接口的识别准确率难以做到 100%，因此在使用脑机接口进行设备操控时就有可能会由于识别错误导致误操作，如果是在控制轮椅或者驾驶汽车时产生了误操作，在某些场景下很可能会严重伤害脑机接口的使用者。此时，如何认定是脑机接口系统不够准确导致的事故，还是使用者主观上的操作失误导致的事故是一个难以解决的问题。另一方面，基于 P300 和 SSVEP 的脑机接口在使用过程中都会对使用者造成严重的疲劳，SSVEP 还有可能会诱发光敏癫痫。由于脑机接口多种多样，脑机接口是否有可能会对人造成伤害仍有待论证。

在伦理上，脑机接口直接从大脑中提取信息，很有可能这些信息的产生者并不希望自己的隐私信息被泄露，在尊重人权的前提下，在各种实验或者脑机接口的应用中应当对隐私权予以重视。2019 年，浙江省金华市金东区孝顺镇小学部分学生佩戴脑机接口头环引发争议，有质疑声称该项技术涉嫌侵犯学生隐私。2019 年 10 月 31 日，金东区教育局相关人员表示该设备已经暂停使用。这就是一起典

型的脑机接口侵犯隐私导致被停止使用的例子，而这里的隐私数据，仅仅是注意力的集中程度。在未来，随着脑机接口设备的升级，可以提取出的数据甚至可能会涉及图像、记忆，此时的隐私侵犯问题将会更加严重。同时，脑机接口的解读能力难以达到完全准确，错误解读用户信息带来的问题同样需要关注和解决。

在法律上，当脑机接口在使用途中产生意外情况，需要划分责任时，如何区分是脑机接口系统出了问题，还是用户使用意图出了问题，难以界定，这是未来需要解决的一个问题。在脑机接口的使用中，对使用者的信息隐私权同样需要法律的保护，这样才能保障脑机使用者的利益。在法律明确了责任和脑机接口的限度后，企业和科研单位的研发内容也就有了安全区，这其实对脑机接口的发展是更有利的，可以降低企业和科研的风险，避免消耗大量资源的科研成果无法进行商业化应用。

8.6 本章小结

对于非侵入式脑机接口来说，脑机接口目前的应用主要受限于信息传输速率、信息传输准确率和使用疲劳，因此其应用局限性较大，主要应用在帮助有运动障碍的人日常生活或者康复，健康人用脑机接口的场景目前还很少，大多存在于科研领域。在未来，如果非侵入式脑机接口的信息传输速率和准确率有显著提升，并且对脑信号的生理意义有更多的理解后，可以诞生很多新的应用。

在教育上，可以使用脑机接口来提高注意力，使得受试者在集中注意力上的能力更强，从而提高学习和工作的效率。同时，在课堂上使用脑机接口可以给出学生在课堂上投入程度的信息，在评价老师的授课质量和进一步提高学生的投入度的工作上可以给出反馈信息，使得这项工作更容易进行。

在医疗上，脑机接口将进一步帮助患有运动障碍的病人能够更容易地生活自理，同时在康复上对病人提供帮助，加快病人的恢复速度，提升病人的康复信心。与注意力相关的脑机接口的成果，将有可能帮助治疗少儿多动症，成为不需要使用药物和没有副作用的一种新的治疗方式。

在商业上，更加便携的脑机接口可以融入智能家居的控制，使得很多操作更加方便，比如可以根据大脑状态来切换音乐，将刺激界面更巧妙地融于家里的信息传递媒介，使得很多操作用大脑就可以直接完成，更加方便。

在睡眠上，脑机接口可以获取大脑状态信息，从而可以使用一些调控脑电波状态的方法帮助使用者入睡，还可以在对脑电波分析后确定使用者合适的起床时间，采取光照或者拉开窗帘的方法更柔和地对使用者进行唤醒。

在安防上，脑机接口在测谎上的应用可以帮助执法人员获得嫌疑人员对于案件保密信息的知情度，从而帮助确定嫌疑人身份。同时在战争中脑机接口将可以帮助受伤士兵指挥无人武器进行防御或者攻击。而使用脑机接口对士兵进行专注度训练和大脑状态评估将可以进一步提升士兵的反应速度和侦查能力，提升士兵的作战能力。

同时，在使用脑机接口对大脑的信号产生和识别的研究过程中，诞生的信号处理技术、高维数据分类与识别技术、人机交互技术同样可以应用于人工智能、电子工程等领域，从而产生更多的科研成果。21 世纪，人们对脑机接口的探索将会一直持续下去，现在的脑控信号种类还很有限，相信未来通过更加先进的设备、技术和传感器与大脑的连接方式，人类终将可以读取意识、存储意识，可以向外界输出大量的人脑意识信息。我们期待这一天的到来。

参考文献

[1] Wolpaw J R, Birbaumer N, McFarland D J, et al. Brain-computer interfaces for communication and control[J]. Clinical Neurophysiology, 2002, 113(6): 767-791.

[2] Pfurtscheller G, Neuper C. Motor imagery activates primary sensorimotor area in humans[J]. Neuroscience Letters, 1997, 239(2-3): 65-68.

[3] Lin Z L, Zhang C S, Wu W, et al. Frequency recognition based on canonical correlation analysis for SSVEP-based BCIs[J]. IEEE Transactions on Biomedical Engineering, 2006, 53(12): 2610-2614.

[4] Farwell L A, Donchin E. Talking off the top of your head: toward a mental prosthesis utilizing event-related brain potentials[J]. Electroencephalography and Clinical Neurophysiology, 1988, 70(6): 510-523.

[5] Fisher R S, Harding G, Erba G, et al. Photic- and pattern-induced seizures: a review for the epilepsy foundation of America working group[J]. Epilepsia, 2005, 46(9): 1426-1441.

[6] Cheng M, Jia W Y, Gao X R, et al. Mu rhythm-based cursor control: an offline analysis[J]. Clinical Neurophysiology, 2004, 115(4): 745-751.

[7] McFarland D J, McCane L M, David S V, et al. Spatial filter selection for EEG-based communication[J]. Electroencephalography and Clinical Neurophysiology, 1997, 103(3): 386-394.

[8] Cao L J, Chua K S, Chong W K, et al. A comparison of PCA, KPCA and ICA for dimensionality reduction in support vector machine[J]. Neurocomputing, 2003, 55(1-2): 321-336.

[9] Mirghasemi H, Fazel-Rezai R, Shamsollahi M B. Analysis of P300 classifiers in brain computer interface speller[C]. Annual International Conference of the IEEE Engineering in Medicine and Biology Society, 2006, 1-15: 4073.

[10] Cardoso J F. Multidimensional independent component analysis[C]. IEEE International Conference on Acoustics, Speech and Signal Processing, 1998, 1-6: 1941-1944.

[11] Jung T P, Makeig S, Humphries C, et al. Removing electroencephalographic artifacts by blind source separation[J]. Psychophysiology, 2000, 37(2): 163-178.

[12] Vigario R, Sarela J, Jousmaki V, et al. Independent component approach to the analysis of EEG and MEG recordings[J]. IEEE Transactions on Biomedical Engineering, 2000, 47(5): 589-593.

[13] Calhoun V D, Liu J,Adali T. A review of group ICA for fMRI data and ICA for joint inference of imaging, genetic, and ERP data[J]. Neuroimage, 2009, 45(1): S163-S172.

[14] Bell A J, Sejnowski T J. An information maximization approach to blind separation and blind deconvolution[J]. Neural Computation, 1995, 7(6): 1129-1159.

[15] Hyvarinen A, Oja E. A fast fixed-point algorithm for independent component analysis[J]. Neural Computation, 1997, 9(7): 1483-1492.

[16] Fukunaga W K. Application of the Karhunen-Loève expansion to feature selection and ordering[J]. IEEE Transactions on Computers, 1970, 19(4): 311-318.

[17] Soong A C K, Koles Z J. Principal-component localization of the sources of the background EEG[J]. IEEE Transactions on Biomedical Engineering, 1995, 42(1): 59-67.

[18] Naeem M, Brunner C, Leeb R, et al. Seperability of four-class motor imagery data using independent components analysis[J]. Journal of Neural Engineering, 2006, 3(3): 208-216.

[19] Ramoser H, Muller-Gerking J, Pfurtscheller G. Optimal spatial filtering of single trial EEG during imagined hand Movement[J]. IEEE Transactions on Rehabilitation Engineering, 2000, 8(4): 441-446.

[20] Mallat S G. A theory for multiresolution signal decomposition: the wavelet representation[J]. IEEE Transactions on Pattern Analysis and Machine Intelligence, 1989, 11(7): 674-693.

[21] Lotte F, Congedo M, Lecuyer A, et al. A review of classification algorithms for EEG-based brain-computer interfaces[J]. Journal of Neural Engineering, 2007, 4(2): R1-R13.

[22] Burges C J C. A tutorial on support vector machines for pattern recognition[J]. Data Mining and Knowledge Discovery, 1998, 2(2): 121-167.

[23] Bennett K P, Campbell C. Support vector machines: hype or hallelujah? [C]. ACM SIGKDD Explorations Newsletter, 2000: 1-13.

[24] Draper N S. Applied Regression Analysis[M]. New York: John Wiley and Sons, 1981: 307-312.

[25] Krusienski D J, Sellers E W, McFarland D J, et al. Toward enhanced P300 speller performance[J]. Journal of Neuroscience Methods, 2008, 167(1): 15-21.

[26] Barachant A, Bonnet S, Congedo M, et al. Multiclass brain-computer interface classification by riemannian geometry[J]. IEEE Transactions on Biomedical Engineering, 2012, 59(4): 920-928.

[27] Waytowich N R, Lawhern V J, Bohannon A W, et al. Spectral transfer learning using information geometry for a user-independent brain-computer interface[J]. Frontiers in Neuroscience, 2016, 10(10): 420.

[28] Zanini P, Congedo M, Jutten C, et al. Transfer learning: a riemannian geometry framework with applications to brain-computer interfaces[J]. IEEE Transactions on Biomedical Engineering, 2018, 65(5): 1107-1116.

[29] Polich J, Bondurant T. P300 sequence effects, probability, and interstimulus interval[J]. Physiology & Behavior, 1997, 61(6): 843-849.

[30] Cano M E, Class Q A, Polich J. Affective valence, stimulus attributes, and P300: color vs. black/white and normal vs. scrambled images[J]. International Journal of Psychophysiology: Official Journal of the International Organization of Psychophysiology, 2009, 71(1): 17-24.

[31] Geisler M W, Polich J. P300 and individual differences: morning evening activity preference, food, and time-of-day[J]. Psychophysiology, 1992, 29(1): 86-94.

[32] Polich J. On the relationship between EEG and P300: individual differences, aging, and ultradian rhythms[J]. International Journal of Psychophysiology, 1997, 26(1): 299-317.

[33] Schlögl A V C, Müller K R. Adaptive methods in BCI research: an introductory tutorial[M]//Graimann B, Pfurtscheller G, Allison B. Brain-Computer Interfaces. Berlin: Springer, 2009: 331-335.

[34] Pathirage I, Khokar K, Klay E, et al. A vision based P300 brain computer interface for grasping using a

wheelchair-mounted robotic arm[C]. IEEE/ASME International Conference on Advanced Intelligent Mechatronics, 2013.

[35] Wang J J, Liu Y D,Tang J S. Fast robot arm control based on brain-computer interface[C]. IEEE Information Technology, Networking, Electronic and Automation Control Conference (ITNEC), 2016: 571-575.

[36] Arrichiello F, Lillo P D, Vito D D, et al. Assistive robot operated via P300-based brain computer interface[C]. IEEE International Conference on Robotics and Automation (ICRA), 2017.

[37] Achanccaray D, Chau J M, Pirca J, et al. Assistive robot arm controlled by a P300-based brain machine interface for daily activities[C]. 9th International IEEE/EMBS Conference on Neural Engineering, 2019: 1171-1174.

[38] Hoffmann U, Vesin J M, Ebrahimi T, et al. An efficient P300-based brain-computer interface for disabled subjects[J]. Journal of Neuroscience Methods, 2008, 167(1): 115-125.

[39] Chen X G, Wang Y J, Gao S K, et al. Filter bank canonical correlation analysis for implementing a high-speed SSVEP-based brain-computer interface[J]. Journal of Neural Engineering, 2015, 12(4): 046008.

[40] Chen X G, Zhao B, Wang Y J, et al. Control of a 7-DOF robotic arm system with an SSVEP-based BCI[J]. International Journal of Neural Systems, 2018, 28(8): 1850018.

[41] Chen X G, Zhao B,Gao X. Noninvasive brain-computer interface based high-level control of a robotic arm for pick and place tasks[C]. 14th International Conference on Natural Computation, Fuzzy Systems and Knowledge Discovery (ICNC-FSKD), 2018.

[42] Kubacki A,Milecki A. Control of the 6-axis robot using a brain-computer interface based on steady state visually evoked potential (SSVEP)[M]. Cham: Springer International Publishing, 2019.

[43] Hortal E, Planelles D, Costa A, et al. SVM-based brain-machine interface for controlling a robot arm through four mental tasks[J]. Neurocomputing, 2015, 151: 116-121.

[44] Meng J J, Zhang S Y, Bekyo A, et al. Noninvasive electroencephalogram based control of a robotic arm for reach and grasp tasks[J]. Scientific Reports, 2016, 6(1): 38565.

[45] Xu Y, Ding C, Shu X K, et al. Shared control of a robotic arm using non-invasive brain-computer interface and computer vision guidance[J]. Robotics and Autonomous Systems, 2019, 115: 121-129.

[46] Bhattacharyya S, Konar A,Tibarewala D N. Motor imagery, P300 and error-related EEG-based robot arm movement control for rehabilitation purpose[J]. Medical & Biological Engineering & Computing, 2014, 52(12): 1007-1017.

[47] Gao Q, Dou L, Belkacem A N, et al. Noninvasive electroencephalogram based control of a robotic arm for writing task using hybrid BCI system[J]. Biomed Research International, 2017(2017): 1-8.

[48] Minati L, Yoshimura N, Koike Y. Hybrid control of a vision-guided robot arm by EOG, EMG, EEG biosignals and head movement acquired via a consumer-grade wearable device[J]. IEEE Access, 2016, 4: 9528-9541.

[49] Zhang W C, Sun F C, Liu C F, et al. A hybrid EEG-based BCI for robot grasp controlling[C]. IEEE International Conference on Systems, Man, and Cybernetics (SMC), 2017: 3278-3283.

[50] Zhang R, Li Y, Yan Y, et al. Control of a wheelchair in an indoor environment based on a brain-computer interface and automated navigation[J]. IEEE Transactions on Neural Systems and Rehabilitation Engineering, 2015, 24(1): 128-139.

[51] Cruz A, Pires G, Lopes A C, et al. Detection of stressful situations using GSR while driving a BCI-controlled wheelchair[C]. 41st Annual International Conference of the IEEE Engineering in Medicine and Biology Society (EMBC), 2019.

[52] Müller S, Diez P, Bastos-Filho T, et al. Robotic wheelchair commanded by people with disabilities using low/high-frequency SSVEP-based BCI[C]. World Congress on Medical Physics and Biomedical Engineering, Toronto, Canada, 2015.

[53] Tello R, Valadao C, Müller S, et al. Performance improvements for navigation of a robotic wheelchair based on SSVEP-BCI[C]. XII SBAI-Simposio Brasileiro de Automacao Inteligente, 2015.

[54] Achic F, Montero J, Penaloza C, et al. Hybrid BCI system to operate an electric wheelchair and a robotic arm for navigation and manipulation tasks[C]. IEEE Workshop on Advanced Robotics and Its Social Impacts (ARSO), 2016.

[55] Waytowich N R,Krusienski D J. Development of an extensible SSVEP-BCI software platform and application to wheelchair control[C]. 8th International IEEE/EMBS Conference on Neural Engineering (NER), 2017.

[56] Tsui C S L, Gan J Q, Hu H. A self-paced motor imagery based brain-computer interface for robotic wheelchair control[J]. Clinical EEG and neuroscience, 2011, 42(4): 225-229.

[57] Varona-Moya S, Alvarez F V, Salvador S, et al. Wheelchair navigation with an audio-cued, two-class motor imagery-based brain-computer interface system[C]. 7th International IEEE/EMBS Conference on Neural Engineering (NER), 2015.

[58] Amin A A. A feasibility study of employing EOG signal in combination with EEG based BCI system for improved control of a wheelchair[J]. Bangladesh Journal of Medical Physics ,2017, 10(1): 47-58.

[59] Choi B J S. A low-cost EEG system-based hybrid brain-computer interface for humanoid robot navigation and recognition[J]. PLoS One, 2013, 8(9): e74583.

[60] Petit D G P, Cherubini A. An integrated framework for humanoid embodiment with a BCI[C]. IEEE International Conference on Robotics and Automation (ICRA), 2015.

[61] Mörwald T P J, Prankl J, Richtsfeld A, et al. Blort-the blocks world robotic vision toolbox[C]. Proceeding ICRA Workshop Best Practice in 3D Perception and Modeling for Mobile Manipulation, 2010.

[62] Cousins R B. 3D is here: point cloud library (PCL) [C]. IEEE International Conference on Robotics and Automation ICRA, 2011.

[63] Rusu R B, Blodow N, Beetz M. Fast point feature histograms (FPFH) for 3D registration[C]. IEEE International Conference on Robotics and Automation ICRA, 2009: 3212-3217.

[64] Tidoni E, Gergondet P, Fusco G, et al. The role of audio-visual feedback in a thought-based control of a humanoid robot: a BCI study in healthy and spinal cord injured people[J]. IEEE Transactions on Neural Systems and Rehabilitation Engineering, 2016, 25(6): 772-781.

[65] Spataro R, Sorbello R, Tramonte S, et al. Reaching and grasping a glass of water by locked-in ALS patients through a BCI-controlled humanoid robot[J]. Frontiers in human neuroscience, 2017, 11: 68.

[66] Abibullaev B Z A, Saduanov B. Design and optimization of a BCI-driven telepresence robot through programming by demonstration[J]. IEEE Access, 2019, 7: 111625-111636.

[67] Hintzen N T, Piet G J, Brunel T. Improved estimation of trawling tracks using cubic Hermite spline interpolation of position registration data[J]. Fisheries Research, 2010, 101(1-2): 108-115.

[68] Aznan N K N, Connolly J, Moubayed A, et al. Using variable natural environment brain-computer interface stimuli for real-time humanoid robot navigation[C]. International Conference on Robotics and Automation (ICRA), 2019: 4889-4895.

[69] Liu W, Anguelov D, Erhan D, et al. SSD: Single shot multibox detector[C]. European conference on computer vision, 2016: 21-37.

[70] Aznan N K N, Bonner S, Connolly J, et al. On the classification of SSVEP-based dry-EEG signals via convolutional neural networks[C]. IEEE International Conference on Systems, Man, and Cybernetics, 2018: 3726-3731.

9

机器行为学——值得关注的新学科

9.1 引言

1969 年，美国认知科学家 Herbert Simon 出版了人工智能著作——《人工科学》(*The Sciences of the Artificial*)(图 9.1)[1]。在书中他写道：“自然科学是关于自然物体和现象的知识。我们想要知道有没有一种‘人工’科学，研究人造物以及它们的现象。” 需要注意的是，作为跨学科科学家的 Simon 同时还是著名的经济学家和政治学家，并获得了 1978 年诺贝尔经济学奖。

图 9.1　Herbert Simon 出版的《人工科学》图书封面

有这样一个新兴的交叉学科，与 Simon 的思想一致，该学科研究智能机器，但并不是从工程机器的角度去理解它们，而是将其视为一系列有自己行为模式及生态反应的个体。

这个领域与计算机和机器人学科及新兴的人工智能技术有很大的关联性，但是又相对独立。从经验的角度去解释，智能机器的行为涉及行为生态学和动物行为学研究，前者研究生命内部特质(生理和生化特质)，后者研究与外部环境塑造的特质(生态与进化)。要想完整研究动物的行为和人类的行为，必须考虑周围环境。相似地，要想完全了解机器的行为也需要考虑算法及算法所在的社会环境。科研人员需用一种类似行为学的多学科方法研究算法，而非简单恐惧人工智能或呼吁监管人工智能，研究人工智能如何进化及对人类意味什么，不仅研究机器学习算法如何工作，且研究它们如何受其工作环境影响。

在此背景下，由麻省理工学院、哈佛大学、耶鲁大学、马普学会等院所和微软、谷歌、脸书等公司的多位研究者参与的课题组，于 2019 年 4 月 24 日在 *Nature* 杂志发表了一篇以“Machine Behaviour”为题的综述文章[2]，提出需要了解和控制人工智能系统的行为，使其利益最大化、危害最小化。这从某种程度上宣告了“机器行为学”这门跨越多个研究领域的新兴学科正式诞生。机器行为学这一新兴交叉学科，将主要研究智能机器所表现出的行为，涉及各类无人系统。

9.2 被过分依赖的算法

目前的人工智能绝大多数依赖于其中运行的算法，而机器行为学的出现正是因为机器内部运行的算法正在起着越来越重要的作用。目前，由于算法运行环境的复杂性，仅依靠分析手段很难了解机器的行为，智能算法的广泛存在和复杂性给预测算法对人类潜在的或正或负的影响带来了极大挑战。

即便个别算法相对简单，但是研究像人工智能系统这样多样且广泛对象的行为是件难以想象的困难事情。尤其是深度学习训练后的模型经常导致黑箱(black box)的产生，造成了输出难以解释，即便在“可解释性”(interpretability)上的一些应用场景已经有进展的现状下，人工智能实际产生这些输出的过程仍是研究或设计它们的科学家自己也难解释的。

无处不在的日益复杂的算法放大了人类估计和预测它们对个人和社会影响的难度。人工智能体正以意料之中和之外的方式塑造人类的行为和社会结果。

目前，人工智能系统的研究者一直致力于构建、实现和优化智能系统，以执行特定的任务。在很多基准任务上，人工智能体确实取得了出色的进展，比如棋盘游戏中的国际象棋、围棋，纸牌游戏比如扑克(poker)，还有基准评价用数据[如图片网(ImageNet)上用于物体识别的数据]。人工智能在语音识别、多语种翻译和自动驾驶等方面的成果也非常突出。但是，希望算法性能最大化的方法对于人工智能体的研究并不是最佳的。

随机实验、观察推理和基于群体的统计学描述分析方法经常被用在定量行为学的研究中，这些对于机器行为学也极其重要。从制造智能机器的学科延伸整合其他学科，学者可以提供重要方法性工具、研究工具、可选的概念性框架，用以研讨人工智能体对经济、社会和政治可能造成的影响。

9.3 机器行为学的研究范畴

个体机器行为研究强调对机器内算法本身的研究，集体机器行为研究强调对机器之间相互作用的研究，混合人机行为研究则更加偏重机器与人类之间相互作用的研究。

1. 个体机器行为

对个体机器行为的研究主要集中在特定的智能机器上，这些智能机器包括各类机器人和其他相似的智能无人系统。研究人员通常偏重对个体机器固有的属性研究，通过多软件算法代码的编写来实现。目前计算机科学和软件工程领域的学者主要进行这些研究。

研究个体机器行为有两种通用方法：

第一种侧重于使用机器内生行为方法(within-machine behaviour)分析任一特定机器的行为集，比较特定机器在不同条件下的行为；

第二种是机器间比较法(between-machine approach)，比较各种机器在相同条件下的不同行为。

个体机器行为的机器内生行为方法主要研究是否存在可以表征任一人工智能在各种环境中的机器内生行为常数，该人工智能的行为如何随着时间的推移而不断发展及环境因素如何影响机器对特定行为的表征等问题。

2. 集体机器行为

相比于对个体机器行为的研究，集体机器行为的研究侧重于机器集群后的交互行为。在某些情况下，若不考虑集体层面，个体机器行为的含义可能会失去其意义。

集体机器行为的研究很多受到了自然界中集群现象的启发，如蜂群、候鸟迁徙或者鱼类溯洄等。我们已经知道，动物群体面对复杂环境会表现出协作性、有序性并高效率地做出有效决策。

在这两种情况下，群体都表现出对环境的整体认识，而不是仅仅存在于个体层面。

使用简单算法进行本地交互的机器人一旦聚合成大型集体，就会产生有趣的行为。例如，学者已经研究了微型机器人的群体特性，这些特性结合成类似于生物制剂系统中发现的群体聚合现象。又如在可以互相通信的智能机器之间出现的新算法，以及全自主运输系统的动态特性。

关于集体动物行为和集体机器行为的绝大多数研究工作都集中在简单智能体之间的交互是如何创建更高阶的智能系统结构和属性的。尽管这很重要，但却忽略了这样一个事实：许多生物体(包括人类)，以及越来越多的人工智能智能体可能都是无法简单地表征行为或相互作用的复杂实体。

生物学中的一项具有挑战性的研究是揭示相互作用的实体如何能够在进行复杂的认知行为时出现额外的属性，而这可能与机器行为的研究具有直接的相似性。例如，与动物类似，机器也可能表现出“社交学习”。这种社交学习不局限于机器向机器学习，也期望产生机器向人类学习的情况，反之亦然。

此外，人工智能系统不一定有与生物体相同的限制，这就为机器集群及集群后的效果提供了无限可能。

3. 混合人机行为

人类越来越多地想要与机器进行交流。在脸书、微信等社交网站或者 APP 上，机器已经会自动调节并推荐给我们社交互动信息和人员，调整我们所浏览的在线信息，并与我们建立足以改变我们社会系统的关系。由于它们的复杂性，这些混合人机系统构成了机器行为中技术上最困难但同时也是最重要的研究领域之一。

多数人工智能系统在与人类共存的复杂混合系统中起作用，对包括人机交互特征的行为，如合作、竞争和协调等的研究具有重要的意义。例如，人类的主观评价与人工智能结合会改变人类的情感或信仰，人类发展趋势与算法相结合会促进信息的传播，大量无人驾驶汽车上路行驶会改变交通模式，通过人与算法交易智能体之间的交互会改变交易模式。

可能有两种不同类型的人机交互：一种是机器可以提高人的效率，如机器人(比如“达·芬奇”)辅助手术；另一种是机器可以取代人类，如无人驾驶运输和无人机包裹递送。这引出了一个新的疑问——最终机器是否会在更长时间内进行迭代或增强，以及人机共同行为是否将因此而演变。如果人类可以创造出具有完全人工智能能力的超级智能机器，那么也就意味着该智能机器可以替代人类制造出其他一样的甚至更智能的机器，进而造成对人类的瞬间替代和机器的爆炸式发展，这种后果可能对人类是毁灭且不可逆的。

上述例子强调，与混合人机行为相关的许多问题必须同时研究人类对机器行为的影响与机器对人类行为的影响之间的循环反馈。人们已经开始研究标准实验室环境中的人机交互模式，观察到与简单机器人的交互可以增加人类协调性，机器人可以在与人类合作相媲美的水平上直接与人类合作。

然而，在人类越来越多地使用算法来做出决策且基于此来训练相同算法的情况下，迫切地需要进一步理解自然环境中的反馈回路，而这在目前还是不可预测的。

9.4 机器行为学的发展

了解机器的行为是因为我们要想最大限度地发挥人工智能对社会的潜在效益。如果将人工智能体融入我们的生活，必须在做出这一选择之前了解它们对社会可能产生的影响。为了让这个领域持续发展需要考虑许多因素。

第一，研究机器行为并不意味着要求人工智能算法需要有独立的责任人，也不意味着算法应该对其行为承担道德责任。针对动物行为模式的研究有助于理解和预测这种类似“脱轨”的行为。机器若在更大的社会技术框架中运行，其人类利益相关者本质上应对部署它们可能造成的任何损害负责，目前，这也是自动驾驶及更多智能无人系统普遍面临的不只涉及技术层面，还牵涉法律、伦理等方面的最大问题。

第二，一些研究者建议将人工智能系统作为个体单独研究，不将重点放在对这些人工智能系统进行训练的基础数据上。实际上，解释任何行为都不能完全与训练或开发该人工智能体的环境数据分开，机器行为也不例外。但是，理解机器行为如何因环境输入的改变而变化就像理解生物体的行为根据它们存在的环境而变化一样重要。因此，机器行为学者应该专注于描述不同环境中的人工智能体的行为，就像行为科学家必须要在不同的人口统计和制度环境中描述某种政治行为一样。

第三，机器行为与动物、人类的行为有本质不同，因此必须避免过度将机器拟人拟物。即使现有的行为科学方法被证明对机器的研究有效，机器也可能表现出与生命具有的特质不同的甚至是迥异的行为。剖析和修改人工智能系统比修改有生命的系统更容易，虽然两个体系存在相似之处，但人工智能系统的研究必定与生命系统的研究有所区别。

第四，对机器行为的研究必定是跨学科研究，需要多学科间的交流协作。研究机构、大学、政府和其他资助机构可以在设计大规模、平等可信的跨学科研究中起到重要作用。

第五，针对机器行为的研究通常需要现实条件下的实验来研究人机交互。这些实验介入可能会全面改变系统的行为，可能对一般使用者产生不利影响。诸如此类的道德考虑需要谨慎监督和标准化框架。

最后，研究智能算法或机器人系统可能会给研究机器行为的研究人员带来法律和道德问题。

但是，了解人工智能体的行为和性质，以及它们可能对人类系统产生的影响是至关重要的事情。

9.5 本章小结

几乎所有的海洋机器人，无论是 ROV 还是 AUV，都配备了多种传感器来收集环境数据[3]，如前向声呐、侧扫声呐和高度计，帮助其提升自主认知能力。然而，受限于海洋环境和传感器性能，并非所有海洋机器人个体都能从数据中提取有价值的信息。美国最先进的 REMUS 和 Bluefin 能够避免可能的碰撞并识别特定对象[4]，然而即使是最普通的水雷探测任务，仍然有许多问题需要解决。目前海洋机器人处在较低的智能化水平中，还远远没有达到机器行为学中提到的智能体的概念级别，机器行为学为海洋机器人的发展提供了一条漫长又可期的方向。在未来，海洋机器人应该能够在个体机器行为的方向率先实现突破，进而发展海洋机器人的集体机器行为和混合人机行为。

参 考 文 献

[1] Simon H A. The Sciences of the Artificial[M]. Cambridge, Massachusetts: The MIT Press, 1969.

[2] Rahwan I, Cebrian M, Obradovich N, et al. Machine behavior[J]. Nature, 2019, 568: 477-486.

[3] 张涛, 李清, 张长水, 等. 智能无人自主系统的发展趋势[J]. 无人系统技术, 2018, 1(1):19-30.

[4] Department of Defense. Unmanned Systems Integrated Roadmap FY 2017-2042[EB/OL]. (2018-08-30) [2020-08-17]. https://news.usni.org/2018/08/30/pentagon-unmarned-systems-integrated-roadmap-2017-2042.

索　引

彩　图

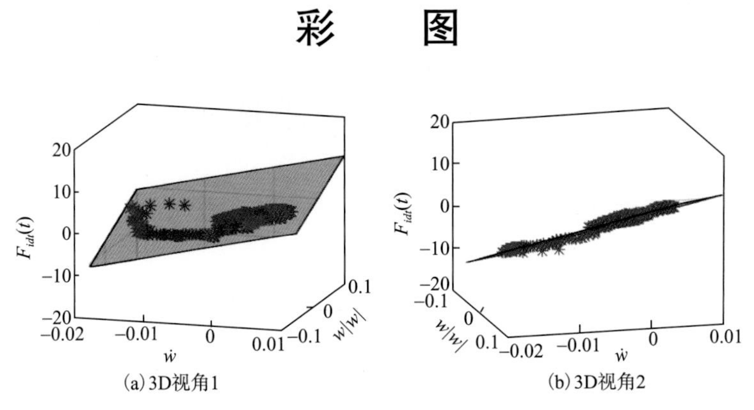

图 2.13　辨识数据和辨识结果在三维空间的显示

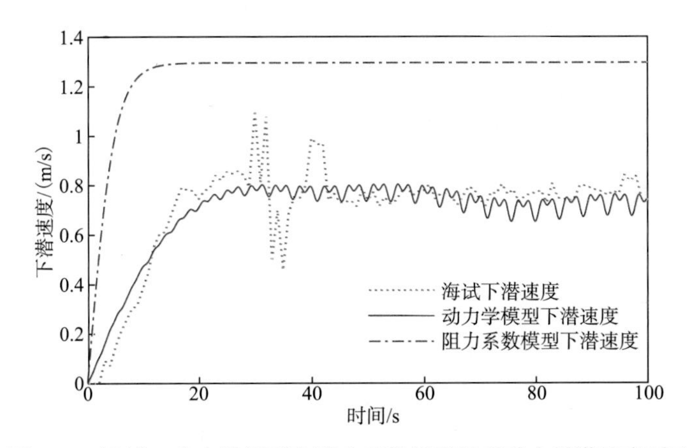

图 2.18　海试、动力学模型和阻力系数模型的无动力下潜速度对比

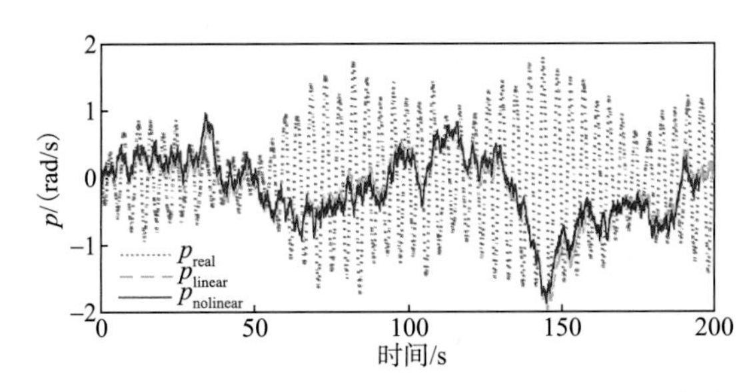

图 2.19　简化模型的仿真效果和六自由度动力学模型仿真效果的对比

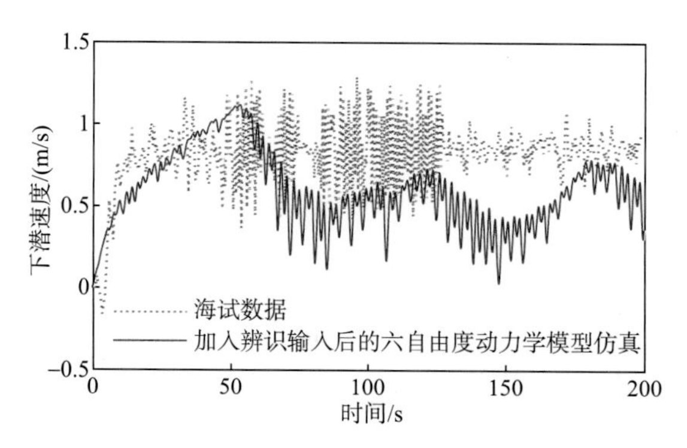

图 2.20　白噪声输入下的下潜速度

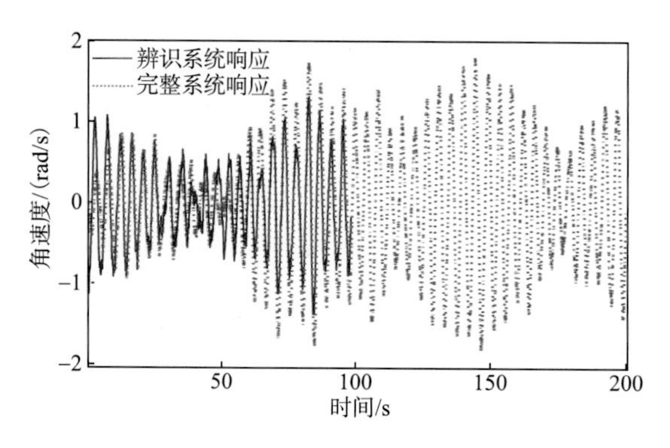

图 2.22　辨识系统的仿真效果

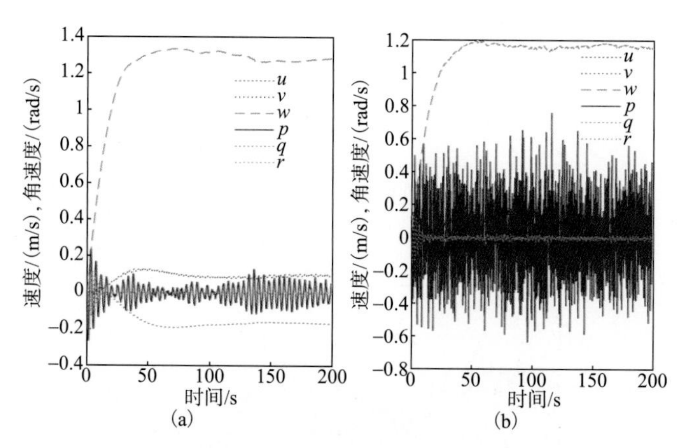

图 2.25　使用 PID 控制器后的速度响应

u、v、w、p、q、r 为六自由度运动学中的六个速度值

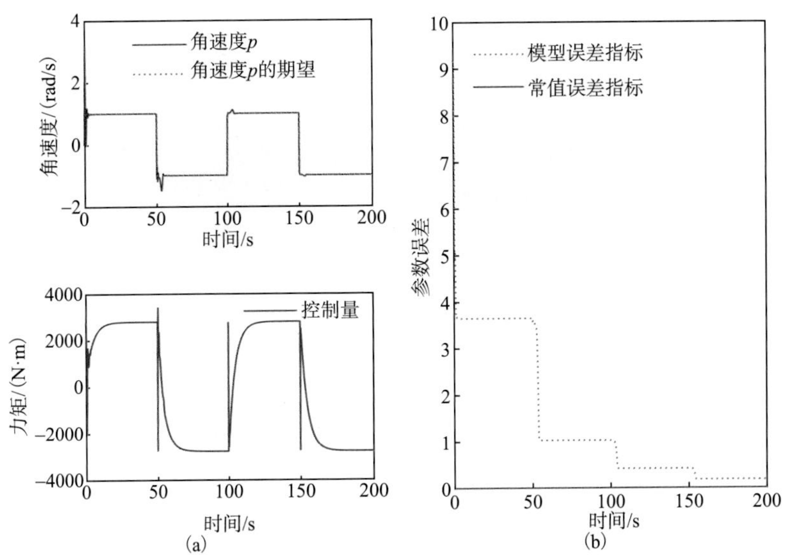

图 2.28　L_1 自适应控制器在辨识模型上的仿真效果

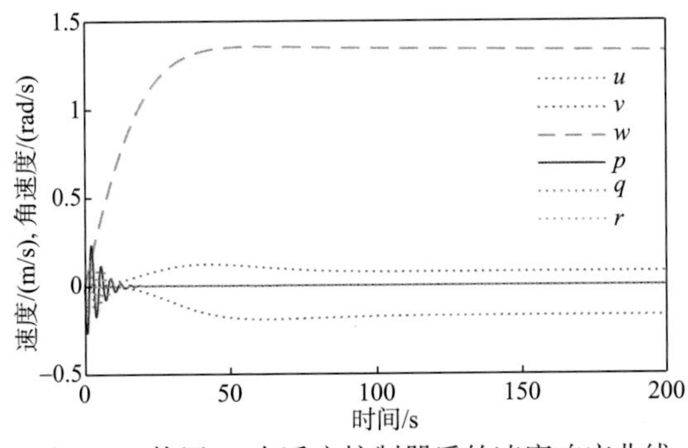

图 2.29　使用 L_1 自适应控制器后的速度响应曲线

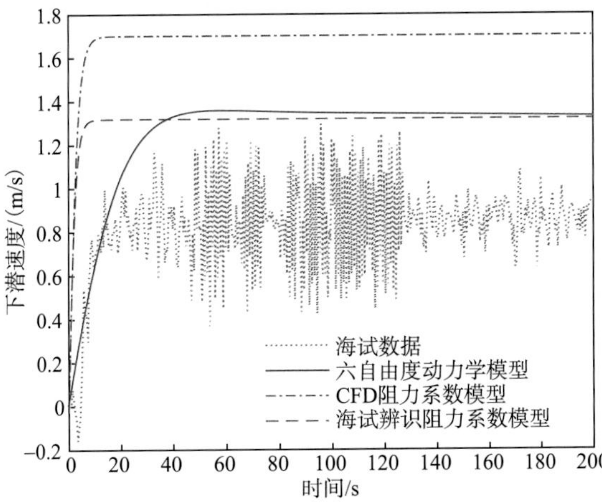

图 2.30　使用 L_1 自适应控制器后的下潜速度对比

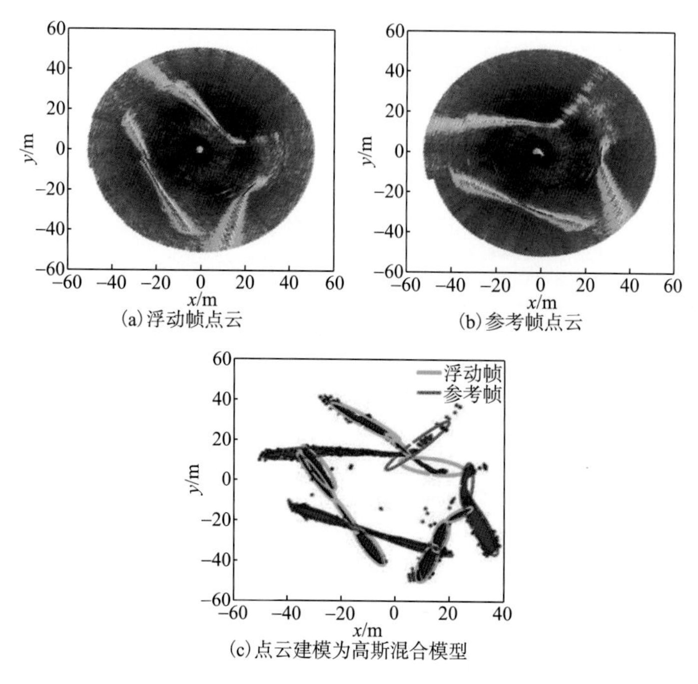

(a) 浮动帧点云 (b) 参考帧点云

(c) 点云建模为高斯混合模型

图 4.1 对机械扫描声呐点云进行高斯混合模型建模

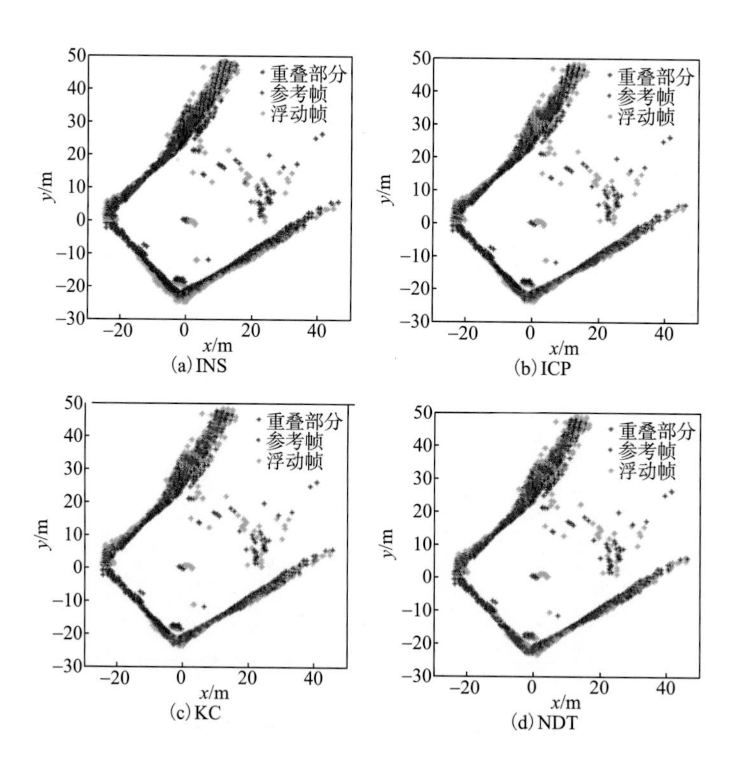

(a) INS (b) ICP

(c) KC (d) NDT

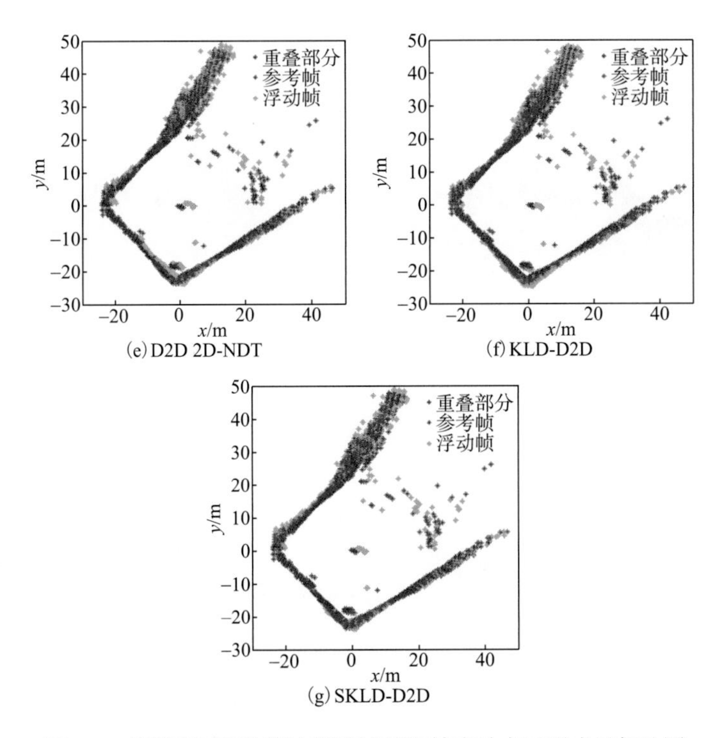

(e) D2D 2D-NDT　　(f) KLD-D2D

(g) SKLD-D2D

图 4.2　使用不同配准算法配准连续两帧声呐点云形成局部地图

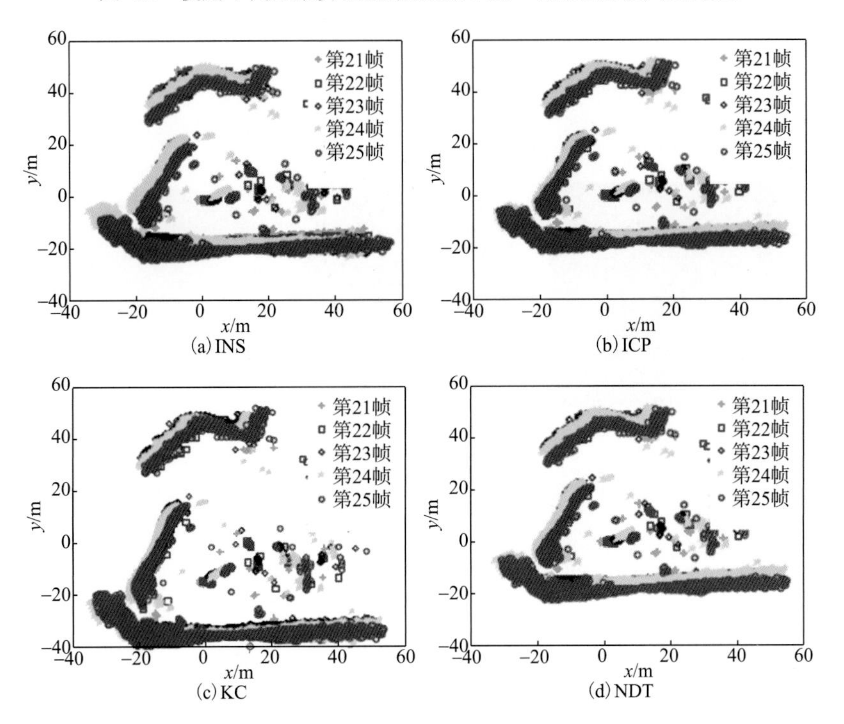

(a) INS　　(b) ICP

(c) KC　　(d) NDT

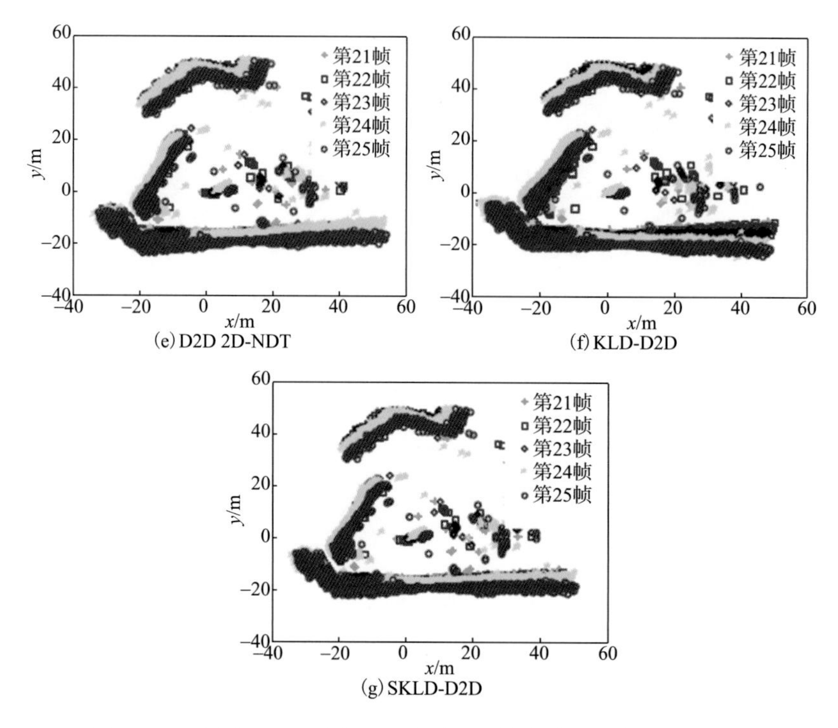

(e) D2D 2D-NDT

(f) KLD-D2D

(g) SKLD-D2D

图 4.3　使用不同的配准算法连续配准 5 帧声呐点云形成局部地图

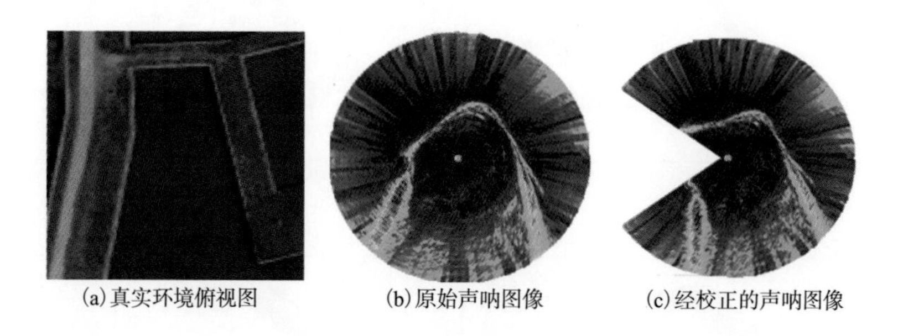

(a) 真实环境俯视图　(b) 原始声呐图像　(c) 经校正的声呐图像

图 4.4　机械扫描声呐图像运动扭曲校正示意图

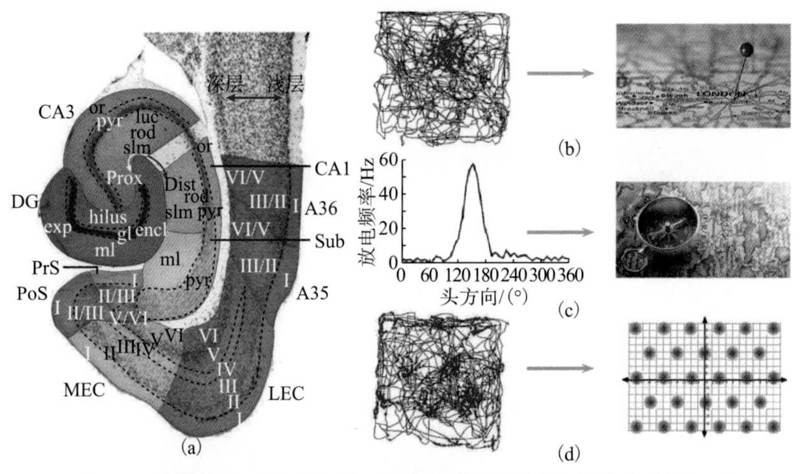

图 5.2 大鼠的海马体及相关区域包含编码空间信息的多种神经元

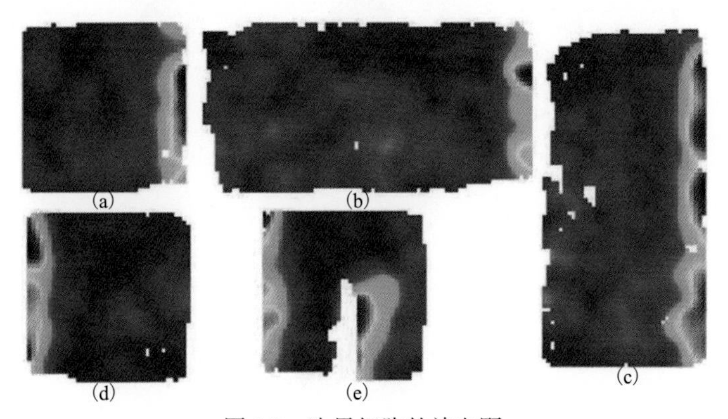

图 5.3 边界细胞的放电野

细胞的放电频率用热图表示，红色表示放电频率高，蓝色代表不放电

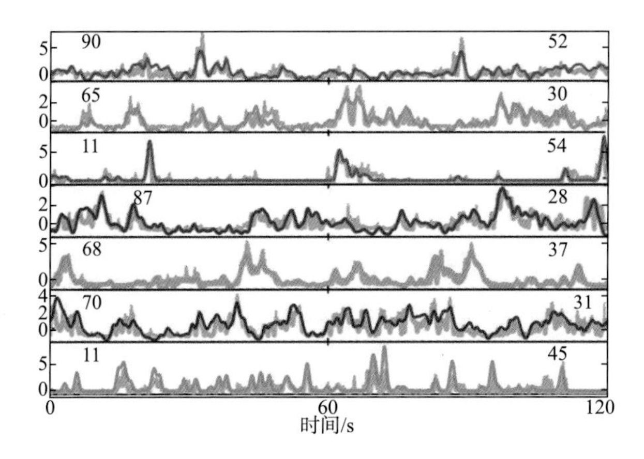

图 5.4 速度细胞的放电特性

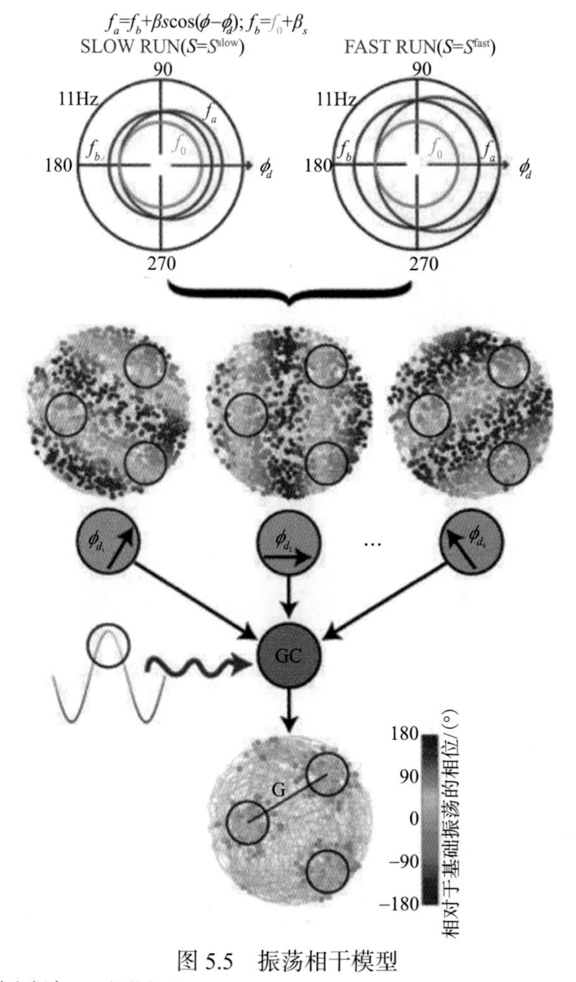

图 5.5 振荡相干模型

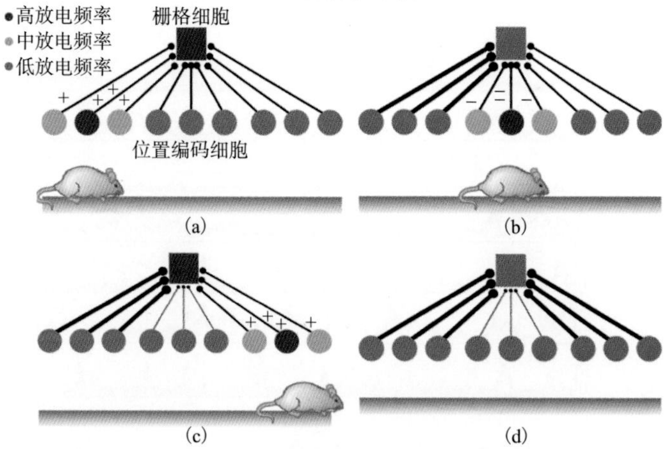

图 5.7 基于放电频率自适应的网络模型

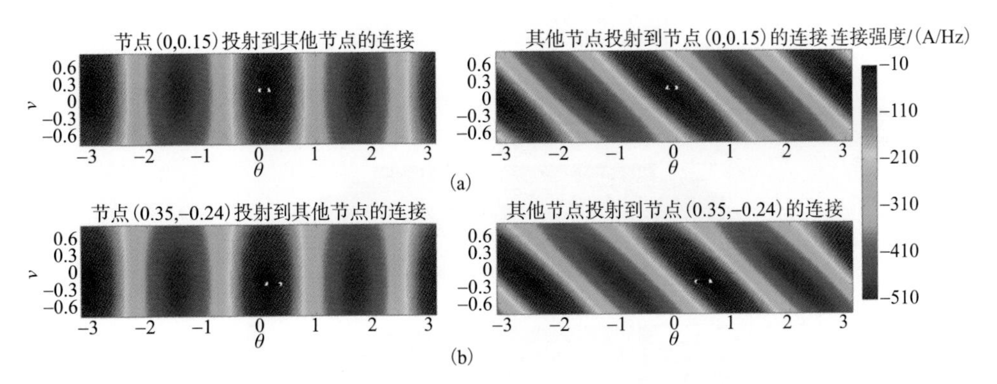

图 5.8 神经流形上两个示例栅格细胞神经元模型的连接强度

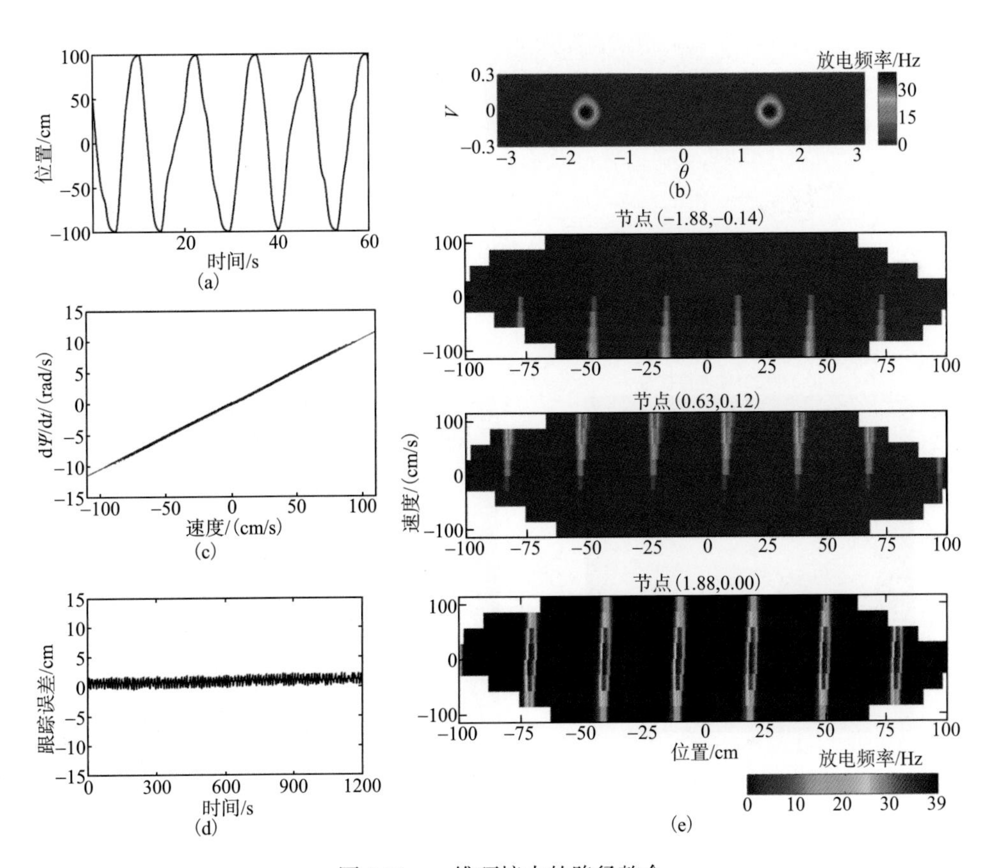

图 5.11 一维环境中的路径整合

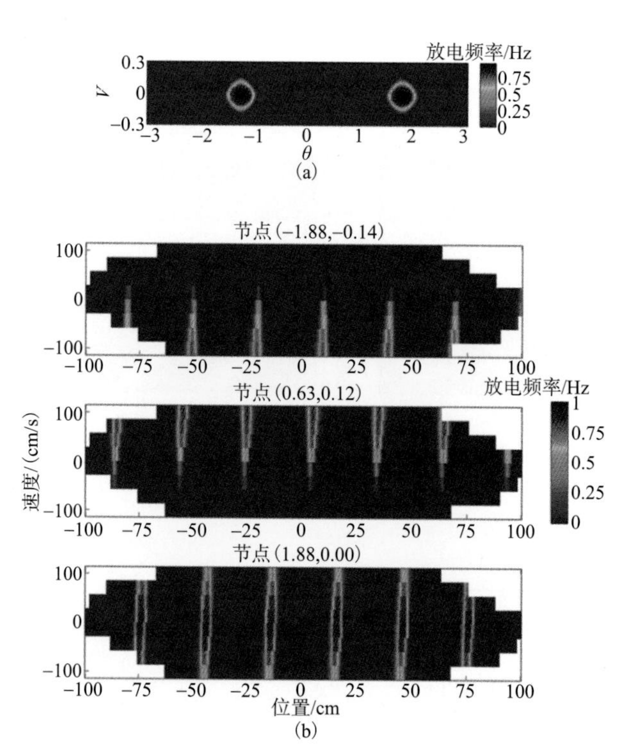

图 5.13　网络对输入分辨率和非线性放电的稳健性

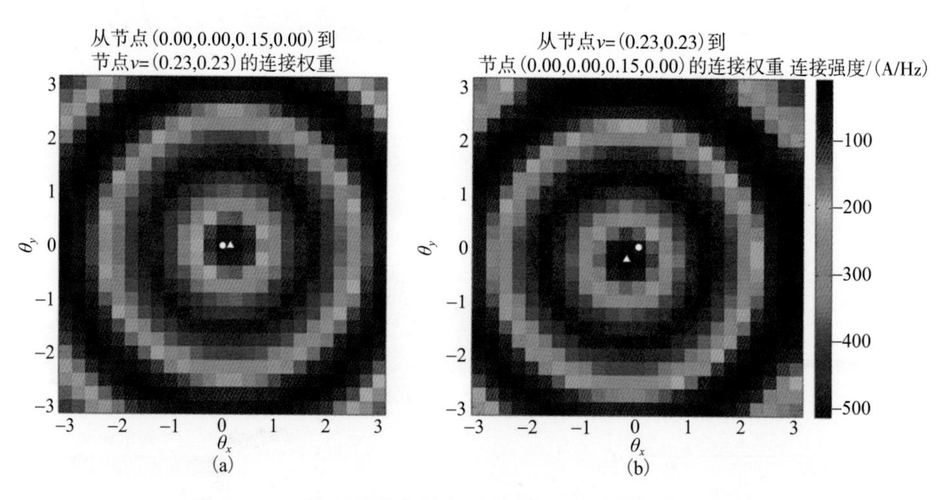

图 5.14　二维环境的栅格细胞模型中神经元的耦合函数

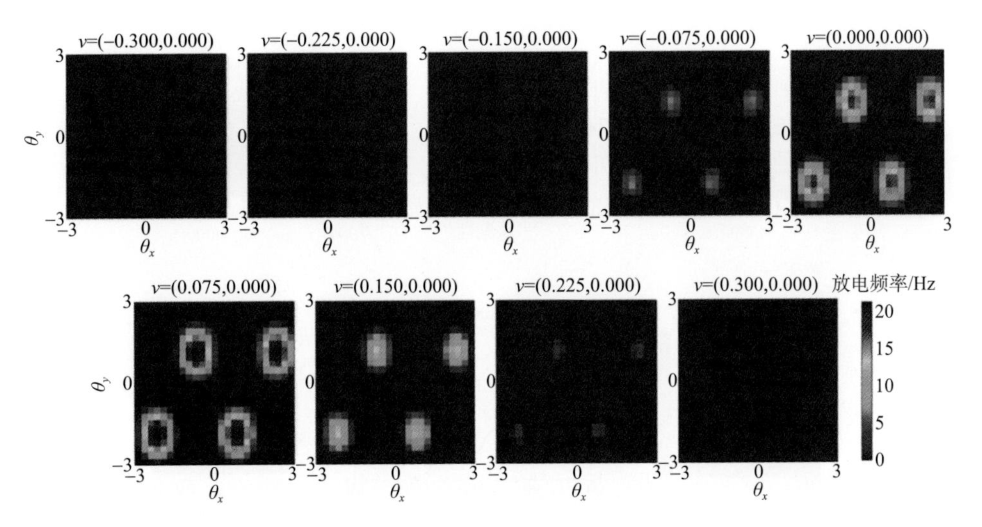

图 5.15　网络 $\nu_y = 0$ 处神经流形的子空间的放电斑图(节点的放电频率用热图表示)

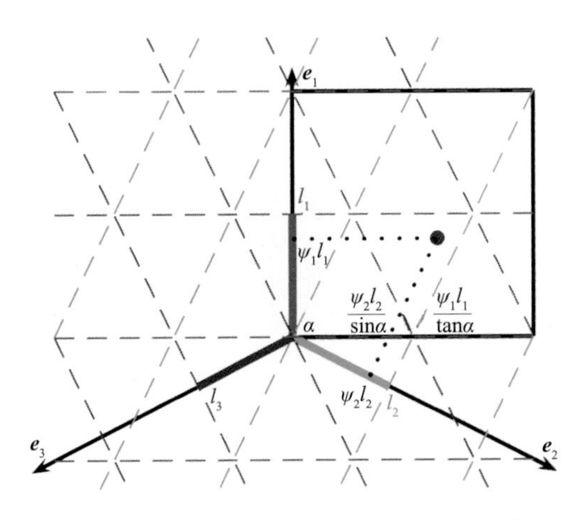

图 5.16　圆环面神经流形上的活动峰位置估计

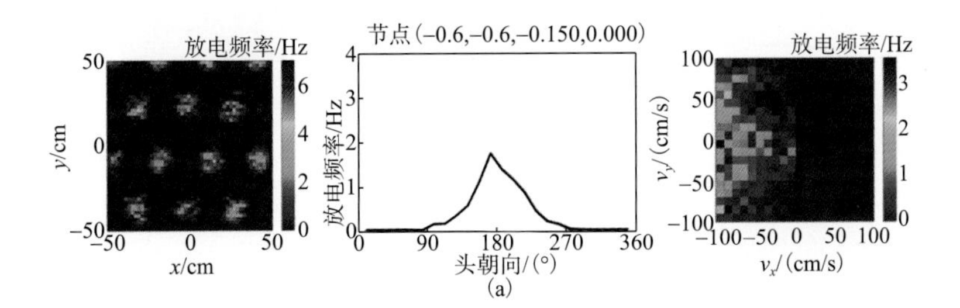

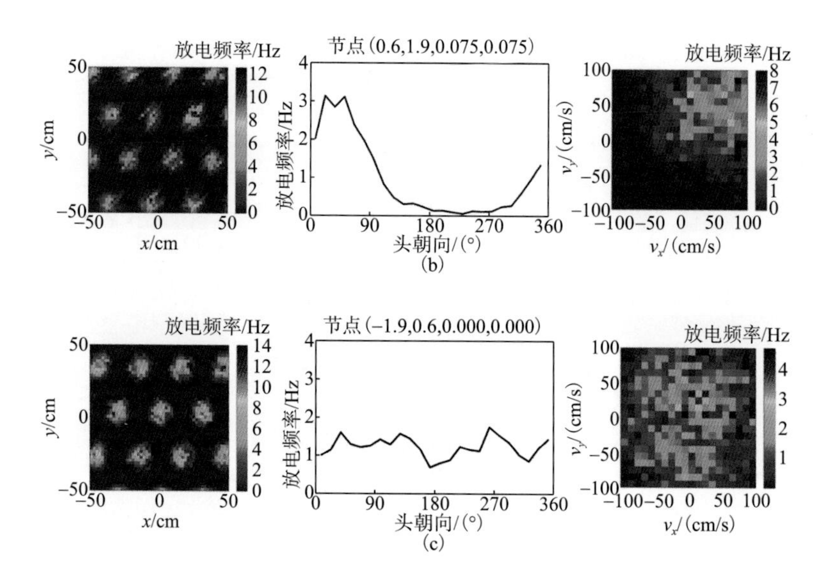

图 5.17　联合编码的栅格细胞节点对二维环境中的位置、运动方向和速度的放电选择性

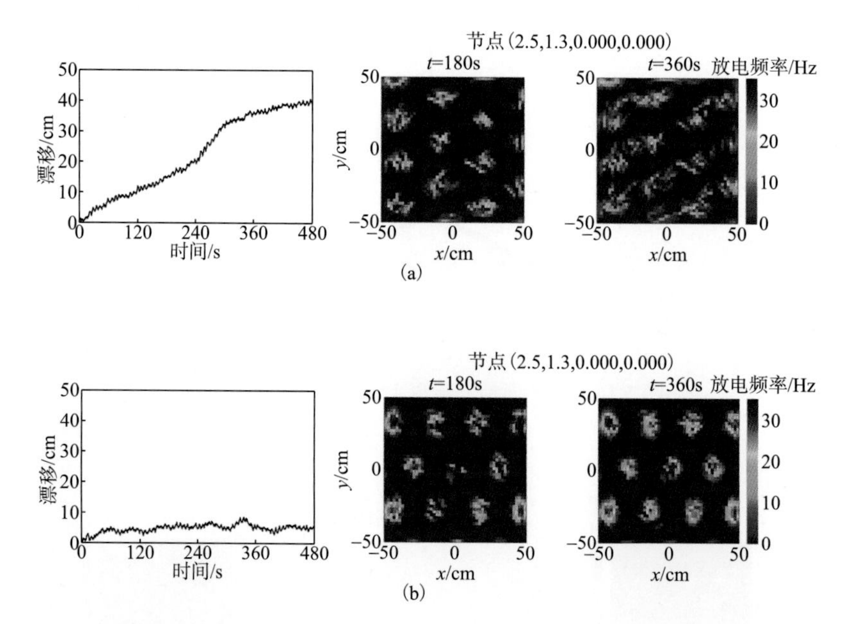

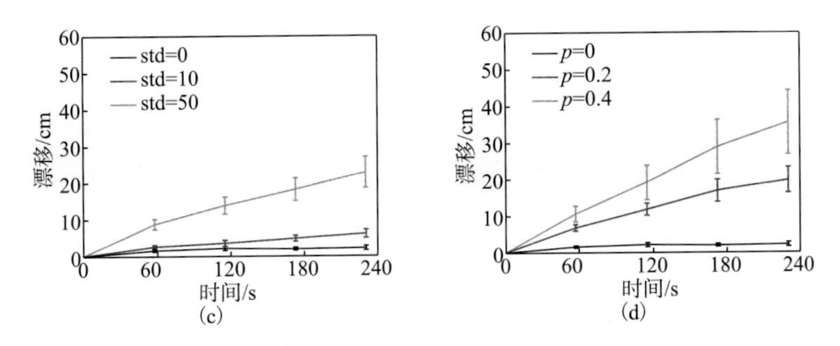

图 5.18　栅格细胞网络在二维环境中的稳健性

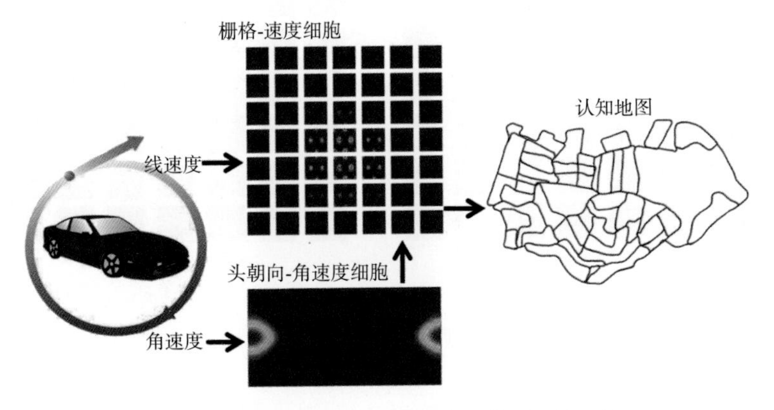

图 5.19　基于空间认知机制的机器人导航系统

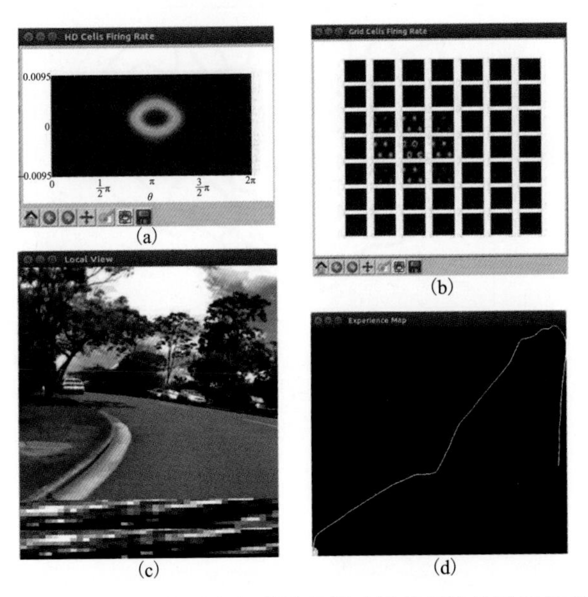

图 5.21　基于空间认知机制的机器人导航系统的运行状态

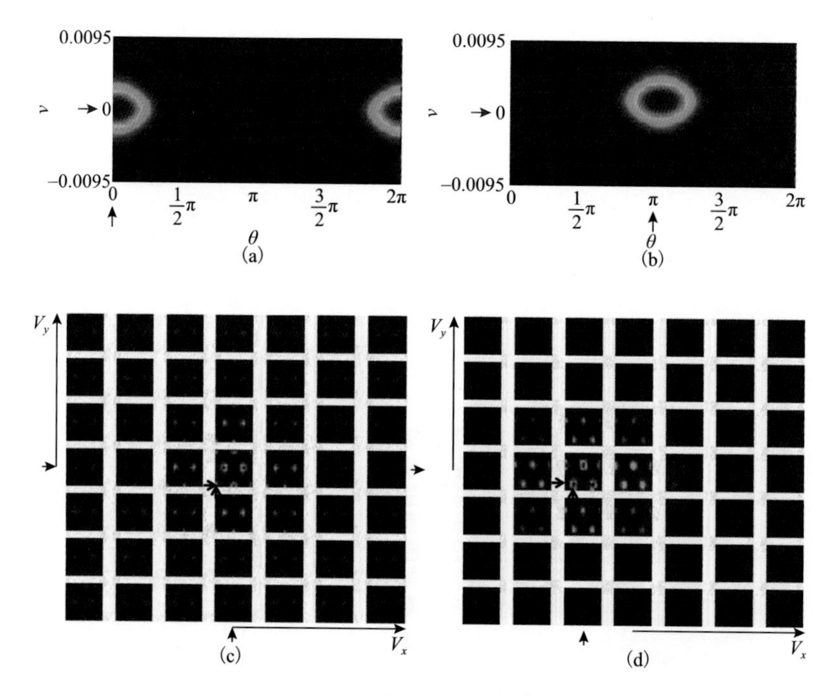

图 5.23　认知地图构建过程中空间记忆神经网络中神经元的集群编码

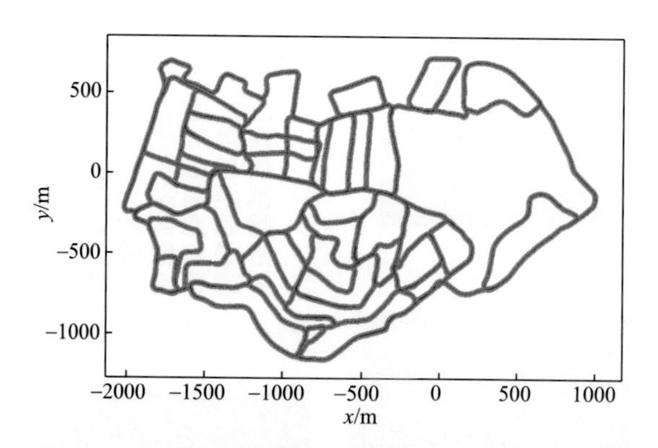

图 5.25　基于空间认知机制机器人导航系统构建的圣卢西亚区认知地图

粗线由拓扑地图的顶点组成，细线表示连接拓扑地图顶点的边

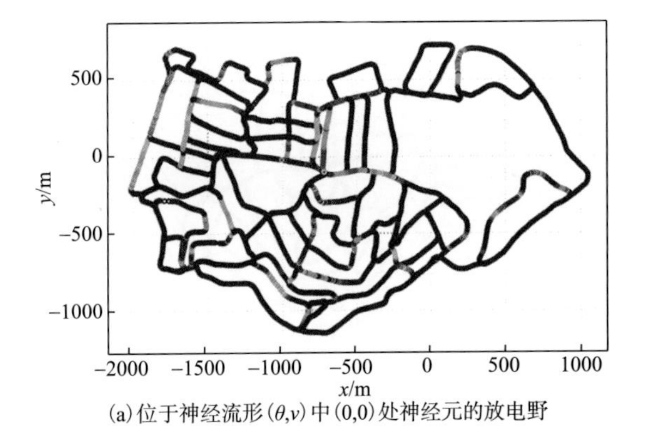

(a) 位于神经流形 (θ,v) 中 (0,0) 处神经元的放电野

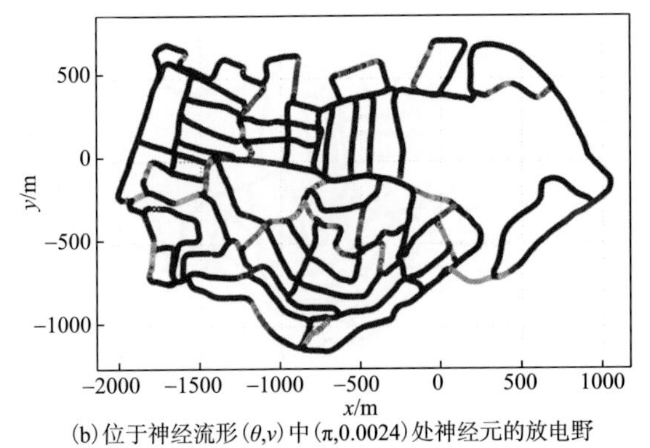

(b) 位于神经流形 (θ,v) 中 (π,0.0024) 处神经元的放电野

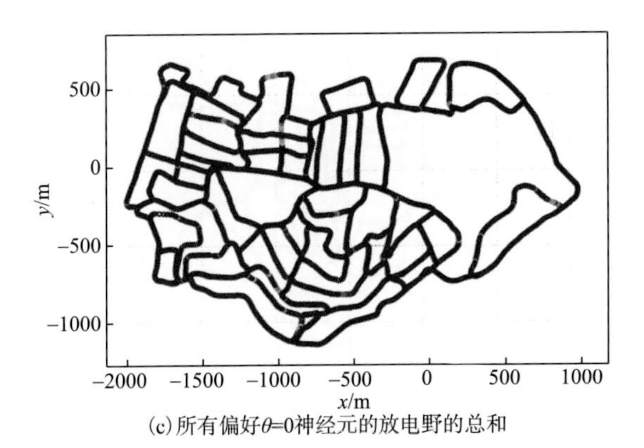

(c) 所有偏好 $\theta=0$ 神经元的放电野的总和

图 5.26　头朝向-角速度细胞的放电野

细胞的放电频率显示在经验地图上，放电频率从高到低用红色到蓝色编码

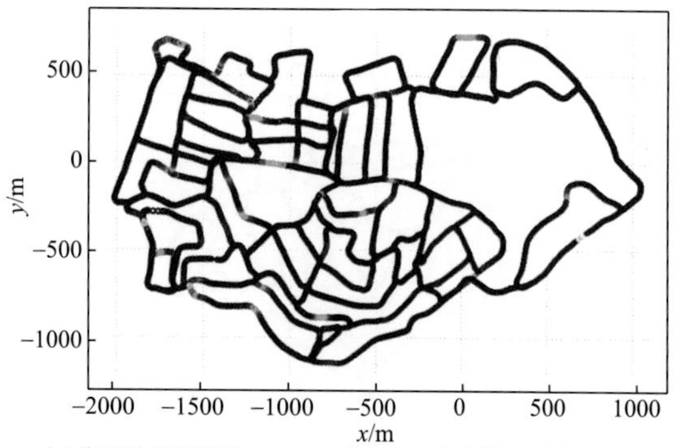

(a) 位于神经流形 $(\theta_x,\theta_y,v_x,v_y)$ 中 $(\pi,\pi,0,0)$ 处神经元的放电野

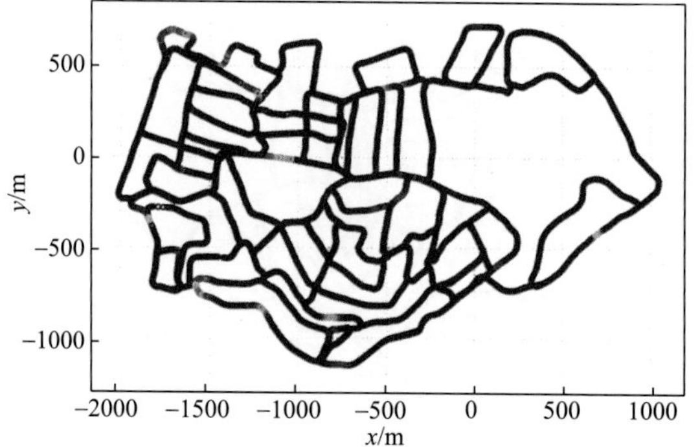

(b) 位于神经流形 $(\theta_x,\theta_y,v_x,v_y)$ 中 $(\pi,\pi,0.1,0.1)$ 处神经元的放电野

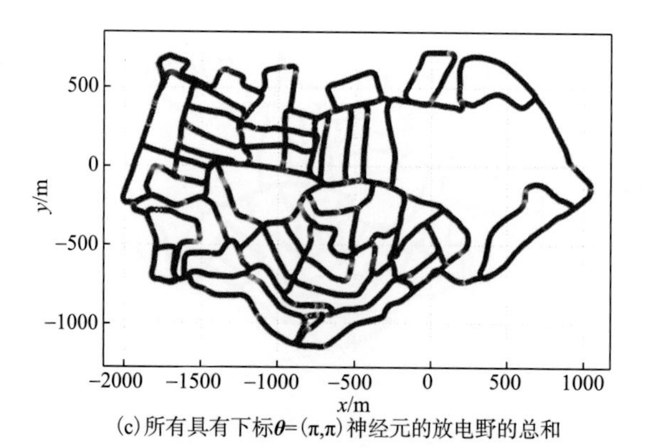

(c) 所有具有下标 $\boldsymbol{\theta}=(\pi,\pi)$ 神经元的放电野的总和

图 5.27　栅格-速度细胞的放电野

细胞的放电频率用热图编码，红色表示高发电频率，蓝色表示放电频率降低到零

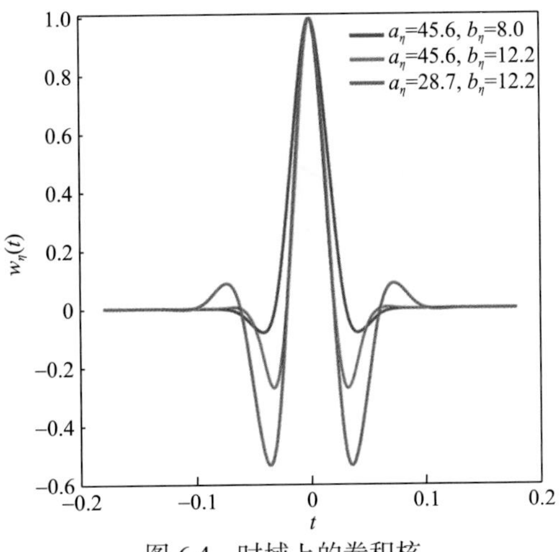

图 6.4　时域上的卷积核

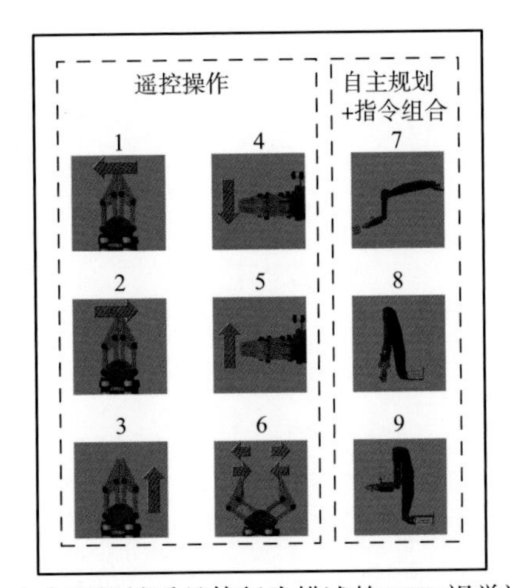

图 7.4　由水下机械手具体行为描述的 ERP 视觉诱发界面

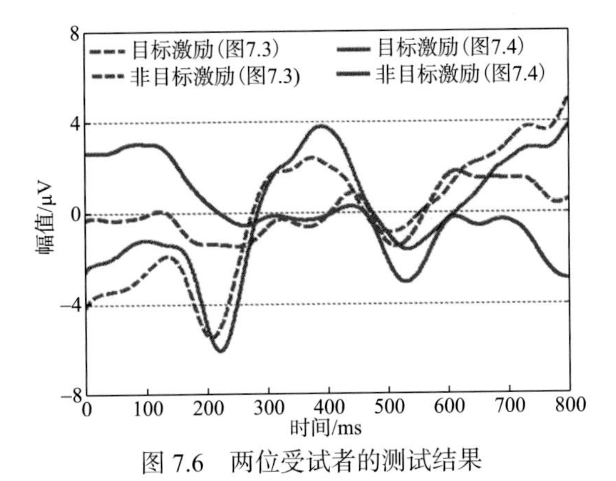

图 7.6　两位受试者的测试结果

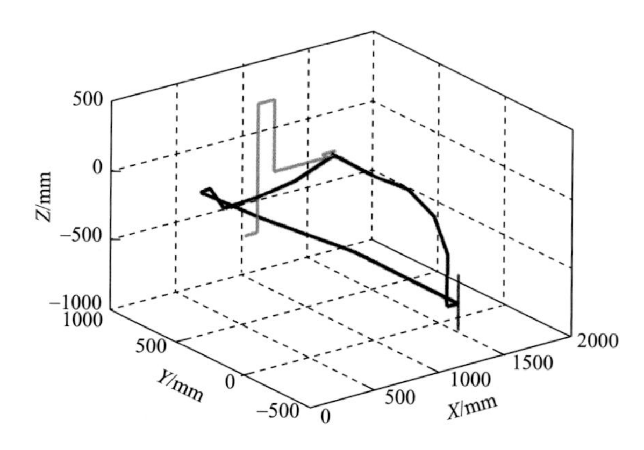

图 7.9　对应图 7.8 控制过程的机械手末端轨迹

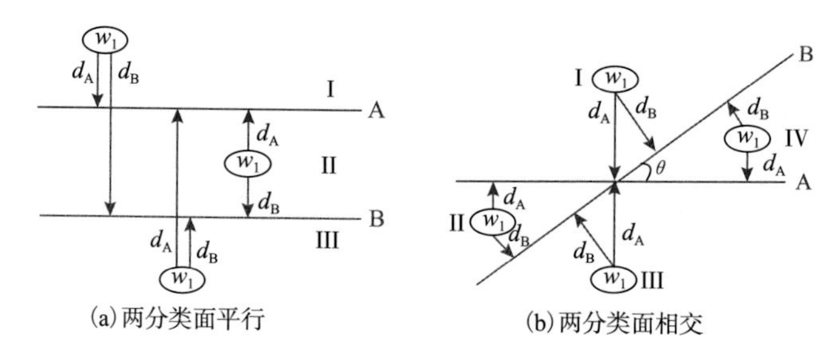

(a) 两分类面平行　　(b) 两分类面相交

图 7.11　两分类面的组合形式

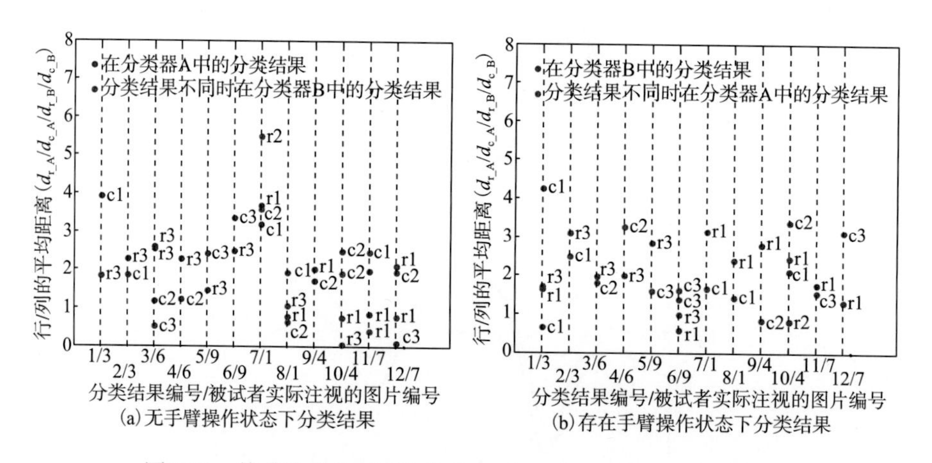

(a) 无手臂操作状态下分类结果　　(b) 存在手臂操作状态下分类结果

图 7.12　某受试者在不同作业状态下 12 个“试验”的分类结果

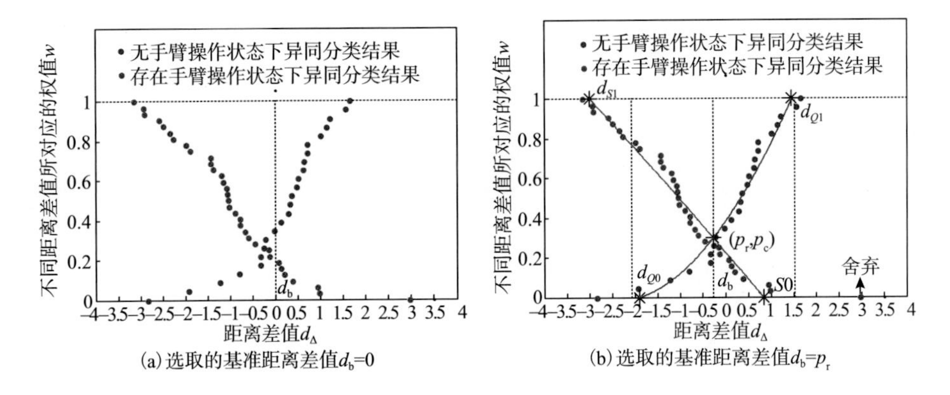

(a) 选取的基准距离差值d_b=0　(b) 选取的基准距离差值d_b=p_r

图 7.13　异同分类结果及选取的基准距离差值

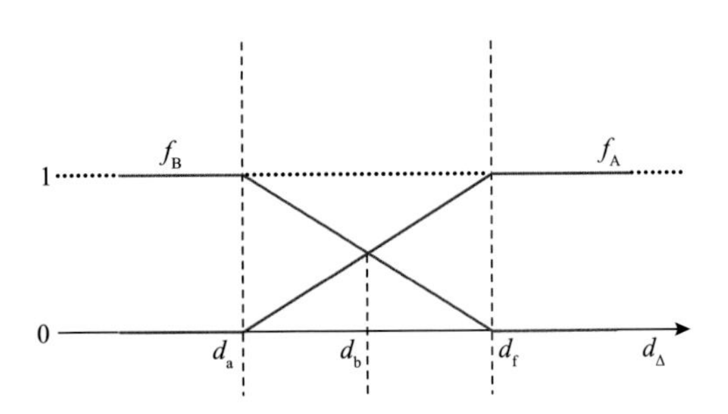

图 7.14　距离差值 d_Δ 的梯形隶属度函数

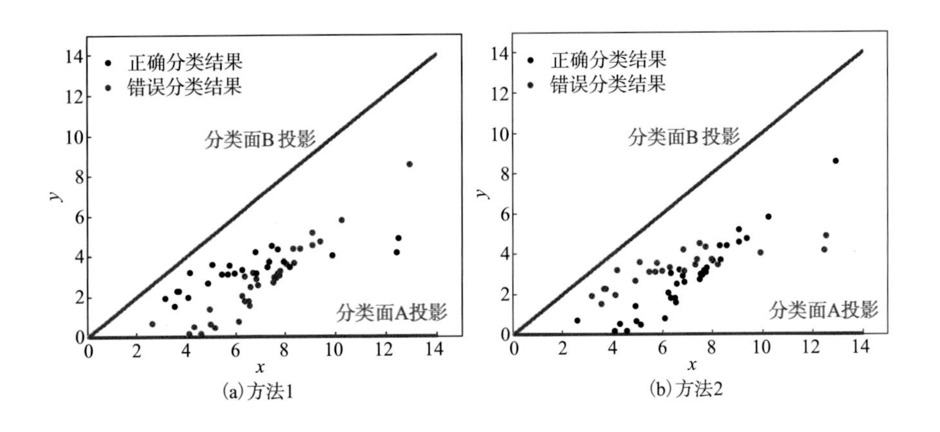

(a) 方法1　(b) 方法2

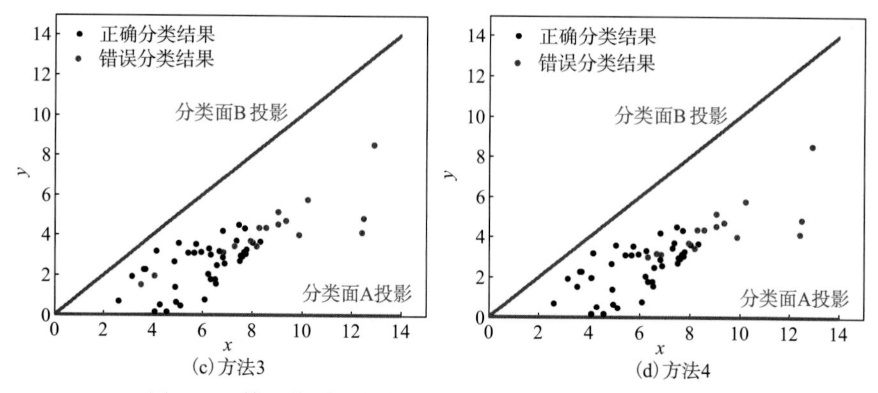

图 7.15　第一位受试者在四种不同分类方法下的分类结果

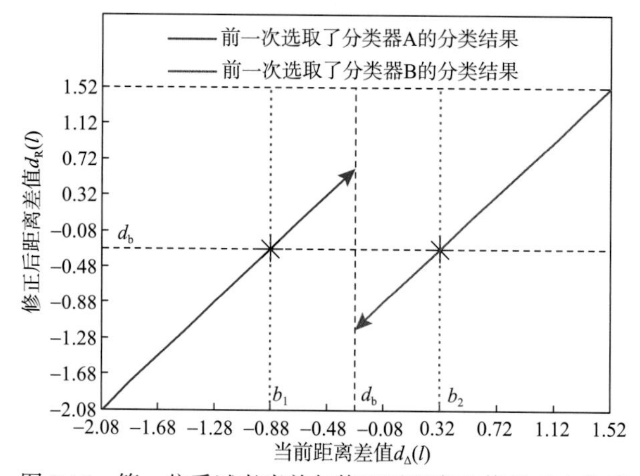

图 7.16　第一位受试者当前与修正后距离差值的对应关系

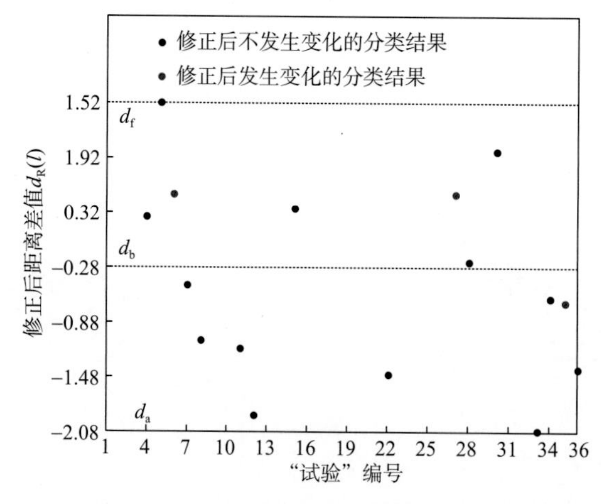

图 7.17　第一位受试者异同分类结果修正后距离差值情况